Studienbücher der
Geographie

Fred Scholz
Geographische Entwicklungsforschung

capio lumen
1790

Studienbücher der
Geographie

(früher: Teubner Studienbücher der Geographie)

Herausgegeben von

Prof. Dr. Hans Gebhardt, Heidelberg
Prof. Dr. Jörg Bendix, Marburg
Prof. Dr. Ernst Löffler, Saarbrücken
Prof. Dr. Paul Reuber, Münster

Die Studienbücher der Geographie behandeln wichtige Teilgebiete, Probleme und Methoden des Faches, insbesondere der Allgemeinen Geographie. Über Teildisziplinen hinweggreifende Fragestellungen sollen die vielseitigen Verknüpfungen der Problemkreise sichtbar machen. Je nach der Thematik oder dem Forschungsstand werden einige Sachgebiete in theoretischer Analyse oder in weltweiten Übersichten, andere hingegen stärker aus regionaler Sicht behandelt. Den Herausgebern liegt besonders daran, Problemstellungen und Denkansätze deutlich werden zu lassen. Großer Wert wird deshalb auf didaktische Verarbeitung sowie klare und verständliche Darstellung gelegt. Die Reihe dient den Studierenden zum ergänzenden Eigenstudium, den Lehrern des Faches zur Fortbildung und den an Einzelthemen interessierten Angehörigen anderer Fächer zur Einführung in Teilgebiete der Geographie.

Geographische Entwicklungsforschung

Methoden und Theorien

Von

Dr. Fred Scholz
Professor an der Freien Universität Berlin

Mit 66 Abbildungen und 5 Tabellen

Gebrüder Borntraeger Verlagsbuchhandlung
Berlin · Stuttgart 2004

Prof. Dr. rer. nat. Fred Scholz

Geboren 1939 in Liegnitz. Professor für Sozial- und Wirtschaftsgeographie, Leiter des Zentrums für Entwicklungsländer-Forschung an der FU Berlin. Promotion 1967 an der TU Karlsruhe. Habilitation 1973 an der Universität Göttingen. Forschungsthemen: u.a. Nomadismus, Unterentwicklung/ Entwicklung und Globalisierung. Regionale Forschungsschwerpunkte: Altweltlicher Trokkengürtel, West-, Ostafrika, Südfrankreich und (früher) Südwestdeutschland.

♾ Gedruckt auf alterungsbeständigem Papier nach ISO 9706-1994

Verlag: Gebrüder Borntraeger Verlagsbuchhandlung
Johannesstr. 3 A, 70176 Stuttgart, Germany
e-mail: mail@schweizerbart.de
www.borntraeger-cramer.de
ISBN 3-443-07138-4

Druck: Strauss Offsetdruck, 69509 Mörlenbach

Printed in Germany

„Thu recht, steh fest, kehr dich nicht dran,
wenn dich auch tadelt mancher Mann,
der muß noch kommen auf die Welt,
der thut was jedermann gefällt.“
(*Südtiroler Sinnspruch, Innsbruck*)

Vorwort

Der vorliegende Band „Geographische Entwicklungsforschung“ ist kein Handbuch der Entwicklungspolitik. Darin wird auch nicht versucht, aus der Perspektive einer einzelnen Fachdisziplin das komplexe Thema Unterentwicklung/Entwicklung erschöpfend zu behandeln, eine schlüssige Antwort der Geographie auf diese weltgesellschaftliche Herausforderung zu geben oder ein facheigenes Erklärungs- bzw. Lösungskonzept anzubieten.

Der originäre Beitrag der Geographie zur Entwicklungsforschung besteht vielmehr zum einen in den wirklich zahlreichen detaillierten und überwiegend auch theoriegeleiteten einschlägigen *empirischen* Studien. Sie sind auf die differenzierte Dokumentation und Analyse von regionsspezifischen Strukturen sowie der Genese und Perpetuierung von Unterentwicklung gerichtet. Und sie stellen lokal relevante Grundlagen, Analysen, Evaluierungen und Gutachten zu Maßnahmen und Projekten der entwicklungspolitischen Praxis bereit. Zum anderen aber zeichnet sich die geographische Entwicklungsforschung durch nicht weniger zahlreiche eigenständige und originelle *konzeptuelle*, *methodische* und *theoretische* Beiträge und Konstrukte aus. Sie basieren auf intensiver Vor-Ort-Forschung, -Erfahrung und -Kenntnis. Nicht zuletzt daher vermögen sie in bemerkenswerter Weise zur Analyse und zum Begreifen der Ursachen für die Entstehung des in den Ländern des Südens herrschenden Elends und seiner Fortdauer erkenntnismäßig und strategisch beizutragen. Dabei stehen Fragen nach den regionseigenen menschlichen Grundbedürfnissen und ihrer Befriedigung sowie nach der lokalspezifischen Bedeutung menschlichen, subjektzentrierten Handelns im Entwicklungsprozess im Vordergrund. Nicht weniger bedeutsam ist die Beschäftigung mit der räumlichen Differenziertheit des Ressourcenpotentials, der darauf aufbauenden Mensch-Umwelt-Beziehung und ihrer Nachhaltigkeitsrelevanz. Und damit rückt letztlich – im Unterschied zu anderen Disziplinen, die eher das Wirtschaftliche oder Politische betonen – wirklich der *Mensch* (in seiner lokalen/regionalen Bedingtheit) in den Mittelpunkt des Erkenntnis- und Forschungsinteresses. Insbesondere diese Beiträge und Konstrukte werden in dem vorliegenden Studienbuch „Geographie“ vorgestellt.

Dabei folgen auf die fachhistorische Einordnung der Entwicklungsforschung in der Wissenschaftsdisziplin Geographie (*Teil 1*) konzeptuelle Erörterungen und Anmerkungen zu entwicklungsgeschichtlichen, entwicklungstheoretischen und raumstrukturellen Aspekten (*Teil 2*). Daran schließt die Vorstellung der verschiedenen methodischen und theoretischen Konstrukte (Konzepte, Ansätze; *Teil 3*) sowie der Theorie der fragmentierenden Entwicklung (*Teil 4*) an. Überlegungen zur zukünftigen geographischen Entwicklungsforschung bilden den Abschluss dieses Bandes (*Teil 5*).

Die inhaltliche und didaktische Vermittlung orientiert sich im wesentlichen an der studentischen und jener Leserschaft, die an dem spezifischen Beitrag der Geographie zur Erforschung von Unterentwicklung/Entwicklung interessiert ist. Dabei werden die ausgewählten neuen sowie die z.T. auch bekannten, aber noch keineswegs erschöpfend (aus-)diskutierten und daher m.E. noch immer aktuellen Themen regional und zeitlich übergreifend eingeordnet. Approaches, Exkurse und Fallstudien machen sie näher zugänglich:

Approaches: Dabei handelt es sich um eine praxisnahe Veranschaulichung von bzw. aus der Praxis abgeleiteten Informationen und konkreten Sachverhalten. Diese „Textaufreißer" dienen dazu, eine erfahrungsnahe Vorstellung von den jeweils folgenden, mehr allgemein angelegten Ausführungen zu methodischen/theoretischen Konzepten und Ansätzen zu vermitteln.

Exkurse: Sie dienen zur Einführung in Themen, die zum Verständnis und zur Einordnung der vorgestellten Konzepte und Ansätze beitragen oder/und den Zugang dazu erleichtern und ergänzen. Durch informative Erweiterung sollen sie dazu verhelfen, neue, weitere Textperspektiven zu eröffnen.

Fallbeispiele: Zum Nachvollzug der und als Beleg für die vorgestellten methodischen/theoretischen Konzepte und Ansätze werden konkrete empirische Beispiele eingefügt. Insbesondere dabei bereitet – in Anbetracht der Materialfülle – die Auswahl erhebliche Probleme. Es sei dem Verfasser nachgesehen, dass er sich dabei auch jener empirischen Fälle bedient, die ihm aus eigener Forschung vertraut sind.

Dank für Rat, Korrekturen und Anregungen sei folgenden Freunden und Kollegen ausgesprochen: Rolf Hanisch, Gerd Kohlhepp, Thomas Krings, Karl-Rainer Nippes, Theo Rauch, Dieter Senghaas, Basam Tibi und Alfred Wirthmann.

Für die Unterstützung bei der Sammlung und Aufbereitung von Statistik und Literatur sei Frau Bettina Müller, Herrn Andreas Benz und Herrn Kai Schäfer gedankt. Für die verlässliche und kreative Erstellung der Abbildungen und Karten verdient Herr Jürgen Kruhöffer, Kartographeningenieur am Zentrum für Entwicklungsländer-Forschung (ZELF), Anerkennung und Dank. Ein ganz herzliches Dankeschön gehört meiner Frau. – Und gewidmet sei dieses Buch meiner geliebten Enkelin Ella.

Fred Scholz — Berlin, März 2004

Geographische Entwicklungsforschung

Methoden und Theorien

Inhaltsverzeichnis

Liste der Abbildungen

Liste der Tabellen

Teil 1: Entwicklungsforschung in der Geographie

Die Situation der Menschen in den sog. Entwicklungsländern stellt eine Herausforderung an die Weltgesellschaft an sich dar. Sie hat sich ihr auch seit Ende des Zweiten Weltkrieges mit ganz unterschiedlichem und vielfach ernüchterndem Ergebnis gewidmet. Die Zahl der propagierten Hilfsprogramme und realisierten Projekte ist ebenso unübersichtlich und hoch wie der Betrag der weltweit bereitgestellten und eingesetzten Finanzmittel[1]. Doch diese sicher beeindruckenden Werte dürfen nicht darüber hinweg täuschen, dass personelle und materielle Hilfe sowie finanzielle Zusammenarbeit des Nordens mit den Ländern des Südens eigennützigen politischen Zielen folgen, ein Geschäft bieten und für die sog. Geberländer nicht zuletzt auch Sicherung von Arbeitsplätzen bedeuten. So flossen z.B. von der staatlichen Entwicklungshilfe der Bundesrepublik (1990–1996) insgesamt 76% nach Deutschland zurück (*epd-EP* 14/98; vgl. Abb. 1), und im Mittel steht jedem Euro der Entwicklungshilfe ein Rückfluss von ca. 2,80 Euro gegenüber (*BMZ* 1999). Nach einer Studie des Ifo-Institutes von 1999 „zieht eine Mrd. Euro ... bis zu drei Mrd. Euro Exporte, etwa 10 Mrd. Euro im Bruttoinlandsprodukt und zwei Mrd. Euro öffentliche Einnahmen nach sich“ ... und ... „trägt damit zur Sicherung von rund 240.000 Arbeitsplätzen in Deutschland bei“[2].

In dieser wirtschaftlichen Bedeutung der Entwicklungszusammenarbeit liegt sicher der entscheidendste Grund für die Beachtung der Entwicklungsländer in Öffentlichkeit, Politik, Wirtschaft und auch in der Wissenschaft. Das Interesse daran, insbesondere in der Geographie, leitet sich dazuhin wohl zum einen aus der langen Forschungstradition des Faches in überseeischen Gebieten und dem zumindest anfangs erhobenen länderkundlichen Kompetenzanspruch ab. Zum anderen aber resultiert es aus der gesellschaftlichen Herausforderung an die Wis-

1 Um eine Vorstellung von den finanziellen Leistungen zu vermitteln, die von nationaler und internationaler Seite erbracht werden, sei auf folgende Tabelle verwiesen: Leistungen an Official Development Assistance (ODA) von Deutschland, EU und Development Assistance Commitee (DAC)-Ländern 1991/92 und 2002 in Mio. US$ und % am BSP:

Geber	**1991/92**		**2002**	
	absolut	**%**	**absolut**	**%**
Deutschland	11.010	0.58	8.733	0,44
EU	4.432	–	6.320	–
DAC-Länder	102.252	0,58	85.893	0.35

Quelle: OECD-homepage, Statistic Annex of the 2003 Development Co-operation Report.

2 <http://www.bmz.de/about/haushalt> BMZ, Forschungsbericht 124; Ifo = Institut für Wirtschaftsforschung, München.

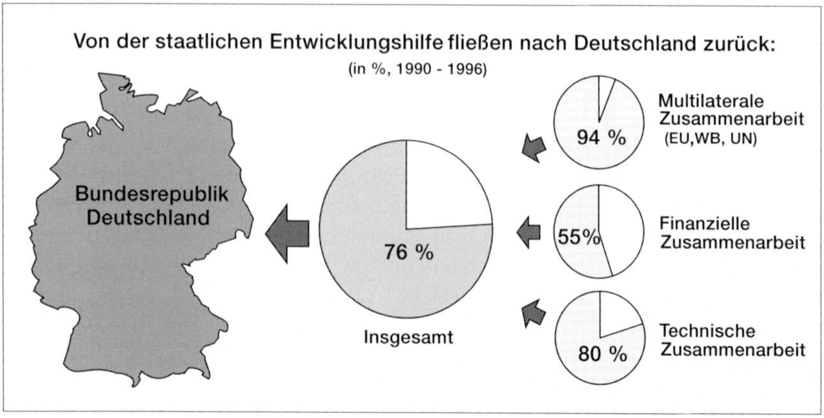

Abb. 1: Rückfluss deutscher Entwicklungsleistungen (1990–1996). Quelle: Entwurf d. Verf. n. *epd-EP*, 14, 1998.

senschaft an sich, einen fachspezifischen Beitrag zur Problemlösung zu liefern. Dies bedeutete für die Geographie, einem zentralen fachinternen Forschungsanspruch folgend, die auf unterster empirischer Ebene erworbenen originären Einsichten in die und Erfahrungen von den lokal/regional spezifischen Tatsachen und Strukturen sowie Handlungsstrategien in die Entwicklungspraxis einzubringen. Damit zur Lösung oder zumindest Minderung der Unterentwicklung und ihrer aufrüttelnden, erschreckenden Realität beizutragen, bestimmte spätestens seit Anfang der 1970er Jahre das Engagement, mit dem innerhalb der Geographie Entwicklungsforschung betrieben wurde.

In den folgenden disziplinhistorischen Ausführungen wird versucht, zuerst auf fachübergreifender und danach auf fachinterner Ebene die Beschäftigung der Geographie mit den Ländern des Südens darzustellen.

1. Begründung, Ziel und Anspruch

Die Wissenschaftsdisziplin Geographie vermag auf eine umfangreiche Forschung in und detaillierte Kenntnisse über Regionen zu verweisen, die nach dem Zweiten Weltkrieg als Entwicklungsländer bezeichnet wurden. Sie war von Anbeginn an der Forschung in diesen Ländern beteiligt. Und bald griff sie in wachsendem Maße entwicklungstheoretische, entwicklungspolitische und entwicklungspraktische Themen auf und trug aus fachspezifischer Perspektive auch konzeptuell zur Theorie- und Strategiediskussion bei. In der Entwicklungspraxis wirken Geographen/Geographinnen heute selbstverständlich mit. Und in der schulischen Lehre fungiert das Fach Erdkunde als ein wichtiger Multiplikator.

Geographie gehört heute zum festen Bestandteil der entwicklungsrelevanten Forschung, Ausbildung und Arbeit. Sie muss sich dabei mit zahlreichen anderen Disziplinen messen und ist gefordert, ihre Kompetenz zu beweisen. Nicht zuletzt daraus leitet sich die Notwendigkeit für ein Buch ab, das dieses Wirken dokumentiert.

Bei der Fülle vorliegender Literatur und unterschiedlichster konzeptueller Ansätze zum Thema Entwicklung/Unterentwicklung/Entwicklungsländer erscheint eine Präzisierung des Anliegens dieses Buches erforderlich. Sie ist umso notwendiger, als Globalisierung eine Diskursbelebung erbracht hat.

Wer nach fünf Jahrzehnten nationaler/multinationaler Entwicklungspolitik noch daran glaubt, überhaupt Lösungskonzepte für Armut, Hunger, Arbeitslosigkeit und Ausgrenzung in den Ländern des Südens[3] zu finden, ist – mit Verlaub – naiv. Wer alles erhellende Theorien oder „schlüsselfertige" Strategien für möglich hält, wird vergebens suchen. Auch liefern die theoretischen und strategischen Debatten und Dispute der Vergangenheit – obgleich noch keineswegs zu einem Ende geführt – bislang keine allgemein gültigen Antworten. Ebensowenig bietet das inzwischen unendlich weite Feld der internationalen Entwicklungspolitik und Entwicklungshilfe (vgl. *Nuscheler* 1995) befriedigende Antworten.

Die Reaktionen auf diese ernüchternd klingenden Aussagen können von strikter Leugnung ihrer Berechtigung und Richtigkeit bis zu unkritischer Zustimmung reichen. Aus langjähriger Beschäftigung mit dem Thema Entwicklung/Unterentwicklung wird m.E. jedoch zweierlei deutlich: Zum einen bedarf es generell des Zweifels an dem Interesse des Nordens und seines ernsthaften politischen Willens zur Lösung des Phänomens Unterentwicklung. Zum anderen aber lehrt die Erfahrung, dass der normative Ansatz, von dem die entwicklungspolitischen (selbst anthropophilen, humanitären) Maßnahmen geleitet werden, jener einfühlenden Einsichten in kulturelle, regionale Besonderheiten entbehrt, die alle praktischen Maßnahmen benötigen, die den Menschen, die Verbesserung der Befriedigung seiner Grundbedürfnisse, in den Mittelpunkt entwicklungspolitischen Handelns stellen.

Approach: In einem Entwicklungsprojekt im Norden Pakistans, bei dem es u.a. um *institution building* ging, konnte, trotz beachtlichem Erfolg in ca. 95% der Dörfer, in einigen kein Zugang gefunden werden. Um das Interesse oder wenigstens die Aufmerksamkeit

3 Die in Teil I verwendeten Begriffe seien hier im Sinne ihrer allgemeinen Benutzung verstanden. An späterer Stelle werden sie präzisiert (vgl. S. 217ff).

der Bewohner dieser Dörfer zu gewinnen, wurden verschiedene kostenintensive sog. „vertrauensbildende Maßnahmen" realisiert (z.B. Bau von Toiletten). Doch der erwartete Erfolg, zumindest Bereitschaft zum Gespräch und zu überdörflicher Kooperation zu zeigen, stellte sich bei den Dörflern nicht ein. Dadurch wurden z.B. die Anlage der notwendigen Bewässerungssysteme und die überörtliche Regelung der Wasserverteilung verhindert, der Bau mehrerer Brücken und überhaupt von durchziehenden Straßen verteuert, die Abhaltung von regionalen Wochenmärkten nicht effizient realisiert sowie die Gründung von Gemeinschaftseinrichtungen (z.B. Sportvereinen und die Durchführung von zwischendörflichen Sportveranstaltungen) unmöglich gemacht. Die Ursachen für dieses Verhalten schienen unergründbar. Endlich beauftragte man einen mit der Region vertrauten Sozialwissenschaftler mit der Untersuchung dieser Dörfer.

Die Studie erbrachte u.a. die Einsichten, dass bei den sich verweigernden Dörfern zwei Gruppen unterschieden werden müssen:

– Bei Gruppe 1 handelt es sich um Dörfer mit einer Bewohnerschaft (*Gujaratis*), die sich fast vollständig in unaufkündbarer Schuldknechtschaft bei dem lokalen Grundbesitzer (*Pathane*) befindet. Diese Abhängigkeit bindet zu sklavenhaftem Gehorsam, verbietet jegliche Eigenentscheidung, erlaubt nicht einmal Außenkontakte. Diese Unfreiheit geht so weit, dass der „Landlord" über die Ehepartner entscheidet oder gefragt werden muss, wenn man das Dorf selbst kurzweilig verlassen will. Derart Abhängigen ist auch nicht erlaubt, über ihre Situation zu sprechen oder mit den Projektmitarbeitern zu kooperieren. Die Effekte der vertrauensbildenden Maßnahmen (Latrinen, Dorfstraße, Hochwasserverbau) hingegen wurden akzeptiert, kamen sie doch vor allem auch dem Landlord zu Gute.

Der Landlord führt seine privilegierte Stellung und seinen Landbesitz auf die britische Kolonialzeit zurück. Damals war seine Familie – im Sinne der *indirect rule* – zu einer regionalen Sicherungsinstanz aufgebaut worden. Der heutige Landlord selbst gilt als eine hoch gebildete und in der Region angesehene Persönlichkeit. Er verfügt über ein Netz weit verzweigter Klientelbeziehungen. Darin eingebunden sind auch seine Söhne, die einflussreiche Positionen in der Distriktregierung oder hochrangige Posten beim Militär bekleiden. Sie suchen regelmäßig, dabei die Insignien ihrer augenblicklichen Stellung und Macht demonstrierend (Geländewagen, *bodyguard*, Uniform etc.), *ihre* Dörfer auf. Dort halten sie Versammlungen ab, geben Anweisungen zur Feldbestellung, schlichten Streitigkeiten, sprechen sogar Recht und kontrollieren die Ernte. Sie regeln quasi das dörfliche Geschehen bis auf die Familienebene ihrer Schuldknechte.

Über die derart kontrollierten Dörfer wird aus Furcht in der Nachbarschaft nicht gesprochen. Aus ihnen dringt nichts nach außen. Ihre Bewohner sind regelrecht tabuisiert. Die Situation jedoch ist bekannt. Selbst lokale Projektmitarbeiter wussten darüber Bescheid. Doch niemand trug dazu bei, das Geheimnis zu lüften. Selbst im zuständigen Ministerium der Provinzregierung, wo nach Kenntnisnahme dieser Verhältnisse von Projektseite und sogar von dem ausländischen Träger um Hilfe ersucht wurde, rührte niemand das Problem an.

– Die Dörfer der Gruppe 2 liegen im hinteren Teil enger und terrassierter Gebirgstäler. In der gesamten Region wurde vor Projektbeginn in großen Mengen Mohn zur Herstellung von Narkotika angebaut. Um der pakistanischen Regierung die Durchsetzung des Anbauverbots für Mohn zu erleichtern, erklärten sich zwei Industrieländer, die sich international für die Austrocknung der Quellgebiete für Drogen einsetzen, bereit, der betroffenen Region Hilfe zu leisten. Die eingeleiteten Entwicklungsprojekte sollten den Verlust der bisher aus dem Mohnanbau realisierten guten Einkommen nicht nur des Landlords, sondern vor allem der Dorfbewohner (vorherrschend Pächter) kompensieren.

Zu Beginn der Studie stellte sich heraus, dass der *absentee-landlord* unerreichbar in der Distrikthauptstadt lebt und die Männer des Dorfes aller Altersgruppen fast ständig an den Dorfplätzen auf Betten (*sharpois*) herumdösen und freundlich lächelnd, aber verschlossen den Fremden begegnen. Das Bewässerungsland (*aabi*) auf den unteren Hängen und das die Dörfer auf Talniveau hier umgebende Regenfeldland (*barani*) lagen weitgehend ungenutzt. Die Terrassierung der Flächen war durch Erosion abgetragen. Für die Beschäftigungslosigkeit der Männer und die brach liegenden Feldareale konnte keine plausible Erklärung erfragt werden. Umfangreiche, nicht gern gesehene und immer wieder zu verhindern versuchte Geländebegehungen auf der Basis topographischer Karten und unter Einbezug der morphologischen Strukturen, die auch die steilen Hangpartien und versteckten Seitentäler umfassten, erbrachten folgendes Ergebnis: Die ausgedehnten, fruchtbaren Terrassenflächen, fernab und schwer zugänglich gelegen, waren intensiv mit Mohn bestellt. Das daraus realisierbare Einkommen sicherte nicht nur den Wohlstand des *absentee-landlords* und die Existenz der herumdösenden Dörfler, sondern erklärte auch die ungenutzten Felder in Dorfnähe.

Der lokale, international/global agierende Fädenzieher von Produktion und Vertrieb des Rauschgiftes war zwar in jener Zeit in Großbritannien wegen Drogendelikten inhaftiert. Dennoch scheiterten – Folge seines weitreichenden und ungebrochenen Einflusses – alle nun erneut von Projektseite auf lokaler/regionaler Ebene eingeleiteten Anstrengungen, in den Dörfern Zugang zu finden. Ebensowenig bewirkten die Bemühungen der internationalen Donatoren, auf nationaler Ebene eine Änderung herbeizuführen.

Dem Projekt blieb nichts anderes übrig, als die Dörfer beider Gruppen weitgehend zu ignorieren, die Aktivitäten räumlich zu verschieben, den Verlust an Mitteln und Zeit in Kauf zu nehmen (*RTV* 1987).

Dieses Beispiel verdeutlicht nicht nur die mühevolle und nicht selten frustrierende Projektarbeit vor Ort. Es soll hier vor allem veranschaulichen, auf welch unterschiedlichen zeitlichen, hierarchischen, räumlichen und inhaltlichen Ebenen die Zusammenhänge für die Vor-Ort-Situation gesucht werden müssen. *Zeitlich*: vorkolonial, kolonial, postkolonial und gegenwärtig; *hierarchisch*: Landloser, Landlord-, Projekt-, nationale Verwaltungs-, internationale Donator-Ebene; *räumlich*: Individuum/Haushalt, Dorf, Region, Nation, Welt; *qualitativ*: politisch, sozial, ökologisch, geomorphologisch. Diese Differenzierung ließe sich noch beliebig weiter verfolgen. Deutlich dürfte geworden sein, dass die Ursachen für Entstehung und Fortdauer der beklagenswerten und inhumanen Situation in den Entwicklungsländern nur verstanden und geeignete Maßnahmen – zumindest in der Hoffnung auf Linderung – nur ergriffen werden können, wenn die Komplexität der Zusammenhänge bekannt ist und berücksichtigt wird.

Diese Feststellung ist so trivial wie unbestritten. Dennoch ist ihre Verwirklichung in der entwicklungspolitischen Praxis keine allgemeine Selbstverständlichkeit.

Nicht zuletzt aus dieser Tatsache resultiert das Engagement geographischer Entwicklungsforschung, die erstens auf die Vermittlung von Einsichten in die regionalen Strukturen von Unterentwicklung und zweitens auf die Bereitstellung von Grundlagen zur Formulierung lokal/regional angepasster Maßnahmen/Strategien gerichtet ist.

Daraus leitet sich auch das in diesem Buch vertretene Verständnis von *Entwicklung* ab. Darunter wird nicht das universale Phänomen ständig zunehmender und sich differenzierender Naturbeherrschung und Naturnutzung mit den Zielen Produktivitätssteigerung und Befriedigung wachsender gesellschaftlicher Bedürfnisse begriffen (*Ribeiro* 1971, 14ff). Vielmehr stehen, in Anlehnung an *Nuscheler* (1995) und gemäß des eingangs erwähnten Grundverständnisses geographischer Entwicklungsforschung, die aktuellen Grundbelange der Menschen in den Ländern des Südens im Vordergrund. Sie sind ungeachtet aller Zeitströmungen und sich wandelnder politischer Zielsetzungen seit fünf Dekaden unverändert und werden auch in Zukunft (trotz Globalisierung?) bestimmend sein. Danach muss Entwicklung heißen: erstens regionsspezifische Überlebenssicherung und zweitens langfristige Befriedigung menschlicher Grundbedürfnisse auf der Basis nachhaltiger Nutzung lokal vorhandener natürlicher und sozialer Ressourcen und unter selbsthilfeorientierter Partizipation der Bevölkerung. Sie muss auf Gleichheit, Freiheit, Menschenwürde, politische/demokratische Beteiligung, Solidarität und (kulturelle) Toleranz gerichtet sein.

2. Bedeutung und Orientierung

Für eine wissenschaftliche Disziplin, die in früheren Jahrhunderten zur Erkundung der Erde, zur Erforschung von Handelswaren und Handelswegen, von agraren und mineralischen Rohstoffquellen, zur Diskussion der kolonialen Frage und zur Verbreitung erd- und länderkundlichen Wissens (z.B. über die deutschen Kolonien) beigetragen hat, sollte die Beschäftigung mit den Entwicklungsländern nach dem Zweiten Weltkrieg eigentlich eine selbstverständliche Herausforderung darstellen. Dieser Anspruch gilt insbesondere, da die Beschreibung der ‚dinglichen Erfüllung' der Erdoberfläche und ihrer räumlichen Differenzierung sowie die Totalerfassung von Ländern, zentrale Herausforderung der wissenschaftlichen Geographie per se, geradezu als Grundlage entwicklungspolitischen Handelns gelten konnten. Doch dieser mögliche Beitrag der Geographie fand bis Mitte der siebziger Jahre kaum statt. Erst danach vermochte sie, auf sich aufmerksam zu machen und sich in der interdisziplinären Diskussion zum Thema Entwicklungsländer zu orientieren. – Ein Buch über geographische Entwicklungsforschung muss sich zumindest kurz einer diesbezüglichen fachkritischen Reflexion stellen.

2.1 Bedeutungslosigkeit und Ursachen

Häufig wird Geographie von den Nachbarfächern nur als Schulfach, als Lieferant von Karten und Atlanten und seltener als Wissenschaftsdisziplin mit eigenem Forschungsgegenstand und eigener Methodik und Theoriebildung verstanden. Bei der Thematik Unterentwicklung/Entwicklungsländer ist diese Tatsache jedoch unverständlich. Ohne letztendliche Gültigkeit zu beanspruchen, seien dazu folgende Überlegungen angeführt:

Die Geographie entwickelte in den 1950er und 1960er Jahren weder aus ihrem reichen Erfahrungswissen noch aus ihrem traditionellen (länderkundlichen) Verständnis oder der gesellschaftlichen Aktualität des Themas Entwicklungsländer heraus eigenständige Konzepte, die geeignet gewesen wären, die Diskussion mitzubestimmen oder zumindest inhaltlich zu bereichern. Sie folgte dem entwicklungspolitischen *mainstream* nachholender Entwicklung auf der Grundlage wachstumstheoretischer Vorstellungen, wie sie z.B. in der *Rostow*'schen Stufenlehre formuliert wurden (*Rostow* 1960; Abb. 23). Selbst dabei gelang es nicht, die „Bedeutung von Geographie und Landeskenntnis bei der Vorbereitung wirtschaftlicher Entscheidungen und bei langfristigen Planungen in Entwicklungsländern", worauf *Wirth* (1966) hinweist, überzeugend anzubieten und einzubringen. Diese Tatsache muss überraschen, galt es doch, bei der Bestimmung und Überwindung von Unterentwicklung im modernisierungstheoretischen Sinne gerade jene internen Strukturen zu kennen, die das umfangreiche physio- und kulturgeographische Regionalwissen offenlegte.

An der Formulierung relevanter raumtheoretischer Konzepte jener Zeit, wie z.B. Wachstumspole, Dualismus, Zentrum-Peripherie oder auch die verschiedenen Weltdifferenzierungen/-teilungen[4] und Weltmodelle (z.B. *Mesarovic, Pestel* 1974), war die Geographie, die in der Nachkriegszeit in erster Linie ihren (Nachhol-)Bedarf an empirischer Auslandsforschung zu befriedigen suchte und traditionell theoretischen Erörterungen abhold war, nicht originär beteiligt. Auch war sie eigentlich nicht gefragt. Sie rezipierte vielmehr das entsprechende fachexterne Angebot.

Diskussion und Praxis zur Entwicklungsthematik konzentrierten sich auf ökonomische und politische Sachzwänge und wurden daher von Vertretern entsprechender Nachbardisziplinen (z.B. Juristen, Ökonomen, Politologen) beherrscht.

---

4 Der von *Bratzel/Müller* (1979) vorgelegte und später von *Giese* (1985) nochmals aufgegriffene Versuch, die Entwicklungsländer faktoranalytisch zu erfassen und zu differenzieren, stellte einen wirklich originären und auch wichtigen Beitrag der Geographie dar. Es war m.E. die Komplexität der Methode, die der allgemeinen Verwendung dieser Karte und ihres Inhaltes im Wege stand (Abb. 4).

Sie formulierten die Theorien, bestimmten die Terminologie, verschafften sich gesellschaftlich Gehör und wurden gefragt. Die Geographie und ihr Angebot an länderkundlicher Wissensfülle wurde schlichtweg – weder von den potentiellen Zielgruppen in der praktischen Entwicklungshilfe und Entwicklungspolitik noch in den einschlägigen Nachbardisziplinen – nicht erkannt oder kaum ernsthaft in Betracht gezogen.

Es verfehlt m.E. den Problemkern, wenn die Ursachen dafür in der sicher zu Recht viel kritisierten Theorielosigkeit der Geographie gesucht werden (*Blenck* 1979; *Lühring* 1977). Denn zum einen basierten fast alle geographischen Arbeiten der fünfziger und sechziger Jahre – wenn auch recht unreflektiert, ohne fachspezifische Umsetzung und konzeptuelle Weiterentwicklung – explizit oder implizit auf modernisierungstheoretischen Axiomen. Und zum anderen war die theoretische Reflexion in jener Zeit in den benachbarten Disziplinen keineswegs erkennbar fortschrittlicher, kreativer oder vor allem selbstkritischer. Dennoch drängt sich die von *Blenck* und *Lühring* aufgeworfene Ursachenfrage auf. Bei dem Versuch einer Antwort sind mehrere Ebenen zu unterscheiden: Da ist m.E. zuerst einmal die in der Geographie behandelte Themenfülle anzuführen. Sie verhindert oder erschwert zumindest die Herausbildung tragender facheigener Forschungsschwerpunkte und ihre externe Wahrnehmung; ein generelles Problem der Geographie! Da sei zum anderen auf das Image der Geographie als Schulerdkunde verwiesen, das das wissenschaftliche Ansehen des Faches unberechtigterweise schmälert.

Auf ganz anderer fachinterner Ebene bedeutungsvoll dürfte die noch recht frische Erinnerung mit den Erfahrungen gewesen sein, die im Dritten Reich mit der Geopolitik gesammelt worden waren (*Schöller* 1957). Daraus resultierten sicher Vorsicht und Unsicherheit im Umgang mit tagespolitischen Sachverhalten, zu denen die Entwicklungspolitik gehört. Darin liegt wohl ebenfalls die in jener Zeit bestehende Harmlosigkeit gesellschaftlichen Problembewusstseins in der Geographie begründet; und Unterentwicklung stellt zweifellos eine gesellschaftliche Herausforderung dar. In diesem Zusammenhang sind die Berührungsängste mit den Nachbardisziplinen anzusprechen, da die dort geführte Diskussion zur Entwicklungsthematik politisiert war. Sie wurde sogar von einflussreichen Vertretern der Geographie als ideologisiert gebrandmarkt, als unwissenschaftlich eingestuft und daher abgelehnt. Doch für die angesprochene Randstellung der Geographie dürfte die m.E. wenig überzeugende, fachintern jedoch gepflegte Selbstrekommandation gewesen sein, mit dem länderkundlichen Fachverständnis über eine *General*zuständigkeit für Entwicklungsländer zu verfügen.

Das geradezu unreflektierte Festhalten an Länder- und Landschaftskunde, als das *höchste* Ziel geographischen Tuns (*Bartels* 1968), die daraus erklärbare und (im Prinzip) nicht unberechtigte Einforderung, Klima, Böden, Vegetation, Oberflächenformen, Wirtschaft, Religion und Gesellschaft in ihrer räumlichen und länderspezifischen Differenziertheit innerhalb Asiens, Afrikas und Lateinamerikas bei der Beurteilung und Überwindung von Unterentwicklung zu berücksichtigen, musste außerhalb der Geographie – wenn sie überhaupt gehört wurde – auf Unverständnis stoßen. Das geschah sicher nicht, weil in den Nachbardisziplinen oder bei den politischen Verantwortlichen dafür das Verständnis fehlte. *Behrendt* (1968) belegt mit seiner Forderung, derartige Sachverhalte in die Entwicklungspolitik einzubeziehen, das Gegenteil. Vielmehr gelang es der Geographie nicht, das Spezifikum ihres Fachbeitrages und ihres einschlägigen Wissens überzeugend weder in die theoretische noch in die entwicklungspolitische Diskussion einzubringen. Und es verwundert, dass selbst die originellen und interessanten theoretischen Diskussionsbeiträge von geographischer Seite, dabei sei z.B. an das Konzept des Rentenkapitalismus (*Bobek* 1962/1985, 1967, 1979) und (später) die These von der „ökologischen Benachteiligung der Tropen" (*Weischet* 1977, 1981a, b; 1983) gedacht, fachextern unverständlicherweise wenig Beachtung fanden. Dafür wiederum war nicht zuletzt die Harmlosigkeit und schlichte Deskription der fachwissenschaftlichen Inhalte sowie – was m.E. eine wichtige Rolle spielte – der Tatbestand ausschlaggebend, dass sie weitgehend nur in fach-/institutsinternen oder schul-/unterrichtsbezogenen Publikationen zugänglich oder besser versteckt waren. Es drängt sich geradezu der Eindruck auf, dass überall dort und wo immer Geographen zitiert, zu Vorträgen oder Beiträgen (z.B. in entwicklungspolitischen Handbüchern: *Otremba* 1966; *Troll* 1960; *Uhlig* 1966) geladen oder in entsprechenden (internationalen) Organisationen tätig wurden (*Manshard* 1998) – was natürlich auch vorkam (!) – , dafür die persönliche Kompetenz und kollegiale Bekanntheit, nicht jedoch die Tatsache, Geograph zu sein, den Ausschlag gaben.

Selbst nach der fundamentalen fachinternen Kritik an Länder- und Landschaftskunde Ende der 1960er Jahre (Geographentag Kiel, 1969) änderte sich an dieser Situation im Prinzip zuerst einmal nichts. Für die entwicklungspolitische Außenwelt schien die Geographie, dieser Eindruck drängt sich auf, schlicht zu harmlos.

2.2 Wahrnehmung und Teilhabe

Die Kritik an Länder- und Landschaftskunde, die nicht von ungefähr in eine Zeit allgemeiner wissenschaftstheoretischer (neopositivistischer) Aufbruchsstimmung fiel, leitete eine generelle aufklärerische Öffnung der Geographie ein (*Bartels* 1968). In der Entwicklungsforschung gewann der Disput zwischen Modernisierungs- und Dependenz-/Abhängigkeitstheorien interdisziplinäre Bedeutung. Erste empirische geographische Studien, die sich dieser Theoriediskussion geöffnet hatten (z.B. *Asche* 1977; *Blenck* 1974a, b; *Rauch* 1978, 1981; *Scholz* 1974a, b), wurden fachextern wahrgenommen. Bei den engagiert und interdisziplinär geführten Diskussionen fielen wiederholt jüngere Vertreter der Geographie durch ihre Beiträge auf. Die Nachbardisziplinen begannen, die Geographen wahrzunehmen.

Diese Wahrnehmung der Geographie gab wohl auch den Ausschlag für eine interdisziplinäre Tagung, die 1976 in Göttingen durchgeführt wurde. Sie befasste sich unter Beteiligung namhafter Vertreter verschiedener Nachbarwissenschaften mit der Frage nach der Bedeutung exogener und indigener Ursachen im Entwicklungsprozess. Hierbei wurde den Teilnehmern der Geographie wohl wirklich deutlich, dass die bloße Lieferung lokalen, regionalen Fachwissens keine conditio sine qua non für Entwicklungsforschung per se darstellt. Vielmehr macht dieses Fachwissen für die Nachbarfächer und Entwicklungspolitik nur dann Sinn, wenn es in erkenntnistheoretischem Zusammenhang aufbereitet und zielorientiert in die theoretischen Konzepte zur Erklärung von Unterentwicklung und ihrer Überwindung eingebracht werden kann. Und zum anderen wird dieses Fachwissen nur nachgefragt, wenn es erkennbar Informationen zu Verständnis und Lösung von Themen und Problemen liefert, die gesellschaftlich und politisch relevant sind und nicht einzig fachinterner Raritätensuche und persönlichen Profilierungszwängen entspringen.

Für all jene Geographen, die erkannt hatten, dass die Entwicklungsthematik nie Domäne einer einzelnen Disziplin sein kann, sie nur im fachübergreifenden Austausch empirisch, analytisch und theoretisch überhaupt erfassbar und dafür jeweils spezifische Fachkompetenz erforderlich ist, wurde dieser Arbeitskreis ein Forum des Austausches und der Anregung. Die erste Tagung erbrachte, ebenso wie die darauf regelmäßig folgenden Konferenzen und die durch den Arbeitskreis indirekt geförderten fachinternen Diskussionen, eine gewisse Befreiung. Denn die bislang wohl selbst auferlegte Enthaltsamkeit in der Auseinandersetzung mit kritischen theoretischen, auch ideologischen/politischen Vorstellungen und kontroversen entwicklungspolitischen Positionen wurde aufgegeben. Fragen nach der externen Verursachung von Unterentwicklung, der Bedeutung des Kolonialismus für die raumstrukturelle Deformation der Entwicklungsländer oder die Unterentwicklung generell waren hinfort keine Tabuthemen mehr.

Die Anregungen, die von der 1976 veranstalteten Tagung ausgingen, sind nicht abschätzbar. Doch es ist keineswegs anmaßend zu behaupten, dass von nun an die Beschäftigung mit Entwicklungsländern nicht mehr unter dem länderkundlichen Stigma litt. Vielmehr erlangte sie innerhalb der thematisch aufgefächerten Geographie eigenständige Bedeutung. Auch wurde sie fachextern zunehmend wahrgenommen. Als Ausdruck dafür stehen zuerst einmal die jetzt wirklich problemorientierten und theoriegeleiteten empirischen geographischen Forschungen und das Erscheinen entwicklungsbezogener geographischer Beiträge in fachfremden Organen. Verwiesen sei ebenfalls auf das zunehmende Angebot an entwicklungsbezogenen Lehrveranstaltungen (z.B. Bochum, Bonn, Freiburg, Göttingen, Hamburg, Marburg; heute auch Bayreuth, Erlangen) oder die Einführung entwicklungspraktischer Studiengänge innerhalb der Geographie (z.B. Berlin, Tübingen). Ihre Absolventen/Absolventinnen finden – bei aller Konkurrenz – inzwischen Einsatz in der entwicklungspolitischen Praxis, bei staatlichen und überstaatlichen Entwicklungsagenturen oder Nicht-Regierungs-Organisationen (NRO). Wegen ihrer fachlichen Kompetenz sind sie hier als Praktikanten willkommen. Fachvertreter wurden zunehmend als Evaluierer und Gutachter, als Berater, Leiter oder Mitarbeiter/Mitarbeiterinnen von Projekten und bei Regierungen tätig. Sie werden in jüngster Zeit im zivilen Friedensdienst, in Programmen zur Konfliktprävention oder bei Maßnahmen zur Ernährungssicherung eingesetzt. Und vor allem sei die Mitwirkung von Vertretern der Geographie bei der Konzeptionierung der wohl bedeutsamsten (armutsorientierten) Entwicklungsstrategie *Ländliche Regionalentwicklung* (LRE; S. 207ff) oder bei der Findung des Prüfverfahrens für Nachhaltigkeit herausgestellt. In diesem Zusammenhang muss auch auf die Bereitstellung von Planungsgrundlagen (z.B. Planungsatlanten) und Projektexpertisen sowie die Durchführung projektbegleitender Forschungen verwiesen werden. – Das bislang Erreichte sollte aber weniger als Pfründe, denn als Herausforderung begriffen werden!

2.3 Neue Herausforderung und Mitgestaltung

Seit Mitte der 1980er Jahre trat die entwicklungstheoretische Debatte – nicht zuletzt durch die Ernüchterung, die sich auf die Fortdauer und Verschärfung der elementaren Not in den Ländern Afrikas, Asiens und Lateinamerikas eingestellt hatte – hinter entwicklungspraktischen Überlegungen und Strategiepragmatismus zurück (vgl. *Hein* 1997; *Menzel* 1992; *Thiel* 1999). Die Fragen nach Ursachen und Hintergründen von Unterentwicklung, Deformation und Rückständigkeit, bislang wirklich noch keineswegs ausdiskutiert und beantwortet (*Kreutzmann* 2003), wurden kaum mehr gestellt. Lokalspezifischen Faktoren (z.B. *bad governance*, Bürgerkriege, Korruption, Nepotismus, Umweltkatastrophen) wurde – m.E. ohne die kritische Analyse von einst – immer größeres Gewicht beigemessen. Die bisher verfolgte nachholende Entwicklung, begleitet von Armutsbekämpfung, Grundbedürfnisbefriedigung und Konfliktprävention, wurde durch das Postulat der Nachhaltigkeit ergänzt und letztlich überlagert (vgl. *Thiel* 1999).

Aufgeschreckt wurde dieser allgemein präsente Pragmatismus durch die in Deutschland verspätet einsetzende Diskussion um Globalisierung und Entwicklung (u.a. *Altvater, Mahnkopf* 1999; *Betz* 1998; *DGL* 1997; *Hein* 1995; *Scholz* 2000a, b). Für die Geographie stellt sie in mehrerer Hinsicht eine neue, originäre Herausforderung dar: Abgesehen von einer interdisziplinären Neugerierung der

Raum-Diskussion, bisher Domäne der Geographie (*Kappel* 1995; *Krätke* 1995; *Leggewie* 1994; *Pohl* 1993; *Scholz* 1998a), besteht sie in den wettbewerbsgesteuerten, konsensbefreiten Entwicklungsperspektiven, in konkurrenzbedingten Handlungskonzepten oder auch in der Individualisierung von Armut, Ausgrenzung und Fragmentierung. Globalisierung und die damit einhergehende Fragmentierung zwingen zu neuen Formen globaler Differenzierung und von Weltmodellen. Nachholende Entwicklung, bisher allgemein gültiges und in der Geographie zusammen mit Grundbedürfnisbefriedigung und Armutsbekämpfung wohl mehrheitlich geteiltes Entwicklungsparadigma, ist obsolet geworden (*Scholz* 2002a).

Wie reagiert die Geographie auf diese Herausforderung? Mit der 1999 in Berlin veranstalteten Tagung des Geographischen Arbeitskreises Entwicklungstheorien (GAE) „Globalisierung und Entwicklung", der am Geographentag in Hamburg 1999 abgehaltenen entsprechenden Fachsitzung und den bisher erschienenen einschlägigen Veröffentlichungen (z.B. *Altenburg*, 2000; *Kreutzmann* 2003; *Dörfler et al.* 2003; *Nuhn* 2001; *Sternberg* 2002; *Scholz* 2000b, 2002a) zeichnen sich Spuren einer Neuorientierung ab. Sie umfassen Vorstellungen ganz unterschiedlicher Problemdurchdringung und gehen von recht verschiedenen Entwicklungsperspektiven von Nord und Süd aus: So wird zum einen die nach den Erfahrungen von fast fünf Entwicklungsdekaden eigentlich überholt geglaubte Vorstellung von der Möglichkeit, Unterentwicklung durch nachholende Entwicklung überwinden zu können, durch Globalisierung erneut bestärkt (z.B. *Altenburg* 2000; *Schamp* 1996). Dieser Auffassung steht zum anderen die These entgegen, dass in Zeiten der Globalisierung vom Ende nachholender und der Wirklichkeit fragmentierender Entwicklung ausgegangen werden muss (*Scholz* 2000b, 2002a). Diese unterschiedlichen Positionen deuten innerhalb der Geographie einen kontroversen entwicklungstheoretischen und entwicklungsstrategischen Diskurs an, der sich in den Nachbardisziplinen auch erst im Entstehen befindet (*Altvater, Mahnkopf* 1999; *Hein* 1995; *Sachs* 1989). Mitgestaltung und Teilhabe an diesem Diskurs dürften der Geographie sicher sein[5].

Diese kurze selbstkritische Erörterung zu Orientierungsproblemen der Geographie in der Entwicklungsforschung spiegelt m.E. einen erfolgreichen Erfahrungsprozess wider. Denn die Geographie hat sich – in aller Bescheidenheit und wie in diesem Buch dokumentiert – durch ihre wissenschaftlichen Beiträge in der theoretischen Diskussion und entwicklungspolitischen Praxis etablieren können. Es wurden dabei aber auch verschiedene fachhistorische und inhaltliche Fragen angesprochen sowie methodische und fachinterne Probleme aufgeworfen. Ihrer Erörterung widmet sich das folgende Kapitel.

---

5 Verwiesen sei dazu z.B. auf *Herkommer* (2002), *Schulz, Kracht* (2004), *Senghaas* (2003b), *Tetzlaff* (2003).

3. Retrospektion

Die gesellschaftliche und wissenschaftliche Beschäftigung mit dem Thema Entwicklungsländer setzte in dem durch den Wiederaufbau geprägten Nachkriegs-Deutschland später ein als z.B. im benachbarten europäischen Ausland oder in den USA. Für die geographischen Forscher, die von Mitte der 1930er Jahre bis zum Ende des Zweiten Weltkrieges fast keine Auslandsstudien betreiben konnten, öffneten sich nach Überwindung der Nachkriegswirren endlich wieder die Länder Asiens, Afrikas und Lateinamerikas. Ein riesiger Nachholbedarf war gegeben. Ein weites Betätigungsfeld für die Forschung tat sich auf. Unterentwicklung stand dabei nicht im Zentrum des Interesses. Die Physiogeographie wand sich z.B. anfangs klimamorphologischen Studien zu. Die Anthropogeographie verfolgte mehr länderkundliche Themen und begann nur zögerlich, entwicklungsrelevante Fragen aufzugreifen. Dabei schloss sie an einschlägige Arbeiten der Vorkriegszeit an.

3.1 Geographische Vorkriegsforschung in *Übersee*

Die ersten, die sich innerhalb der Geographie in Deutschland nach dem Zweiten Weltkrieg mit den Ländern befassten, die jetzt als Entwicklungsländer (früher: Rohstoff-, Übersee-, Tropen-, Kolonialländer) bezeichnet wurden, bezogen sich bei der Materialsuche auf Vorkriegsforschungen vorherrschend länderkundlichen Zuschnitts. Denn auf das darin gesammelte und aufbereitete Material über außereuropäische, koloniale Gebiete war man nicht nur aus Mangel an aktueller Forschung angewiesen. Es bot auch vielfältige Ansatzstellen für entwicklungsrelevante Überlegungen. Ohne Vollständigkeit anstreben zu wollen und leisten zu können, handelt es sich dabei vor allem um die Arbeiten von *Haushofer* (1924, 1926), *Kolb* (1935, 1942), *Obst* (1934, 1937, 1941/43), *Passarge* (1935), *Sapper* (1918, 1923, 1941), *Troll* (1930, 1936, 1937), *Waibel* (1929, 1937) und *Wilhelmy* (1940).

Diese Arbeiten vertreten – darauf sei nachdrücklich hingewiesen – keineswegs *nur* geopolitische Zeitgeistpositionen, was die Namen *Haushofer* und *Obst* nahe legen könnten (*Schöller* 1957). Die inhaltliche Breite und thematische Vielfalt sind nämlich ebenso beeindruckend wie die Einsicht in die Notwendigkeit zu Entwicklung an sich oder zur effektiveren, natürlich eigennützigen Inwertsetzung von lokalen Ressourcen zur Exportverbesserung, Rohstoff- oder Verkehrserschließung. Doch sind Unterschiede bei der Adaption der Vorgaben zeitgenössischer (geo-)politischer Sichtweise vorhanden und allenthalben erkennbar. Um zu veranschaulichen, welche Positionen dabei (offensichtlich in aller Harmlosigkeit) vertreten wurden, sei auf zwei Studien beispielhaft eingegangen. Sie können vielleicht auch verständlich machen, warum sich die Geographie nach dem Krieg anfänglich mit dem Thema Unterentwicklung ganz offensichtlich schwer tat.

So schreibt z.B. *Carl Troll* (1941), wohl einer der profiliertesten deutschen Geographen der Überseeforschung, in „Koloniale Raumplanung in Afrika“: „Aus der Tatsache des rechtmäßigen und friedlichen Erwerbs unserer Schutzgebiete und aus den Leistungen unserer nur 30-jährigen staatlichen Kolonisation in Afrika hat die deutsche Kolonialbewegung in der Nachkriegszeit (nach Erstem Weltkrieg; Anm. d. Verf.) die Kraft geschöpft, den Wiedererwerb unserer Kolonien anzustreben. In dem zähen Bemühen, dies auf dem Weg der friedlichen Verständigung zu erreichen, ist die deutsche Wissenschaft ihrem Volk vorangegangen … Heute ist auch das koloniale Problem in Afrika wie das europäische vor die Entscheidung des Krieges gestellt und das deutsche Volk, auch in seinen breiten Massen rechtzeitig auf den Kolonialgedanken hingeführt, ist in seinem Vertrauen auf den Ausgang des Krieges (Zweiter Weltkrieg; Anm. d. Verf.) von einer großen kolonialen Erwartung“ (*Troll*, 1941, 3). Ähnliche Positionen enthalten auch die Arbeiten z.B. von *Behrmann* (1935), *Haushofer* (1926), *Obst* (1934), *Penck* 1937 und *Westermann* (1941). Sie finden sich auch in der offiziellen (Kolonial-)Politik wieder (*Kuntze* 1938, 145ff).

Eine recht eindeutig andere Position vermitteln die Ausführungen des Beitrages *„Die Industrialisierung außereuropäischer Gebiete“* von *Kolb* (1935). Darin findet sich keine zeitgenössische, ideologische Begründung. Er ist eindeutig problembezogen und argumentiert methodisch aus länderkundlichem Fachverständnis. Es geht dabei um die Industrialisierung jener Erdgegenden, die „vordem als einseitige Nahrungsmittelüberschußgebiete, Rohstoffhilfsländer und Konsumenten europäischer Fertigwaren tragende Pfeiler des europäischen Wirtschaftsgebäudes gewesen waren …“ (*Kolb* 1935, 264). Und dabei bezieht sich *Kolb*, dem geopolitischen Zeitgeist entwindend, auf die geodeterministische These, dass „ … alles wirtschaftliche Handeln … landschaftsgebunden ist und vollkommenste Technik und höchste Rationalität … den Einfluß landschaftlich gebundener Produktionsvorteile nicht auszuschalten … vermögen“ (ebd. 264).

Bei derartigen Studien, unmittelbar nach dem Zweiten Weltkrieg einzig zugängliche Informationsquellen über die neuen Entwicklungsländer, kann es kaum verwundern, dass immer wieder darauf zurückgegriffen wurde und sich – wohl unbedacht – vereinzelt Sichtweisen einschlichen, die der neuen internationalen Ordnung nicht mehr entsprachen. So vertrat z.B. *Carl Troll* in der Diskussion zu einem Vortrag in Göttingen auf eine Frage des Verf. die Auffassung, dass die Probleme in den Entwicklungsländern heute weitaus geringer wären, wenn Deutschland über mehr Kolonien verfügt hätte.

3.2 Geographische Forschung in Entwicklungsländern

Es kann nach den Forschungen der Vergangenheit nicht überraschen, dass die ältere Geographengeneration in ihren ersten Nachkriegspublikationen zwar nicht an die inzwischen ignorierte Tradition, wohl aber an die methodischen Konzepte und regionsspezifischen Informationen anknüpfte. Auch dafür seien die beiden schon erwähnten Wissenschaftler beispielhaft ausgewählt. *Troll* (1960, 1966) bleibt dabei methodisch mehr der länderkundlichen Tradition des Faches verbunden und fand sich damit im Kreis namhafter Kollegen wieder. Genannt seien z.B. *Borchert* (1963), *Pfeifer* (1962), *Scharlau* (1960), *Schultze* (1963), *Sievers* (1962), *Uhlig* (1962), *Weigt* (1963), *Wiche* (1962) oder *Wirth* (1956, 1962). Wie eine 1988 durchgeführte Literaturauswertung belegt, ist die weit überwiegende Zahl aller in den sechziger Jahren erschienenen Studien über Entwicklungsländer und der einschlägigen Beiträge in geographischen Zeitschriften hier zuzuordnen (*Scholz* 1988). In diesen Arbeiten wurde von dem fachlichen Selbstverständnis ausgegangen, dass allein schon die Zurverfügungstellung länderkundlichen Wissens einen entwicklungspolitischen Beitrag darstellt. Diese keineswegs unberechtigte Auffassung leitet sich methodisch aus dem kausalistischen Betrachtungsansatz der Länderkunde ab. Danach können Entstehung von Phänomenen/ Strukturen der Unterentwicklung sowie die notwendigen Lösungsmöglichkeiten nur in der komplexen länderkundlichen Zusammenschau angemessen betrachtet werden. Beispielhaft sei dazu auf *Borchert* (1963) und *Wiche* (1962) verwiesen.

Doch es gibt in dieser Zeit auch geographische Studien, die – methodisch zwar einen ähnlichen Ansatz verfolgend – die Problematik von Unterentwicklung in ihrer (welt-)gesellschaftlichen Bedeutung und politikpraktischen Relevanz wohl durchdrungen haben und zu thematisieren vermochten (z.B. *Grötzbach* 1980; *Manshard* 1961; *Otremba* 1962; *Pfeifer* 1962; *Sandner* 1971, 1975). Insbesondere sei in diesem Zusammenhang auf den in diesem Sinne bemerkenswerten Vortrag *„Die Industrialisierung außereuropäischer Entwicklungsländer"* von *Kolb* (1958) auf dem Geographentag in Würzburg 1957 hingewiesen. Hierin wird – für die Geographie jener Zeit eine mutige Tat (!) – nicht nur die Verantwortung der ehemaligen Kolonialmächte und der heutigen Industrieländer für die Rückständigkeit und Unterentwicklung angesprochen. Es wird auch die Verantwortung der Geographie hervorgehoben und – zu diesem Zeitpunkt eine bemerkenswerte Aussage – ihre Zuständigkeit (euphorisch) gefordert.

In der Differenziertheit der Argumentation, der Vielfalt der konzeptuellen Ansätze und der paradigmatischen (wachstums-, modernisierungstheoretischen) Zielsetzung konnten sich die Ausführungen von *Kolb* mit zeitgenössischen Studien anderer Disziplinen messen. Aus heutiger Sicht überrascht es jedoch, dass sie innerhalb der Geographie keinen Aufbruch auslösten, zumal in den 1960er Jahren die Forschungsaktivität der Geographen in den sog. Entwicklungsländern zunahm, die Zahl der daraus hervorgehenden Publikationen rasch anstieg und *Wirth* (1966) die Bedeutung der Geographie für die Planung in Entwicklungsländern anmahnt. Die brennenden Probleme der Unterentwicklung blieben jedoch weitgehend unberührt. Die inzwischen in Lateinamerika (*dependencia*) und Frankreich (*tiers monde*) aufgekommene Kritik an dem gängigen, modernisierungstheoretischen Entwicklungsverständnis wurde kaum aufgegriffen.

Exkurs: Um zumindest an einem Beispiel zu verdeutlichen, wie sich die Geographie in jener Zeit selbst ins Abseits der Diskussion zur Entwicklungsproblematik begab, sei auf die auf *Leo Waibel* zurückgreifende Diskussion zur Agrargeographie und über den Begriff „Agrarformation" hingewiesen (*Nitz* 1975). Eigens dafür wurde sogar 1968 ein Symposium in Heidelberg abgehalten (*Pfeiffer* 1971). Dabei ging es zwar in erster Linie um die Ehrung eines verdienten und angesehenen Fachkollegen, doch auch um eine originär geographische Frage, nämlich um die räumliche, vielleicht heute lebensräumlich zu nennende Definition komplexer Agrarsysteme. Doch in Anbetracht der agraren Entwicklungs- und Ernährungsprobleme in der Dritten Welt musste diese Diskussion fachextern als realitätsfremd, vielleicht sogar als überflüssig und unpassend angesehen werden. Sie fand auch wirklich keinerlei Resonanz außerhalb der Geographie. Fachintern dürfte sich inzwischen wohl niemand mehr an diese Episode erinnern.

Die Ausführungen wären jedoch nicht vollständig, blieben jene Arbeiten unerwähnt, in denen die Überlegungen von *Kolb* aufscheinen und über Entwicklungsperspektiven kritisch nachgedacht wurde (z.B. *Manshard* 1961; *Otremba* 1962; *Scheidl* 1963; *Wilhelmy* 1962; *Wirth* 1962). Besonders hervorgehoben sei an dieser Stelle die von *Bobek* (1962, 1979) entwickelte, auf *Wittfogel* (1962) rekurrierende Konzeption des „Rentenkapitalismus". Sie liefert einen geographieoriginären Beitrag zur theoretischen Diskussion über die Genese von Unterentwicklung (S. 153). Innerhalb der Geographie wurden *Bobek*'s Überlegungen in der empirischen Forschung rezeptiv und instrumentell aufgenommen (z.B. *Ehlers* 1978a,b) oder in ihrer theoretischen Aussageintention über Gebühr strapaziert (*Leng* 1974, 1979). Eine konzeptuelle Weiterentwicklung des Rentenkapitalismus-Ansatzes erfolgte später, m.E. weniger konstruktiv (*Müller* 1983), und eigentlich auch nur ansatzweise (*Büttner, Scholz* 1983). Fachextern wurde er kaum wahrgenommen oder einseitig kommentiert (*Massarat* 1977).

Die Beschäftigung mit Entwicklungsländern innerhalb der Geographie blieb bis in die 1970er Jahre somit *erstens* länderkundlich orientiert und *zweitens* dem modernisierungstheoretischen Paradigma verbunden. Der originäre Beitrag des Faches zur Entwicklungsländerdiskussion konzentrierte sich auf die Erfassung der räumlichen Differenzierung von Gesellschaft, Kultur, Wirtschaft und Naturausstattung. Darin wurde die Voraussetzung für Verständnis, Erklärung und Überwindung von Unterentwicklung gesehen.

3.3 Geographische Entwicklungsforschung

Die Ende der 1960er Jahre immer kritischer werdende Diskussion zur Genese und Überwindung von Unterentwicklung nährte sich aus den mangelnden Erfolgen der praktizierten Entwicklungshilfe. Die interdisziplinär geführten theoretischen Auseinandersetzungen wurden aus der in Lateinamerika entwickelten *dependencia*-Debatte gespeist. Die zugrundeliegende These von der extern, kolonialistisch bedingten Deformation der internen Strukturen als Ursache der heutigen Situation in den Ländern der Dritten Welt spaltete die Geographen in zwei Lager: Ablehner und Befürworter. Zu ersteren gehörten die Verfechter traditioneller länderkundlicher Wissensvielfalt. Zu letzteren zählten all jene, die sich bislang mit Fragen des kulturlandschaftlichen Wandels befasst und sich dabei im Sinne kritischer Sozialgeographie nach den gesellschaftlichen Trägern und ihren Handlungsmotivationen zu fragen begonnen hatten (*Bartels* 1968; 1970, 33). So griffen z.B. *Blenck* (1974a), *Bronger* (1974), *Dürr* (1982), *Kohlhepp* (1978a, b), *Lühring* (1977), *Rauch* (1981), *Schamp* (1979a, b) oder *Scholz* (1974a, b) dependenz-theoretische Thesen bei ihren empirischen Studien auf. *Schilling-Kaletsch* (1979) diskutierte sie konzeptuell. Damit war zum einen die Öffnung der Geographie zur herrschenden Theoriediskussion vollzogen und zum anderen fachintern eine gesellschaftlich relevante Auseinandersetzung mit der Entwicklungsthematik, mit sozialer und sozialräumlicher Ungleichheit, eingeleitet[6]. Davon wurden zwar immer weitere Kreise angesprochen. Doch das Fach als Ganzes, insbesondere die Physiogeographie, blieb weitgehend unberührt. Die Chance, die sich der Geographie in der Entwicklungsforschung bot, wurde m.E. nicht ausreichend intellektuell durchdrungen, methodisch erkannt und pragmatisch genutzt; z.T. sogar wurde sie regelrecht ver-/behindert.

Hervorhebenswert jedenfalls ist die Tatsache, dass nicht mehr Länderkunde sowie Länder und Regionen an sich im Vordergrund des Forschungsinteresses standen. Vielmehr rückte die Frage nach der räumlichen Artikulation und Relevanz von Unterentwicklung und deren Erklärung ins Forschungsinteresse. Auch wurden die choristischen und chorologischen Aspekte der verschiedenen Merkmale von Unterentwicklung (Dualismus, Entwicklungspole, Zentrum und Peripherie, Disparität, Marginalität, raumstrukturelle Heterogenität) diskutiert (vgl. dazu

---

6 In der US-amerikanischen Geographie vollzog sich — zeitlich etwas versetzt – mit der *Welfare Geography* gedanklich eine ähnliche Entwicklung. Sie rückte Fragen nach sozialer Ungleichheit (*fundamental problem of inequality*), Verteilungsungerechtigkeit und unterschiedlichen Zugangschancen zu gesellschaftlichen Gütern hinsichtlich ihrer sozial-räumlichen Manifestation und Wirkung in den Betrachtungsmittelpunkt. Die kritische Analyse setzte bei real existierenden sozio-ökonomischen Systemen (z.B. Wohnungsmarkt, Gesundheitsversorgung) an und schloss eine grundlegende Systemkritik (z.B. Kapitalismuskritik) mit ein. Ein gezielter Bezug zur Dritte-Welt-Problematik bestand jedoch nicht (*Smith*, 1977).

Scholz 1985). Doch die Bedeutung des Räumlichen konnte nicht überzeugend in die fachübergreifende Debatte eingebracht werden.

Exkurs: Bei den Versuchen, die erfassten Strukturen von Unterentwicklung zu erklären, wurde auf fachübergreifende modernisierungs- und dependenz-theoretische Konzepte sowie auf die Theorie des ‚Peripheren Kapitalismus' zurückgegriffen (S. 78ff). Eine fachspezifische Fortentwicklung dieser Theorien, etwa durch die Einbringung der relevanten lokalen bzw. internen Strukturen (z.B. physiogeographischen, ökologischen, klimatischen und anthropogeographischen) erfolgte damals höchstens appellierend, nicht aber argumentativ und begründend. Als problematisch und unzulänglich erwies sich auch die Anwendung methodischer Konzepte, die von geographischer Seite für die Industrieländer erfolgreich entwickelt worden waren (z.B. Standorttheorien, Kulturlandschaftswandel, Funktionalismus, Zentrale Orte), als „Rüstzeug" für die Forschung in Entwicklungsländern (z.B. *Bronger* 1980a, b; *Nuhn* 1974, 1978; *Schamp* 1978; *Vorlaufer* 1972). Diese kritische Bemerkung, bei weitem nicht allgemein geteilt, basiert auf der These, dass die jeweilige Form der räumlichen Organisation von Gesellschaft, Wirtschaft, Verkehr, Siedlungen, Infrastruktur usw. eines Landes Ausdruck/Folge eines historischen Prozesses sowie der Strukturen darstellt, die den jeweils tragenden gesellschaftlichen und ökonomischen Kräften oder kurz dem jeweils herrschenden sozioökonomischen System zugrunde liegen. Darin bestehen prinzipielle Unterschiede zwischen den dominierenden kapitalistischen Industrie- und den abhängigen, peripher-kapitalistischen Entwicklungsländern. Die in diesen Überlegungen bestehende Chance für eine empirisch fundierte geographische Forschung, z.B. die strukturelle Andersartigkeit der Entwicklungsländer nicht nur zu betonen, sondern entwicklungspolitisch strukturell zu begründen und inhaltlich zu füllen sowie eine projektrelevante Aufarbeitung zu leisten, blieb jedoch Seltenheit (z.B. *Blenck et al.* 1977; *Bohle* 1981; *Rauch* 1985; *Sandner, Steger* 1973; *Scholz* 1974a, b).

Bei all der berechtigten und notwendigen fachinternen Kritik darf doch nicht übersehen werden, dass von geographischer Seite in der Folgezeit auf verschiedenen Ebenen eigenständige Beiträge zur Theorie- und Strategiebildung, zur konstruktiven konzeptuellen Fortentwicklung fachfremder wie facheigener methodischer/theoretischer Ansätze sowie zur Entwicklungspraxis geleistet wurden (vgl. *Coy* 2000). Verwiesen sei dazu beispielhaft auf die Perspektivenumkehr „Entwicklung von unten" (*Stöhr, Taylor* 1981), den akkumulationstheoretischen Ansatz (*Rauch* 1985), die ökologische Benachteiligung der Tropen (*Weischet* 1977), das Verflechtungskonzept (*Schmidt-Wulffen* 1983, 1985) oder die Strategie der Ländlichen Regionalentwicklung mit ihrem Armuts- und dem Bezug zur Grundbedürfnisbefriedigung (*Waller* 1983; *Rauch* 1996; *Rauch et al.* 2001). Hierzu gehören auch genderspezifische Überlegungen (z.B. *Alff* 1997; *Neuburger* 2002; *Tekülwe* 1993)[7],

7 Das Thema Frauen im Entwicklungsprozess wird in den oben zitierten geographischen regionalen Studien intensiv und kreativ behandelt. Ein fachspezifisch geographischer Konzeptionsbeitrag steht jedoch noch aus.

die eher empirisch angelegte (landschafts-, human-)ökologische Umweltforschung (*Ibrahim* 1991; *Manshard, Mäckel* 1995; *Mensching* 1990; *Messerli* 1987; *Nüsser* 1998, 2003a, b; *Weischet* 1977) sowie die politökologische Konzeption (u.a. *Coy, Krings* 2000). Mit dem Verwundbarkeitsaxiom und seiner Erweiterung über die subjektzentrierte Handlungstheorie (u.a. *Bohle* 2001; *Krüger* 2003; *Tröger* 2003) sowie der These vom Ende *nachholender* und von der Gültigkeit *fragmentierender* Entwicklung in Zeiten der Globalisierung (*Scholz* 2002a) wird die aktuelle und interdisziplinär wahrgenommene geographische Diskussionsfront angesprochen (*Kreutzmann* 2003). Die noch „vorläufigen" Überlegungen zu einer „geographischen Sozialforschung in Entwicklungsländern" (*Dörfler, Graefe, Müller-Mahn* 2003) deuten auf möglicherweise neue Perspektiven hin. Manche der in den letzten Jahren erschienenen Beiträge zu Themen wie z.B. Megacity und Tourismus in den Ländern des Südens sowie zu Globalisierung entbehren des Bezuges zur Theorie-Diskussion und zur Problematik Unterentwicklung/Entwicklung. Es ist (für die Geographie) zu hoffen, dass es sich dabei lediglich um eine ephemere Erscheinung handelt. – In den folgenden Kapiteln wird zuerst auf konzeptuelle Beiträge der Geographie zu Genese und Strukturen von Unterentwicklung und danach auf ihre methodischen und theoretischen Konzepte und Ansätze eingegangen.

Teil 2: Konzeptuelle Überlegungen und Anmerkungen

Die gedankliche und thematische Meinungsvielfalt zur Entwicklungsproblematik ist wohl kaum überschaubar. Sie folgte bei weitgehend gleichbleibender ökonomischer Interessenlage des Nordens wiederkehrend sich verändernden ideologischen und gesellschaftlichen Sichtweisen und politischen Handlungsoptionen. Eine allgemein akzeptierte Vorstellung von der Verursachung von Unterentwicklung und ihrer Lösung hat es nie gegeben, kann es bei der Komplexität des *Gegenstandes* und der politischen Interessenlage auch nicht geben. Diese eigentlich trivial wie gültige Einsicht – Wissenschaft wie Gesellschaft betreffend – sollte nicht dazu führen, dass Ideen, die vielleicht nicht ganz neue und noch vorläufige, aber doch in der gedanklichen Konstellation originelle Vorstellungen äußern, nicht ausgebreitet werden. Derartige Überlegungen sind notwendig, regen sie doch die Diskussion an, zwingen zur Reflexion über vertraute Positionen, eröffnen neue Sichtweisen. In diesem Sinne sind wiederholt auch in der Geographie Überlegungen geäußert und Ideen entwickelt worden. Einige von ihnen seien wegen ihrer *zeitlosen* Aktualität, interdisziplinären Relevanz und fachspezifischen Originalität im folgenden beispielhaft vorgestellt.

Gemeinhin wird der geographische Beitrag zur Entwicklungsforschung in empirischen Regional- und regionalen Detailstudien wahrgenommen. Mit Sicherheit liegt hier – wie eingangs schon betont – auch eine unbestreitbare Kompetenz des Faches. In einem gesonderten Band wird möglicherweise diese Kompetenz ganz detailliert dokumentiert werden. Doch diese vermeintlich schwerpunktmäßige Empirieorientierung darf nicht dazu verleiten, die nicht weniger zahlreichen konzeptuellen, methodischen und theoretischen Beiträge zu übersehen. Sie mögen häufig gegen den *mainstream* der Diskussion zu Theorie und Strategie gerichtet gewesen sein. Doch existieren sie und sind mehrheitlich, wie die folgenden Ausführungen veranschaulichen werden, konsequent von dem hehren Anspruch getragen, dass der *Mensch* im Zentrum aller entwicklungspolitischen Überlegungen stehen muss.

1. Bedeutung geographischer Übersichten

Die Bereitstellung von Grundlagen zur Lösung gesellschaftlicher Probleme gehört zu den originären Herausforderungen der Wissenschaft generell. Dazu zählen zum einen Theorien zur Erklärung oder Konzepte zum Verstehen/Nachvollziehen z.B. komplexer gesellschaftlicher Handlungen und wirtschaftlicher Sachverhalte. Nicht weniger bedeutsam sind zum anderen jedoch auch die Erforschung,

Ordnung und Aufbereitung der empirischen Vielfalt an grundlegenden raumspezifischen Informationen und Sachverhalten, ohne deren Zugänglichkeit und Kenntnis verantwortliches politisches Handeln unbefriedigend bleiben muss. Ohne hier auf die traditionellen, unbestreitbar inhalts- und faktenreichen Länderkunden (rück-)verweisen und sie herausstellen zu wollen, so sei doch auf die neuen problem- und länderbezogenen Studien hingewiesen[8]. Sie werden – das Handbuch der Dritten Welt (*Nohlen, Nuscheler* 1993) belegt die Notwendigkeit – nicht nur nachgefragt. Sie liefern auch holistische Übersichten, die die strukturellen Elemente von Unterentwicklung und Maßnahmen von Entwicklung verständlich machen.

Da sich dieses Buch mit dem Beitrag der Geographie zur Methoden- und Theoriediskussion[9] befasst, sei auf diese Länderstudien hier nicht weiter eingegangen. Dennoch seien zur Verdeutlichung des geographischen Entwicklungsbeitrages beispielhaft zwei Sachverhalte, d.h. räumliche Übersichten und Zusammenhänge, aufgezeigt. Damit soll hier zumindest exkurshaft auf daraus ableitbare grundlegende Einsichten hingewiesen werden. Ein solches Anliegen sollte m.E. in einem *geographischen* Buch nicht fehlen.

Exkurs: Die Bereitstellung von wissenschaftlichen Grundlagen in ihrer räumlichen Ordnung gehört u.a. zum Anspruch der Geographie an sich. Die Grundlagen zur Entwicklungsthematik sind aber derart vielfältig und komplex, dass sie nicht z.B. von einer einzigen Wissenschaftsdisziplin leistbar sind und sicher auch nicht erwartet werden. Zwar mahnte die Geographie in der Vergangenheit die Berücksichtigung z.B. physiogeographischer Sachverhalte in der entwicklungspolitischen Praxis ein. Doch Reklamation allein genügt nicht, wenn sie nicht durch die Bereitstellung von Erkenntnissen/Informationen/Grundlagen begleitet wird, die gesellschaftlich nachgefragt und zur Problemlösung ebenso notwendig wie förderlich sind.

Von den Nachbardisziplinen wird die Geographie nicht selten als Produzent und Lieferant von Karten, insbesondere übersichtlichen Weltkarten zu den verschiedensten Themen, angesehen. Diese Auffassung trifft zweifellos zu. Denn es gehörte in der Vergangenheit u.a. zu den originären Aufgaben des Faches, Karten mit dem Ziel zu entwerfen, die gesellschaftlich nachgefragten Sachverhalte in ihren choristischen und chorologischen Zusammenhängen aufzubereiten und verständlich zu machen, aber auch kartentechnisch umzusetzen. Davon legen die verschiedenen Atlanten, heute thematisch und maßstäblich umfangreich gestaltet sowie mit Luft- und Satellitenfotos ausgestattet, ebenso Zeugnis ab, wie die zahlreichen, auf breiter Forschung basierenden Spezial-(welt-)karten, die häufig nur in einschlägigen Fachzeitschriften veröffentlicht wurden.

---

8 Verwiesen sei auf die Länderkunden (Fischer), die Länderprofile (Klett, Perthes) sowie die Wissenschaftlichen Länderkunden (Wiss. Buchgesellschaft).

9 Die umfangreiche empirische Entwicklungsforschung wird möglicherweise Gegenstand eines weiteren Bandes sein.

Doch inzwischen sind Welt- und Regionalkarten zu den verschiedensten Sachgebieten – in kartographischer bis graphisch plakathafter Manier gestaltet – ein weit verbreitetes und beliebig hergestelltes Allgemeingut geworden und die geographisch-kartographischen Prinzipien häufig nicht mehr erkennbar. Auch führt die Ubiquität des Kartenzuganges dazu, räumliche Phänomene (z.B. Distanz und Fläche, Ferne und Nähe, Verbreitung und Zu-/Anordnung, Streuung und Konzentration) als etwas Alltägliches, etwas Selbstverständliches hinzunehmen und damit, ohne weiter zu hinterfragen, umzugehen. Das schmälert den Wert geographisch-kartographischer Sachvermittlung jedoch nicht.

(1) *Physiogeographie*: In der Physiogeographie sind zwar umfangreiche Studien zu entwicklungspolitisch relevanten Themen erstellt worden. Verwiesen sei hier nur auf die Klimaklassifikationen[10], die regionale und globale Verbreitung von Niederschlägen und Temperatur, von Bodentypen und Desertifikationsgrad oder die Abgrenzung von Trockengebieten, Tropen und Vegetationszonen. Doch in ihrer Mehrzahl geben diese Übersichtsdarstellungen den Entwicklungsbezug nicht sofort zu erkennen und finden daher auch nicht die sachlich angemessene Beachtung. Dieses offensichtliche Defizit kann hier nicht behoben werden. Der Tatbestand ist aber umso bedauerlicher, als gerade auf räumliche Übersichten und Zusammenhänge gerichtete Informationen über die physische Umwelt sowie das Wissen um ihre ganz elementare entwicklungspraktische Bedeutung und als bindender Handlungsrahmen unterschätzt werden. Darauf sei im folgenden beispielhaft hingewiesen:

Fallbeispiel Flächenbildung: Ohne hier auf die z.T. kontrovers geführte Diskussion zu Bewertung und Deutung (klima-)morphologischer Prozesse einzugehen (*Wirthmann* 1987), seien überblicksmäßig einige morphologische Phänomene, ihre Verbreitung und mögliche Zusammenhänge herausgestellt, die von entwicklungspraktischer Bedeutung sind (Abb. 2):

a) Innerhalb der Entwicklungsländer nimmt die Zone der (exzessiven/partiellen) Flächenbildung die größten Arealanteile ein. Flächenbildung vollzieht sich – im Sinne der Theorie der doppelten Einebnungsflächen (*Büdel* 1977) – durch intensive Verwitterung denudativ. In Form chemischer Zersetzung wirkt sie über ausgedehnte Flächen (obere Einebnungsfläche) gleichermaßen in die Tiefe. Dabei bildet sich unter dem Verwitterungsmaterial, dort, wo die Zersetzung/Lösung/Hydrolyse am anstehenden Gestein ansetzt, eine Ebene (untere Einebnungsfläche) heraus. Sie kann durch flächenhaften Abtransport des überlagernden feinen Verwitterungsmaterials – Flächenspülung und Tieferlegung der oberen Einebnungsfläche – freigelegt werden. Die Flächen – höchstens unterbrochen von aus der Tiefe durchragender Inselberge und begrenzt durch randliche Massive – zeichnen sich durch riesige Horizontalerstreckung aus. Die hier vorhandenen Täler (Flachmulden-/Spül-

10 Verwiesen sei hierzu auf *Köppen, Geiger* (1936), *Lauer, Frankenberg* (1987/1996).

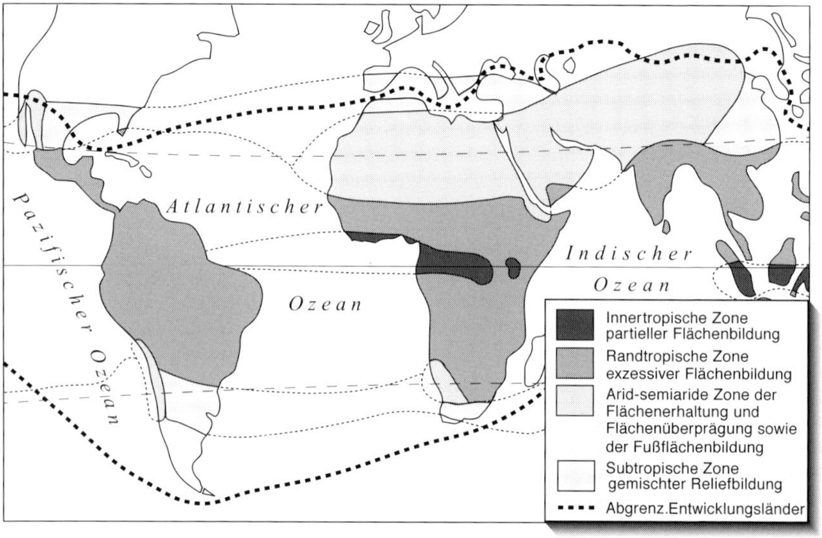

Abb. 2: Klimamorphologische Zonen. Quelle: *Büdel* 1977; leicht verändert d.d.Verf. 2003.

mulden-) weisen bei großer Breite nur eine ganz geringe Eintiefung auf (z.B. bei 7,5 km ca. 30 m; *Weischet* 1977, 125; vgl. Abb. 3). In dieser Flächenbildungszone ist die wirtschaftliche (entwicklungspraktische) Inwertsetzung insbesondere vor zwei Probleme gestellt: *(1)* Es fehlt wegen der hier herrschenden Aridität an dem notwendigen Wasser/Bewässerungswasser. Außerdem gibt es wegen des Flachreliefs fast keine Ansatzstellen zum Bau von Staudämmen. Und dort, wo sie errichtet werden, sind sie extrem flach, erfordern lange, kostenintensive Dämme (z.B. bei einer Staudammhöhe von 100 m kann die Staudammbreite bis zu 45 km erreichen; Abb. 3) und nehmen riesige Areale ein. Dadurch werden Verdunstung und Versalzung gefördert und ist eine nachhaltige Nutzung begrenzt. Oder es kommt in den zahlreichen flachen Mulden der Oberfläche zur Anlage von Tanks. Sie besitzen jedoch nur geringe Speicherkapazität und garantieren daher keinen gesicherten Bewässerungsfeldbau. *(2)* Die intensive chemische Verwitterung führt zu Böden mit geringem Nährstoffgehalt. Dadurch wird die ackerbauliche Nutzung nach Ertrag und Dauer extrem eingeschränkt.

b) An die Zone der Flächenbildung schließen nord- und südwärts die ariden und semiariden Zonen der Flächenerhaltung an. Hier findet aber auch eine sekundäre Weiterbildung der Flächen durch Sandschwemmebenen (Ablagerung) und Bergfußflächen (Erosion; Kern-/Frostsprengung, Desquamation) statt. Es handelt sich um die Wüstenregionen mit ihren unwegsamen, unfruchtbaren Geröll-, Kies- und Sand- (Dünen) und Salztonebenen, mit wenigen permanenten (Fremdlings-)Flüssen und unzähligen randlichen Trockentälern (Wadis). Sie werden zwar episodisch von Fluten heimgesucht, doch bleibt das abgehende

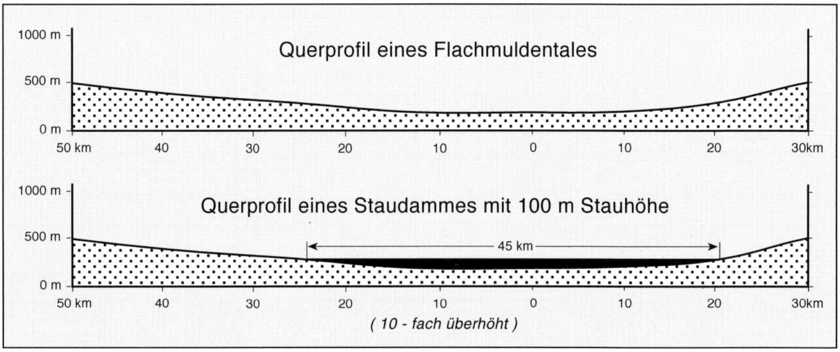

Abb. 3: Flachmuldental und Staudammbau. Quelle: *Weischet* 1977, ergänzt d.d.Verf. 2003.

Wasser meist ungenutzt. Der Ackerbau, soweit wegen der unfruchtbaren Böden überhaupt möglich, ist auf die Auen der Fremdlingsflüsse beschränkt und auf das an wenigen Stellen zugängliche Grundwasser (Quellen, Oasen) angewiesen. Die Oasen sind arealmäßig stets eng bemessen sowie der Bedrohung durch Sandverwehungen und Trockenheit/Dürren ausgesetzt.

Die beiden klimamorphologischen Zonen geben z.B. einen natürlichen Handlungsrahmen vor, innerhalb dessen sich jedoch eine Generationen überdauernde/nachhaltige lebensweltliche Realität zu entfalten vermochte. Dank angepasster Techniken in Land-, Hütten-/Hausbau und Transport sowie indigenen (Erfahrungs-)Wissens hat sich hier eine beachtliche Nachhaltigkeit herausgebildet (z.B. Oasen, Tankbewässerung, Kanate/Kareze, Nomadismus usw.); eine Tatsache von entwicklungspraktischer Bedeutung.

(2) *Anthropogeographie*: Innerhalb der Anthropogeographie entstanden zahlreiche entwicklungsrelevante Übersichtsdarstellungen. Verwiesen sei hier z.B. nur auf die Verbreitung des Pflugbaus, der sozioökonomischen Entfaltungsstufen, Kulturgewächse, Wirtschaftsformen, Rohstoffstandorte und agrarischen Anbaugebiete, die räumliche Differenzierung der Verstädterung, Verkehrserschließung oder Agrarsozialstrukturen. Dazu gehören auch die Weltkarten zum Entwicklungsstand der Länder. Darauf sei beispielhaft eingegangen.

Fallbeispiel Klassifikation nach Entwicklungsstand: Weltteilungen dienten stets zu gesellschaftlicher und politischer Binnen- und Außenorientierung. Mutterländer und Kolonien, Alte und Neue Welt, Industrie- und Rohstoffländer, Westliche und Östliche Staaten wurden nach der Bandung-Konferenz (1955), als sich die *non-aligned countries* als „Blockfreie" oder als „Dritte Welt" zu begreifen verstanden, durch die Drei-Welten-Teilung (1. Welt: westliche kapitalistische, marktwirtschaftliche Staaten, 2. Welt: östliche kommunistische, planwirtschaftliche Staaten, 3. Welt: unabhängige Staaten = Dritte Welt) abgelöst. Die weiteren Differenzierungen in *Less Developed-* (LDC) und *Least Developed Countries* (LLDC), *Oil producing-* und *Land-locked countries* sowie in Schwellenländer, Tiger- und Drachenstaaten folgten und erfüllen in erster Linie (tages-)politische(n) Zielsetzungen. Klassifikationen der Staaten dieser Erde nach Pro-Kopf-Einkommen, Armutsindikatoren oder vor allem nach dem Human Development Index (HDI) stellen dagegen recht differenzierte Orientierungshilfen dar (*Coy, Kraas* 2003b, 57).

Mit dem Ziel, die Entwicklungs- und Wohlstandsunterschiede zwischen den Staaten genauer bemessen zu können, wurden von geographischer Seite recht früh (*Berry* 1960; *Bratzel, Müller* 1979) auf der Grundlage umfangreicher Indikatorenkataloge und unter Verwendung der Faktorenanalyse verschiedene Klassifikationen und Regionalisierungen vorgenommen. Die diesen Entwürfen anhaftenden Mängel versucht *Giese* (1985) durch eine ausgewogene Berücksichtigung der Variablen von Wirtschaft und Sozial-/Gesundheitswesen zu vermeiden. Er bezieht insgesamt 18 Variablen aus sieben Bereichen ein (Tab. 1): Wirtschaftliche Leistungskraft, Transportmittelausstattung, Bildungsstand, Ernährungssituation, Gesundheitsfürsorge, Lebenserwartungen und natürliches Bevölkerungswachstum. Unter Einsatz verschiedener statistischer Verfahren (Rang-Korrelationskoeffizient, Hauptkomponenten- und Clusteranalyse), auf die hier nicht weiter eingegangen sei, gelangte *Giese* (1985, 172) zu einer Aufteilung der Länder in drei Gruppen (Abb. 4): Die Gruppe I umfasst die entwickelten westlichen und östlichen Industrienationen (n = 36), die Gruppe II die sog. „Schwellenländer" (n = 39), die Gruppe III die Entwicklungsländer (n = 48).

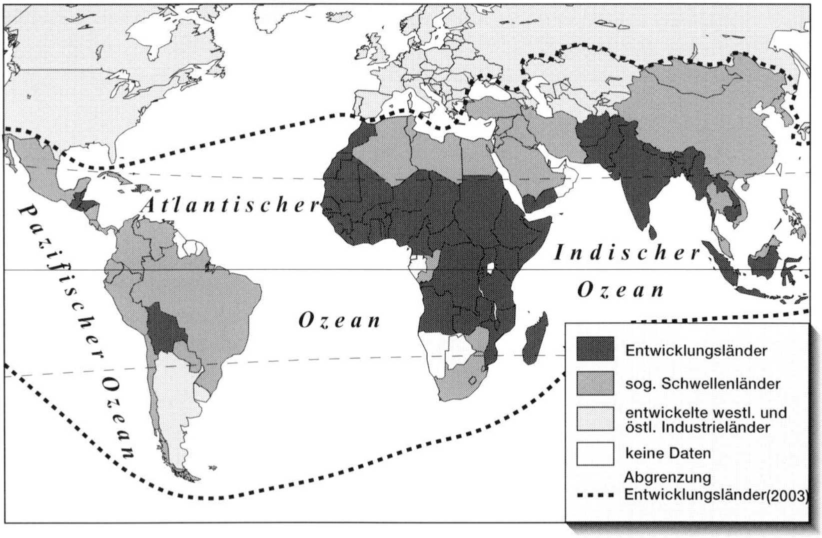

Abb. 4: Klassifikation der Entwicklungsländer. Quelle: *Giese* 1985

Dieses Ergebnis vermag auf den ersten Blick nichts neues anzubieten. Das angewendete Verfahren jedoch macht die Zuordnung der einzelnen Länder zu den ausgeschiedenen Gruppen nachvollziehbar und nachprüfbar. Es erlaubt den Einbezug neuer Variablen ebenso wie die laufende Berücksichtigung der Veränderungen der bisherigen Variablen. Auf diese Weise lässt sich die Änderung der jeweiligen Gruppenzugehörigkeit errechnen und dokumentieren sowie die stattfindende Entwicklung leichter erfassen.

Fazit: Diese zwei beispielhaft vorgestellten Übersichten, die in verdichteter, aber doch vereinfachter Form recht komplexe Sachverhalte zu vermitteln suchen, mögen als Beleg für geographische Grundlagenübersichten sowie als Anregung und Orientierung genügen. Damit dürfte deutlich geworden sein, dass die von geographischer Seite zahlreichen vorgelegten Übersichten nicht als nebensächli-

Tab. 1: Variablenauswahl für die Klassifizierung der Länder nach Entwicklungsstand

I.	Wirtschaftliche Leistungskraft
	1. Bruttosozialprodukt (BSP) pro Kopf der Bevölkerung in US$
	2. Anteil der Industrie am BSP in %
	3. Anteil der Landwirtschaft am BSP in %
	4. Stickstoffdünger-Verbrauch je ha Ackerfläche in kg
	5. Elektrizitätsproduktion pro Kopf in kWh
	6. Energieverbrauch pro Kopf in kg Steinkohleeinheiten
II.	Transportmittelausstattung
	1. Anzahl der Personenkraftwagen je 1000 Einwohner.
	2. Anzahl der kommerziell genutzten Lastkraftwagen je 1000 Einwohner
III.	Bildungsstand
	1. Alphabetenquote für Erwachsene in %
	2. Anzahl der Schüler weiterführender Schulen in % der Altersgruppe 12–17 Jahre
IV.	Ernährungssituation
	1. Brennwertverbrauch in kcal je Person und Tag
	2. Proteinverbrauch in g je Person und Tag
V.	Gesundheitsfürsorge
	1. Anzahl der Einwohner pro Arzt
	2. Anzahl der Einwohner pro Krankenhausbett
VI.	Lebenserwartung
	1. Lebenserwartung bei der Geburt in Jahren
	2. Kindersterblichkeitsziffer in 0/00
VII.	Natürliches Bevölkerungswachstum
	1. Geburtenüberschussziffer in 0/00
	2. Allgemeine Fruchtbarkeitsziffer (Zahl der Geburten pro Frau)

Quelle: *Giese* 1985, leicht vereinfacht d.d.Verf.

che Singularitäten gesehen und bewertet werden sollten. Denn die differenzierte Übersichtserfassung natürlicher und gesellschaftlicher Realitäten bietet übergreifende Einsichten in entwicklungsrelevante Zusammenhänge und entwicklungspraktische Handlungsnotwendigkeiten.

2. Europäisierung, nicht Afrikanisierung/Asiatisierung

Die Fragen, warum es zu einer Europäisierung und nicht zu einer Afrikanisierung, Asiatisierung, Chinesisierung oder Indianisierung, Inkaisierung, Aztekisierung der Erde gekommen ist oder warum es einen reichen Norden und armen Süden gibt, wurden in der wissenschaftlichen Diskussion anfangs eigentlich nicht wirklich thematisiert. Es war wohl die Überzeugung, dass die Antwort mit dem Traditionsaxiom der Modernisierungs- und der Abhängigkeitsthese der *dependencia*-Theorien gegeben sei (S. 79). Doch damit wurde die Frage „Warum wurden die heutigen Metropolen Metropolen und nicht Peripherien?“ (*Senghaas, Menzel* 1979, 283ff) ebenso wenig endgültig beantwortet wie durch die Studien, die mit dem Credo „von Europa lernen“ (*Senghaas* 1982; *Menzel, Senghaas* 1986) argumentierten. Die These, die Gründe in der Überlegenheit des ‚dynamischen Kapitalismus‘ zu sehen, der eben nur im Norden (*Behrendt* 1971a,b) unter Mitwirkung der calvinistischen, protestantischen Ethik (*Weber* 1973) entstehen konnte, greift nicht minder kurz[11]. Letztlich ebenso wenig erhellend blieben die Wiederentdeckung der „Klimatheorie“ von *Huntington* (1915; vgl. *Bohnet* 1971, 57ff) oder der Verweis auf „die Natur der Entwicklungsländer“ von *Otremba* (1966; vgl. *Weigt* 1963). *Barrett Brown* umreißt die gängigen Auffassungen in „Struktur der Weltwirtschaft“ (zit. *Krippendorff* 1972, 42/43) mit den Worten: „Die Hochkulturen von Asien und auch von Afrika und Mittelamerika wurden von den Europäern überrannt, doch brauchen wir keine rassische Erklärung, um zu begründen, ‘warum sie nicht uns kolonisiert haben‘; die unterschiedlichen Naturgegebenheiten, unter denen die Menschen ihr Leben reproduzierten und ihre Kulturen entwickelten, liefern Erklärung genug.“

Gezielt, aber nur vereinzelt wurden diese Fragen erst seit Anfang der 1990er Jahre gestellt und differenzierter zu problematisieren versucht. *Wahl* (1991) z.B. griff sie mit dem von ihm herausgegebenen Sammelband „Warum Montezuma nicht Europa entdeckt hat“ direkt auf. Der Biologe *Diamond* (1997) argumentiert in seinem originellen Buch „Arm und Reich – Das Schicksal menschlicher Gesellschaften“ recht komplex mit den klimatischen und geographischen Be-

11 Hingewiesen sei auch auf *Wallerstein* (1986) und *Hobsbawm* (1970), die diese Frage in jeweils mehrbändigen Werken aus kritisch ökonomischer und marxistischer Sicht diskutieren.

sonderheiten der verschiedenen Erdteile. *Landes* (2000) stellt in dem bemerkenswerten Opus „Wohlstand und Armut der Nationen“ aus historischer Perspektive u.a. die gesellschaftlichen Besonderheiten des europäischen Mittelalters in den Vordergrund (vgl. dazu *Kreutzmann* 2000; *Senghaas* 2000). Und *Seitz* (2002) weist am Beispiel Chinas auf rein interne Ursachen hin: Bis in die erste Hälfte des 15. Jh. gingen von China wiederholt Expeditionsflotten nach Übersee aus. So entsandte z.B. 1405 der Ming-Kaiser Zhu Di unter Führung von Zheng He eine Flotte von über 300 Schiffen, die im Süden bis Java und nach Westen, im Indischen Ozean, bis Südindien gelangte. Nachfolgende Unternehmen erreichten Hormus im Arabischen Golf und Malindi an der ostafrikanischen Küste. Die neunmastigen Schatzschiffe maßen bis zu 135 m (Abb. 5)[12], waren mehrstöckig und bargen die Geschenke für die zu besuchenden Fürsten (Seide, Brokate, Porzellan, Lackkunstwerke, Spezereien). Sie wurden von Transport- („Pferde-“) und kleineren, wendigen Kriegsschiffen begleitet. Auf dem Rückweg beförderte die Flotte die Tributgeschenke und die Gesandten der besuchten Fürsten, die die Souveränität des chinesischen Kaisers anerkannten und ihm huldigten. Im Jahre 1435 fand diese meerwärtige Orientierung Chinas ein jähes Ende. Der Bau von Hochseeseglern wurde eingestellt, Kenntnisse über Bau- und Segeltechniken getilgt und 1525 wurden die noch vorhandenen Schiffe zerstört. Als Ursache dafür führt *Seitz* (2002, 15ff) folgende Gründe an: *(1)* Die Beendigung der Überseeexpeditionen ging auf Knappheit der Finanzmittel infolge Grenzsicherungskriegen, Palastbauten und eben dieser Seefahrt zurück. *(2)* Die Vernichtung der Flotte begründet sich aus der Rückbesinnung auf konfuzianische Tradition, die agrarwirtschaftliche Basis des Königreiches und die ad-

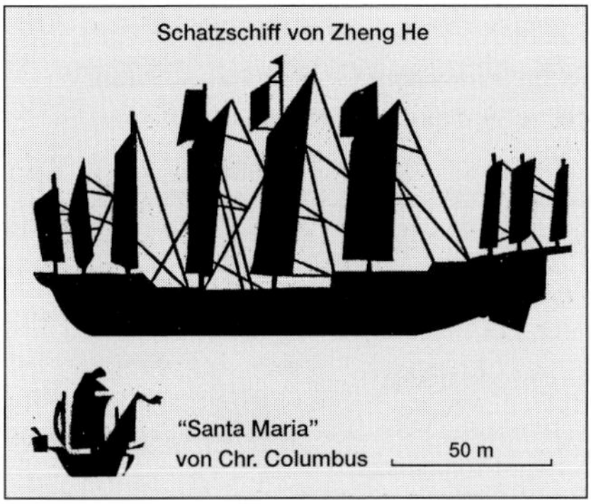

Abb. 5: Größenvergleich chinesischer und spanischer Schiffe des 15. Jh. Quelle: *Trolliet* 1995

12 Es handelte sich bei diesen Schiffen um die größten jemals aus Holz hergestellten Segler. Im Vergleich dazu waren die Schiffe, mit denen Columbus 1492 nach Amerika aufbrach oder Vasco da Gama 1498 Indien erreichte, klein: Die drei Segler von Kolumbus maßen zusammen gerade mal 66 m (*Trolliet* 1995; Abb. 5). Um noch einen Vergleich anzuführen: Gegenüber der chinesischen Flotte von 317 Schiffen nahm sich die spanische Armada zu ihrem Höhepunkt 1588 mit 132 Schiffen ebenfalls bescheiden aus (*Seitz* 2002, 11ff).

ministrative Ablehnung (neidische Beamtenschaft) der durch den Warenaustausch mit Übersee bestärkten Händler. Sie galten nach konfuzianischer Lehre als Parasiten und wurden mit Ende des seeorientierten Außenhandels wieder auf die ihnen gemäße, unterste Stufe der Gesellschaft zurückgedrängt (vgl. auch *Morley* 1949; *Steensgaard* 1973).

Die Frage „Warum kamen sie nicht zu uns?" hat auch die Geographie beschäftigt. Dabei lassen sich gedanklich ganz unterschiedliche Ansatzstellen ausmachen. Insbesondere muss dabei m.E. auf *Hettner* (1929, 1977), *Passarge* (1938) und auf die siedlungsgeographischen Forschungen verwiesen werden (z.B. *Gradmann* 1956; *Nitz* 1994, 1998). *Bobek* (1959) trug dazu mit seinem Aufsatz „Hauptstufen der Gesellschafts- und Wirtschaftsentwicklung in geographischer Sicht" sowie mit der auf ihn zurückführbaren Debatte zum „Rentenkapitalismus" (*Bobek* 1962/1985, 1967, 1979), *v. Wissmann* (1961) mit dem Artikel „Bauer, Nomade und Stadt im islamischen Orient" oder *Wilhelmy* (1981) mit seinem Werk über die Maya bei. Auch die Studien z.B. von *Blenck* (1974a, b), *Kolb* (1962, 1963), *Scholz* (1982a) und *Wirth* (1972) gewinnen in diesem Zusammenhang an Bedeutung. Die folgenden Überlegungen bauen somit auf einer Vielzahl verschiedener Anregungen auf[13].

2.1 These von der grundsätzlichen Verschiedenheit

Die Tatsache, dass die Europäer ihren Einfluss über die gesamte Erde auszubreiten vermochten, ist nicht ohne weiteres verständlich. Denn auch außerhalb Europas gab es im Mittelalter und zu Beginn der Neuzeit große Reiche mit hohem Kulturstand, reicher städtischer und architektonischer Entfaltung, entwickelter Bewässerungstechnik, differenzierter Bürokratie, mit Postwesen, Straßennetz, Hochseeflotten und überregionalen Handelsbeziehungen. Verwiesen sei z.B. auf die Qin-, Han- und Tang-Dynastien (2. Jh. v. Chr. bis 10. Jh. n. Chr.; *Morley* 1949; *Seitz* 2002) in China, wohin die arabischen Kaufleute rege Kontakte unterhielten (*Severin* 1974), das Mogul-Reich und die zahlreichen wohlhabenden Fürstentümer in Indien (Calicut, Cochin, Quilon; *Parry* 1972), das Osmanische Reich oder auch die Reiche der Azteken, Mayas und Inkas im heutigen Lateinamerika (*Jahn* 1964; *Wilhelmy* 1981). Auch seien die zahlreichen Reiche in West- und Ostafrika nicht vergessen (z.B. Simbabwe). Doch das, was als Erschließung der Erde bezeichnet wird und zu dem heutigen Wohlstand im Norden und der Armut

13 Um Missverständnissen vorzubeugen: Die im folgenden ausgebreiteten Vorstellungen besagen nicht, dass sich die für Europa und Außereuropa geschilderten Vorgänge in allen Ländern überall und gleichzeitig vollzogen haben. Vielmehr fand dieser Vorgang *irgendwo/irgendwann* einmal konkret statt, existierte fortan als *Idee* und nahm wiederkehrend konkret Gestalt an.

im Süden geführt hat, ging eben letztlich von Europa aus. Die Frage nach den dafür verantwortlichen Ursachen drängt sich geradezu auf. Die Antwort liegt, so die hier vertretene *These*, in den grundsätzlichen Verschiedenheiten in Herrschaft, Gesellschaft, natürlicher Ausstattung und (Agrar-)Produktion begründet, die zur Zeit der ersten andauernden Kontaktnahme zwischen Europäern und Außereuropäern (*schon*) bestanden haben.

2.2 Herrschafts- und gesellschaftsstrukturelle Unterschiede

Bei der Diskussion dieser These bezüglich Herrschafts- und Gesellschaftsstruktur sei im folgenden zuerst auf Europa eingegangen.

Europa: Die Zeit, in der sich Europa nach Übersee zu orientieren begann (15. Jh.) war gesellschaftlich und wirtschaftlich durch Feudalismus bestimmt. Die Produktionsweise kennzeichnet herrschaftliches Obereigentum an Grund und Boden sowie Lehensabhängigkeit nach ‚unten' bis zur Handwerker- und Bauernschaft. Das Bodeneigentum, das sich unter einer Vielzahl (auch kleiner) Herrschaften aufteilte (eine für die weiteren Überlegungen wichtige Tatsache!), war im Zuge der Völkerwanderung, der nachfolgenden territorialen Aufteilung und bleibenden Besiedlung Europas entstanden (*Pirenne* 1976). Dieser Vorgang verlief nicht allerorts gleichförmig; besonders gut nachvollziehbar jedoch in West- und Mitteleuropa. Darauf beziehen sich die folgenden Ausführungen:

Zur Zeit, als sich die Franken anschickten (nach 492, Schlacht von Zülpich), den alemannischen Siedlungsraum zu durchdringen und herrschaftsmäßig abzusichern, waren sie stammesmäßig, urgemeinschaftlich organisiert (*Christlein* 1991; *Gradmann* 1956). Für die Ausbreitung der fränkischen Macht und Besiedlung der offenen, fruchtbaren Regionen (Altsiedelland; z.B. Börden, Gäue) sowie zur Loyalitätssicherung wurden verdiente Stammesmitglieder u.a. mit Allodialbesitz (unveräußerliches Eigentum) oder mit Benefizien gegabt, d.h. mit Land, das gegen Leistung von Kriegsdiensten auf Lebenszeit vergeben wurde[14]. Bei der folgenden Erschließung bislang unbesiedelten Landes (Jungsiedelland, z.B. Mittelgebirge) wurde in ähnlicher Weise verfahren. Dadurch entstand ein System vielfältiger wechselseitiger Abhängigkeiten, das sich vom König über Klerus, Adel/Vasallen bis zum bäuerlichen/handwerklichen Lehensmann erstreckte.

Natürlich verfügte der Landesherr über eine gewisse öffentliche Autorität. Er konnte von seinen Vasallen militärische Dienstleistungen fordern; er besaß in

14 Räumlicher und physiognomischer Ausdruck dafür ist z.B. die Verbreitung der Orte mit den Endungen –ing und –heim (*Huttenlocher* 1962, 97ff) sowie von bestimmten Flur- und Ortsformen (*Nitz* 1994).

bestimmten Angelegenheiten die höchste richterliche Gewalt, er vertrat sein Land *außenpolitisch*, und „seine Autorität wurde durch die Tatsache gestärkt, dass seine Vasallen ihre Lehen nur so lange behielten, als sie den bei der Belehnung übernommenen Verpflichtungen nachkamen“ (*Wittfogel* 1962, 120/21). Doch die Dezentralisierung der politischen Ordnung (Schwächung der Position des Königs) in Form der Herausbildung wachsender Macht und Selbständigkeit der Feudalherren und des Klerus (Kirche, Klöster) und damit Machtteilung und Machtkontrolle stellte sich dennoch ein. Die bei dieser Machtkonkurrenz möglichen Nischen wussten insbesondere die Kaufleute, Händler und Handwerker in den aufkommenden Städten zu nutzen. In Ständen/Zünften organisiert (*Ennen* 1972), trotzten sie wirtschaftliche und soziale Privilegien und Rechte ab, verstanden es, sie auszuweiten und zu verteidigen, häuften enorme Vermögen an und schüttelten die feudale Abhängigkeit ab. Zu diesen Städten gehörten nicht nur die der Hanse, jene in Flandern und Oberitalien, sondern auch die zahlreichen Klein-, Land- und Zwergstädte sowie die freien Reichs- (Staufer-) oder auch die Zähringer- und Inn-Salzach-Städte im mittelalterlichen Europa. In dem gesellschaftlichen Milieu dieser Städte vollzog sich der Übergang von der Natural-/Tausch- zur Geldwirtschaft (Kaufmanns-/Handelskapitalismus) und zum Verlagswesen. Damit kam es zur Erweiterung des marktmäßigen Warenaustausches und zur Öffnung und Ausweitung zu überlokalem Handel. Als dessen Träger fungierten Handelsgesellschaften (z.B. Ravensburger-; Calwer Zeughandelsgesellschaft; Fugger, Welser, Hanse)[15] über ihre ausländischen Niederlassungen (Faktoreien) oder *adventure merchands*. Insbesondere der sog. Orienthandel (S. 52), Lieferant zahlreicher gefragter Waren (z.B. Gewürze, seltene Stoffe, Edelsteine), eröffnete ein weites, gewinnverheißendes Betätigungsfeld (z.B. *Braudel* 1990b; *Gaube, Wirth* 1984; *Wirth* 2002). Kurz: Einerseits kam es zur Aufsplitterung und Kontrolle der politischen und territorialen Macht zwischen König, Klerus und Adel. Andererseits bildete sich, diesen Machtkonflikt nutzend, ein politisch immer einflussreicher werdendes städtisches Bürgertum heraus. Seine besondere Stellung basierte u.a. auf Privateigentum mit weitgehend unantastbaren, gesicherten, erblichen Besitztiteln und der Freiheit zu unabhängigem Handel. Diese Stellung wurde dadurch gefestigt, dass selbst der (hohe) Adel und später sogar die staatlichen, absolutistischen Regime in wachsendem Maße Vorteile aus seinem Wohlstand und Handel zu ziehen vermochten (*Wittfogel* 1962, 114ff). Dieses Bürgertum, insbesondere wissende, rechnende Kaufleute, Händler und Handwerker, bildete zusammen mit der Landwirtschaft die wirtschaftliche Basis

15 Die Ravensburger Handelsgesellschaft bestand von 1380 bis 1530. Zur Calwer Zeughandelskompanie gehörten Niederlassungen in den Niederlanden und Südtirol/Bozen (*Troeltsch* 1897). Zum Selbstverständnis dieser Kaufmannschaft und Handelsgesellschaften sei verwiesen auf *Steinhausen* (1970).

der Gesellschaft schon des ausklingenden Mittelalters (*Weber* 1973). In der folgenden Neuzeit stieg es zum selbstbewussten Vertreter des aufkommenden Handels- und später folgenden Industriekapitalismus auf.

Außereuropa: Zu Beginn der überseeischen Orientierung Europas bestanden in den außereuropäischen Regionen hierarchisch oder azephal organisierte Dorf-, Sippen- und (nomadische) Stammesgesellschaften neben despotischen/theokratischen Autokratien und Oligarchien in Form z.T. mächtiger Reiche (z.B. China, Nordindien, Persien, Ägypten, Mesopotamien, Azteken, Maya, Inka; Abb. 6), die sog. „altamerikanischen" und „rentenkapitalistischen Stadtgesellschaften" (*Bobek* 1959; Abb. 6). Diese despotischen Herrschaften, in ihrer Grundstruktur z.B. im alten Ägypten oder in Mesopotamien bis in früheste Zeiten nachweisbar (*Bobek* 1962/1985; *Herzog* 1988; *Schmökel* 1974) und in unterschiedlichen Erscheinungsformen ein quasi unauslöschliches Erbe dieser Region (bis in die Gegenwart) bildend, zeichneten sich aus durch drei wesentliche Strukturelemente: *(1)* Absolute Gewalt mit den Attributen z.B. Obereigentum an Boden und Wasser, willkürliche Steuererhebung und vor allem Konfiskation. *(2)* Personalunion weltlicher und kultischer/sakraler Herrschaft (Theokratie)[16]. *(3)* Überlegener Machtanspruch sowie Einforderung der Anerkennung der Oberhoheit bei mehr oder weniger freiwilligem Loyalitätserweis und mit regelmäßigen Tributleistungen.

Exkurs: Der Machtanspruch der Mogul-Kaiser, weitgehend militärisch erzwungen, beschränkte sich auf den indischen Subkontinent und seine westlichen Nachbargebiete (...). Die Macht der chinesischen Kaiser hingegen dehnte sich auf ganz Asien aus. Zu ihrem Höhepunkt reichte sie von „Japan und Korea im Nordosten über Südostasien bis hin nach Südindien, den Persischen Golf und die ostafrikanische Küste" (*Seitz* 2002, 14). Die hier gelegenen Reiche und bedeutenden Handelsplätze hatten sich der chinesischen Oberho-

16 Die Verbindung weltlicher und geistlicher Funktionen und Ansprüche, gottgewollter Herrschaft, gottgleicher Herrscher, durchzieht die frühe Geschichte Asiens, Afrikas und Süd-, Mittelamerikas. Selbst bis in die Gegenwart lassen sich wiederkehrend kultgleiche Verehrungsrituale und damit verbundene autokratische Herrschaftsansprüche in diesen Regionen nachweisen. Die heute geradezu verklärt wirkende Verehrung von Chingis Khan in der Mongolei (sie mutet wie ein religiöser Identifikationsersatz an), die einstmalige Glorifizierung von Mao Zedong, die religiöse Hingabe an den prophetengleichen Chomeini oder die dem Volk oktroyierte, geradezu blasphemische Selbsterhöhung der Herrscher in den kleinen Staaten des Arabischen Golfes (Scheichtum, Emirat, Sultanat) und Marokkos oder des Herrschers von Libyen stehen für diese These. Konfiskative Übergriffe, die als Hemmnis kontinuierlicher Wirtschaftsentwicklung gelten, sind immer wieder in all diesen Ländern beobachtbar und zwar selbst dann, wenn sie demokratisch regiert werden. So wurden z.B. unter Zulfikar Bhutto in Karachi/Pakistan verschiedene Bazare zur Kontrolle durch die Polizei freigegeben. Konkret bedeutete „Freigabe" Plünderung. Damit versuchte Bhutto zwar offiziell, dem in der Bevölkerung aufgekommenen Gerücht, dass in den Bazaren illegale Schmuggelwaren vertrieben werden, zu begegnen. Doch faktisch stillte er damit nur den sich steigernden Unwillen in der Polizei Karachis, die sich wiederholt gegen Anordnungen der Regierung gewehrt hatte.

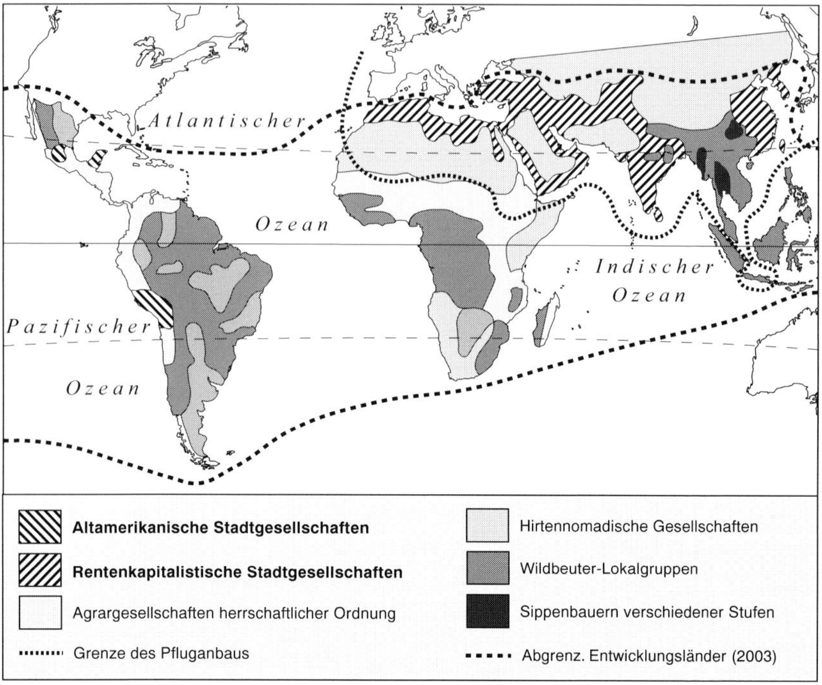

Abb. 6: Sozialökonomische Entfaltungsstufen am Ende des 15. Jh. Quelle: *Bobek*, 1959; vereinfacht d.d.Verf. 2004.

heit unterstellt und sich damit den Zugang zu dem lukrativen Handel mit China sowie dessen Schutz gegen Rebellion auch von innen gesichert. „Wo freilich die Ausstrahlung der konfuzianischen Tugendkraft des Kaisers und die Anreize des Handels nicht ausreichten, … halfen … Kampftruppen nach“ (*Seitz* 2002, 14). Doch nirgends erfolgte Unterjochung. Überall blieb lokale Eigeninitiative erhalten und stürzten die Handelspartner nicht in Armut, als sich China Mitte/Ende des 15. Jh. aus seinen überseeischen Aktivitäten unvermittelt zurückzog. Dieser Rückzug war – ungeachtet anderer Ursachen – letztlich nur möglich, weil die den (seewärtigen) Außenhandel tragende Händlerschicht palastpolitisch zu unbedeutend war. Sie hatte sich trotz ihrer Erfolge wegen der despotischen Grundstruktur des chinesischen Herrschaftssystems und seiner konfuzianischen Begründung nicht höher etablieren und stabilisieren können. Letztlich war sie sogar von dem palastnahen und daher überlegenen Beamtenapparat unter Verweis auf die konfuzianischen Tugenden auf eine marginale Position zurückgedrängt worden. Strukturell ähnliche interne Verhältnisse galten auch für das Mogulreich im Norden des indischen Subkontinentes.

Diese drei despotischen Strukturelemente wurden nicht nur zur Stabilisierung und Bereicherung der jeweiligen Herrschaft, sondern auch zur Unterbindung von individueller Reichtumsanhäufung sowie zur Verhinderung von Gegengewalt eingesetzt. Legitimiert wurde z.B. die Konfiskation mit der These, dass bei den herrschenden Steuerpraktiken ein großes Vermögen nur durch Steuerhinterziehung und Pfründennutzung, also illegal, entstehen kann. Deshalb oder wegen der z.B. in China geltenden Geringschätzung des Handels[17] bildeten sich auch nicht die für Europa typischen *selbständigen* Kaufleute, Händler und Handwerker heraus. Sie waren zwar vorhanden und in Zeiten schwacher Zentralgewalt auch aktiv (*Braudel* 1990b; *Wirth* 2002), doch dienten sie „in der Hauptsache dem Bedarf der großen Herren. Daher auch ihre Tendenz zu Luxushandel und Kunstgewerbe. Nur ein geringer Teil ihrer Erzeugnisse diente dem Austausch mit der Landbevölkerung" (*Bobek* 1950, 39). Während Transport, Nachrichtenübermittlung, Waffenherstellung logischerweise in Herrscherhand lagen, wurde die weniger einträgliche Fertigung von Waren ebenso den kleinen Gewerbetreibenden überlassen wie der risikoreiche Überlandhandel; es sei denn, er diente den Interessen der Herrschaft und wurde von ihr ausgeführt oder in Auftrag gegeben. Anhäufung von Vermögen in Privathand war aber dennoch möglich. Doch wurde es wegen der Konfiskationsgefahr in beweglicher Habe (*Wittfogel* 1962, 108ff) sowie in Rententiteln (z.B. Land, Bewässerungsrechte, Immobilien) versteckt. Zu Europa vergleichbaren Investitionen der Vermögen in stattliche Kaufmannshäuser, in große Unternehmen, zur Finanzierung von Staatsaktionen oder zur Deckung von Staatsschulden kam es nicht. Oder sie bildeten die Ausnahme in Zeiten schwacher Zentralgewalt (z.B. Bau der Khane). Die Träger der privaten Vermögen fanden sich, z.B. aus Furcht vor Entdeckung und Konfiskation ihres Besitzes, auch nicht organisatorisch zusammen (z.B. in Zünften, Ständen)[18]. – Daher bildete sich keine dem mittelalterlichen Europa vergleichbare Schicht an unternehmerischen Kaufleuten, Händlern und Handwerkern in den Städten heraus, die als Gegenpol zur despotischen Willkürherrschaft hätte fungieren können. Denn die übermächtigen Städte, als Sitze der Herrschaft, von Bürokratie und Militär, dominierten quasi parasitär das Land: So übten sie verwaltungsmäßige Kontrolle aus und schöpften zum verschwenderischen Eigenbedarf das agrarische und handwerkliche Mehrprodukt ab (*Bobek* 1950, 39; *English* 1966; *Wirth* 1973). Regionale quasi-städtische Unterzentren waren bedeutungslos.

---

17 Das konfuzianische China war agrarisch ausgerichtet und folgte physiokratischen Wirtschaftsvorstellungen, d.h. Nutzung der vorhandenen natürlichen Ressourcen. Daraus leitete sich die Geringschätzung des Handels und seiner Träger ab. Denn sie produzierten nicht mit den vorhandenen Mitteln, sondern nutzten parasitär sich bietende Chancen aus.

18 Das Wort Zünfte leitet sich von arab. *sinif* ab. Doch eine Europa vergleichbare Stellung konnten derartige Zusammenschlüsse im Orient nicht erlangen (*Hunke* 1977).

Unterschiede: Die dominanten sozioökonomischen Merkmale der außereuropäischen Länder – nach *Wittfogel* (1962) alle Weltregionen mit Großreichen betreffend – bestanden zum Zeitpunkt der (neuzeitlichen) Ausgangssituation in despotischen Herrschaftsstrukturen, fehlendem selbständigem händlerischem Unternehmertum sowie in der Flucht der auch hier erzielbaren Gewinne in Sachwerte, Renten(-titel) und bewegliche Habe. Ein Europa vergleichbares selbständiges Bürgertum, das sich im Sinne von *Weber* (1973) durch Arbeitsethos, innerweltliche Askese und rechenhafte Wirtschaftsführung auszeichnete und in der Neuzeit als Initiator und Träger des aufkommenden dynamischen Kapitalismus fungierte (*Behrendt* 1971a), gab es somit außerhalb Europas, nach *Bobek* (1962) insbesondere innerhalb des alten Orients, nicht.

2.3 Natürliche und produktionsstrukturelle Gegensätze

Die eben vorgestellten herrschafts- und gesellschaftsstrukturellen Unterschiede sind weitgehend bekannt. Weniger klar hingegen sind die dafür verantwortlichen Ursachen. Dabei sei – ohne eines schlichten Geodeterminismus bezichtigt zu werden – auf die physiogeographischen Grundlagen in den Regionen eingegangen, in denen sich die dargestellten Herrschaftsstrukturen herausgebildet und in der Folgezeit strukturell erhalten haben: einerseits die gemäßigten Breiten mit ubiquitär möglichem Ackerbau, andererseits die subtropisch-tropischen Trockengebiete mit punkt-/linienhafter Bewässerungslandwirtschaft (Abb. 7). Was genau ist damit gemeint?

Europa: In den gemäßigten Breiten Europas ist im Prinzip überall Ackerbau auf der Basis natürlicher Bodengegebenheiten und Niederschlagsverhältnisse möglich. Die frühmittelalterliche alemannische/fränkische Besiedlung und folgende Herrschaftssicherung konnten daher quasi überall stattfinden. Die Siedlungsträger, verdiente Stammesmitglieder, die über Stammesbindungen loyal an den König (Stammesoberhaupt) gebunden waren, stießen dabei flächendurchdringend auf isolierten Posten in peripheres Neuland vor. Die territoriale Herrschaftssicherung basierte auf stammlicher Loyalität. Daraus entwickelte sich ein königzentriertes, vielschichtiges feudales Lehenssystem, das aber dank der überall natürlich gegebenen wirtschaftlichen Eigenständigkeit Lockerung und Selbständigkeit ermöglichte. Dadurch konnten zwar große Territorien aufgebaut werden. Doch war nicht zu verhindern, dass sich nachgeordnete Instanzen (Klerus, Adel, Bürger) doch Freiräume erkämpften, sich Machtkonkurrenz und Machtkontrolle einstellten und eine ökonomisch selbständige Gesellschaftsschicht, das Bürgertum, herauszubilden vermochte.

Außereuropa: In den (despotischen, autokratischen, theokratischen) Großreichen, die in den außereuropäischen Regionen (tropische/subtropische Trockengebiete)

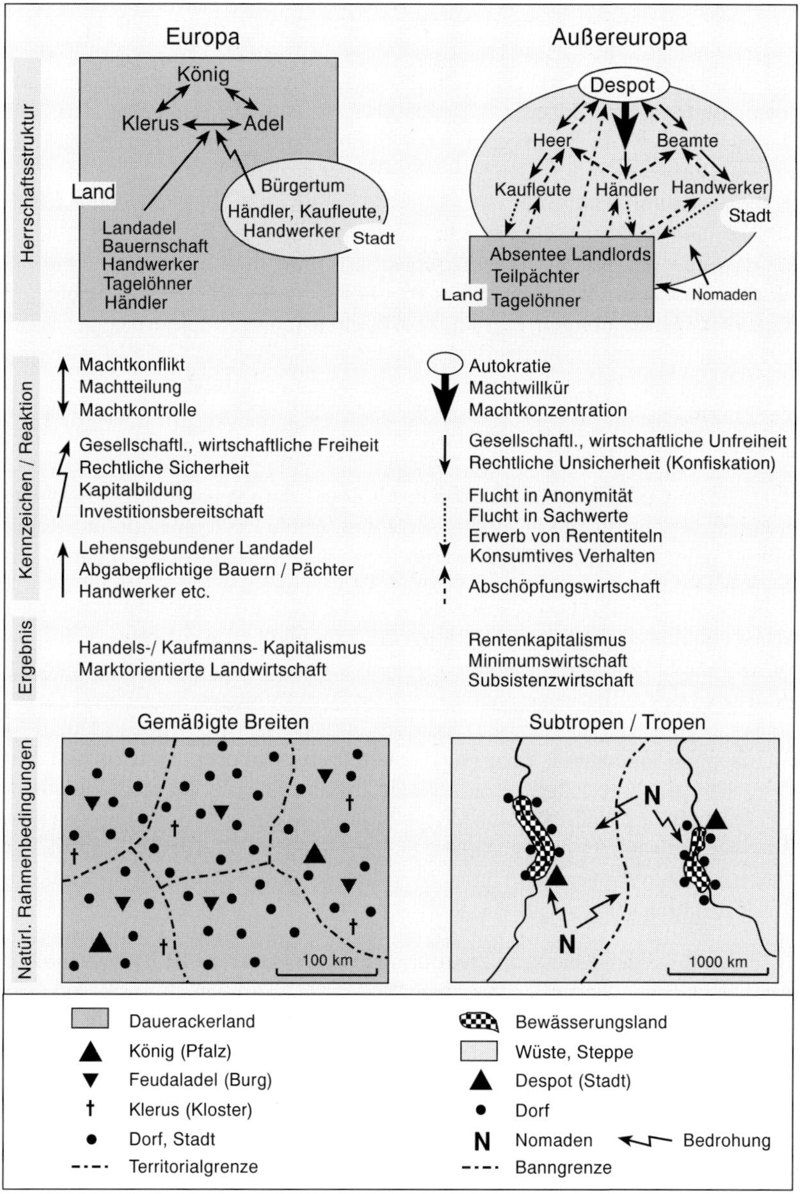

Abb. 7: Europa und Außereuropa zu Beginn der bleibenden Kontaktnahme (ca. Ende 15. Jh.). Quelle: Entwurf d.Verf. 2003

strukturell dominierten (von Anbeginn und tendenziell bis/auch in die/der Gegenwart, in der selbst quasi-Demokratien vor konfiskationsgleichen Maßnahmen nicht gefeit sind), war die Nahrungssicherung, d.h. eine produktive Landwirtschaft, nur dort möglich, wo Bewässerungswasser zur Verfügung stand. Verwiesen sei hier auf die Stromoasen von Nil, Euphrat, Tigris, von Heri Rud, Amur- und Syn Darja, von Indus, Ganges sowie die der großen Flüsse Chinas oder auch die Bewässerungsgebiete der Hochkulturen Lateinamerikas (*Stavenhagen* 1974, 279; vgl. *Golte* 2004; *Wilhelmy* 1952, 74ff; *Wittfogel* 1962). Überall handelt es sich dabei um arealmäßig linienhafte, isoliert inmitten wüstenhaften Umlandes gelegene Bewässerungsareale, deren Wasser Fremdlingsflüssen (Quellgebiete in Tropen oder Hochgebirgen) entstammt. Mit ihren Schwebestoffen trugen sie zwar jährlich zur Regenerierung der Bodenfruchtbarkeit bei. Doch ihre Abflussregime (ausgeprägte Hochwasser, saisonale Wasserführung) erforderten differenzierte Wassermanagements (*Herzog* 1988; *Hettner* 1929, 72ff). Was ist darunter vorstellbar?

– Die Nutzung des Flusswassers, das in der Regel zeitlich begrenzt als Hochwasser auftritt, konnte nicht von einem Einzelnen, einem Dorf, einer kleinen Region effektiv geleistet werden. Dazu waren Damm- und Kanalbauten, kontrollierte und gelenkte Wasserverteilung oder auch Landzuweisung erforderlich.

– Da in Zeiten der Wasserverwertung die zugehörige Gesellschaft z.B. durch nomadische Stämme oder konkurrierende Nachbarreiche gefährdet sein konnte, bedurfte es des militärischen Schutzes in Form eines stehenden Heeres. Zu dessen Versorgung waren Abgaben (Steuern) notwendig, deren Einzug einem Beamtenapparat unterstand. Zum Funktionieren eines solchen Systems hält *Hettner* (1929) eine überlokale, eine zentrale Instanz für erforderlich. Wie aus der Geschichte belegt, nahm sie stets despotische, autokratische Strukturen an (*Herzog* 1988). Die theokratische Anlage dürfte – hier nur angedeutet – auf die zur Sicherung der Wasserzufuhr für notwendig erachteten kultischen Handlungen zurückzuführen sein (vgl. *Bohle* 1981a).

– Mit den Begriffen asiatische Produktionsweise (*Massarat* 1977), orientalische oder hydraulische Despotie (*Wittfogel* 1962) oder partiell auch mit Rentenkapitalismus (*Bobek* 1979) werden diese Strukturen zu erfassen versucht. In dem hier interessierenden Zusammenhang sind von primärer Wichtigkeit: despotische/theokratische Herrschaft, Beamtenapparat, stehendes Heer. Dazu gehören uneingeschränktes Obereigentum des *Staates* an Grund und Boden sowie staatliche Kontrolle von Handel und Gewerbe sowie Konfiskation.

– Ausdruck dafür ist Flucht von Gewinnen in bewegliche Habe und versteckbare Sachwerte (z.B. Erwerb von Rententiteln; S. 154). Folge davon wiederum ist das Fehlen produktiver Investitionen, unternehmerischen Risikos, der Herausbildung eines produktiven, dynamischen Kapitalismus und der Existenz einer selbständigen Unternehmerschicht ohne Angst vor Konfiskation und Willkürherrschaft.

Fazit: Zum Zeitpunkt dessen, was heute als Beginn der Europäisierung der Erde bezeichnet wird (Ende 15. Jahrhundert), standen sich, wie die Diskussion der einleitend formulierten These herauszustellen versucht, zwei in ihrer Herrschaftsstruktur und Wirtschaftsintention prinzipiell unterschiedliche Systeme gegenüber (Abb. 7). Beide zeichnete Reichtum an Ressourcen, Vermögen und Werten aus. Im europäischen System hatte sich jedoch die Tendenz zur sozialen und herrschaftsmäßigen Differenzierung (letztlich zu Demokratisierung!) sowie der „Stachel" zum ökonomischen „Mehr" herausgebildet. Das außereuropäische System hingegen tendierte zum Erhalt quasi regionsspezifisch angelegter hierarchischer Gesellschafts- und despotischer Machtstrukturen. Hier gelang es nicht, die herrschaftsstrukturell bedingte Lähmung der nicht weniger vorhandenen Bereitschaft zu gewinnorientierter Kapitalinvestition und zu risikobereitem Unternehmertum zu überwinden. Diese Gesellschaften befanden sich nach *Bobek* (1962, 14) nie auf dem Wege zum Industrialismus. „Das industrielle System hätte in ihrem Schoße niemals geboren werden können" (ebd. 15).

Die Ursachen für diese welt- und kulturgeschichtlich bedeutsamen Unterschiede erwuchsen – wie zu zeigen versucht – letztlich aus den regionalspezifischen natürlichen Rahmenbedingungen, die von den jeweiligen Bevölkerungen zur Herrschaftsbildung, Existenzsicherung und Wirtschaftsentfaltung ganz offensichtlich unterschiedlich genutzt wurden.

3. Welthandel und Raumgestaltung

Begriffe wie Entdeckung und Erschließung der Erde oder Christianisierung, Europäisierung und Kolonisierung können leicht zur Verharmlosung dessen verführen, was sich tatsächlich dahinter verbirgt: nämlich die immer gezielter werdende Nutzung (Ausbeutung) von Ressourcen und Märkten durch das, was heute als Industrieländer bezeichnet wird. In erster Linie profitierten davon direkt stets nur wenige Herrscher, Handelsgesellschaften und Unternehmer. Doch letztlich partizipierte daran (bis heute) auch die breite Bevölkerung. Vehikel dieses Vorganges war die Herausbildung eines weltumspannenden Handelsnetzes. Es funktionierte zu Beginn über ein System unterschiedlichster Träger (abenteuernde Seefahrer/Kaufleute; *peddling traders*; Handelskompanien) und vielfältiger Aktivitäten (Tausch, Kauf, Raub, Landnahme, Ansiedlung, Handelsniederlassungen/Faktoreien, Eroberung, Krieg). Sie wiederum schlugen sich nieder in regional/lokal unterschiedlicher Raumgestaltung (z.B. Städte, Häfen, Plantagen, Bergwerke, Verkehrswege, Grenzen/Territorien, Siedlungs-/Straf-/Wirtschaftskolonien), die zur Erschließung und letztlich effektiven Nutzung der begehrten Ressourcen und lukrativen Regionen sowie zur Herrschaftsausübung diente. Afrika, Lateinamerika und die Mehrzahl der asiatischen Länder/Regionen spiegeln bis heute diese fremdbestimmte raumstrukturelle Wirklichkeit. – Der Vorgang dieser Raumgestaltung, Gegenstand dieses Kapitels, ist jedoch ohne Kenntnisse über Herausbildung und Funktionieren des Welthandels nicht leistbar und nachvollziehbar.

3.1 Orienthandel (Einführende Überlegungen)

Der Orienthandel, Asien und Ostafrika über den Mittelmeerraum mit Europa verbindend (*Braudel* 1990a, 373ff), kann wohl als erstes regionenübergreifendes Handelssystem angesehen werden (Abb. 8). Das Schwungrad für seinen Antrieb rotierte, wie im vorangehenden Kapitel geschildert, in Europa. Daher gingen auch von hier die Bemühungen um seine Fortsetzung aus, als er durch das Osmanische Reich im östlichen und durch die seeräuberischen Sarazenen im westliche Mittelmeer be- und verhindert wurde. Ohne die vielfältigen geistigen (Scholastik, Renaissance), technischen, kartographischen (Kugelgestalt der Erde; Globus), nautischen Neuerungen (Kompass; mobile Zeitmesser; *Sobel, Andrewes* 1998) und geistlichen Motive (z.B. Suche des Reiches von Johannes dem Täufer) in Europa im Übergang vom Mittelalter zur Neuzeit hier übersehen zu wollen und näher aufführen zu können, waren es wohl doch vorherrschend wirtschaftliche Anlässe, die die Suche nach den Ursprungsgebieten der vom Adel und der wohlhabenden Bürgerschicht begehrten Orientwaren (z.B. Damast, Mus-

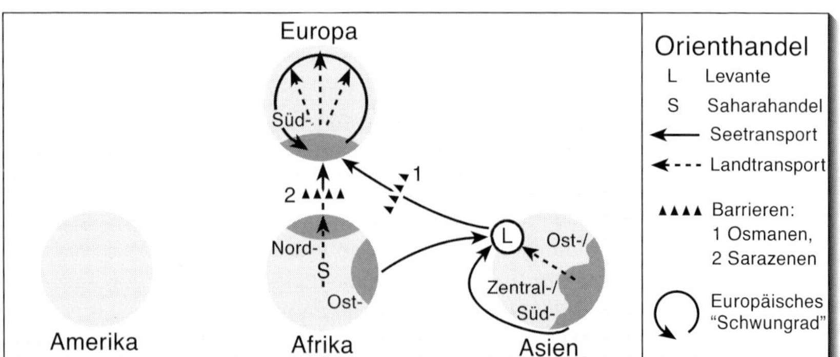

Abb. 8: Orienthandel (Modell). Quelle: Entwurf d. Verf. 2003, vereinfacht n. *Reinhard* 1983; *Schmitt* 1984.

selin, Gaze, Perlen, Teppiche, Farbstoffe, Gewürze, Boafedern), vorantrieben[19]. Sie führten zu dem, was sich nach 1492 abspielte, als Entdeckung der Erde bezeichnet wird (*Behrmann* 1948) und sich letztlich zu einem Welthandelssystem entfaltete.

Der Beginn des Entdeckungsprozesses wird gemeinhin auf 1492 datiert. Doch erst nach 1494 (Abkommen von Tordesilla unter Papst Alexander VI.) wird rasch in immer entferntere Weltgegenden vorgestoßen und werden größere Regionen erschlossen (Tab. 2). Daran waren Spanier (Columbus 1492: Amerika) und Portugiesen[20] (Vasco da Gama 1498: Indien) gleichermaßen beteiligt. Zu ihnen gesellten sich ab dem 16. Jahrhundert in zunehmendem Maße auch französische, englische, holländische, dänische und schwedische Seefahrer. Die Motive, die sie leiteten, und die Methoden, die sie zur Durchsetzung ihrer Interessen anwendeten, waren recht verschieden. Dabei seien sinnvollerweise nach der wirtschaftlichen und gesellschaftlichen Entwicklung in Europa mehrere zeitliche Phasen mit unterschiedlichen raumstrukturellen Auswirkungen in den jeweiligen Erdgegenden unterschieden.

Tab. 2: Entdeckung der Erde aus europäischer Sicht (in %)

Jahr	bekannter Teil d. Erde in %	Land in %	Wasser in %
1400	11,2	21,0	7,0
1500	22,1	25,1	20,9
1550	32,5	32,2	33,2
1600	52,5	40,0	60,0
1700	60,7	50,6	64,7
1800	82,6	60,0	92,1
1850	89,3	70,0	97,3
1900	95,7	90,0	97,8
1950	100,0.	100,0	100,0

Quelle: *Behrmann* 1948, 53.

19 Welche Gewinne dieser Handel bot, mögen zwei Beispiele veranschaulichen: So konnten alle Kosten der Expedition/Weltumsegelung von F. de Magellan incl. der Ausgaben für die Schiffe mit der Gewürzfracht eines einzigen Schiffes beglichen werden (*Behrmann* 1948, 26). „When Vasco da Gama 1498 returned to Lisbon from India with a cargo that is said to have repaid sixtyfold the costs of his voyage, the effect was shattering“ (*Morton* 1951, 163).

20 Der Entdeckung des Seeweges nach Amerika waren zahlreiche Erfolge der Portugiesen unter Heinrich dem Seefahrer (1394–1460) vorausgegangen: Im Jahre 1408/10 erreichten sie Madeira, 1442 die Azoren, 1445 das Kap Verde und 1482 die Kongomündung.

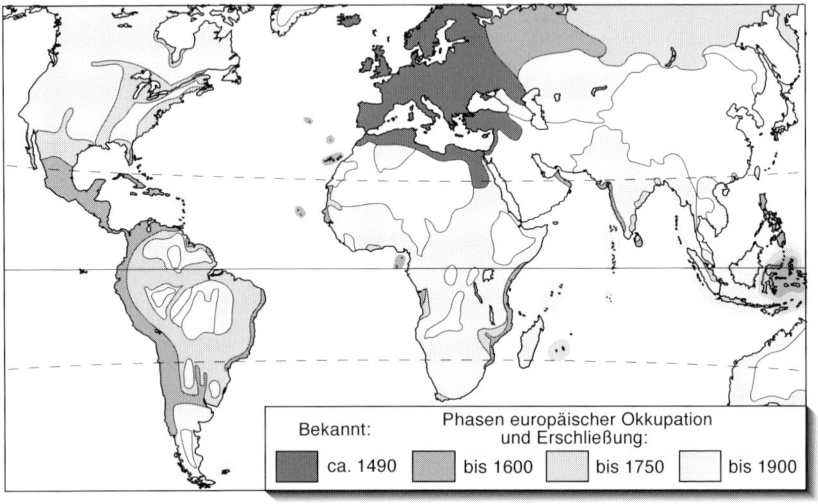

Abb. 9: Erschließung/Europäisierung der Erde. Quelle: n. *Behrmann* 1948; Entwurf B. Müller 2004.

3.2 Merkantilistische Phase und Sklavenhandel

Zu Beginn der Neuzeit entfaltet sich, beflügelt durch die Entdeckungsfahrten, der schon im Mittelalter angelegte überregionale Handel zur dominanten Wirtschaftsform. Als Merkantilismus (franz. *mercantile* = kaufmännisch) bildete er allmählich die Grundlage der aufkommenden absolutistischen Staaten[21]. Beamtenstab, Hofhaltung, stehende Heere und Prachtentfaltung erforderten kameralistische und physiokratische Wirtschaftsführung und förderten u.a. auch die manufakturelle Güterherstellung. Doch insbesondere gewann der Außenhandel an Bedeutung. Ziel war eine positive Handelsbilanz, die den Trägern des Handels und ihren explorativen Unternehmungen die Methoden vorgab. Dabei wurden nach anfänglich zaghaftem, auf Warentausch angelegtem Umgang mit den „Eingeborenen“, bald Praktiken exzessiver Aneignung von Gütern (z.B. Edelmetalle, agrare, mineralische Rohstoffe, Tuche/Stoffe, Gewürze, Menschen) und

21 Exponierte Vertreter des Merkantilismus waren Friedrich Wilhelm I., Friedrich der Große in Preußen, Cromwell in England und Colbert in Frankreich. Auch Spanien und Portugal folgten merkantilistischen Wirtschaftsvorstellungen. Doch nahm ihre Entwicklung, durch die hohen Importe aus den amerikanischen Kolonien beeinflusst, rasch parasitären Charakter an und blieb daher relativ hinter der des übrigen Europa zurück (*Wittfogel* 1962).

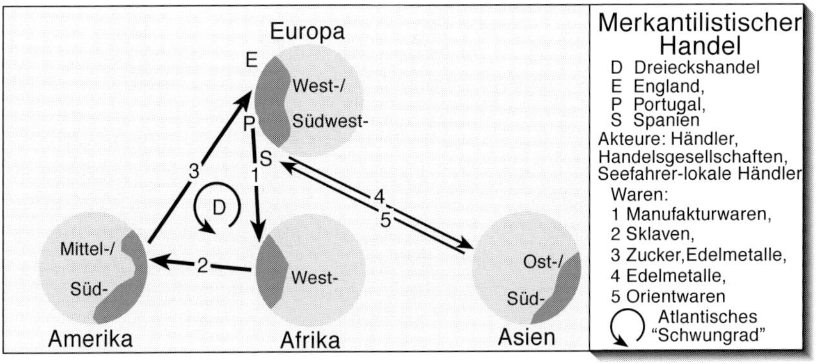

Abb. 10: Merkantilistischer Handel (Modell). Quelle: Entwurf d.Verf. 2003 vereinfacht nach *Parry* 1972; *Reinhard* 1983; *Schmitt* 1984.

Land in Form von Kolonien[22] üblich und dabei nach und nach auch regional unterschiedliche Kontaktformen (Kolonisation) angewendet (*Klöss* 1985; *Wallerstein* 1998; Abb. 10).

(1) In *Süd-/Mittelamerika* folgte auf die Zerschlagung der großen Reiche von Azteken, Maya, Inka und Chibcha (*Wilhelmy* 1952, 161)[23], die Gründung all jener Städte, die die Raumgestaltung (Siedlungsstruktur) des andinen Süd- und Mittelamerika bis in die Gegenwart prägen sollten (z.B. Mexiko-City 1524/durch Cortez; Quito 1534, Lima 1535, La Paz 1548/Pizarro; Bogota 1538/Quesada; Santiago de Chile 1541/Valdivia; *Wilhelmy* 1952). Von diesen Städten aus erfolgte die Aneignung der reichen Edelmetallschätze[24] ebenso wie die Landokku-

22 *Kolonien* sind auswärtige, meist überseeische Niederlassungen oder Besitzungen eines Staates. Staatsrechtlich sind sie Ausland, völkerrechtlich Inland. Nach außen werden sie von den Mutterländern repräsentiert. Nach der Nutzung wird zwischen Siedlungs- (z.B. Südafrika), Wirtschafts- (z.B. Brasilien), Herrschafts- (z.B. Indien), Straf- (z.B. Cayenne, Neukaledonien, anfangs Australien, Neusüdwales) und Militärkolonien (z.B. Gibraltar, Aden, Zypern, Malta, Bermuda, Sokotra) unterschieden.
Kolonisation bedeutet im ursprünglichen Sinne Urbarmachung, d.h. siedlungsmäßige, wirtschaftliche, verkehrsmäßige Erschließung bislang ungenutzter oder unzureichend genutzter Gebiete (z.B. Moorkolonisation, Höhenkolonisation). Sie kann auch als territoriale Besitzergreifung oder Überlagerung einer Bevölkerungsschicht durch eine andere verstanden werden (z.B. deutsche Ost-Kolonisation, überseeische Kolonisation).

23 Cortez, 1519–21: Azteken-; Pizarro, 1531–34: Inka-; Quesada, 1535–38: Chibcha-Reich.

24 Anfänglich wurden in den Bergwerken lokale Arbeitskräfte, jedoch bald schon afrikanische Sklaven eingesetzt. Die Initiative dazu geht auf den Indianerapostel Las Casas (1474–1566) zurück. Dadurch wurde die Indianerausbeutung nach 1517 beendet. ... „bereits im Jahre 1570

pation in Form der Haciendaökonomie (*Sandner, Steger* 1973, 20f). Sie gab das Muster der wirtschaftsräumlichen Erschließung vor (Abb. 11). Getragen wurden diese Aneignung und Landnahme von der christlichen Gewissheit, dass „jeder Ungläubige in Feindschaft mit Gott lebe", daher „besitze er alles, was Gott ihm gegeben hat, zu Unrecht" (*Jahn* 1964, 69). Die Haciendaökonomie, eine großflächige Überlagerung der indianischen Landwirtschaft (z.B. *ayllu*) durch umfassende Produktionseinheiten europäischer Provenienz, basierte auf dem Pflegschaftsprinzip *encomienda*. Doch es eignete sich auch zur Ausbeutung der anvertrauten Arbeitskräfte (Pfleglinge; *Wilhelmy* 1952, 59; *Sandner, Steger* 1973, 98ff). Als probates Mittel trug dazu die Ersetzung der bisherigen indianischen Streusiedlung durch die 1568 vom Vizekönig von Peru verordnete *reduccion general* bei. Dadurch kam es zur Anlage von Dörfern mit schachbrettartigem Grundriss und Kontrollfunktion (*Wilhelmy* 1952, 81)[25]. Neben den Hacienden muss zum einen noch auf die *estancien,* tierwirtschaftliche Großbetriebe (*estancia cimarrona* in Argentinien, Uruguay, Brasilien; *latos y correales* in Mittelamerika) hingewiesen werden. Aus der hier praktizierten extensiven Weide verwilderten Viehs (*gauado cimarron; Gerling* 1954) erwuchs nämlich ein riesiger Flächenanspruch, der die Besitz- und damit auch die Gesellschaftsverhältnisse bis in die Gegenwart bestimmt (*Sandner, Steger* 1973, 82ff). Zum anderen müssen in diesem Zusammenhang die Anfang des 16. Jh. auf den karibischen Inseln und nach 1532 in NO-Brasilien aufkommenden Plantagen genannt werden (*Gerling* 1954; *Waibel* 1937)[26]. Nach *Ribeiro* (1971, 139ff) sind es ausgelagerte europäische Produktionskomplexe, ökonomische Außenstellen der missionarischen Imperien des Merkantilismus, die die Monokulturgüter zuzubereiten und den Metropolen abzuliefern hatten. Europa unterhielt in den Plantagengesellschaften ein externes Proletariat, eine quasi kostenlose und als subhuman angesehene Energiequelle.

---

sollen sich etwa 20 000 afrikanische Sklaven in Mexiko befunden haben. Im Jahre 1585 gab der König von Spanien dem Kronrat des Vizekönigs in Mexiko Anweisung, die Indianer, ein schwaches Volk, sich selbst zu überlassen und die Arbeit in den Gruben, bei Bauprojekten, auf den Feldern und in den Mühlen von Sklaven, das sind Mulatten, Neger und Mestizen, ausführen zu lassen" (*Davidson* 1966, 98).

25 „Eine *Cuadra* wurde als *plaza* vorgesehen, und auf einem der angrenzenden Baublocks errichtete man Kirche, Pfarrhaus und Schule. Eine weitere, ebenfalls die *plaza* berührende *Cuadra* war für ein Rast- und Unterkunftshaus für durchreisende Spanier bestimmt. Auf den übrigen *Cuadras* wurde mit dem Bau von je 12 Häusern für die Indianer begonnen. Jedes Haus besaß zwei Zimmer, etwas abseits eine Küche und einen ummauerten Hof" (*Wilhelmy* 1952, 81)

26 Nach *Waibel* (1937) handelt es sich bei einer Plantage um „einen landwirtschaftlich-industriellen Großbetrieb, der in der Regel unter Leitung von Europäern bei großem Aufwand von Arbeit (Sklaven, Anm. d. Verf.) und Kapital (aus Europa, Anm. d. Verf.) hochwertige pflanzliche Produkte (Luxusgüter, Anm. d. Verf.) für den (Welt-, Anm. d. Verf.) Markt erzeugt". Plantagenerzeugnisse: Tabak, Zuckerrohr, Baumwolle, später Sisal, Kakao, Kaffee, Zitrusfrüchte, Ananas, Bananen, Kautschuk.

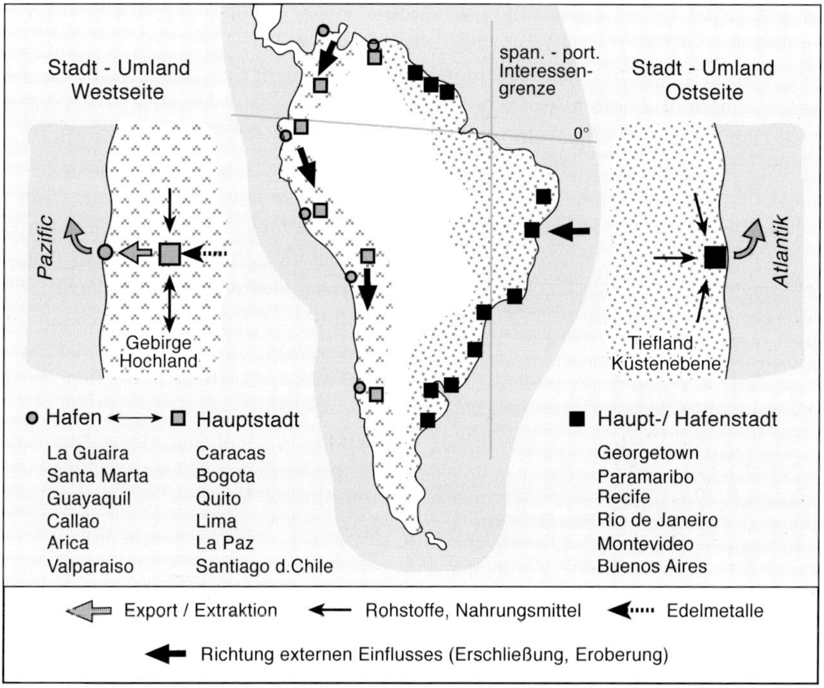

Abb. 11: Erschließung Südamerikas (Modell). Quelle: Entwurf d.Verf. 2003.

Die Plantagen wurden ebenso wie die bäuerlichen Großbetriebe, Hacienden und Estancien, durch ihre einseitige Produktionsausrichtung (Monokultur), ihre arbeitsintensive Wirtschaftsweise (hoher Einsatz menschlicher Arbeitskräfte), ihre spezielle soziale Struktur (*encomienda*, Sklaverei) und ihre besitzrechtlichen Verhältnisse (ausländische Eigentümer, z.T. Einzelpersonen, Handelsgesellschaften) zu einem konservativen, beharrenden Element für die zukünftige Entwicklung (*Sandner, Steger* 1973, 90ff). In besonderem Maße dienten die Plantagen auch den merkantilistischen Interessen der Mutterländer und bildeten schon im 16. Jh. einen ganz wesentlichen Bestandteil des sich neu formierenden überregionalen Handelssystems. Darin sollte Afrika eine besondere Rolle zufallen.

(2) Die Entwicklung der Beziehungen zwischen Europa und *Afrika* nahm einen von Südamerika völlig verschiedenen Verlauf. Abgesehen von dem mittelalterlichen transsaharischen Karawanenhandel mit den sudanesischen Reichen (*Mansshard* 1970, 51ff) sowie der Einbindung Nord- und Ostafrikas über den arabi-

schen Ast des Orienthandels blieb Afrika bis zur Entdeckung des Seeweges nach Indien durch Vasco da Gama (1498) weitgehend unbekannt. Unzugänglichkeit der Küste (Randschwellen, Brandung), Unwirtlichkeit des Inneren (tropischer Urwald, Stromschnellen) und scheinbare Ressourcenarmut hatten dazu beigetragen. Daher richtete sich das Interesse der europäischen Seefahrer anfangs in Einzelunternehmen auf die bloße Herstellung von Handelskontakten (Handelswaren: Elfenbein, Pfeffer, Leder/Spießbockleder zur Herstellung von Schilden, Gold). Kleine befestigte Niederlassungen an den Küsten dienten als Anlaufstellen. Doch sie entwickelten sich bald zu wehrhaften Forts (Gründungsplätze z.B. der Städte Kilwa, Milandi /Ostafrika oder Lomé, Accra, Abidjan, Monrovia/Westafrika) als Umschlagplätze des wichtigsten afrikanischen Handelsgutes, Menschen. Damit begann der problematische/fragwürdige wirtschaftliche Aufstieg dieses Küstenstreifens (*Manshard* 1970, 51). Der Sklavenhandel war landeinwärts gerichtet. Er gab damit nicht nur die zukünftige Verkehrserschließung Westafrikas vor (Abb. 21). Bald wurde er zum wichtigsten Antrieb eines Handelssystems (atlantisches Schwungrad), das erstmals Europa, Afrika und Lateinamerika – bald auch den Süden Nordamerikas – verband: der Dreieckshandel (Ring-). Afrika lieferte die Sklaven, Mittelamerika Zucker, Tabak, Leder und natürlich die wichtigen Edelmetalle (Nordamerika später Baumwolle) und England manufakturelle Fertigwaren. Von Anbeginn war daran auch Asien, insbesondere Indien, beteiligt, woher die begehrten Luxusgüter kamen und wohin die Edelmetalle flossen (*Wirth* 2002, 40ff; *Wirz* 1972, 1984; Abb. 12).

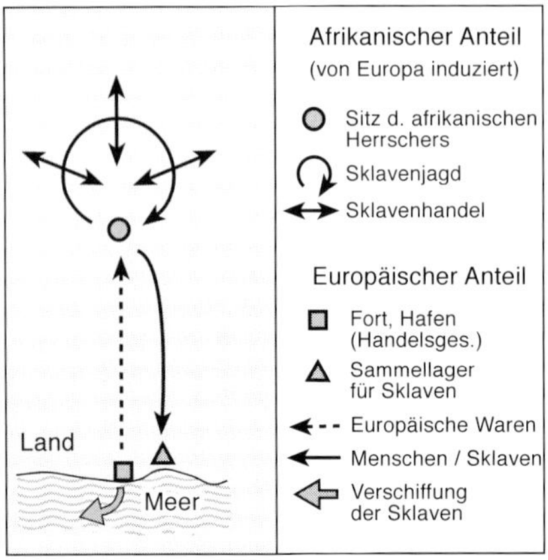

Abb. 12: Räumliche Organisation des Sklavenhandels in Westafrika (Modell). Quelle: Entwurf d. Verf. 2003.

Exkurs: Sklavenhandel hat es in vorkolonialer Zeit gegeben. Araber[27], Genuesen und Venezianer betrieben ihn schon im 10. Jh. Später beteiligten sich daran die Pisaner, Floren-

27 Der arabische Sklavenhandel konzentrierte sich im wesentlichen auf Ostafrika. Ziel war in erster Linie die Rekrutierung von Hausklaven. Darin unterschied er sich – bei gleicher struktureller Anlage – jedoch funktional von dem europäischen Sklavenhandel, bei dem es vornehmlich um den Erwerb von Arbeitssklaven ging.

tiner und die Handelsherren von Amalfi und Lucca. Die Anfänge des neuzeitlichen Handels mit afrikanischen Sklaven datieren auf das Jahr 1441, als Anton González Gefangene von der mauretanischen Küste nach Portugal brachte. 1501 erließ der spanische König eine Gesetzesproklamation, die den Export von Sklaven nach Süd- und Mittelamerika vorsah. Schon 1510 zog die spanische Krone die ersten Steuern aus der Vergabe von Lizenzen für den Sklavenhandel. Diese Lizenzen (*assiento*), d.h. die Rechtsübertragung zum Ankauf von Sklaven in Afrika und zu ihrem Verkauf in Amerika, wurden hinfort von der spanischen Krone gegen hohe Gegenleistungen vergeben. 1515 traf die erste Ladung Zucker aus Westindien in Spanien ein, die von Sklaven erwirtschaftet worden war. 1518 legte die erste Ladung afrikanischer Sklaven (bisher über Häfen der iberischen Halbinsel, später auch über Liverpool verlaufend) direkt von Afrika nach Westindien ab. Von diesem Zeitpunkt an erfolgte die Vergabe des *assiento* immer häufiger. Schon 1540 wurden jährlich regelmäßig mehrere tausend Sklaven nach Amerika geliefert (*Davidson* 1966). Die Nachfrage stieg durch den Bedarf an Plantagenarbeitern ständig. Mit der Errichtung weiterer Forts in Westafrika, der Zunahme des Bedarfs an Baumwolle (Spinn-, Baumwollentkernungsmaschinen in England, Plantagenausweitung im Süden Nordamerikas) sowie dem Beginn erster Massenfertigung in Westeuropa expandierte der Sklavenhandel. Als Sklavenjäger und Kollaborateure betätigten sich vornehmlich Oberhäupter küstennaher Stämme. Dafür aber setzten sie Agenten (*cabesheers, caboceroes; Davidson* 1966, 92; Abb. 13) ein. Sie tauschten ihre Ware *Mensch* (= *pièce d´inde*) gegen Pferde, Waffen, Alkohol/Rum, Glasperlen, Baumwollstoffe, bunte Tücher, Shawls, Hüte, Mützen, Haushaltswaren, Tabak, Besteck, Eisenwaren, eben Tand aller Art[28].

Abb. 13: Sklavenjäger (*cabesheers*) treiben ihre Gefangenen zum Verkauf an die Küste. Quelle: *Davidson* 1966, 226.

28 Um wenigstens einmal konkret zu veranschaulichen, welchen Wert in diesem Handel ein Mensch besaß, sei folgendes Beispiel angeführt: Eine junge Frau wurde ausgetauscht gegen: „eine Rolle Tabak, zwei Flicken Stoff, 24 Taschentücher aus Leinen, ein Gewehr, eine Kanne, vier Halbliterkrüge und drei ›garsets‹" (Maßbänder für Textilien; *Davidson* 1966, 87). Vgl. dazu auch *Wimmer* (1979, 121ff)

Wie dieser Dreieckshandel im konkreten Fall ablief und welche Waren und Unternehmen daran beteiligt sein konnten, veranschaulichen eindrucksvoll der Wirtschaftskreislauf und die Gewinnmöglichkeiten des Unternehmens, das der Gutsbesitzer und Plantageneigner Schimmelmann[29] in der zweiten Hälfte des 18. Jh. von Kopenhagen aus mit Westindien betrieb (*Degn* 1974, 91): Die Sklaven wurden über die dänische „Westindisch-Guineische Kompanie“ in Guinea (Afrika), an der Schimmelmann Aktien hielt, gegen Flinten, Branntwein, Kattun und Rum aus seinen Produktionsstätten in Dänemark/Schleswig-Holstein eingetauscht. Als Arbeiter erzeugten sie in den vier firmeneigenen Plantagen in Westindien Zukker, Rum und Baumwolle. Diese Erzeugnisse wurden in den holsteinisch-dänischen Gütern/Betrieben von Schimmelmann verarbeitet/veredelt und gelangten als Kolonialwaren auf den lokalen Markt (Abb. 14).

Das Ende des Handel und der Haltung von Sklaven wurde 1787 mit der Gründung einer Gesellschaft der Freunde der Schwarzen in England eingeleitet; 1792 verboten die Dänen den Sklavenhandel (*SZR* 1994, 18), 1794 folgten – nach der Französischen Revolution – die Franzosen (endgültig 1849) nach; 1807 Verbot des Sklavenhandels auf britischen Schiffen und in britischen Besitzungen; Verbot der Sklaverei in England 1833 und Befreiung aller Sklaven in den britischen Kolonien 1838; ein Jahr später (1839) verbot der Papst allen Katholiken, mit Sklaven zu handeln; 1851–65 Sezessionskrieg und Ende der Sklaverei in den USA; 1888 hebt Brasilien als letztes amerikanisches Land die Sklaverei auf. – Geschätzte Anzahl der gehandelten Sklaven im 16. Jh. = 900.000, 17. Jh. = 2.750.000, 18. Jh. = 7.000.000, 19. Jh. = 4.000.000 (*Dubois* 1900)[30].

Die raumgestalterischen und sozialen Folgen dieses Dreieckshandels lassen sich nur indirekt fassen: *Räumlich* schlugen sie sich in Forts, Häfen und Sklavensam-

29 Heinrich Carl Schimmelmann (1724–1782) war Finanzberater und Schatzmeister des dänischen Gesamtstaates. In Kopenhagen ansässig, besaß er drei „Adelige Güter“, eine Produktionsstätte für Waffen und eine Zuckerraffinerie. In seinen Betrieben wurden Zucker, Branntwein/Rum, Kattun (Baumwollstoff) sowie Flinten, Pistolen und Haumesser hergestellt. Die Plantagen in Westindien hatte er 1763 für 400.000 dänische Reichstaler erworben und mit ca. 1.000 Sklaven betrieben. Der Wert der Plantagen betrug wenige Jahre später (1782) 1.300.000 Reichstaler (*SZR* 1994, 14, 82).

30 *Curtin* (1969, 268) gibt – hier zum Vergleich – folgende Zahlen für die tatsächlich in Amerika angelandeten Sklaven an: 1451–1600 = 274.900; 1601–1700 = 1.341.000; 1701–1810 = 6.051.700; 1811–1870 = 1.898.400; insgesamt 9.566.100; das entspricht jährlich = 22.800 gehandelten Sklaven. Nach *Davidson* (1966, 79) betrug der Verlust an Sklaven auf dem Transport insgesamt über 4 Mio. Und er geht davon aus, dass der Sklavenhandel incl. Verluste vor (Sklavenjagden) und nach der Einschiffung (Transport) ca. 40 Mio. betragen hat. Das entspricht ca. einem Viertel der Bevölkerung Schwarzafrikas um 1960.

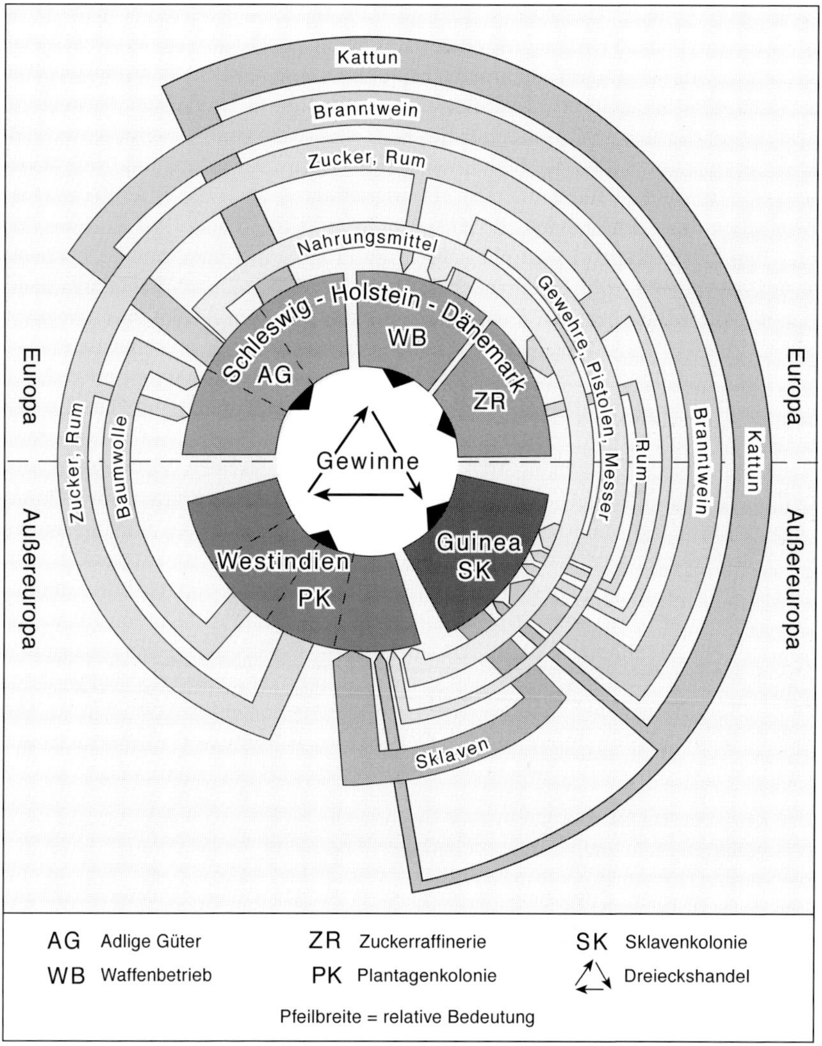

Abb. 14: Wirtschaftskreislauf Afrika-Westindien-Dänemark am Beispiel des Schimmelmannschen Unternehmens (= Der Schimmelmannsche Wirtschaftskreislauf). Quelle: n. *Degn* 1974, verändert d.d.Verf.

melplätzen[31], den Ansatzstellen der Mehrzahl der heutigen Städte Westafrikas nieder. Sie wuchsen zu den Zielpunkten des ehemals nord-/binnenwärts und jetzt küstenorientierten lokalen/regionalen Handels (Sahara-) heran und fungierten als Schaltstellen der externen Interessen. Damit legten sie nicht nur die spätere, „moderne“ Verkehrs- (Eisenbahn, Straßen) und Wirtschaftserschließung (z.B. Holz, Baumolle, Erdnüsse, Ölpalmen; Gold-, Sklaven-, Elfenbeinküste) West- und Südafrikas fest (Abb. 10, 15, 21). Sie fixierten auch die Orientierung der Menschen des Hinterlandes zur Küste und damit (bis heute) auf Europa. Die *sozialen* Auswirkungen sind nur schwer zu ermessen. Denn, was bedeutet es, wenn vom 15. bis zum 19. Jh. nachweislich über 9 Mio., nach Schätzungen 14 bis 40 Mio. Menschen aus dem an sich dünn besiedelten Afrika durch Verkauf oder Mord verschwanden? Konnte hier eigenbestimmte gesellschaftliche Entwicklung stattfinden, wenn der Mensch zur gejagten Ware wurde und sich die einzelnen Stämme und ihre Oberhäupter darin in eigennützigem Interesse zu überbieten suchten? Wurden damals etwa schon die Grundlagen für das gelegt, was die heutige Wirklichkeit Afrikas bestimmt: Bürgerkriege, Völkermord, Rebellen, Kindersoldaten (*Scholl-Latour* 2003)? *Ökonomisch* führte zwar z.B. der Import von Mais, Maniok, Ananas, Cashewnuß und Kakao aus Südamerika zu einer Verbreiterung der Ernährungsbasis. Doch der Import von Massenkonsumgütern aus Europa brachte den innerafrikanischen Handel und das bodenständige Handwerk ebenso zum Erliegen wie die flächenhafte Anlage von Plantagen (Baumwolle, Teakholz, Kokos-, Ölpalme, Erd-, Cashewnuss) die Subsistenz-Landwirtschaft beeinträchtigte und die extraktive Naturholz- und Mineralienausbeutung (Diamanten, hochwertige Erze) die eigenständige gewerbliche Produktionsentwicklung unterminierte. Der lokalen Bildung von Kapital und seinem produktiven Einsatz wurde auf diese Weise die Basis genommen.

Die Liste der unkalkulierbaren, aber weitreichenden Folgen, heute von einer z.T. grauenhaften Alltagswirklichkeit überlagert und damit gern verdrängt, ließe sich fortsetzen (*Paczensky* 1979). *Davidson* (1961, 112ff) fasst sie m.E. treffend zu-

31 Ein interessantes Beispiel dafür ist Ouidah (ab ca. 1727 zu Dahomey gehörend) mit seinem günstigen Hafen (Lagune) an der sonst recht unzugänglichen Küste. Hier waren 1580 die Portugiesen aufgetaucht und hatten den Handel mit „Ebenholz“ (den schwarzen Sklaven) aufgenommen. Anfang des 17. Jh. war das Fon-Reich, Dahomey, entstanden. Mit seinen seltsamen Rieten (*customs, amazons*) und dem Konkurrenzdruck mit dem benachbarten Yaruba-Reich ausgesetzt, kam es den europäischen Interessen am Menschenhandel entgegen. Daher folgten den Portugiesen bald die Holländer, Dänen, Franzosen und Engländer. Sie alle errichteten an der „Sklavenküste“ Forts (Abb. 15), von denen aus im 18. Jh. jährlich ca. 20.000, später nur noch 5.000 Sklaven, angeliefert durch die Herrscher von Dahomey mit Sitz in Abomey, verschifft wurden (*Davidson* 1966, 204). Heute zeugt nur noch – aber recht eindrucksvoll – das 1721 von den Portugiesen erbaute und 1990 erneuerte Fort Sao Joao de Batista von dieser Vergangenheit (*RTV* 2000).

sammen: Der Sklavenhandel „war viel mehr als nur das periphere Ausbluten der Vitalität, das durch den Überlandsklavenhandel hervorgerufen wurde. Er war in seinen katastrophalen Auswirkungen völlig verschieden von der Unterwerfung schwacher Völker durch stärkere Völker, wie sie während der afrikanischen Kriege und Eroberungen vorkam. ... Der Überseesklavenhandel dauerte mehr als vier Jahrhunderte an. Er demoralisierte durch Generationen währende, tiefeingefressene Verachtung für das menschliche Leben Gedanken und Handlungen sowohl der Afrikaner als auch der Europäer. ... Welcher Art seine vollen Auswirkungen waren, ist schwer und vielleicht sogar unmöglich zu sagen. Auf jeden Fall waren sie zerstörend für das Wachstum der Gesellschaft und die Entwicklung der Zivilisation. ... Die Kriege, die durch den Sklavenhandel hervorgerufen wurden, hatten keine ‚fortschrittlichen' Züge, durch die sie die Rivalität zwischen Völkern anreizten und damit Erfindungen, Initiative und als deren Folge wirtschaftlichen Fortschritt – wie manche gern behaupten möchten. Sie waren im Gegenteil absolut negativ in ihren Auswirkungen; sie befleckten und zerstörten einen Großteil des Gewebes der afrikanischen Gesellschaft, während sie nichts Besseres dafür einzusetzen hatten."

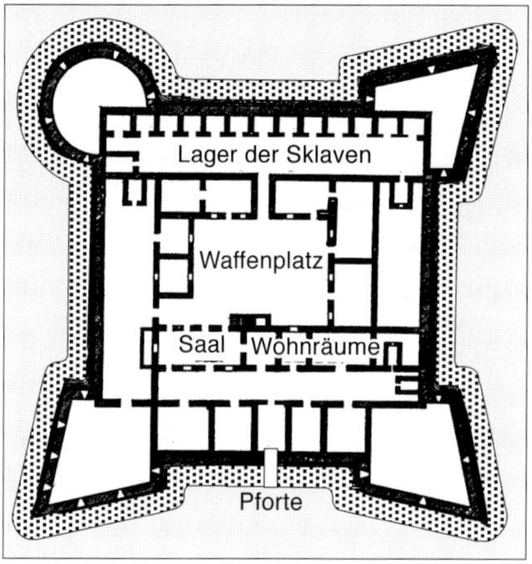

Abb. 15: Das englische Fort in Ouidah; heute nicht mehr existent. Quelle: *Davidson* 1966, 241; Schrift verändert d.d.Verf.

(3) Das eigentliche Ziel aller kühnen Entdeckungsunternehmen bildete *Indien*. Von hier kamen die Europa weit bekannten und begehrten Gewürze (z.B. Pfeffer, Muskat, Ingwer, Zimt, Vanille, Nelken), kunstvollen Baumwollgewebe, Seide, Farbstoffe (z.B. Indigo, gr. *indikon* = „das Indische"), Perlen, Schmuck, Elfenbein, Pfauenfedern und handwerkliche Kunstgegenstände. Doch im Unterschied zu Amerika und Afrika trafen die händlerischen Seefahrer hier auf ein politisch, handwerklich und wirtschaftlich hochstehendes Land mit überragender autokratisch/despotischer Zentralgewalt (Mogul-Kaiser; Cauvery-Delta; *Bohle* 1981a)[32]

32 Darauf weist *Parry* (1972, 113) hin: „Die Länder am Indischen Ozean (dagegen) befanden sich faktisch und potentiell unter der Jurisdiktion asiatischer Herrscher. Als Souveräne großer, zivilisierter Imperien waren einige dieser Herrscher überaus mächtig. Die europäischen Regierungen hatten weder die Absicht noch die Möglichkeit, diesen mächtigen Fürsten entgegenzutreten oder mit ihnen auch nur reguläre diplomatische Beziehungen von gleich zu gleich aufzuneh-

und zahlreichen selbständigen/halbselbständigen ebenfalls despotischen Sultanen, Rajas und Khanen (später: *Native States*). Obgleich es verschiedene traditionelle Hafenplätze und kleinere Küstenstädte (z.B. Surat, Chaul, Goa, Cochin, Calicut/Malabar-; Negapatam, Masulipatam /Koromandelküste) gab und Kontakte zu China und den arabischen Küstenstädten bestanden, herrschte allgemein Binnenorientierung vor[33]. An der Kontaktnahme mit Indien, anfänglich in Form eines *peddling trade* (*Steensgaard* 1973, 22), waren auf europäischer Seite meist selbständige Kaufleute/Seefahrer (Portugiesen, ab Mitte 16. Jh. Franzosen, Holländer, Briten und Dänen) beteiligt, die sich u.a. wegen des Kapitalbedarfs bald zu Handelsgesellschaften (*Companien*)[34] zusammenschlossen. Ihre Handelserfolge resultierten nicht zuletzt auch aus der Kollaborationsbereitschaft der intern zerstrittenen Mogulherrschaft, ihrer aufbegehrenden Vasallen und der abhängigen Sultanate im Süden Indiens um die Mitte des 16. Jh.[35] Sie verteilten Privilegien für Handel und Handelsstützpunkte und zogen daraus Steuern, Abgaben und militärische Parteinahme. Insbesondere diese Stützpunkte, die entlang der gesamten Küste Indiens entstanden, sollten – ähnlich wie in Westafrika – als dominierende Städte (z.B. Kalkutta, Madras, Pondicherry, Cochin, Colombo, Bombay, Dhaka, später Karachi; vgl. *Scholz* 2001, 2003b) die Raumgestaltung des bislang binnenorientierten Indien verkehren[36].

---

men." Die europäischen Regierungen „gaben daher Freibriefe aus, mit denen sie ausgesuchten und akkreditierten Gruppen von Kaufleuten ihrer Wahl die Privilegien gewährten … Die Gründung privilegierter Gesellschaften erlaubte es den Regierungen, mittels Übertragung eines Monopols für einen bestimmten Handelszweig auf eine bestimmte Gruppe ihrer Untertanen die mit der Verwaltung, Gerichtsbarkeit und Verteidigung verbundenen Verpflichtungen und Lasten zu delegieren" (ebd. 113).

33 *Haig* (1937, 57) schreibt dazu über die Handelswege: „0f … four great roads one ran from Sonargaon in Bengal through Agra, Delhi and Jodhpur to the Indus, one from Agra to Mandu, one from Agra to Lahore and Chitor… On either side of all were planted fruit trees, and beside them were erected 1700 caravanserais with separate lodgings for Muslims and Hindus and servants to supply food to those of each religion. Grain and fodder were supplied for horses and cattles, and each caravanserai contained a well and a mosque of burnt brick … A police official kept the peace and prevented crime and two post-horses were stabled in each building for the use of riders, conveying the royal mail."

34 z.B. Gesellschaft für Fernhandel/Amsterdam (gegr. 1594), East India Company/London (gegr. 1599/1600), Vereenigde Oost-Indische Compagnie/Amsterdam (gegr. 1602); Westindische Compagnie/Amsterdam (gegr. 1621); Compagnie des Indes Orientales (gegr. 1664), United Company of Merchants of England trading to the East Indies (gegr. 18. Jh.).

35 So nutzten z.B. die Franzosen die Thronfolgewirren in Haiderabad (Dekkan), um sich militärisch zu engagieren. Dabei verfolgten sie aber keineswegs das Ziel territorialer Eroberung, sondern brachten den Thronfolger zum Sieg, der ihren händlerischen Interessen entgegenkam (*Embree, Wilhelm* 1967, 292).

36 Als beispielhaft dafür kann Cochin gelten. Der hier residierende Raja hieß den im Dezember 1500 anlandenden Portugiesen Pedro Alvarez Cabral willkommen, übertrug ihm Privilegien für den begehrten Gewürzhandel und erwartete als Gegenleistung militärische Unterstützung im lokalen Machtkampf. Damit war die außenorientierte Öffnung und extern initiierte Erschlie-

Es kann hier nicht auf die sich in Europa des 17./18. Jh. abspielenden politischen und für Indien bedeutsamen Veränderungen sowie auf die sich im Indischen Ozean vollziehenden Konflikte zwischen den verschiedenen Handelsgesellschaften und mit den lokalen Kombattanten (Seeräuber) eingegangen werden. Als Sieger ging daraus jedenfalls in Südasien England hervor. Seine lokalen Partner waren Händler, die im Auftrag der Moguln und Sultane wirkten. Neben den Spezereien entwickelten sich die Baumwollerzeugnisse zum wichtigsten Handelsgut. Ihre Produktion wurde über landeinwärts gerichtete Webereibezirke (*Aurungs*; *Furber* 1951; Abb. 16) und im Landesinneren eingerichtete Faktoreien bewerkstelligt. Von ihnen waren die dort tätigen Weber zwar produktionsmäßig abhängig. Und mit schwindender Zentralgewalt gewannen selbst die indischen Zwischenhändler (*Dadni*) an Selbständigkeit. Doch bald wurden sie von der britischen East-India-Company durch Einsatz eigener Händler (*Baniyas*) und Zwischenhändler (*Gomastahs*) ausgeschaltet und im 17. Jh. in weiten Teilen Indiens eine regelrechte Weberei-Monokultur entwickelt (*Caboceroe; Mukherjee* 1958, 302; *Asche* 1979). Sie sollte sich aber in dem Augenblick als extrem labil erweisen, als die Briten im 18. Jh. dazu übergingen, in England eine eigenständige Baumwollindustrie aufzubauen (*Klöss* 1985, 296ff). Ihre darauf gründende wirtschaftliche Überlegenheit veranlasste sie zur Propagierung des Freihandels und zur Praktizierung des Manchestertums (*Hobsbawn* 1970). In Indien folgte daraus der Niedergang der zuvor extern initiierten Ausweitung der Weberei, die Freisetzung unzähliger Arbeitskräfte[37] und die Degradierung des Landes zum

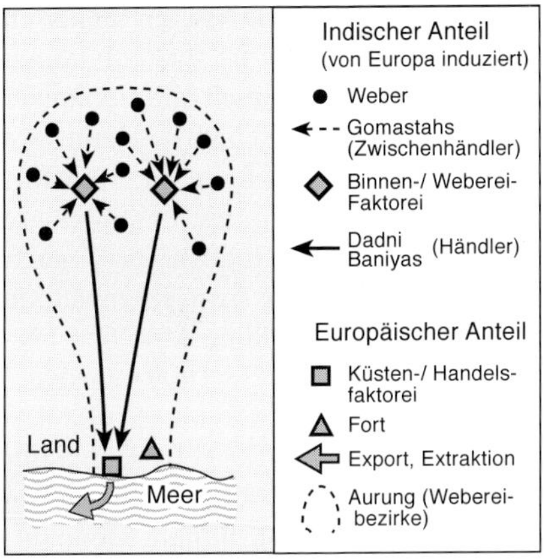

Abb. 16: Räumliche Organisation des Textilienhandels in Indien (Modell). Quelle: Entwurf d.Verf. 2003.

ßung des Hinterlandes von Cochin, dem heutigen Kerala, zum wichtigsten Produzenten und Exporteur Indiens für Gewürze (z.B. Pfeffer, Kardamom, Ingwer) und späteren Teeanbaugebiet (Munnar, Kumily in den Kardamom Hills) verbunden. Diese Funktion und Orientierung dauert bis in die Gegenwart fort (*RTV* 2003/04).

37 Eindrückliche Beispiele stellen Murschidabad, Surat und vor allem Dhaka dar. Um 1750, Boomzeit der Baumwollproduktion, zählte es über 150 000 Einwohner. 1840, als ein parlamentarischer Untersuchungsausschuss aus London die Verhältnisse und Auswirkungen des Baumwollexportes nach Indien überprüfen sollte, war die Einwohnerzahl auf 30 000 abgesunken.

Lieferanten von Rohbaumwolle. Die ebenfalls auf externes Wirken zurückführbare Raumgestaltung blieb erhalten: den küstennahen Exporthäfen (Faktoreien) mit den von ihnen ausgehenden Hinterlandbeziehungen fiel hinfort die Rolle von Distributionszentren (Brückenköpfen, heutige Megacities) für Importwaren zu. Dazu gehörten u.a. industriell gefertigte und dadurch billige Baumwollerzeugnisse.

3.3 Freihändlerische Phase und koloniale Expansion

An die merkantilistischen Entdeckungsfahrten und Handelsaktivitäten schlossen sich, Folge von Industrialisierung[38], Freihandel[39] und Nationalstaatenbildung, allmählich staatlich geförderte und gezielte agrarisch, bergbaulich und siedlungsmäßig raumgestaltende, kolonisatorische Prozesse in Übersee an[40]. Damit bot sich sowohl für den Bevölkerungsdruck und den wachsenden Bedarf an Rohstoffen und Nahrungsmitteln in Europa ebenso ein Ventil wie für die Erschließung neuer Absatzmärkte für die immer massenhafter anfallenden Industrieerzeugnisse. Nord-/Südamerika, Süd- und Nordafrika (Algerien) sowie Australien wurden zu Zielgebieten der Auswanderung und zu planvollen Siedlungskolonien (*Arnold* 1995; *Lamping* 1985; *Nitz* 1998; *Schmieder* 1962; *Wiese* 1999). Ganges- und Indus-Tiefland, Pampa und Südbrasilien, Mauritius und Ceylon (Sri Lanka) wurden agrarisch erschlossen. Überall entstanden, den schon ausgebildeten Leitlinien nachtastend, Siedlungs-, Nutzungs- und Verkehrsmuster, die europäischen Vorstellungen folgten und Interessen dienten: Plantagen/Pflanzungen, Monokultur, Schachbrettfluren und -siedlungen, Bergwerke, Stichbahnen, militärische Sicherungssiedlungen (*cantonment*; *Dettmann* 1976, 1978, 1980) und Absatzgebiete für Industrieerzeugnisse. Dabei traten – der Logik des Freihandels folgend – die einzelnen Akteure zwar als Konkurrenten auf (Abb. 17). Doch legten sie sich dabei regional nicht fest und gründeten kaum überseeische Territorien. Dabei gab es jedoch regional auch anders verlaufende Prozesse.

---

38 Den Beginn der Industrialisierung leitete England in der Textilbranche um 1750 ein. Belgien folgte um 1820, Frankreich und Deutschland 1850.

39 Der Freihandel wurde durch Smith (1723–1770) und Ricardo (1772–1823) begründet. *Smith* (1973) ging von der Auffassung aus, dass „die freie, durch möglichst wenig Staatsmaßnahmen gehemmte Organisation der Gesellschaft förderlicher für die Gesamtheit sei als ein gebundenes Wirtschaftssystem und dass der freie Wettbewerb zu einer natürlichen Harmonie des sozialen und wirtschaftlichen Lebens führe. Freihandel und eine darauf aufbauende internationale Arbeitsteilung sind dafür die handelspolitischen Voraussetzungen."

40 In diesem Zusammenhang dürfen nicht die vom zaristischen Russland unternommenen Eroberungs- und Russifizierungsmaßnahmen in Mittelasien und Sibirien vergessen werden (*Karger* 1978).

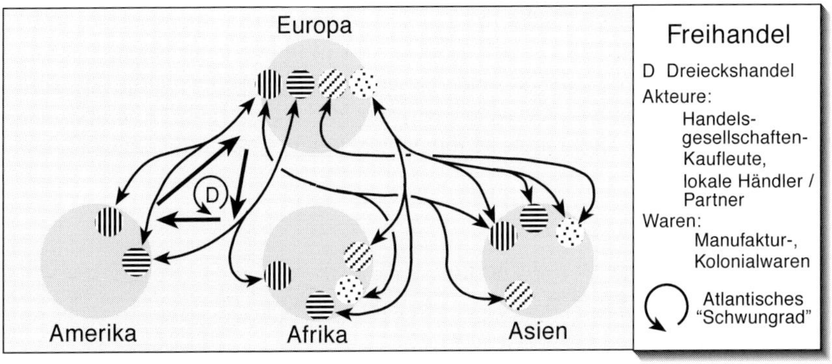

Abb. 17: Freihandel (Modell). Quelle: Entwurf d.Verf. 2003 n. *Amin* 1971, 6ff; *Habsbawn* 1970; *Hobson* 1968; *Schmitt* 1984.

In Mittel-/Südamerika suchte die Monroe-Doktrin (1823) den politischen Einfluss Europas zu unterbinden und begann sich Anfang der 1820er Jahre das spanisch-portugiesische Kolonialreich in selbständige Einzel-(National-)staaten aufzulösen (1825)[41]. Dabei bildeten sich in einer Art Verkehrung (Torsionen; *Sandner, Steger* 1973, 22) der von der europäischen Aufklärung ausgehenden importierten Ideen jene Strukturen heraus, die das Entwicklungsdilemma Lateinamerikas bis in die Gegenwart bestimmen: z.B. Dominanz des Großgrundbesitzes, *absentee landlords*, Landflucht (*Sandner/Steger* 1973). Hingegen verfolgten in Nordafrika Frankreich (Algerien 1830) und in Indien England unbeeindruckt ihre Interessen. Zu ihrer räumlichen Durchsetzung bedienten sich beide ähnlicher Mittel. So setzten z.B. die Briten, nach einer Phase regionaler ökonomischer/händlerischer Einflusssicherung (S. 118) nach der Schlacht von Plassey (1757; Niederlage Frankreichs und Verlust seiner Einflusssphäre in Indien) auf die ausgeklügelten und effektiven *turbulant frontier-*, *closed border-*, *forward*

41 Initiator dieses Vorganges war Simon Bolivar. Seine Anregungen dazu erhielt er in Paris u.a. in den Salons der Kaiserzeit, z.B. von Bonpland und wahrscheinlich auch von A. v. Humboldt nach dessen Südamerikareise (*Scurla* 1962, 154ff; *Botting* 1973, 217). Sie müssen sich im Jahr 1804 getroffen haben (*Madariaga* 1986, 112). A. v. Humboldt, der für die Unabhängigkeit Lateinamerikas eintrat, hielt den 21-jährigen Bolivar jedoch nicht reif („so unbesonnen, so oberflächlich, so unbeständig"; *Beck* 1961, 2) für ein solches Unternehmen. Später revidiert er diese Einschätzung (ebd. 2ff). Dennoch dürfte er Bolivar beeinflusst haben. Dies lässt sich aus einem Brief (29.7.1822) von A. v. Humboldt an Bolivar folgern. Dort heißt es: … „in einer Epoche, als wir Gelübde für die Freiheit und Unabhängigkeit des Neuen Kontinents ablegten" (Mittlg. von G. Kohlhepp, 26.2.2004).

policy- und *indirect rule*-Strategien (*Galbraigth* 1959; Abb. 30). Auf diese Weise war 1818 fast der gesamte indische Subkontinent in britischer Hand. Der noch fehlende Nordwesten (Industiefland und angrenzende Gebirgsregion, Afghanistan) wurde nach 1848 bzw. nach 1872 Britisch-Indien einverleibt (Abb. 18). Dazu wurden Sicherungs- und Grenzsiedlungen (*cantonments*; Forts) angelegt, Um-

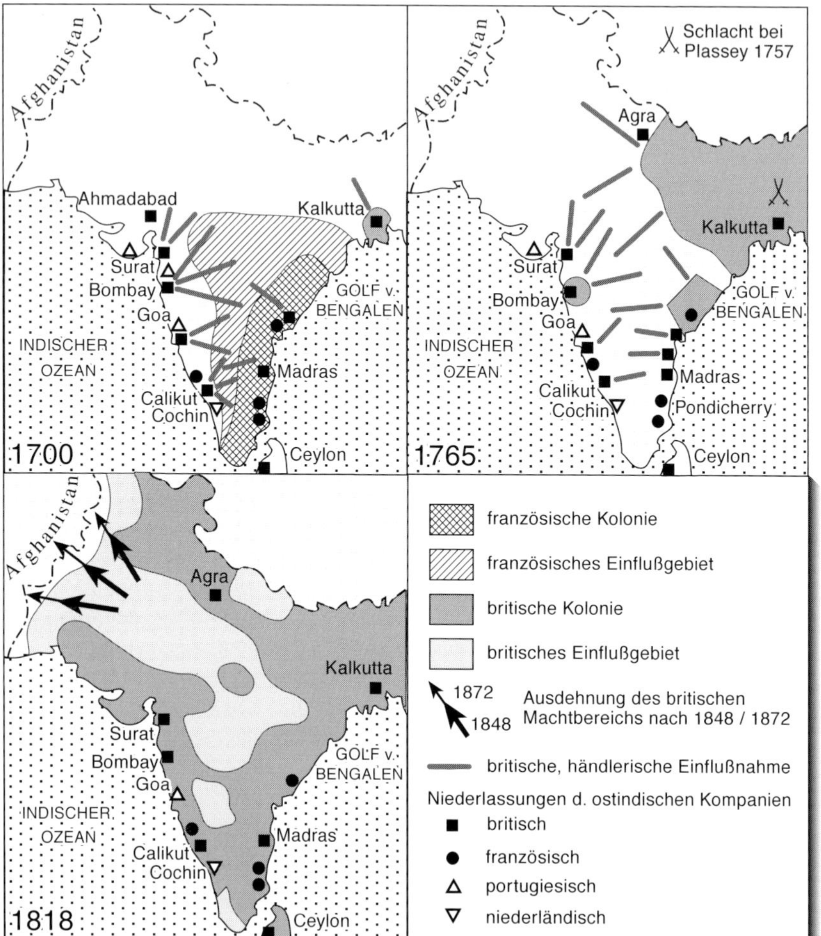

Abb. 18: Koloniale, britische Besitzergreifung in Indien im 18./19. Jh. Quelle: Entwurf. d. Verf. n. Großer Weltatlas zur Weltgeschichte 1981/82; dtv-Atlas zur Weltgeschichte, 1, 1975.

und Ansiedlungen (z.B. Punjab, Sind) sowie der Ausbau von Bewässerungsanlagen und Verkehrswegen (*strategic roads*, *khafilas*) durchgeführt (*Dettmann* 1976; *Krebs* 1965; *Schmieder* 1962; *Scholz* 1974a, b; *Spate, Learmoth* 1967). Und zur herrschafts-/verwaltungsmäßigen Kontrolle erwiesen sich die Entsendung der Kinder führender Familien auf lokale Eliteschulen[42] und nach Europa sowie die Vergabe von pfründesichernden Ehrentiteln (z.B. *chowdri*, *zamindar*, *tesaldar*), das *Permanent Settlement Act* (1793) und das von den Moguln übernommene Steuersystem als geeignet (*Blenck et al.* 1977; *Rothermund* 1966; *Spear* 1965). Mit der Vergabe von Land und Steuerrechten (*Jagir*) wurde nämlich eine neue Schicht von Grundeigentümern geschaffen, die, im Gegensatz zu früher, über Grund und Boden frei verfügen konnte. Dieses Act hatte nach Lord William Bentinck (1829) „den einen großen Vorzug, zumindest eine große Zahl von reichen Landbesitzern geschaffen zu haben, die zutiefst an der Erhaltung der britischen Herrschaft interessiert sind und völlige Kontrolle über die Masse der Bevölkerung ausüben." Eineinhalb Jahrhunderte später konnte *Kantowsky* (1972) die Richtigkeit dieser Aussage bestätigen.

3.4 Imperialistische Phase und Aufteilung der Erde

In dem Maße, wie sich allmählich neben England auch andere europäische Staaten industrialisierten und der Nationalstaatenidee folgten, wandelte sich die bislang an sich noch recht offene Einflussnahme Europas in Übersee. Aus dem freihändlerischen wurde ein Welthandelssystem, das sich aus mehreren, nationalstaatlichen Interessen folgenden Einzelsystemen zusammensetzte (Abb. 19). Die Ursachen dafür lagen in dem stagnierenden Absatz der inzwischen überall massenhaft hergestellten Waren (Unterkonsumtionstheorie; *Hobson* 1968, 85ff; vgl. *Hobsbawm* 1980), den Verwertungsproblemen des Kapitals sowie der damit verbundenen Massenarbeitslosigkeit. Mit Blick auf die imperialistische Idee hat *Cecil Rhodes* 1895 folgende Situation geschildert: „Ich war gestern im Ostende von London (Arbeiterviertel) und besuchte eine Arbeitslosenversammlung. Und als ich nach den dort gehörten wilden Reden, die nur ein Schrei nach Brot waren, nach Hause ging, da war ich von der Wichtigkeit des Imperialismus mehr denn je überzeugt ... Meine große Idee ist die Lösung des sozialen Problems, d.h. um die vierzig Millionen Einwohner des Vereinigten Königreiches vor einem mörderischen Bürgerkrieg zu schützen, müssen wir Kolonialpolitiker neue Ländereien

42 In Bahawalpur, im heutigen Pakistan, diente die Sadiq Public School dazu, die Söhne der Landlords des Punjab mit englischer Sprache, Dichtung, Kultur, aber ebenfalls mit strenger Ordnung und militärischer Disziplin vertraut zu machen. Diese Tradition, schon an der Anlage der Gärten, Wege und Sportplätze erkennbar, hat sich bis in die Gegenwart erhalten (*RTV* 1999).

erschließen, um den Überschuss an Bevölkerung aufzunehmen, und neue Absatzgebiete schaffen für die Waren, die sie in ihren Fabriken und Minen erzeugen. Das Empire, das habe ich stets gesagt, ist eine Magenfrage. Wenn sie den Bürgerkrieg nicht wollen, müssen sie Imperialisten werden" (zit. b. *Lenin* 1970, 84).

Die innerhalb Europas gegen diese Verwertungsschwächen des Kapitals ergriffenen Maßnahmen, wie Zollpolitik (z.B. Zollschranken, Kampfzölle, Zollkriege) oder die Firmenzusammenschlüsse[43], reichten nicht aus. Dadurch wurden in der zweiten Hälfte des 19. Jh. die nationalstaatlichen Regierungen herausgefordert, sich an der Suche und (militärischen) Sicherung von Rohstoff- und Absatzmärkten sowie von Investitionsmöglichkeiten im Eigen- und im Interesse der nationalen Unternehmen zu beteiligen (*Hobson* 1968, 85ff). Dazu boten sich die überseeischen Gebiete aber erst nach der territorialen Aneignung an[44]. Eine neue

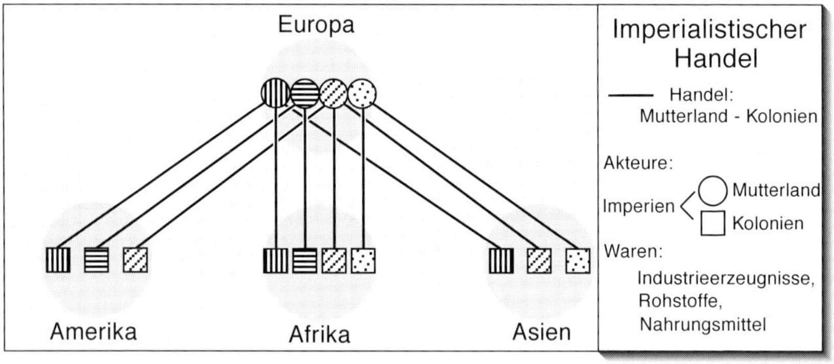

Abb. 19: Imperialistischer Handel (Modell). Quelle: Entwurf d.Verf. 2003 n. *Amin* 1971, 6ff; *Hobson* 1968; *Kuntze* 1938; *Schnee* 1937.

43 Die Konkurrenz, die sich die Unternehmen in dieser Krisenzeit gegenseitig machten, erforderte immer bessere, d.h. auch billigere Produktionsformen. Eine fortwährende Verbesserung des technischen Produktionsganges (Markterschließung, Werbung, Absatzorganisation) machte eine Steigerung des Kapitals erforderlich. Dieses für die Erhaltung der Konkurrenzfähigkeit notwendige Kapital konnte der einzelne kleine Betrieb nicht mehr aufbringen; mehrere Betriebe schlossen sich zu Aktiengesellschaften und Konzernen mit horizontaler, gleicher und vertikaler Ausrichtung zusammen. Auf diese Weise vermieden sie doppelte Investitionen und Konkurrenz bei Absatz und Einkauf sowie bei der technischen Entwicklung. Zur Gewinnsicherung dienten auch Kartelle, Syndikate und Trusts (*Hobsbawm* 1970).

44 Imperialismus: „… die direkte und indirekte Nutznießung der natürlichen Ressourcen und der Arbeitskraft der Regionen und Gesellschaften Asiens, Afrikas und Lateinamerikas durch Mitglieder europäischer und nordamerikanischer politischer (nationaler oder vornationaler) Ge-

Politik in Übersee, der Imperialismus, getragen durch Interessenidentität von Staat und Wirtschaft sowie durch die Bildung von Imperien, den Mutterländern mit den zugehörigen überseeischen Territorien, war die Folge.

Exkurs: Die Wachstumskrise im herausgebildeten industriellen System schuf nicht nur ein günstiges Klima, sondern auch die Notwendigkeit für die Entwicklung des populären Imperialismus, d.h. Ruf nach neuen Märkten in Übersee mit dem Ziel, die einheimischen wirtschaftlichen Probleme zu lösen und die Hebung des sozialen Status der breiten Massen zu erreichen. Die geänderte Einstellung äußerte sich darin, dass der bisherige Grundsatz „The flag follows the trade" gerade umgekehrt wurde, d.h. zuerst territoriale Eroberung, danach Handel. – Die Regierungen waren nunmehr angehalten, der Expansion der eigenen Wirtschaft in jungfräuliche Räume mit den politischen und militärischen Machtmitteln des Staates den Weg zu bahnen und nicht wie bisher privaten Gesellschaften im Bedarfsfalle nur Schutz zu gewähren: „Ära des klassischen Imperialismus" (*Mommsen* 1971, 14). Besonders wichtig war die Schaffung eines geeigneten investitionsfreundlichen Klimas. Dies bedeutete, dass die Regionen, in denen investiert wurde, sicher sind. Folge davon war die militärische und verwaltungsmäßige Absicherung der Kolonien in Form von Territorien und weltweiter Interessenssphären, der imperialen Reiche (*Hobson* 1968; *Wehler* 1970).

Den Wettlauf um die Verteilung der Erde führte England an, das z.B. in Indien seine schon zuvor verfolgte Landnahme jetzt noch direkter betrieb (*Robinson et al.* 1970). Ihm folgten Frankreich, Niederlande/Holland, Belgien, Italien, Deutschland und Russland. Später kamen noch Japan und die USA hinzu (*Supan* 1906, 254). Auf der Berliner Kongo-Konferenz (1885/86) wurde das Schicksal Afrikas, seine territoriale Verteilung am „Grünen Tisch", entschieden. Dieser Akt stellte zweifellos einen zynischen Höhepunkt imperialer Macht dar. Auch wurden die kleinen durch die großen Imperien benachteiligt und während des Ersten Weltkrieges weitgehend ausgeschaltet. Großbritannien verfügte fortan über ein Kolonialreich von der 100-fachen Größe des heimischen Territoriums. Bei Belgien lag das Verhältnis bei 1:79, Niederlande 1:60 oder Frankreich 1:22 (Tab. 3). Diese koloniale Politik brachte auch einen Wandel in der bislang verfolgten, durch die Interessen des Handels bestimmten Raumgestaltung. Jetzt machten die territoriale Besitzergreifung und die Sicherung der Wirtschaftsinteressen Grenzziehungen/-sicherungen (Territorienbildung), landesweite Verwaltungen, Ordnungskräfte (Polizei, Militär), Verkehrssysteme und Steuererhebung

---

sellschaften auf der Basis der überlegenen Machtmittel" (*Schuhler* 1968, 96; vgl. *Lichtheim* 1972). Einen weiteren Aspekt beinhaltet folgende Definition: „Der Imperialismus ist der Kapitalismus auf jener Entwicklungsstufe, wo die Herrschaft der Monopole und des Finanzkapitals sich herausbildet, der Kapitalexport hervorragende Bedeutung gewonnen, die Aufteilung der Welt durch die internationalen Trusts begonnen hat und die Aufteilung des gesamten Territoriums der Erde durch die größten kapitalistischen Länder abgeschlossen ist" (*Lenin* 1946, 95).

Tab. 3: Kolonialreiche: Fläche und Einwohnerzahl von Kolonien (**K**) und Mutterländern (**M**) 1936

Mutterland	*Fläche in qkm* **K**	**M**	**K:M**	*Einwohner in Mio.* **K**	**M**	**K:M**
Großbritannien	31.694	314	101	441	49	9
Russland	6.507	4.761	3.5	38	128	0.3
Frankreich	11.910	551	21.6	65	41	1.6
Belgien	2.391	30	79.7	12	8	1.5
Portugal	2.091	92	22.7	8	7	1.1
Niederlande	2.046	34	60.2	61	8	7.6
Italien	3.303	310	10.6	13	42	0.3
Japan	297	382	0.8	30	69	0.4
USA	314	7.839	0.04	14	123	0.1
Spanien	334	512	0.6	1	24	0.04

Quelle: *Schacht* 1937, 404.

(zumindest zur Deckung der Unkosten) notwendig. Den von außen leicht zugänglichen küstenwärtigen Handelsplätzen (Häfen, Faktoreien, Forts) wuchsen Verwaltungs- und Kontrollfunktionen zu. Von hier gingen alle wirtschaftlich extraktiven Initiativen aus (Abb. 21). Auf sie konzentrierten sich bald die zugehörigen Hinterländer, ihre Bevölkerungen und die Wanderbewegungen: Tatsache bis in die Gegenwart in Afrika, Asien (Indien) und selbst in Lateinamerika. Das geradezu extrem zu nennende Wachstum dieser Städte ist Beleg genug (*Bronger* 1996; *Mertins* 2003.).

Fazit: In der Mehrzahl der überseeischen Territorien verlief die heute vorhandene und die internen individuellen, gesellschaftlichen und wirtschaftlichen Entscheidungen und Prozesse bestimmende Raumgestaltung parallel zu den Interessen und Zielen des sich entfaltenden Handelssystems. Was als zögerliche Handelskontakte (*peddling trade*) oder konquistadorische Eroberungen begann und in einem überlegenen, europazentrischen Handelssystem gipfelte, schlug sich in kolonialistischer Herrschaftsausübung, eigennütziger Ressourcenverwertung und überlegener Imperienbildung nieder (Abb. 21). Es entstanden Territorien (Kolonien), Städte, Dorf- und selbst Fluranlagen (*Dettmann* 1976; *Nitz* 1995, 1998) sowie Nutzungs- (z.B. Plantagen, Hacienden, Estancien) und Verkehrssysteme einzig nach europäischen Vorstellungen und Zielen. Diese Imperienbildung durchschnitt mit ihren Grenzziehungen traditionelle Lebens-, Wirtschafts- und Verkehrsräume. Sie zerteilte Stämme (z.B. Pathanen, Baluchen, Kurden, Turkmenen, Mongolen, Berber, Tuareg, Fulbe; S. 117ff), zwang andere zu Staatsvölkern

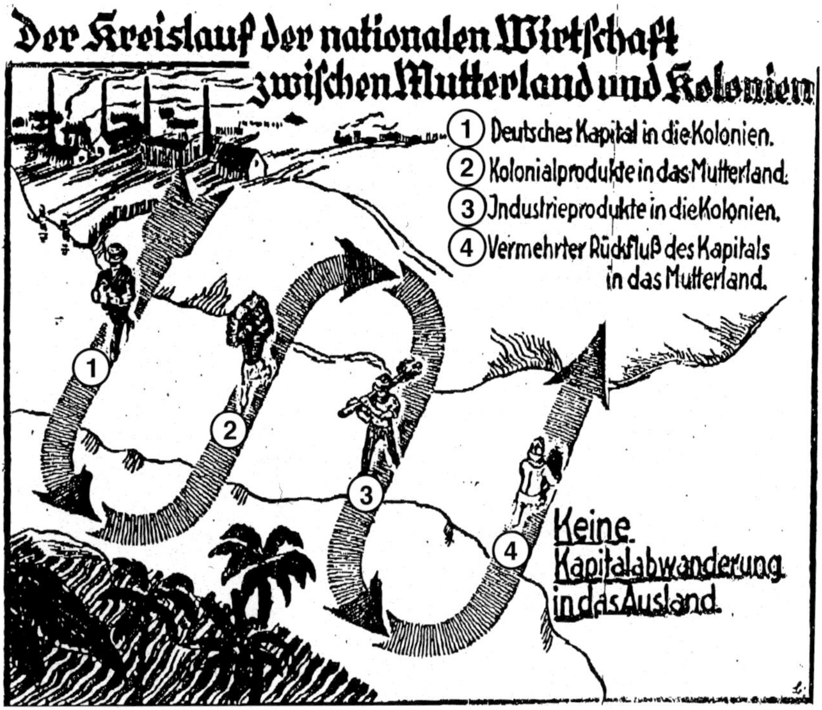

Abb. 20: Wirtschaftskreislauf Mutterland-Kolonien. Quelle: *Schnee* 1937.
Anmerkung: Um eine Vorstellung von der finanziellen Größe und Expansion des deutschen Kolonialhandels zu vermitteln, sei auf folgende Zahlen (in Mio. Reichsmark) verwiesen: Gesamthandel 1898 = 15,7, 1913 = 107,4; Export in die Kolonien 1898 = 11,1, 1913 = 54,5; Import aus den Kolonien 1898 = 4,6, 1913 = 52,9 (*Kuntze* 1938, 69).

zusammen (z.B. in Somalia, Sudan, Nigeria, Afghanistan, Pakistan, Indonesien). Sie legte die Basis für bislang nicht existierende Territorien (fast alle Kolonien und spätere Nationalstaaten) mit unterschiedlichsten Völkerschaften. Sie schuf außenverkehrsabhängige Binnenländer (z.B. Bolivien, Paraguay, Tschad, Niger, Uganda, Sambia, Mongolei, Kasachstan, Usbekistan) sowie umkämpfte Pufferstaaten/-zonen (z.B. Afghanistan/Wakhan; Namibia/Caprivi-Zipfel). Diese Imperienbildung ignorierte die Bedürfnisse der lokalen Bevölkerung, ließ nicht Raum für Versuch und Irrtum, d.h. für eigenständige Entwicklung. Bei all den hier aufgezählten Tatsachen handelt es sich zwar *nur* um raumgestalterische Aspekte. Doch für die Bewältigung der lebensalltäglichen, lebensweltlichen Realität der involvierten Bevölkerung waren und sind sie noch immer von elementarer Be-

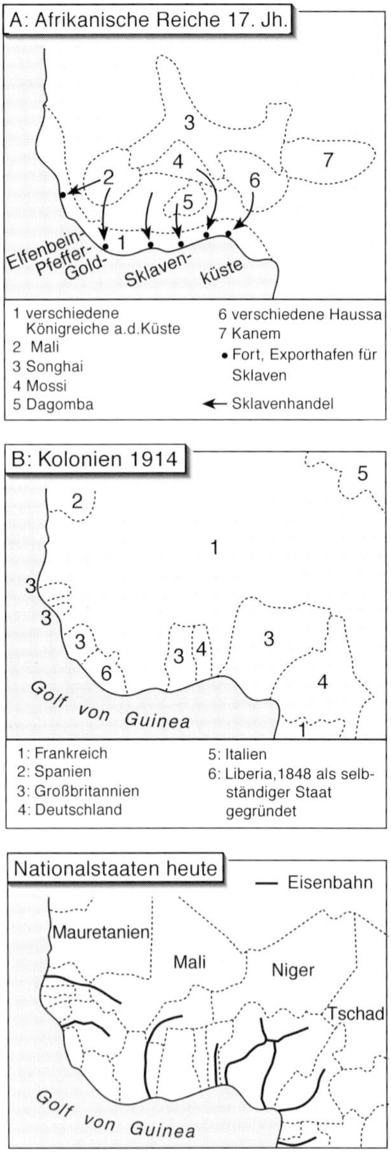

Abb. 21: Westafrika: Traditionelle Reiche, Kolonien, Nationalstaaten. Quelle: Entwurf d.Verf. 2003.

deutung! – Kann dieser Tatbestand von Außenstehenden überhaupt ermessen werden?

4. Modernisierung versus Abhängigkeit

Als im Zuge des Dekolonisationsprozesses, eingeleitet durch die Unabhängigkeit Britisch-Indiens (1947), plötzlich offenbar wurde, dass die überseeischen Gebiete, die ehemaligen Kolonien, allein nicht überlebensfähig sind und sich durch zahlreiche Unzulänglichkeiten auszeichnen, waren die Ursachen bald ausgemacht: hohes Bevölkerungswachstum, Analphabetismus, mangelnde Sparbereitschaft, fehlender, Europa vergleichbarer Unternehmergeist, Religion, traditionelle Sozialstrukturen und die natürliche Ungunst (*Kebschul* 1971). Diese in Tradition und Natur der jetzigen Entwicklungsländer angelegten Ursachen fanden sich in zahlreichen Theorien wieder (vgl. *Bohnet* 1971; *Fritsch* 1968; *Geiger, Mansilla* 1983). Sie boten nicht nur Erklärungen an für die aufgeführten Unzulänglichkeiten, die Strukturen der Unterentwicklung. Sie zeigten auch Wege aus dem Dilemma auf. Gemein war ihnen die Empfehlung an die Entwicklungsländer, den von den Industrieländern beschrittenen Weg zu wählen und dazu die Hilfe anzunehmen, die ihnen von karitativer (Kirchen), privater (Wirtschaft), nationaler (Industrieländer) oder inter-/multinationaler Seite (Europäische Gemeinschaft, UN, Internationaler Währungsfond, Weltbank) geboten wurde. Es überstiege den Rahmen dieses Buches, die verschiedenen Konzepte, die als Modernisierungstheorien zusammengefasst werden und auf wachstumstheoretischen Axiomen basieren, in ihrer Vielfalt hier näher vorzustellen (vgl. *Fritsch* 1968; *Grimm* 1979; *Schätzl* 1978; *Wehler* 1975). Viele sind auch nur von kurzer Erklärungsreichweite, folgen bekannten Vorurteilen oder verfolgen einzig Teilaspekte. Und trotz der elementaren Kritik, die dazu von Seiten der Vertreter der Abhängigkeitstheorien seit Ende der 1960er Jahre geäußert wurde (vgl. *Evers, Wogau* 1973; *Senghaas* 1974), bestimmt die strategische Konzeption dieser Modernisierungstheorien, nämlich *nachholende Entwicklung*, ungebrochen bis in die Gegenwart die weltweit praktizierte Entwicklungspolitik.

Die Geographie folgte bis Mitte der 1970er Jahre unisono diesen Vorstellungen. Bald jedoch führten die Ergebnisse zahlreicher empirischer Studien, angeregt durch die kontroverse Theoriedebatte, zu einer intensiven Beschäftigung mit den verschiedenen theoretischen Konzepten und zur Beteiligung an der stattfindenden Debatte. Diese Debatte, geführt zwischen Modernisierungs- und Abhängigkeitsapologeten, erlahmte zwar in den 1980er Jahren (*Hurtienne* 1989; *Menzel* 1991). Doch die relevanten Fragen wurden keineswegs geklärt, bedürfen noch immer ihrer Erörterung und erfahren durch die Globalisierung eine neue Belebung (*Kreutzmann* 2003, 5; S. 215). Um diese Diskussion, die ihr zugrunde liegenden gedanklichen Vorstellungen und wesentlichen strukturellen Unterschiede begreifen, verfolgen, mitgestalten sowie daraus für Studium, Forschung und Praxis weiterführende, anregende Folgerungen ziehen zu können, bedarf es ihrer Kenntnis. Deshalb seien sie hier in vertretbarer Kürze in Erinnerung gerufen. Dazu werden im folgenden zuerst zwei Grundpositionen vorgestellt, danach in einer Gegenüberstellung die konzeptuellen und strategischen Unterschiede herausgearbeitet und abschließend die Theorieannäherungen aufgezeigt.

4.1 Grundpositionen zur Einführung

Zur Vorstellung der wesentlichen Unterschiede zwischen Modernisierungs- und Abhängigkeitstheorien[45] sei einführend auf zwei, m.E. besonders anschauliche und komplex argumentierende Positionen eingegangen: Theorie des dynamischen Kapitalismus (*Behrendt* 1968, 1971a,b) und Theorie des peripheren Kapitalismus (*Senghaas* 1974). Beide verfolgen das gleiche Anliegen, nämlich die Beantwortung der Frage nach den Ursachen, der Perpetuierung und der Überwindung von Unterentwicklung.

45 Einschlägige, einführende Literatur: z.B. *Bohnet* 1971; *Evers, Wogau* 1973; *Fritsch* 1968; *Geiger, Mansilla* 1983; *Grimm* 1979; *Rauch* 1981; *Schätzl* 1978.

(1) In seiner *Theorie des dynamischen Kapitalismus* bezieht sich *Behrendt* (1971a) – ähnlich wie *McClelland* (1966) in der Theorie der *„achievement motivation"* – auf die von *Weber* (1973) entwickelte Prädestinationstheorie. Sie muss daher hier, zumindest mit wenigen Strichen skizziert werden:

Exkurs: Prädestination im Sinne von Vorherbestimmung, Erwähltsein, diesseitigem Gnadenerweis nahm in der protestantisch-calvinistischen Ethik eine zentrale Stellung ein. In bewusstem Gegensatz zu vorherigen Vorstellungen ging die calvinistische Ethik davon aus, dass man die Gnade Gottes nicht erst im Jenseits, sondern schon im Diesseits am (materiellen) Erfolg des beruflichen Strebens erkennen und ermessen kann. Darauf basiert ein Arbeitsethos, das den Sinn des Lebens in der Pflichterfüllung sah. Der „paulinische Satz: ›Wer nicht arbeitet, soll nicht essen‹, gilt bedingungslos und für jedermann. Die Arbeitsunlust ist Symptom fehlenden Gnadenstandes" (*Weber* 1973, 169). Damit war ein Wandel der bis dahin geltenden Wertvorstellung von „Arbeiten" und „Leben" verbunden: während man früher arbeitete, um zu leben, lebte man jetzt, um zu arbeiten (*Behrendt* 1971a, 9). Diese „innerweltliche Askese" bedeutete nach *Weber* (1973, 186), dass nicht mehr bloß produziert wurde, um zu konsumieren, sondern man produziert, um den Profit zur Stärkung und Erweiterung des Unternehmens zu investieren. Denn, „wenn Gott Euch einen Weg zeigt, auf dem Ihr ohne Schaden für Eure Seele oder für andere in gesetzmäßiger Weise mehr gewinnen könnt als auf einem anderen Wege, und Ihr dies zurückweist und den minder gewinnbringenden Weg verfolgt, dann kreuzt Ihr einen der Zwecke Eurer Berufung (*calling*), Ihr weigert Euch, Gottes Verwalter (*stewart*) zu sein und seine Gaben anzunehmen, um sie für ihn gebrauchen zu können, wenn er es verlangen sollte. Nicht freilich für Zwecke der Fleischeslust und Sünde, wohl aber für Gott dürft Ihr arbeiten, um reich zu sein" (*Weber* 1973, 172). Bei weltlichem Erfolg glaubte man sich des Gnadenerweises und des Standes der Erwähltheit sicher. – Dieses aus der Prädestinationslehre entspringende Arbeitsethos entwickelte sich in der bürgerlichen Schicht der mitteleuropäischen und z.T. auch oberitalienischen Städte. Am ausgeprägtesten äußerte es sich dort, wo sich die puritanisch-protestantische Glaubenslehre des Calvinismus[46] am stärksten durchgesetzt und die Entfaltung des Kapitalismus befördert hatte: Schweiz, Niederlande/Flandern, England, protestantisches Deutschland (*Weber* 1973, 13ff).

Behrendt leitet daraus die These ab, dass das neue „Arbeitsethos" nicht nur zu materiellem Wachstum führte, sondern daraus auch Impulse (Zwänge) zur Modernisierung des öffentlichen, gesamtgesellschaftlichen Lebens, d.h. zur Übernahme sozialer und ökonomischer Verantwortung, erwuchsen. Sie strahlten nach außen und verbreiteten sich. Damit wurden dynamisierende, mobilisierende und emanzipatorische Kräfte in immer weiteren Kreisen initiiert. Daraus erklärt sich letztlich die ganze Gesellschaften und Länder umfassende kapitalistische Dynamik (*Behrendt* 1971a,b) als Grundlage aller erzielten ökonomischen, gesellschaft-

46 Begründet von Calvin, Johann (1509–1564) als Anhänger der Reformation in Basel und Genf.

lichen und kulturellen/zivilisatorischen Erfolge. Dafür stehen folgende Zitate: „Zweifellos ist eine der Wurzeln dieser Dynamik und in ihr der Kapitalismus die überseeische Ausdehnung, die Transformation von räumlich weit entfernten Gebieten in eine Position der Abhängigkeit, Tributpflichtigkeit, Ausbeutung mittels militärischer und politischer Überlegenheit und Kontrolle. Hierzu gehört auch der Sklavenhandel" (*Behrendt* 1971b, 90). Denn der kapitalistische Imperialismus „lässt ... nicht, ... die technischen, wirtschaftlichen und gesellschaftlichen Strukturen der ausbeutenden und ausgebeuteten Gebiete im wesentlichen unverändert und verursacht nicht lediglich Änderungen in der Richtung der Ausbeutungsverhältnisse zugunsten von neuen Nutznießern", sondern er „wirkt – objektiv gesehen ... – als Träger neuer kultureller und gesellschaftlicher Normen, in erster Linie solcher der Mobilität, der Expansion, der instrumentalen Rationalität, der planmäßigen, systematischen, langfristigen Erhöhung der Produktivität und der Lebenserwartung mittels ständiger technischer, wirtschaftsorganisatorischer, administrativer und medizinischer Neuerungen ..." (ebd. 90). „Kurz: nur der kapitalistische Imperialismus ist der Träger von dynamischen strukturellen Wandlungen" (ebd. 91).

Die Tatsache nun, dass die heutigen Entwicklungs- keine den Industrieländern vergleichbare Entwicklung durchgemacht haben und trotz der Kontaktnahme zu Europa/USA und damit zum „dynamischen Kapitalismus" dazu bislang nicht fähig waren, liegt nach *Behrendt* (1971 a,b) – bei jedoch recht differenzierter Argumentation – in internen Faktoren der betreffenden Gesellschaften begründet. An erster Stelle rangiert dabei der Mangel an dynamischen Impulsen in ihren jeweiligen Kulturen. Insbesondere gilt diese Aussage für die herrschenden Wertordnungen und die ausgebildete gesellschaftliche Schichtungsstruktur (*Behrendt* 1971 b, 95ff). Selbst die mangelnden Erfolge der Entwicklungsländer nach ihrer Unabhängigwerdung resultieren nach dieser Argumentation aus internen Faktoren. So hat sich die „teilweise mit viel Blutvergießen und Zerstörung von Sachwerten erkaufte 'nationale Unabhängigkeit' früherer Kolonialgebiete" in einem dreifachen Sinne als Illusion herausgestellt:

a) „Sie hat die wirtschaftliche Entwicklung zugunsten der breiten Bevölkerungsschichten nicht gefördert." Sie hat sie sogar ver-/behindert, da dadurch (aus Angst vor Enteignung) ausländisches Kapital abgezogen wurde und damit die notwendige Unternehmerbereitschaft verschwand. An die Stelle traten „neue Herrscher" mit „neokolonialistischen" Ausbeutungspraktiken. Es ist somit keine wirkliche Unabhängigkeit entstanden. Denn nach wie vor sind die Länder „nicht nur materiell auf die Entwicklungshilfe, sondern auch geistig auf die Zielvorstellungen und Methoden des Westens angewiesen".

b) Die „oft wohlmeinenden, sachlich kompetenten und vergleichsweise wenig korrumpierbaren Kolonialverwaltungen" wurden abgelöst. Die neuen „einheimischen Führungsschichten" weisen mehrheitlich „keine dieser Merkmale" auf. Zudem bewirken sie „durch ihre ständigen Kämpfe um Macht und arbeitsfreie Einkommen" die „Rückbildung zu politischer Instabilität, rechtlicher Unsicherheit und Gewaltsamkeit".

c) Die Ursachen dafür, dass die „Unterentwickelten" immer stärker „vom Westen" abhängig werden, „ist ja nicht … darauf zurückzuführen, dass wir ihnen alle Entwicklungsmöglichkeiten genommen hätten, sondern dass sie eben keine eigenen Entwicklungsimpulse aus sich selbst erzeugt haben und deshalb unter die einseitige Einwirkung der europäischen und später auch der angloamerikanischen Dynamik … gerieten" (*Behrendt* 1971a, 24).

Fazit: Der Mangel an eigener kapitalistischer Dynamik und das Fehlen bodenständiger dynamischer Elemente in den Entwicklungsländern sowie ihre Unfähigkeit, die von außen kommenden dynamisch-kapitalistischen Impulse aufzunehmen, sind nach der *Behrendt*'schen Argumentation die Ursachen für Entstehung und Perpetuierung der Unterentwicklung. Mit dieser Auffassung stand *Behrendt* nicht allein: Die armen nationalen Gesellschaften befinden sich deshalb am Ende der internationalen Schichtskala, da sie nicht „unter abendländischen gesellschaftlichen Wertetafeln" stehen. „Der Wert des Privateigentums" bildet … „das Zentrum dieser Tafeln. Er muss glaubhaft vorgelebt und selbst erlebt werden … dazu ist unerlässlich … eine maßgebende soziale Schicht, die diese Werte realisiert und an sich beglückend erlebt und daher ihr überzeugter und getreuer Ekkehard werden kann" (*Müller* 1963, 244; vgl. auch *Schuhler* 1968, 133ff).

(2) Die *Theorie des peripheren Kapitalismus* von *Senghaas* (1974, 1979) kann quasi als die deutsche Variante der in und für Lateinamerika formulierten „*dependencia*-" (Abhängigkeits-)Theorien betrachtet werden. Sie bildet die Antithese zum Modernisierungsansatz. Wie die *dependencia*- so greift auch die Theorie des peripheren Kapitalismus auf Überlegungen zurück, die in der klassischen Imperialismustheorie (*Lenin* 1970) begründet wurden. Um die Argumentation von Senghaas einordnen zu können, ist es m.E. unumgänglich, die zentralen relevanten Positionen der beispielgebenden Theorie zumindest kurz vorzustellen.

Exkurs: Die klassische *Imperialismustheorie* basiert nach *Schuhler* (1968; vgl. *Meyer* 1970; *Palloix* 1971, 34ff) auf der These, dass der Kapitalismus infolge fallender Profitrate des Kapitals in der zweiten Hälfte des 19. Jh. gezwungen war, beides, Kapital und Waren, in nicht kapitalistische Räume der Erde zu exportieren. Bei dieser Überlegung ging es zwar ausschließlich um die Entwicklung der kapitalistischen Unternehmen, für die die überseeischen Gebiete eine existentielle Bedeutung einnahmen. Doch ging es auch um die arbeitende, proletarische Bevölkerung der Industriestaaten, die letztlich von den Leistungen der Arbeiter/Proletarier in den abhängigen Kolonien profitierten. Es ist daher zwar der Feststellung von *Schuhler* (1968) zuzustimmen, dass der Erklärungswert der Imperialismustheorie für die heutigen internationalen Beziehungen zwischen armen und reichen Ländern und damit für die Ursachen der heutigen Situation in den Entwicklungsländern begrenzt sei. Doch wie in den folgenden Ausführungen zur *dependencia*-Theorie und bei der Vorstellung der daraus abgeleiteten entwicklungspraktischen/-strategischen Empfehlungen gezeigt wird, besitzt sie doch eine gewisse zentrale Bedeutung.

Die *dependencia-* (Abhängigkeits-)*Theorie* (*Evers, Wogau* 1973; *Frank* 1973) benutzt nämlich die imperialismustheoretischen Überlegungen zur Beantwortung der Frage, welchen Einfluss die imperialistische Aktivität, die imperialistische Abhängigkeit in den abhängigen Ländern, den abhängigen Gesellschaften gehabt haben. Dabei wird diese Abhängigkeit in den verschiedenen Auffassungen über die *dependencia* unterschiedlich bewertet. Während die sog. *nationalistische Richtung* die Abhängigkeit als eine Summe von externen Variablen auffasst, die den äußeren Rahmen des nationalen Entwicklungsprozesses bilden und daher zusätzlich zu den internen Faktoren berücksichtigt werden müssen, geht die *marxistische Richtung* von den internen Gesellschaftsstrukturen der abhängigen Länder aus. Dabei bilden nicht diese Länder das Betrachtungsziel, sondern die diese Länder übergreifenden Gesellschaftsstrukturen, z.B. die verschiedenen Klassen. Abhängigkeit und damit Unterentwicklung wird hierbei als ein internationalisiertes Phänomen verstanden, das nicht auf nationaler, sondern nur auf internationaler Ebene begriffen werden kann. – Diese unterschiedlichen Auffassungen werden hier nicht weiter verfolgt. Vielmehr seien die für die *Senghaas*'schen Überlegungen, aber auch an sich wichtigen zentralen Positionen der *dependencia* zusammengefasst:

– Die Unterentwicklung wurde durch die Abhängigkeit der heutigen Entwicklungs- von den Industrieländern initiiert, d.h. die Situation der unterentwickelten Länder kann nur erklärt werden, wenn dabei die entscheidende Rolle externer Faktoren berücksichtigt wird. So sind z.B. ihre Sozialstrukturen nicht etwa das Ergebnis eines autonomen historischen Prozesses, sondern wesentlich geprägt durch die Dominanz ausländischer Hegemonialmächte. Endogene und exogene Faktoren stehen dabei in einem unauflöslichen Entstehungs- und Erklärungszusammenhang.

Unterentwicklung ist kein der Entwicklung zeitlich vorausgehendes Stadium. Beide Vorgänge, Entwicklung und Unterentwicklung, sind historisch gleichzeitige, funktional aufeinander bezogene Seiten desselben historischen Prozesses, der Entwicklung des kapitalistischen Weltsystems.

– Unterentwicklung ist zwar extern begründet. Ihre Auswirkungen sind jedoch intern wirksam. Die aufgezwungenen Insuffizienzen und Deformationen bilden die Wesensmerkmale der internen Sozialstrukturen.

– Zur Überwindung der Unterentwicklung ist es notwendig, dass die verursachende externe Beherrschung und Abhängigkeit aufgehoben werden. Dafür müssen all jene Strukturen verändert, aufgelöst oder durch neue ersetzt werden, die durch den äußeren Einfluss entstanden sind, den äußeren Einfluss und seine Effekte direkt oder indirekt perpetuieren.

Auf dieser Basis und der Ausgangsbeobachtung, dass alle heutigen Entwicklungsländer Kolonien und Schutzgebiete waren oder in irgendeiner einseitigen, abhängigen Beziehung zu einer fremden (europäischen) Macht standen, leitet *Senghaas* (1974) folgende Thesen ab: Die Entfaltung der Produktivkräfte geschah in den heutigen Entwicklungsländern nicht nach den Bedürfnissen der lokalen/einheimischen Bevölkerung. Vielmehr wurde sie tendenziell direkt/indirekt von außen bestimmt. Daher sind die heutige Unterentwicklung und ihre Perpetuierung Ergebnis dieses fremden Einflusses, dieser externen Abhängigkeit. Unterentwicklung bedeutet in diesem Verständnis *Deformation*. Sie findet sich in den internen kulturellen, sozialen, wirtschaftlichen und sogar räumlichen Strukturen sowie in den externen, internationalen Beziehungsmustern der Entwicklungsländer. Der materialistischen Logik von der Dominanz des Wirtschaftlichen folgend, stellt *Senghaas* (1974, 1979, 377ff) die Bedeutung der Außenbestimmung und die „strukturelle Heterogenität" des Akkumulationsprozesses – Nebeneinander unterschiedlicher Produktionsweisen – in den Entwicklungsländern ins Zentrum der Argumentation. Kolonialistische Raub- und Exklavenwirtschaft, Ausbeutung von agraren und mineralischen Rohstoffen, Propriation von Land und Arbeitskräften, Ausnutzung der Investitions- und Absatzmöglichkeiten bestimmten die externen Interessen. Überlegen standen sie den lokalen dorf-, sippen-, stammesgemeinschaftlichen Nutzungsformen und der existenzsichernden Subsistenzwirtschaft gegenüber. Eine derart zusammengesetzte, kapitalistisch dominierte Ökonomie, letztlich extern bestimmt durch oligopolistische, multinationale Konzerne und lediglich unter marginaler Beteiligung einzelner nationaler Unternehmen, folgt aber nicht den Bedürfnissen der lokalen, der Mehrheit der Bevölkerung in der Peripherie. Vielmehr stehen die Gewinninteressen der Akteure aus den kolonialherrlichen Zentren, den Mutterländern, im Vordergrund. Daher handelt es sich um einen abhängigen, eben einen *peripheren Kapitalismus*. Er ist in seinen Entscheidungen und Zielen extern orientiert. Aus ihm geht keine lokal eigenständige Initiative hervor, keine Notwendigkeit zum Aufbau lokaler Konsumgüterindustrie. Deshalb auch bleibt die Produktion von Produktionsmitteln und von Zwischenerzeugnissen aus. Infolgedessen wird die notwendige geeignete und landesdurchdringende technische Infrastruktur nicht auf-/ausgebaut. Somit bleibt auch die Herausbildung differenzierter Markt- und Siedlungsnetze aus. Und in der Sozialstruktur stehen sich eine an den kapitalistischen Segnungen profitierende, *integrierte* „Klasse" und eine davon ausgeschlossene, *desintegrierte* Bevölkerungsmehrheit gegenüber (*Sunkel* 1972, 278ff).

Fazit: Eine von außen derart abhängige und geprägte, eben deformierte Gesellschaft, Wirtschaft und Infrastruktur – Realität der Entwicklungsländer – sind zu eigenständiger wachstumsorientierter Entwicklung nicht befähigt.

4.2 Theorievergleich

Die kurze Vorstellung der Theorien von *Behrendt* und *Senghaas* diente dazu, an zwei konkreten Positionen die wesentlichen Unterschiede zur Erklärung von Unterentwicklung zu verdeutlichen. Im folgenden sei ein übergreifender Vergleich der beiden Theorie-„Lager" (Modernisierung, Abhängigkeit) mit dem Ziel angeschlossen, die allgemeinen theoretischen Unterschiede und daraus folgenden strategischen Positionen in übersichtlicher Form nachvollziehbar zu machen (Abb. 22).

(1) Generell wird auf *modernisierungstheoretischer* Seite bei der Erklärung von Unterentwicklung, hier als *Rückständigkeit* interpretiert, von dem Traditionsaxiom ausgegangen. Danach ist Unterentwicklung das Ergebnis von traditionellen internen Faktoren, die in Kultur, Gesellschaft, Demographie und Wirtschaft der Entwicklungsländer angelegt sind: Bei unterschiedlichster regionaler Ausprägung haben sie aus sich heraus bislang noch keine dynamisierenden Impulse hervorgebracht, die denen der Industrieländer vergleichbar wären. Auch vermögen sie von außen kommende mobilisierende Innovationen nicht hinreichend aufzunehmen und selbstgestaltend umzusetzen. Daher sind sie nicht fähig, die reichlich vorhandenen eigenen Ressourcen selbständig zu erschließen und zweifellos vorhandene Fähigkeiten endogen zu entfalten. Nach wachstumstheoretischer Vorstellung (*Rostow* 1960) befinden sie sich zwar auf dem, durch die Industrieländer vorgelebten, aufsteigenden Entwicklungsweg, der selbstredend auch als der ihrige angesehen wird. Doch nehmen sie bislang einzig Positionen ein, die weit unter denen der Industrieländer rangieren (Abb. 23).

Um aus dieser ‚Kellerposition' in eine aufsteigende, *nachholende Entwicklung* zu gelangen, ist nach modernisierungstheoretischer Logik folgende strategische Vorgehensweise notwendig: Einsatz externer Hilfe in Form von technischer, finanzieller und wirtschaftlicher Zusammenarbeit. Sie wird als zwingend erforderlich erachtet. Nur dadurch sind die internen Kräfte zu mobilisieren, vorhandene Entfaltungsmöglichkeiten pädagogisch zu instrumentalisieren, Bedürfnisse zu wecken, Aktivitäten zu ihrer Befriedigung anzuregen, Marktkreisläufe und Industrialisierung zu generieren, Ressourcen selbst in Wert zu setzen, Demokratisierung einzuleiten und gesamtgesellschaftliche Differenzierungsprozesse zu initiieren. Und damit können eine tendenziell, den Gesamtraum der einzelnen Staaten durchdringende Homogenisierung (Abbau von Disparitäten! Hauptstadt-Hinterland-Kontinuum) und gesellschaftliche Dynamisierung erzielt werden. Zur Erlangung dieses anspruchsvollen Zieles wird von Seiten der Industrieländer, der von ihnen getragenen Entwicklungsagenturen, ihren Wirtschaften und ihren Zivilgesellschaften ganz konkret ein umfangreiches Bündel an Maßnahmen organisiert und finanziert sowie entwicklungspolitisch und karitativ offeriert.

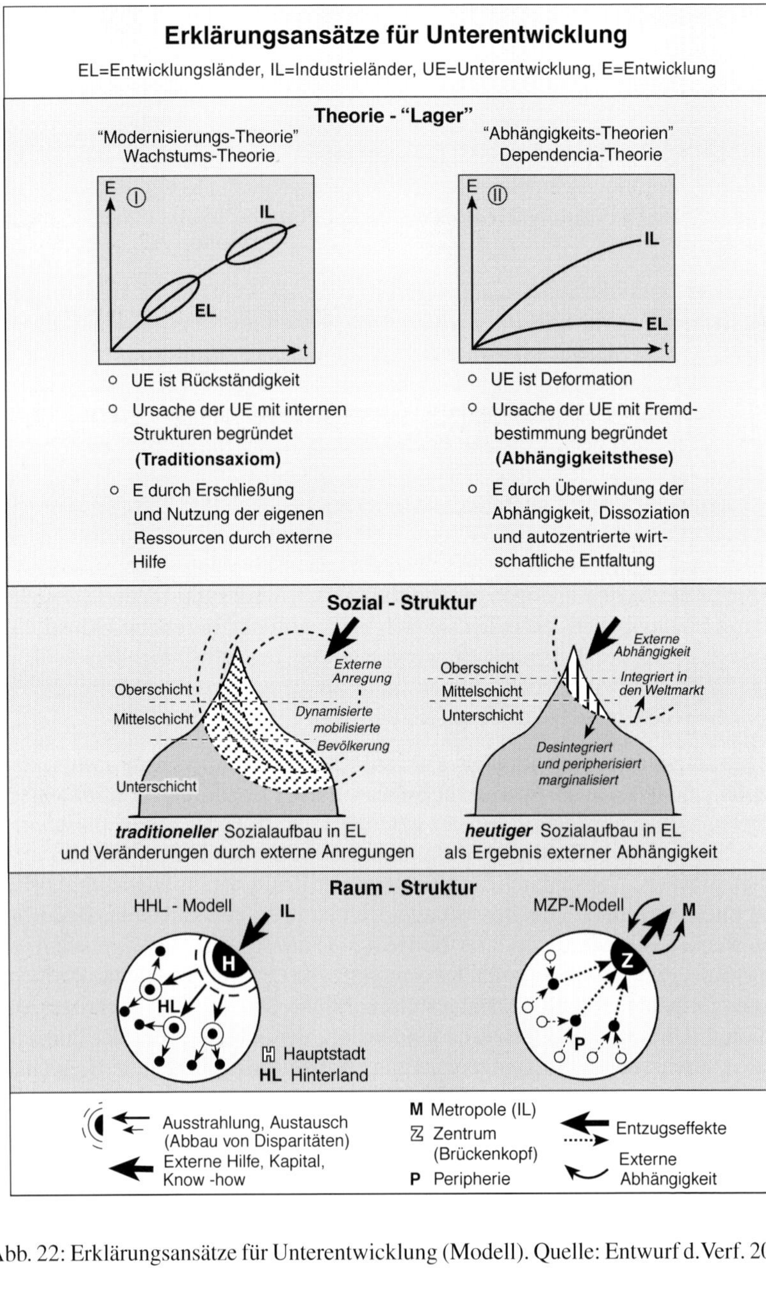

Abb. 22: Erklärungsansätze für Unterentwicklung (Modell). Quelle: Entwurf d.Verf. 2003.

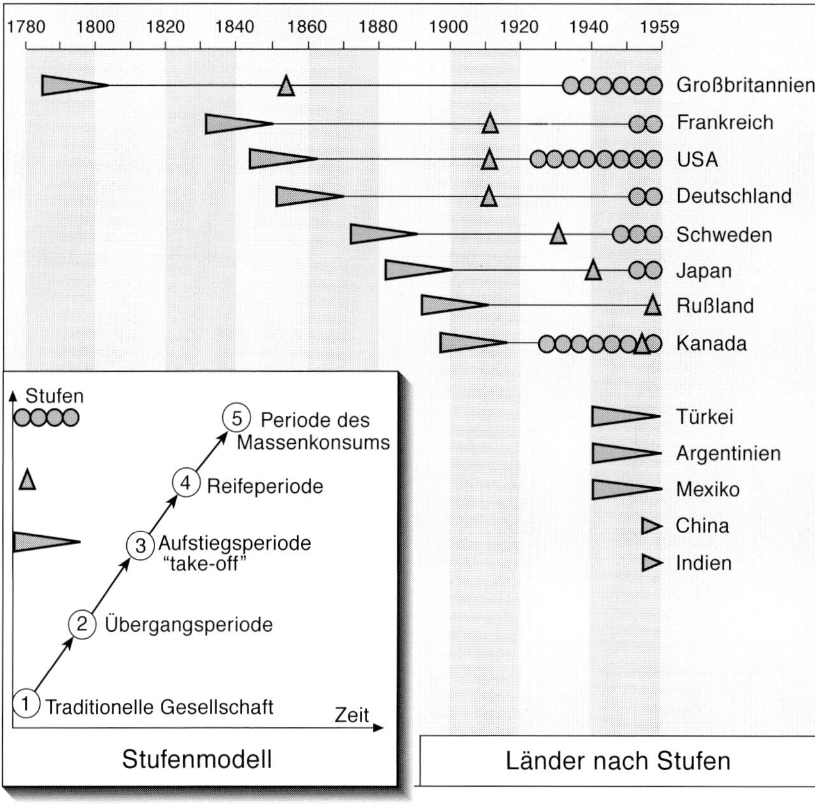

Abb. 23: Stufenmodell und Entwicklungsstand. Quelle: *Rostow* 1960, ergänzt und leicht verändert d. d. Verf. 2004.

(2) Im Zentrum der *dependenz-theoretischen* Argumentation steht die Abhängigkeitsthese (Abb. 22). Danach ist Unterentwicklung, hier als *Deformation* verstanden, das Ergebnis eines gemeinsamen Entwicklungsprozesses, innerhalb dem die Industrie- auf Kosten der (gegenwärtigen) Entwicklungsländer jenen materiellen Hochstand erzielten, der letzteren heute als anstrebenswertes Ziel vorgestellt wird. Entwicklung und Unterentwicklung sind danach, wie *Kreutzmann* (2003, 5) eindrücklich am Pro-Kopf-Einkommen veranschaulichen kann (Abb. 24), die zwei Seiten einer Medaille. Daher führt die Fortsetzung externen Einflusses (z.B. Entwicklungshilfe) nicht zur Überwindung, sondern zur Verfestigung und Perpetuierung der exogen entstandenen internen Strukturen. So werden die von außen initiierten gesellschaftlichen Systeme (Brückenkopfeliten, in-

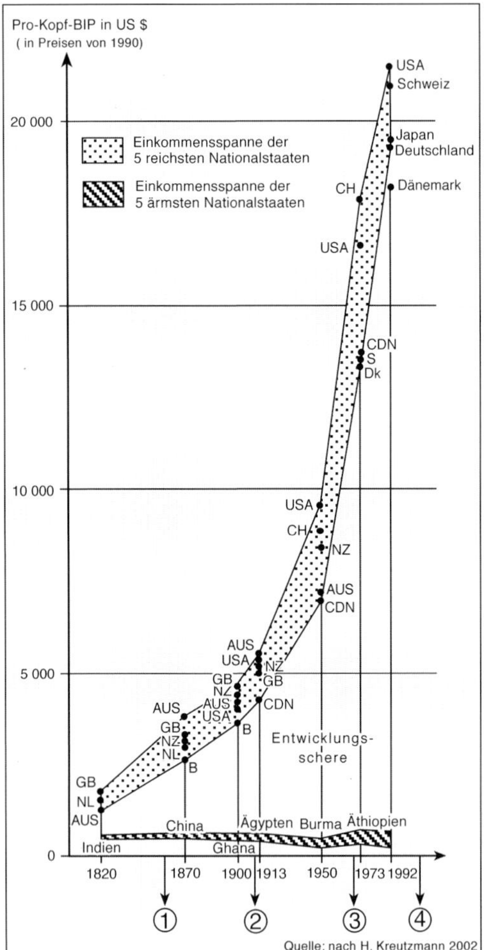

① 1857: Karl Marx kritisiert Großbritannien für Handlungen in Indien
② 1910: Imperialismus-Theorie von Rosa Luxemburg
③ 1969: Pearson-Bericht über die Krise der Entwicklungshilfe
④ 1999: Kofi Annan fordert 40 Mrd. US $ jährlich zur Überwindung der Armut

Abb. 24: Einkommensschere Industrie- und Entwicklungsländer von 1820 bis heute. Quelle: *Kreutzmann* 2002.

tegrierte Mittel-/Unterschicht) bestätigt, die bislang extraktiven Wirtschaftspraktiken fortgesetzt und z.B. auch die räumliche Organisation (Metropolen-Zentrum-Peripherie) der jeweiligen Länder, räumlicher Niederschlag der Fremdinteressen, festgeschrieben.

Beendigung und Überwindung dieser Deformation sind nach der marxistischen *dependencia*-Variante nur über die Beseitigung der Abhängigkeit möglich. Sie kann unter Bezug auf die *Lenin*'sche Parole von der Vereinigung der Proletarier aller Länder (Imperialismustheorie) einzig auf dem Wege über die Weltrevolution erfolgen (*Palloix* 1971, 85ff). Die nationalistische Variante sieht hingegen bei den herrschenden Machtstrukturen einen möglichen Weg in regionalen Lösungen (*Evers, Wogau* 1973). Ganz konkrete strategische Vorstellungen formuliert *Senghaas* (1974; 1979, 388ff) mit dem Dissoziationsansatz. Dabei wird von der durch *List*'sche Vorstellungen angeregten Überlegung ausgegangen, dass Länder oder auch Landesteile sich für eine bestimmte Zeit vom Weltmarkt abkoppeln (abschotten) müssen. Denn nur dadurch können sie ihre Produktivkräfte nach eigenen Bedürfnissen, Möglichkeiten und Zwängen entfalten, eine Tiefenstruktur der Produktion erlangen und internationale Konkurrenzfähigkeit für ihre Erzeugnisse erreichen, d.h. sich autozentriert entwickeln. Auf diese Weise werden interne Bedürfnisse geweckt und befriedigt, Infrastruktur aufgebaut sowie soziale und politische Differenzierungsprozesse initiiert. Aus dieser Position interner Konsolidierung sowie paritätischer und äquivalenter Produktionskompetenz heraus ist eine Reintegration in den Weltmarkt sinnvoll und (ebenfalls) *nachholende Entwicklung* möglich.

Die Logik der Dissoziationsstrategie ist im Prinzip eigentlich überzeugend (*Senghaas* 1979)[47]. Denn haben nicht alle erfolgreichen Länder – aus wirtschaftshistorischer Perspektive – in ihrer Anfangsphase den internen Markt z.B. durch Zollmauern geschützt, um den Aufbau der eigenen Industrie zu fördern? (*Menzel, Senghaas* 1986; *Senghaas, Menzel* 1979) Ob die sog. *newcomer* Südkorea, Taiwan und in jüngster Zeit Indien und China wirklich geeignete Belege für diese Möglichkeit sind, sei hier bezweifelt. Denn die weltwirtschaftlichen Strukturen erlauben/ermöglichen es heute – in der Ära der Globalisierung – kaum noch einem Land, einen nachholenden Weg zu beschreiten und sich gegen externe Einflüsse wirklich abzusichern (vgl. S. 216ff).

4.3 Theoriekritik

Es kann nicht verwundern, dass sich aus den unterschiedlichen Theoriepositionen gegenseitige Kritik entspannte:

(1) Die unkritische und vordergründige Verherrlichung von Kultur, Gesellschaft und Wirtschaft in Übersee durch die Abhängigkeits-Apologeten wurde von den Vertretern des *Modernisierungs*-‚Lagers' ebenso abgelehnt wie ihre vordergründige/oberflächliche Analyse der europäischen Kolonial- und der Geschichte der indigenen Völker. Als undifferenziert, ideologisch und marxistisch einseitig trage sie nicht zum Verständnis der komplexen Verhältnisse bei, die die Präsenz und den Einfluss der Europäer in Übersee bedingten und in ihrem Ablauf bestimmten. Denn erst das koloniale Wirken schuf Bedingungen, die die Mehrzahl dieser Völker befähigte, elementare Probleme wie z.B. Gesundheits- und Nahrungssicherung sowie Verkehrserschließung zu betreiben, politisch denken und handeln zu lernen, Selbständigkeit zu erlangen und am internationalen System teilzuhaben. Das Faktum der Abhängigkeit in Vergangenheit und Gegenwart wird über-

---

47 Als das Dissoziationskonzept aktuell diskutiert wurde (1970er Jahre), galten als mögliche Beispiele für dissoziative Entwicklung Nordvietnam, Albanien, Kuba oder auch China. Nicht erst heute ist bekannt, dass dies keine überzeugenden Beispiele waren. China mag aus heutiger Sicht als Ausnahme angesehen werden. Doch ist der externe Beitrag dabei vor allem in jüngster Zeit nicht gering einzuschätzen (*Seitz* 2002, 373).

schätzt und durch die Erfolge der Schwellenländer und „Kleinen Tiger“ widerlegt. – Wenn auch vom Ansatz nachvollziehbar, so ist die Dissoziations-/Abkopplungs-These als Voraussetzung für nachholende Entwicklung nicht erforderlich und bei den herrschenden Weltmarkt- und Machtstrukturen illusorisch.

(2) Von Seiten des *dependencia*-„Lagers“ wurde die mangelnde historische Tiefe und ungenügende Reflexion der Modernisierungs-Vertreter generell über die europäische Geschichte in Übersee kritisiert. Moniert wurde die Verharmlosung der über Jahrhunderte verfolgten Interessenrealisierung, betriebenen Territorienbildung und praktizierten kolonialen Aktivitäten. Verwiesen wurde ebenfalls auf den ungebrochenen Eurozentrismus, das geistig, kulturell, militärisch und ökonomisch gelebte Überlegenheits- und Sendungsbewusstsein. Die daraus resultierende Geringschätzung bis Missachtung lokaler, indigener Strukturen in Gesellschaft, Kultur, Anbauweise und Religion fand keine Zustimmung. Insbesondere galt die Kritik aber der Verharmlosung und Negation der vielfältigen kolonialzeitlichen Abhängigkeiten, deren Auswirkungen bis in die Gegenwart Politik, Ökonomie und Militär der Entwicklungsländer bestimmen und noch immer bis in das Bewusstsein ihrer Bevölkerung hineinwirken. – Auch erfuhren die entwicklungspolitisch realisierten Strategievorstellungen, nämlich durch externe Hilfe Entwicklung zu generieren, keine Bejahung, weil dadurch die bisher herrschenden Abhängigkeitsstrukturen nur verfestigt und perpetuiert werden. Eine den internen Bedürfnissen der Länder entsprechende Entfaltung von Wirtschaft und Gesellschaft kann sich dabei nicht einstellen.

4.4 Theorieannäherung

Trotz wesentlich verschiedener Positionen und langjähriger heftiger gegenseitiger Kritik stimmten beide Lager in der strukturellen Einschätzung des Entwicklungspfades, nämlich *nachholende Entwicklung*, letztlich überein. Unterschiedlich blieb jedoch die Auswahl der Maßnahmen. Und gerade hierbei stellte sich bald eine fruchtbare und realitätsnahe Annäherung ein.

Es führte zu weit, den Ursachen für die Theorieannäherung seit Mitte der 1980er Jahre hier intensiv nachzugehen (vgl. *Thiel* 1999). Bedeutsam dafür dürfte zum einen die von den Ländern der Dritten Welt vehement geforderte Neue Weltwirtschaftsordnung gewesen sein. Zum anderen spielte die Tatsache eine gewichtige Rolle, dass eine gewisse Theoriemüdigkeit, die empfundene Praxisferne der Theoriediskussion und die Wahrnehmung der sich verschärfenden Probleme in der Dritten Welt einen neuen Realismus und Pragmatismus hervorbrachten: die *Strategiedebatte*. Sie führte die ‚brauchbaren‘ Ansätze und praxisnahen Erkenntnisse für eine erfolgreiche Umsetzung der von beiden Theorie-‚Lagern‘ vertretenen nachholenden Entwicklung zusammen.

(1) Von *modernisierungstheoretischer* Seite werden die Notwendigkeit flankierender Maßnahmen bei der Weltmarktteilhabe der Entwicklungsländer und die Reduzierung ihrer Auslandsschulden zur Erhaltung der Liquidität akzeptiert. Auf internationaler/multilateraler Ebene werden deshalb gezielt Strukturanpassungsmaßnahmen (IWF; *Stiglitz* 2002)) und Strukturanpassungsdarlehen (WB) eingesetzt, Exportdiversifizierung und Importsubstitution propagiert und konkret von Ausgleichsfinanzierung und Ausgleichslagern begleitet. Kapitalhilfe/finanzielle Zusammenarbeit (PPP, FDI, FZ) und Technische Hilfe/Technische Zusammenarbeit (TZ) belebten zusammen mit privatwirtschaftlichen Entwicklungsaktivitäten auf nationaler/bilateraler Seite die neuen strategischen Anstrengungen.

(2) Auf *dependenztheoretische* Überlegungen, insbesondere auf den Dissoziationsansatz, sind die Vorstellungen zurückführbar, die die Wende von *top-down-* zu *bottom-up*-Konzepten, von einer Entwicklung von *unten nach oben* oder von der *Peripherie zum Zentrum* propagieren. Hierbei wird auch eine partielle, regionale und temporäre Abkopplung für möglich/sinnvoll erachtet. Diese Vorstellungen schlugen sich in Selbsthilfe-, Partizipations-, Nachhaltigkeits- und Konzepten zur Grundbedürfnisbefriedigung nieder. Sie legten auch die Nutzung angepasster Technologien nahe und regten die Berücksichtigung indigenen Wissens, informeller Institutionen (S. 158ff), des Zielgruppen- und des Regionenbezuges geradezu an.

Es kann daher kaum überraschen, dass sich mit diesen Überlegungen die empirische und praxisnahe Forschung der Geographie in besonderem Maße befasste. Die in Teil 3 vorgestellten methodischen und theoretischen Ansätze spiegeln in ihrer Mehrzahl diese Anregung wider.

4.5 Diskussionsstand

Der Realismus, der sich Mitte der 1980er Jahre allmählich bei Einschätzung der Chancen der Entwicklungsländer einstellte (Ende der Theoriedebatten), setzt sich in auffälliger Weise bis in die Gegenwart fort. Er wird einerseits gestützt durch immer neue erschreckende, alarmierende Tatsachen: Bürgerkriege, Massaker, Völkermorde, Aids, Terrorismus, unregierbare Staaten (failing states), Zunahme von Armut, Hunger, Verschuldung, bad-governance, Rauschgifthandel, Geldwäsche, Aufrüstung/Waffenhandel, Korruption u.a.m. Die Frage nach ihren historischen Wurzeln wird, nach über vier Jahrzehnten Unabhängigkeit (Dekolonisation), verständlich (?), kaum noch gestellt (*Rauch* 1988). Die erschreckenden Tatsachen werden inzwischen mehrheitlich als eigenverschuldet betrachtet. Die neue Form externer Einflussnahme – die (Rohstoff-)Ausbeutung Afrikas (z.B. Kongo, Nigeria) und Lateinamerikas (z.B. Kolumbien, Bolivien) durch Transnationale Konzerne (TNC) und die zu deren Sicherheit benutzten Söldner-Gruppen (*Pa-*

ras; *Mercenary-Companies*)[48] mögen beispielhaft als aktuelle Belege dafür gelten (!) – wird eigentlich nicht wirklich problematisiert und auch theoretisch bislang keineswegs aufgearbeitet.

Andererseits werden auf praktischer Ebene Neuanfänge versucht: NEPAD (New Partnership for Africa's Development) wurde 2002 von den G7 eigens zur Entwicklung Afrikas ins Leben gerufen (*Anyang'Nyong'o et al.* 2002). Das Ende des Multifaser- (2004)[49] und des Lomé-Abkommens (Lomé IV: Februar 2002) eröffnen/eröffneten neue Handelsspielräume. Die WHO, 1995 als Nachfolgeorganisation des GATT geschaffen, bietet zahlreiche (scheinbare) Handelserleichterungen und -regelungen speziell für die Entwicklungsländer an. BMZ und GTZ setzen, dem neoliberalen Zeitgeist folgend, auf Schwerpunktbildung (Länderkonzentration), indem sie die Empfängerländer nach Förderungswürdigkeit differenzieren (Schwerpunkts-, Partner-, potentielle Partnerländer). Sie fordern die Eigenverantwortung von Entwicklungsprojekten und sehen im Zivilen Friedensdienst (Krisenprävention) eine zeitgemäße Antwort auf die um sich greifende, entwicklungshemmende und als Ausdruck fragmentierender Entwicklung zu interpretierende Konfliktzunahme. Auch werden, wohl begründet, geeignetere entwicklungspolitische Interventionsmaßnahmen vorgeschlagen (*Rauch* 2003), Entwicklung für machbar gehalten (*Elsenhans* 1997) und endogene Wachstumstheorien für realistisch eingeschätzt (*Gottwald, Hemmer* 1998). Den gegenwärtigen Stand der Theoriediskussion kennzeichnen – bei auffällig optimistischer Grundstimmung für nachholende Entwicklung – Offenheit und strategische Divergenz (*Kreutzmann* 2003; *Thiel* 1999).

Diese positive Grundstimmung resultiert wohl aus den Verheißungen der Globalisierung, wonach im Sinne des Washington Konsens Wohlstandsmehrung für alle und Verringerung des weltweiten Armutsgefälles als realistisch angesehen werden (*Scholz* 2000b). Doch diese positive Entwicklungsperspektive bleibt nicht unwidersprochen. Kritik äußern nicht nur zivilgesellschaftliche Gruppen. Mahnende Stimmen weisen begründet auf die limitierten Rohstoffreserven, den wachsenden, verschwenderischen Ressourcenverzehr und die anhaltenden weltweiten Verarmungsprozesse hin (*Sachs* 2000, 2002; *Scheer* 1999; *Weizsäcker* 1992). Und in dieser widersprüchlichen Stimmungslage beginnen sich doch recht deutlich unterschiedliche Positionen abzuzeichnen. Sie künden eine ähnliche Gegensätz-

---

48 *Mercenary-companies/war racketeers*, früher in Südafrika, heute in Großbritannien und Kanada ansässig, sind beliebig kauf- und einsetzbar. Sie spielen vor allem in den internen Konflikten Afrikas, z.B. im Kongo oder Liberia bei Zugang und Sicherung der Lagerstätten für Mineralien, eine wichtige Rolle (*Scholl-Latour* 2003, 18ff).

49 Das Multi-Faser-Abkommen (MFA) endete am 31.12.1994. Es folgte ab 1.1.1995 das Agreement on Textiles and Clothing (ATC). Es läuft Ende 2004 aus (s.o.).

lichkeit an, wie sie die Theoriedebatte der Vergangenheit kennzeichnete. Jetzt jedoch stehen sich – bei offensichtlich mehr Realitätsnähe als früher – Befürworter und Kritiker der Globalisierung gegenüber (*Kreutzmann* 2003). Das Ergebnis dieser Disputation, an der sich bislang die Geographie aktiv und konstruktiv beteiligt hat, ist jedoch noch völlig offen.

5. Raumstrukturen des externen Einflusses

Wenn in diesem Kapitel über Raumstruktur des externen Einflusses bzw. Raumstruktur und Unterentwicklung nachgedacht wird, dann geschieht das nicht als Hommage an die Geographie, als geographische Pflichtübung. Vielmehr sprechen folgende Anlässe dafür: *(1)* In originär geographischem Verständnis spiegelt Raum in seiner lokal-speziellen Erscheinung gesellschaftliche und wirtschaftliche Strukturen, besitzt hohe Persistenz und geht daher faktitiv in Entwicklung ein. *(2)* Raum ist nicht nur Bühne, sondern in seiner jeweiligen Spezifität auch handlungsbestimmender Rahmen (*Müller-Mahn* 2001, 12ff.).

Die Aussagen beider Anlässe sind m.E. so wichtig, dass sie entwicklungspolitischer Berücksichtigung bedürfen. – Außerdem wurde Raum in jüngerer Zeit auch in Nachbardisziplinen als Erkenntnis- und Forschungsgegenstand ausgemacht (*Appadurai* 1998; *Leggewie* 1994) und in die Entwicklungsdiskussion eingebracht (*Kappel* 1995; *Neyer* 1995). Das ist erfreulich. Daher scheint es im Rahmen dieses Buches und insbesondere des Kapitels „Konzeptuelle Überlegungen und Anmerkungen“ sinnvoll und notwendig, auf den Bezug zwischen Unterentwicklung und Raumstruktur einzugehen.

Ausgangsüberlegungen: Der Titel dieses Kapitels suggeriert das Vorhandensein einer extern bestimmten Raumstruktur bzw. einer eigenständigen Raumstruktur der Unterentwicklung (*Rauch* 1985). Diese Auffassung wird sicher nicht generell geteilt. Auch ist nicht davon auszugehen, dass es nur *eine* Raumstruktur der Unterentwicklung gibt und gleiche Sachverhalte überall stets gleiche Erscheinungsbilder und Hintergründe zeigen müssen. Denn die umfangreiche einschlägige Literatur bietet dazu ein vielfältiges und auf der Erscheinungsebene überaus heterogenes Bild. Und auch kann die Wahrnehmung dessen, was als ‚unterentwickelt‘ gewertet wird, recht verschieden sein.

Approach: Die Ebene von Kachhi bildet den nördlichen Teil des unteren Industieflandes (Sind/Pakistan). Die aus dem baluchistanischen Bergland austretenden und nur episodisch Wasser führenden Flüsse (Fremdlingsflüsse: Badra, Bala Nari, Bolan, Chakar, Moro, Mula) durchziehen die Ebene in nordsüdlicher Richtung und zerlegen sie regelrecht in langgestreckte Terrassen. Sie sind fast vegetationslos und wurden früher einzig als warmer Winteraufenthalt der Nomaden aus dem angrenzenden, nur sommerwarmen Bergland genutzt. Von Norden aus folgten sie mit ihren Herden der südwärtigen Ausdehnung dieser Terrassen. Die vereinzelten Dörfer der hier ansässigen bäuerlichen Pächter (*Jat/ Jakti*) sowie die wenigen städtischen Kleinsiedlungen (Bhag, Dadhar, Hajj) mit ihren hinduistischen Händlerfamilien liegen meist in Terrassenmitte hochwassergeschützt auf künstlichen Hügeln. Der Austausch und Transport z.B. agrarer Erzeugnisse, die sich höchstens lokal abwickelten und wegen der vorherrschenden Eigenversorgung sowohl der Nomaden wie der Bauern auch keine große Rolle spielten, erfolgten mittels Ochsenkarren oder Tragtieren. Beide waren nicht an Pfade oder Wege gebunden. Sie wären auch durch die zwar nur gelegentlichen, dann aber stets heftigen, flutartigen Hochwasser weggeschwemmt worden. Die in jüngerer Zeit auftretenden Lastkraftwagen fanden sich hier ebenfalls ohne Strassen durch. Kurz: Es gab keine festgelegten Pisten oder Strassen. Die Verkehrserschließung entsprach eben dem lokalen Bedarf und machte Sinn. – Als „fürchterlich" rückständig, als eklatant unterentwickelt, wurde diese Verkehrssituation berechtigterweise in dem Augenblick empfunden, als das Gebiet in ein Projekt der ländlichen Regionalentwicklung integriert wurde. Denn nun erschwerte das Fehlen eines nutz- und überschaubaren Wegenetzes Orientierung und Zugang für die Projektmitarbeiter. Es behinderte aber auch die auf moderner Technik (z.B. Motorfahrzeuge) basierende reibungslose Projektarbeit sowie die zur Realisierung der Projektziele sinnvolle und notwendige Herstellung von Kontakten, Austausch und Begegnungen mit und zwischen den verschiedenen Dörfern (*RTV* 1988).

Das Beispiel zeigt einen Sachverhalt, auf dem die Darstellungen dieses Kapitels erkenntnismäßig aufbauen. Dabei wird im Sinne kritischer Sozialgeographie von der These[50] ausgegangen, dass die materielle Basis den gesellschaftlichen Überbau, d.h. das zugehörige gesellschaftliche System und seine Strukturen, bestimmt. Die von diesen Strukturen ausgehenden Funktionen, d.h. gesellschaftliche Bedürfnisse, Handlungen und Motive, formen faktitiv die räumlichen Strukturen dieses Systems. Die Funktionen dieser Raumstrukturen wirken letztlich wieder auf das gesellschaftliche Handeln und die materielle Basis zurück (Abb. 25). Nach der Logik dieser These müssen bei unterschiedlicher materieller Basis verschiedene Raumstrukturen entstehen. Daraus leitet sich folgender Bezug zur Thematik dieses Kapitels ab: Abhängige Ökonomien, die Entwicklungsländer werden hier im Sinne des Abhängigkeitstheorems (Abb. 22) als solche angesehen, zeichnen sich somit konsequenterweise durch andere Gesellschaftsentwicklungen und damit auch andere Raumstrukturen aus als die dominierenden Industrieländer (Abb. 26): Die extern orientierte und exogen initiierte Produktionsstruktur der ehemaligen Kolonien sowie die externe Ausnutzung günstiger Pro-

50 Methodisch/konzeptuell wird dabei der struktural-funktionalen Logik (*Parsons* 1951; darauf basiert auch das Konzept des „räumlichen Verwirklichungsmusters"; *Scholz* 1974a) sowie der „Relationalen und kontextorientierten Handlungstheorie" (*Bourdieu,* 1979) gefolgt, wobei die Strukturseite des Handelns im Mittelpunkt steht (vgl. *Dörfler, Graefe, Müller-Mahn* 2003).

duktionsbedingungen in den heutigen Entwicklungsländern spiegeln sich in einer Raumstruktur, die, dem nach außen orientierten Wertetransfer folgend, durch die steigende Hierarchie Peripherie, Zentrum, Metropole gekennzeichnet ist. In ihren Folgeeffekten wirkt sie bis in die Gegenwart fort[51]. Die Produktionsentwicklung der Industrieländer hingegen setzte an eigenen Grundlagen und Bedürfnissen an und fand über Versuch und Irrtum sowie durch die Nutzung externer Ressourcen zur Industrialisierung. Ihre Raumstruktur spiegelt sich in standorträumlich-hierarchischer Wechselseitigkeit. Und in ihrer höchsten Entfaltung gelangt sie zu überregionaler (globaler) Expansion und Vernetzung.

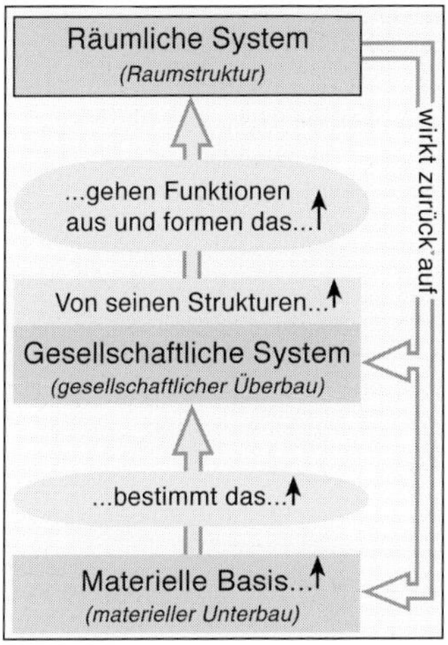

Abb. 25: Räumliche Systeme und materielle Basis (Modell). Quelle: Entwurf d.Verf. 2003.

Dieses Raumstrukturmodell mag in seiner Vereinfachung kritikwürdig sein. Es verdeutlicht m.E. aber trotzdem folgende Tatbestände: *(1)* Es lässt sich im Prinzip auch in jenen Regionen nachvollziehen, wo selbst mehrere extern initiierte Zentren vorhanden sind (z.B. Indien, Brasilien). *(2)* Es paust sich bis in die Gegenwart im Städtesystem, in den Stadtanlagen, im Verkehrsnetz sowie der Land- und Arbeitskräftenutzung durch. Und es wirkt über die Territorienbildung sogar in den heutigen innenpolitischen Abläufen und zwischenstaatlichen Beziehungen fort. *(3)* Es bestimmt bis in die Gegenwart den Umgang zwischen Norden und Süden, die global geltende Dominanzhierarchie. Denn dieses vielschichtig, vielfältig gegliederte System des einseitigen politischen (vor allem auch entwicklungspolitischen) und wirtschaftlichen Umgangs von Industrie- und Entwicklungsländern folgt letztlich dieser wohl allgemein internalisierten raumstrukturellen Logik. Insofern wird verständlich, dass zum einen gerade hier auch die Überlegungen zur Sinnhaftigkeit zentrumsorientierter Entwicklungspolitik an-

51 Zur beispielhaften Veranschaulichung sei dazu auf das Erdnussbecken Senegals hingewiesen (*Geist* 1989): Hier war durch europäische Inwertsetzungsinteressen ein Entwicklungsvorgang (merkantilistischer Sklavenhandel, kolonialistische Erdnusswirtschaft) vorgegeben worden, der eine durch Exporthäfen, Eisenbahnen und Plantagen bestimmte außenorientierte, kolonial vererbte Raumstruktur zur Folge hatte. Sie zeichnet sich bis in die Gegenwart durch eine ökonomische und bevölkerungsmäßige Schwerpunktbildung entlang der Küste und der binnenwärtigen Verkehrslinien aus. Bodenerschöpfung und Tragfähigkeitsprobleme in den unmittelbar angrenzenden Regionen sind eine weitere Folge.

setzen müssen und zum anderen in der Entwicklungspraxis der Blick auf die lokalen räumlichen Strukturen zu richten ist. Ihre entwicklungspolitische Bedeutung ist einfach allzu evident.

In diesem Sinne werden im folgenden beispielhaft einige ausgewählte raumstrukturelle Tatsachen behandelt, die vielleicht (vermeintlich) als allgemein bekannt angesehen werden könnten.

Entwicklungsländer	**Industrieländer**
Produktionsstruktur	
Externe Orientierung - Raubkolonialismus, Plantagen-,Exklaven-Wirtschaft, Rohstoff-, Arbeitskräfteextraktion (früher) - Billiglohnproduktion, Exportproduktionszonen, wissensbasierte Cluster, informeller Sektor, Kinderarbeit, laszive Umweltauflagen (heute)	Interne Orientierung - Nutzung lokaler Ressourcen zum Industrieaufbau, Herstellung von Konsumgütern, Produktionsmitteln, Zwischenprodukten, Massenwaren,Produktionsversifizierung - Produktivitätssteigerung, Markt-, Investitionsexpansion, Erschließung neuer Produktionsstandorte

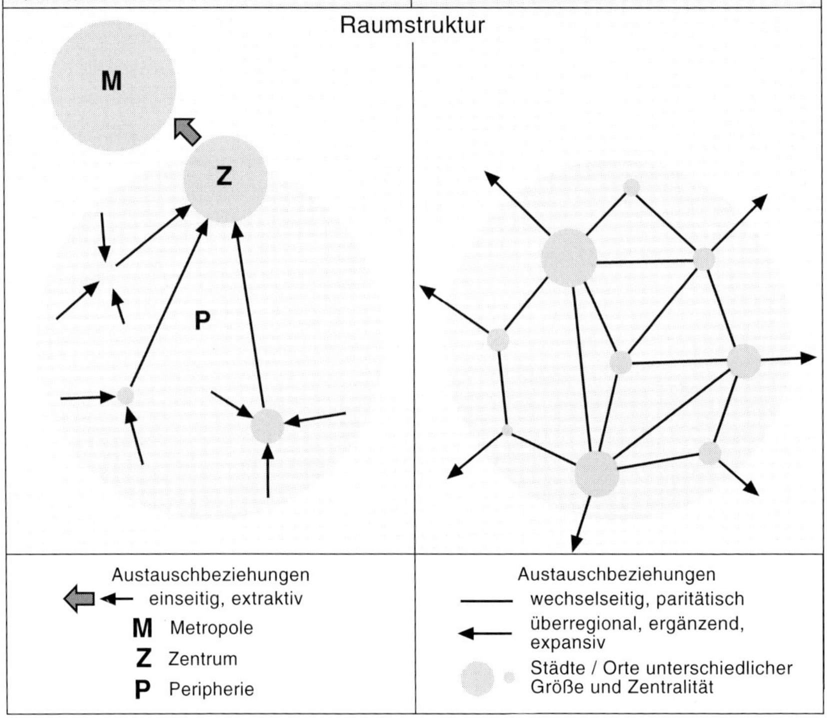

Abb. 26: Vergleich der Raumstruktur von Industrie- und Entwicklungsland (Modell). Quelle: Entwurf d.Verf. 2003.

5.1 Ein-Stadt-/Hauptstadtdomination

London und Paris nahmen zwar innerhalb der zugehörigen Imperien die besondere Position der „*primate city*" ein (*Jefferson* 1939). Doch auf nationaler Ebene unterschieden sie sich strukturell kaum von den Hauptstädten der anderen Industrieländer: Zusammen mit den übrigen Städten unterschiedlichster Größe bildeten sie jeweils ein System wechselseitiger Ergänzung und Konkurrenz in Kultur, Wirtschaft, Architektur und Infrastrukturausstattung. Es entsprach den Bedürfnissen und der Dynamik der vorhandenen Wirtschaft (materielle Basis), der nationalen Bewohnerschaften und den Zielen von Administration und Politik (gesellschaftlicher Überbau). Dieses System spiegelt das Ergebnis jahrhundertelanger Entwicklung und tendenziell homogener Landesdurchdringung. Das Modell der zentralen Orte mag hier als Ausdruck dafür stehen (*Christaller* 1933).

Eigenständige städtische Entwicklungen hat es auch außerhalb Europas gegeben. Es bedarf dabei nicht erst des Verweises auf die Städte der antiken und der vorantiken Hochkulturen an Nil, Indus und Euphrat. Die Stadtanlagen der Inka, Azteken und Maya, der Moguln und Maharatenstaaten, der Araber, der Chinesen und der Afrikaner (z.B. Simbabwe, Gao, Kano, Timbuktu), die zur Zeit der europäischen Kontaktnahme bestanden, sind beredte Zeugen genug. Sie bildeten i.d.R. wehrhafte Zentren despotisch-theokratischer/-säkularer Herrschaft, deren Größe, Funktion und Dominanz gegenüber den anderen Städten eng mit dem Schicksal des jeweiligen Despoten verbunden waren (*Bobek* 1959). Zahlreiche Städte mit klingenden Namen (z.B. Täbris, Mesched, Isfahan, Lahore, Bagdad) stehen für diese Entwicklung.

Mit Beginn des kolonialen Einflusses und vor allem der imperialistischen Territorienbildung nahm die Zentrenbildung jedoch einen Verlauf, der zur extern initiierten Ein-Stadt-/Hauptstadtdomination (Zentrum-Bildung) führte. Folgende Stadien seien dabei unterschieden:

– In Übersee wurden anfänglich Niederlassungen (Faktoreien, Forts, Sklavensammellager, wehrhafte Städte) gegründet, die von See her zugänglich waren. Ihre Anlage folgte eindeutig ökonomischen Interessen: händlerischem Austausch, Waren- und Menschenhandel oder – wie in Lateinamerika – Edelmetallausbeute und Herrschaftssicherung.

– In dem Maße, wie sich die ökonomischen Aktivitäten der Europäer verstetigten und diversifizierten (Bergbau, Besiedlung/Landnahme, Plantagen, Industriegütervermarktung; später Kapitalanlage), setzte sich ihre Präsenz an diesen Orten durch, entwickelten sich städtische Siedlungen bzw. stabilisierten sich die gegründeten. Hier begannen die Repräsentanten der Kolonialherrschaft, ihre Verwaltungen und Unternehmen zu etablieren. Die Küstenorte erhielten als Endpunkte der Eisenbahnlinie Hafenanlagen für den Rohstoffexport und später auch z.B. Lagerhallen für den Import von industriellen Fertigprodukten und ihre Distribution. Damit fungierten diese Siedlungen vor allem als Stätten des ökonomischen Austausches mit den ‚Mutterländern'. Schon in der Kolonialzeit musste jeder, der daran teilhaben und (politisch) Einfluss gewinnen wollte, hier präsent sein.

– Die überlegene Stellung dieser Städte setzte sich nach der Unabhängigkeit fort, gingen doch die meisten heutigen Hauptstädte in den Ländern der Dritten Welt aus diesen kolonialen Dominationszentren hervor[52]. Auch behielten sie die koloniale, extern orientierte Funktion als Verwaltungs- und Wirtschaftsstandorte nicht nur bei. Als nationale Repräsentanten erlangten sie jetzt sogar eigenständiges internationales Gewicht, bildeten – dank gewisser Infrastrukturgegebenheiten – häufig die einzigen Orte, an denen in- wie ausländische Unternehmen tätig wurden. Und als überlegene nationale Zentren wuchsen ihnen bislang unbekannte interne Aufgaben zu. Insbesondere wurden sie wegen der an sie geknüpften vermeintlichen *pull factors* zu den Zielorten massenhafter Binnenmigration. Extreme Zunahme der Einwohnerzahl und damit ein Heer billigster Arbeitskräfte bei Mangel an industriellen Arbeitsplätzen kennzeichnen die soziale Realität in diesen heutigen Megacities (Megastädte).

– Viele dieser Städte sind seit der durch Globalisierung möglich gewordenen *transplants-*, *flexifactory-* und *outsourcing-/global sourcing-*Strategien der transnationalen Unternehmen in die globale Wertschöpfungskette eingebunden worden (globalisierte Orte, S. 223). Sie haben das hier vorhandene massenhafte Angebot an einfachen Billiglohn-Arbeitskräften oder auch an ‚preiswerten' *Hightech-*Spezialisten entdeckt und zu erschließen begonnen (*Klein* 2002). Dadurch werden zum einen Erwartungen geweckt bei der und gehen Magnetwirkungen aus auf die Hinterlandbevölkerung. Sie verstärken weiter die Wanderströme und damit das Wachstum dieser Städtemonster.

Die Mehrzahl der auf diese Weise entstandenen Megacities (Städte mit mehr als 5 Mio. Einwohnern) konzentriert sich heute (2000: 34 von 45) in den Entwicklungsländern (1940: 0 von 4; 1990: 23 von 33; *Bronger* 1996). Bis zum Jahre 2015 wird sich ihre Zahl auf 58 erhöht haben. Von der Weltbevölkerung werden dann allein 8,4% in diesen Stadt-Monstern leben. – Ein zentrales Ziel der internationalen Entwicklungspolitik, nämlich die Lebens- und Wirtschaftsbedingungen im ländlichen Raum zu verbessern, um u.a. der Landflucht und der Bildung

52 In einigen Ländern wurden diese kolonialen Dominationszentren/Hauptstädte durch Hauptstadtneugründungen ersetzt (z.B. Rio de Janeiro-Brasilia; Karachi-Islamabad; Lagos-Abuja; Abidjan-Yamoussokro; Douala-Jaundé). Doch die Bedeutung von einst ist ihnen nicht nur geblieben, sie hat sich sogar extrem erweitert.

derartiger Riesenstädte entgegenzuwirken, wurde – wie die Realität zeigt – nicht erreicht. Auch liegen bislang m.E. keine überzeugenden Lösungen für die Kernprobleme, Arbeitsplätze und Zuwanderung, vor.

Tab. 4: Hauptstadt-/Ein-Stadt-Dominanz (ausgewählte Beispiele)

	Land	Hauptstadt/ größte Stadt	Einw. Mio.	zweitgrößte Stadt	S2:S1	drittgrößte Stadt	S3:S1
Afrika	**Sierra Leone**	Freetown	1,3	Koidu	1:16	Kenema	1:25
	Äthiopien	Addis Abeba	2,2	Dire Dawa	1:13	Harer	1:17
	Uganda	Kampala	0,8	Jinja	1:13	Masaka	1:16
	Togo	Lomé	0,5	Sokode	1:9	Lama-Kara	1:13
Lateinamerika	**Uruguay**	Montevideo	1,4	Salto	1:17	Paysandu	1:18
	Chile	Santiago	4,6	Puente Alto	1:13	Conception	1:13
	Guatemala	Guatemala	1,2	Quezaltenango	1:11	Escuintla	1:17
	Mexiko	Mexiko-City	11,7	Guadalajara	1:7	Nezahualcoyotl	1:10
Asien	**Thailand**	Bangkok	5,6	Nonthaburi	1:22	Nakhon Ratch.	1:30
	Kambodscha	Phnom Penh	0,9	Batdambang	1:10	Siemreab	1:12
	Laos	Vientiane	0,5	Louangphrab.	1:8	Savannakhet	1:10
	Mongolei	Ulan-Bator	0,7	Darchan	1:7	Erdene	1:11

Quelle: Fischer Weltalmanach 2002 (Angaben für 1998)

In Afrika gehen fast alle diese Stadt-Monster auf kolonialen Ursprung zurück. Lagos, Accra, Dakar, Abidjan, Monrovia, Douala in West-, Maputo, Daressalam, Nairobi in Ost-, Lusaka, Harare und selbst Windhuk im südlichen Afrika stehen – wie der Größenvergleich zu den nächst größeren Städten veranschaulicht (in Tab. 4 sind ein paar Beispiele aufgeführt) – für die Wirklichkeit dieser Ein-Stadt-/Hauptstadt-Domination (*Manshard* 1977). Im islamischen Norden Afrikas zählen Algier, Casablanca, Tunis oder Tripolis hierzu (*Ehlers* 1993)[53]. In Lateinamerika herrschen strukturell – bei jedoch höherer Verstädterungsquote (2000 im Mittel 75,4%) – ähnliche Verhältnisse vor (*Bähr* 1976; *Bähr, Mertins* 1981; *Coy* 2002). Darin macht auch Asien, wo die größten und meisten Megastädte konzentriert sind, keine Ausnahme. Karachi in Pakistan, Dhaka in Bangladesh,

53 Wenn auch anderer historischer Ursprünge und topographischer Lage, so sind auch Khartoum und Kairo zu diesen dominanten Städten zu zählen (*Gertel* 1993; *Meyer* 1989).

Colombo in Sri Lanka, Bangkok in Thailand, Manila auf den Philippinen seien als Beispiele genannt[54]. Selbst Indien mit mehreren randlichen Megacities (Bombay, Kalkutta, Madras) oder China mit seinen riesenhaften Agglomerationen in Küstenlage (Hongkong/Guangzhou; Shanghai/Nanjing; Abb. 64) zeichnen sich heute durch diese Strukturen aus (*Bohle* 1984;*Bronger* 1996; *Castells* 2003; *Coy, Kraas* 2003a; *Scholz* 2001, 2003b).

5.2 Stadtanlagen

Parallel zu dem phasenweisen Bedeutungs- und Einwohnerzuwachs nahmen die ehemaligen kolonialen Niederlassungen und heutigen Großstädte/Megacities städtebauliche/räumliche Strukturen an, die in erster Linie den externen Anforderungen entsprachen und dienten. Die Bedürfnisse oder mögliche bauliche Vorstellungen der lokalen/einheimischen Bevölkerung – soweit sie anfänglich bzw. bis Ende der Kolonialzeit in diesen Städten überhaupt in nennenswertem Maße anwesend war – fanden keinen erwähnenswerten Niederschlag. *Fanon* (1969, 30) hat sie als „Stadt der Kolonialherren" bezeichnet, weil der „Kolonisierte", so sei das Bild fortgesponnen, sich darin vorkommt, wie ein Zuschauer vor einer Bühnenkulisse: Sie ist nicht für ihn gemacht, das Stück, das gespielt wird, ist ihm unbekannt, von den Einnahmen, die es einspielt, hat er nichts, mit den Requisiten kann er nichts anfangen. Welche Strukturen kennzeichnen diese Städte?

– Die ökonomischen und politischen Funktionen, die die Niederlassungen der Europäer in Übersee zu erfüllen hatten, prägten von Anbeginn ihre bauliche Anlage (Abb. 15, 27). Nicht nur die Forts, auch die Faktoreien, Häfen/Anlegeplätze und (städtischen) Siedlungen zeichneten verteidigungsgünstige Lage, Wehrhaftigkeit und Außenorientierung aus. Die sich um diese ersten Bauten herum allmählich entwickelnden Siedlungen behielten einen wehrhaften Charakter bei.

– In der Phase der imperialistischen Territoriensicherung/-bildung entstanden regelrechte Verwaltungs- und Militärsiedlungen. Hier konzentrierte sich nicht nur die koloniale Macht und fielen die politischen Entscheidungen, sondern entfaltete sich das kolonial-kulturelle Angebot und wickelte sich das gesellschaftliche Leben ab. Es zog den Ausbau eindrucksvoller Straßen- und Siedlungsanlagen, die Erstellung stattlicher privater und öffentlicher Gebäude sowie die Einführung technischer Infrastruktur nach sich.

---

54 In diesem Zusammenhang dürfen Teheran, Bagdad, Ankara, Damaskus und selbst Muscat, Abu Dhabi, Doha oder Er Riad nicht ausgeklammert werden. Sie haben zumindest in jüngerer Vergangenheit aus den genannten Gründen die Stellung überlegener Dominationszentren erlangt (*Cordes, Bonine* 1983; *Scholz* 1990b; S. 248ff)

– All diese städtebaulichen Elemente/Muster (Grundriss, Aufriss, funktionale Gliederung) haben auch ihre nach-koloniale Entwicklung (Verstädterung) mitgestaltet. Sie pausen sich räumlich und funktional in den heutigen Städten durch und prägen z.T. sogar noch ihr Aussehen (Alleen, Parks, Kirchen, Bibliotheken, *boarding schools*, Villen/Prachtbauten im viktorianischen oder im Stil der Belle Époque).

Fallbeispiel Lateinamerika: Fast alle Städte Spanisch-Lateinamerikas folgten baulich und anlagemäßig der „General-Instruktion" von 1521 (*Wilhelmy* 1950, 20) und später der von Philipp II. 1573 erlassenen, auf den römischen Stadtbaumeister Vitruvius Pollio zurückgehenden Städtebauverordnung (*Wilhelmy* 1952, 77ff). Sie sah u.a. aus Sicherheitserwägungen eine streng geometrische Anlage aus *solares* und quadratischen *cuadras* (= 4 *solares*), *quintas* (= vier *cuadras*) und *chacras* (= vier *quintas*; Abb. 27) vor. Das Zentrum dieser Städte bildete ein zentraler Platz. Um diese *plaza* (= 1 *cuadra*) herum gruppierten sich alle zentralen Einrichtungen (Regierungsgebäude, Kathedrale, Kloster, Polizei, Stadtverwaltung, Gericht, Schule). Die davon ausgehenden Ausfallstraßen waren mit Wehrtoren versehen (*Wilhelmy* 1952). Dieser strengen, wehrhaften Anlage entsprach auch die sozial- und funktionalräumliche Differenzierung, die nach außen einem sozialen Gefälle sowie einem funktionalen Übergang von städtischer, gewerblicher (europäisch) zu ländlicher, bäuerlicher (indianischer) Nutzung folgte (*Bähr* 1976; *Bähr, Mertins* 1981). Dieses Grundschema wurde nicht nur ungeachtet topographischer Ungunst (Kessel-, Hanglage) realisiert (z.B. in La Paz). Es kehrt auch in allen folgenden und sogar neueren Erweiterungen wieder (Abb. 27). Diese Tatsache nährt den Gedanken, dass sich die externe Abhängigkeit sogar bis hinein in die Köpfe der Verantwortlichen für die Stadtentwicklung in diesen Ländern verfolgen lässt. – In der Gegenwart erschwert das Fehlen von Durchgangsstraßen jedoch den modernen Verkehr und macht diagonale Straßendurchbrüche notwendig (z.B. Buenos Aires, Santiago de Chile; *Wilhelmy, Borsdorf* 1984). Selbst in dieser Neuerung findet m.E. letztlich wiederum nur ein außeninduziertes Bedürfnis (die für Autos offene Stadt) Ausdruck. Von eigenbestimmten Zwängen der lokalen Bevölkerungsmassen zeugen hingegen (ohne Zynismus!) die *Suburbios*, die ausgedehnten legalen, semilegalen und illegalen randstädtischen Hüttenviertel (*barriadas, favelas, adobe ranchos*). Sie sind Ausdruck sowohl der einzigen Möglichkeit für die Masse/Mehrheit der Bevölkerung zur Wohnplatzbeschaffung als auch für ihr meist lebenszeitliches Elendsdasein. Und darüber lagert das, was heute – in der Ära der Globalisierung – als Brasilianisierung der Städte Südamerikas bezeichnet wird: Zitadellen/Paradiese der wenigen Reichen bruchhaft direkt neben den Ghettos/Höllen der armen Massen, eben eine fragmentierte Stadt (*Coy, Pöhler* 2002; *Mertins* 2003; *Pöhler* 1999).

Die kolonialen städtebaulichen Strukturen, am Beispiel Lateinamerika angesprochen, sind nicht selten für zahlreiche Folgeprobleme verantwortlich. So hat z.B. die kolonialzeitlich vorgegebene horizontale Erstreckung das unvorstellbare, flächenhafte nachkoloniale Wachstum geprägt. Ihm konnten Ausbau und Organisation von Infrastruktur, d.h. die Versorgung mit Strom, Wasser, Strassen, Arbeitsplätzen, Wohnraum, Transportmitteln, Medizin und Schulen, nicht folgen. Auch

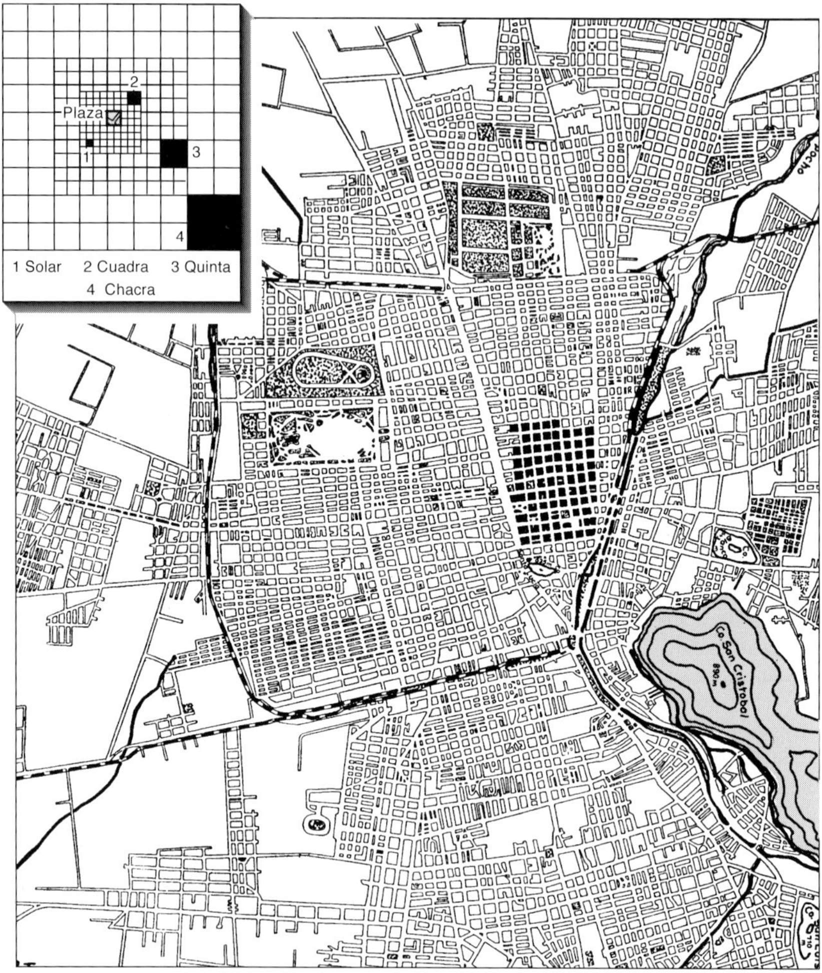

Abb. 27: Raumgestaltung: Die lateinamerikanische Stadt Santiago de Chile. Quelle: *Wilhelmy* 1952, ergänzt d.d.Verf. 2003.

vermochten Industrieausbau und Arbeitsplatzschaffung mit dem explosionsartigen Einwohneranstieg nicht Schritt zu halten. Slumdasein, Obdach- und Arbeitslosigkeit, informeller Sektor, Armut, Hunger, Kinderbanden und Prostitution stehen für die soziale Realität dieser Megacities (Überverstädterung).

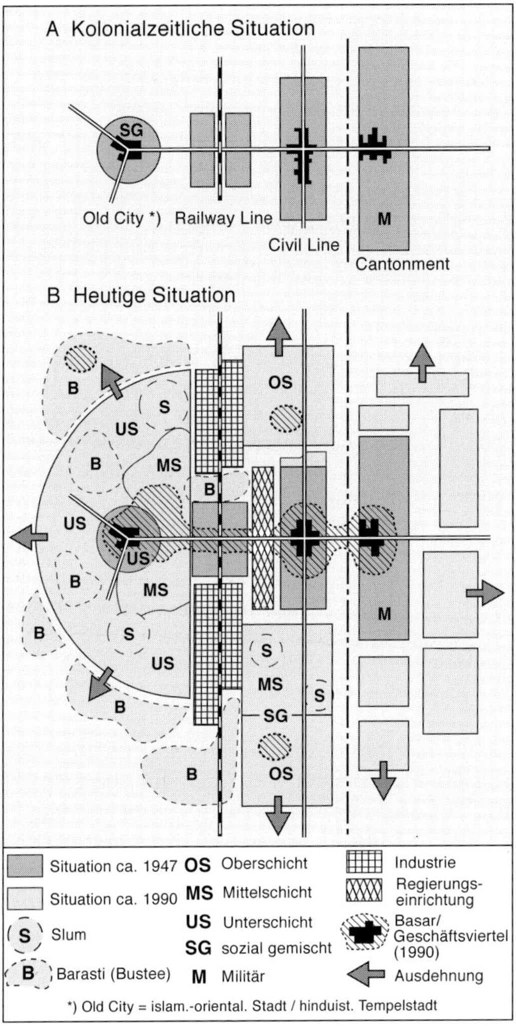

Abb. 28: Raumgestaltung: Anglo-indische Kolonialstadt (Modell). Quelle: Entwurf d.Verf. n. *Dettmann* 1980; *Scholz* 1974a, b.

Fallbeispiel indischer Subkontinent: Auf dem indischen Subkontinent folgte nach den frühen Anlagen der Handelsniederlassungen (z.B. Bombay, Cochin, Dhaka, Kalkutta, Madras; vgl. *Asche* 1977; *Bohle* 1984; *Scholz* 2001) insbesondere im 19. Jh. auf der Basis der *turbulent-frontier-* und *forward-policy*-Strategie die Gründung zahlreicher Städte, die zur Sicherung von Territorium und Wirtschaft sowie zur Durchsetzung der Verwaltung dienten (*Dettmann* 1980; *Spate, Learmonth* 1967; Abb. 28): Bei den *anglo-indischen Kolonialstädten* erfolgte die Gründung an einer schon vorhandenen (städtischen) Siedlung (*old city*) islamisch-orientalischer oder hinduistischer Prägung (Tempelstadt). Daran schlossen eine Militäranlage (*cantonment*) und eine Zivilstadt (*civil town/lines*) kolonialer Entstehung an. Im Zuge des Eisenbahnausbaus (Abb. 30) kamen noch die Bahnsiedlungen (*railway lines/colonies*) hinzu und wurden vereinzelt Industriebetriebe eingerichtet. Karachi, Haiderabad, Bahawalpur, Sibi, Lahore, Multan, Rawalpindi und Peshawar sowie auch Sialkot, Dera Ghazi Khan (hier ohne *railway lines*) im heutigen Pakistan oder Madurai und Tiruchchiropalli in Süd-Indien besitzen eine solche Anlage. In den Gebieten der Bewässerungskolonien von Indus und Ganges hingegen herrschten Neugründungen vor. Diesen *britischen Kolonialstädten* fehlen die „*old cities*". Dafür stehen Sarghota, Lyallpur (heute Faisalabad) oder auch Quetta und Jacobabad in Baluchistan sowie das von den Franzosen gegründete Pondicherry als Beispiele.

Diese kolonialherrlichen Anlagen sind trotz der auf dem indischen Subkontinent geradezu extrem ablaufenden nachkolonialen Verstädterung noch allenthalben präsent (Abb. 28). Sie fallen nicht nur durch Baustil und Parks sowie Breite und Führung der Straßen auf. Auch die an sie jeweils anschließenden Ausbauviertel zeigen ähnliche bauliche Erschließungs- sowie soziale und funktionale Nutzungsmuster: Die Altstädte (*old cities*), ehemals in sozial gemischte Bezugsgruppen gegliedert, veränderten/entmischten sich durch Abwanderung der höheren Einkommensschichten. Unter- und vereinzelt Mittelschichtbevölkerung sind heute hier konzentriert. Verfall und Verslumung sind allgegenwärtig. Randlich schließen sich elende Hüttenviertel (*bastis, barastis, katchi abadis, katchas*) extremer Horizontalerstreckung an. In den Erweiterungen, die an die *civil lines* angrenzen, setzt sich deren planmäßige Anlage fort. Villen und mehrgeschossige Prachtbauten in üppigen Ziergärten herrschen vor: Wohnviertel mittlerer und gehobenerer Einkommensgruppen. In jüngerer Zeit treten anspruchsvolle Appartement-Hochbauten hinzu, und es kommt zur Einrichtung von exklusiven Clubs und Parks, die nach Aussehen und Organisation geradezu britisch anmuten. Entlang der Eisenbahntrasse (*railway lines*) erweiterten sich die Industrie- und Gewerbeareale – durchsetzt von den Hüttenlagern der Arbeiter. Unverändert hohen Standard und augenfällige Exklusivität zeigen die *cantonments*. Hier leben – wie in vielen Bereichen des indischen Subkontinents (z.B. *hillstations*, *resthouses*; z.B. Ziarat, Murree, Munnar, Kumily) – die britische Vergangenheit und Tradition nicht nur physiognomisch am offensichtlichsten fort. – Ähnliche Vorgänge hat *Ehlers* (1984, 1993) für die französischen Kolonialstädte im Maghreb beschrieben. Sie sind auch für die Apartheid-Städte Südafrikas beobachtbar (*Wiese* 1999) und spielen sich ebenso in den ehemals britischen und französischen Kolonialstädten Ost- und Westafrikas ab.

Durch die Einbindung dieser Städte mit ihrem Angebot an massenhaften Billiglohnarbeitskräften in den globalen Markt nehmen sie die Funktion globalisierter Orte mit den diesen eigenen funktional-räumlichen Fragmentierungen an (Abb. 28). Villen- und Bungalowsiedlungen, die *gated communities*, *no-entrance-areas* oder auch Paradiese und Zitadellen stehen für diese Wirklichkeit ebenso wie die Hüttenviertel und Notunterkünfte aller Art, die *no-go-areas*, Ghettos und Höllen. Dazu gehören gleichfalls die Standorte der *transplant-factories*, Freien-/Exportproduktionszonen oder jener global eingebundenen Stadtfragmente, wo sich die Entscheidungszentralen der *global players*, ihrer lokalen *counterparts* sowie deren Produktionsstätten, Subunternehmer und Heimarbeiter konzentrieren (*Scholz* 2002a; Abb. 62).

Den sozialen, ökonomischen, infrastrukturellen, hygienischen und baulichen Problemen dieser Städtemonster stehen die nationalen wie internationalen Entwicklungshilfeorganisationen weltweit ebenso hilflos gegenüber wie m.W. auch die wissenschaftliche Forschung: Die Landflucht ist nicht einzudämmen. Die angewendeten Teilstrategien, wie z.B. *slum-clearing*, Hüttenviertel-*upgrading*; Wohnungsbau, Wohnraumbeschaffung, Infrastrukturausbau, Förderung des informellen Sektors, Umsiedlung oder Anlage von Entlastungsstädten sind – vor dem Hintergrund dieser fast täglich weltweit erfahrbaren Realität dieser Städte – der berühmte Tropfen auf den heißen Stein[55].

5.3 Extraktionsbahnen

Die überragende Rolle des Verkehrs für die Wirtschaftsentfaltung und seine „städtezeugende Kraft" ist gemeinhin bekannt. Darauf haben im historischen Kontext z.B. schon *Ratzel* (1897) allgemein und *Gradmann* (1956, 160ff) für die süddeutschen Städte hingewiesen. Es handelt sich schlichtweg um eine volkswirtschaftliche Binsenweisheit. Dabei wurde ganz offensichtlich mitbedacht, dass durch den Bau von Verkehrsanlagen (Straße, Bahn, Hafen) die räumliche Richtung dieser Entfaltung nachhaltig mitbestimmt werden kann. *Richardson* (1980) und *Taffe et al.* (1970, 342ff) gehen – im Sinne wachstumstheoretischer Entwicklungsvorstellungen – von einem sich allmählich verdichtenden, funktional differenzierten und auf tendenziell paritätischen Austausch gerichteten Verkehrs- bzw. Verkehrs- und Siedlungsnetz aus. Diese ideale Vorstellung, den Entwicklungserfahrungen der Industrieländer entlehnt, muss im Sinne der eingangs erläuterten These für die Entwicklungsländer durch das Modell linienhaft extraktiver Verkehrserschließung ergänzt werden.

Die ökonomischen Interessen der Kolonisatoren und später folgenden Händler und Unternehmer zielten auf die Nutzung ganz bestimmter mineralischer oder agrarer Ressourcen ab. Dabei spielte die Erschließung der jeweiligen Regionen nur insoweit eine Rolle, als sie diesen Zielen diente. Ebenso wie bei der terrestrischen Erschließung der russischen Kolonien in Asien, die linear extraktiven Mustern folgte, auf die zaristische Metropole gerichtet und erst in sowjetischer Zeit landesdurchdringend dispers orientiert war (*Stadelbauer* 1973), folgt die koloniale Verkehrserschließung in Übersee fast generell linearen Mustern: Die von den Niederlassungen an den Küsten ausgehende Nachfrage nach Waren lenkte zuerst einmal den – soweit vorhanden – internen Handel zur See hin um, förderte eine auf diese Nachfrage gerichtete Produktion und schuf, wie in den *aurungs* und Gewürzanbaugebieten (Kerala) in Indien (Abb. 16) oder beim Sklavenhandel in Westafrika (Abb. 12), regelrechte Einzugsgebiete für einzelne Faktoreien an der Küste. Pfade wurden zu Handelswegen, denen später, im Zuge der Rohstofferschließung die Eisenbahnen folgten. Selbst ein Blick auf kleinmaßstäbige historische Atlaskarten von Südamerika, Afrika, Indien und Hinterindien bestätigt diese Aussage. Bedenken könnten sich bei den heute recht dichten Verkehrs-

55 Die siedlungsgeographische Forschung hat diese Thematik aufgearbeitet (z.B. *Heineberg* 2000; *Stewig* 1983) und dazu zahlreiche Fallbeispiele vorgelegt.

(Eisenbahn-)netzen Südafrikas, Teilen Indiens, der argentinischen Pampa oder Pakistans einstellen. Dabei handelt es sich – wie an Pampa und Pakistan näher gezeigt – um die berühmten Ausnahmen, die die Regel bestätigen.

Fallbeispiel Argentinien: Die argentinische Pampa[56], traditionell Siedlungsgebiet von Indianern, wurde seit dem 16. Jh. durch Spanier zu erobern und zu besiedeln begonnen. Doch erst seit Mitte des 19. Jh. konnten die Indianer völlig vertrieben und konnte die Pampa in ein agrares Produktionsgebiet mit Weltmarktausrichtung umgewandelt werden (*Lütgens* 1921/22). Anfänglich wurden von hier Getreide, Salzfleisch, Fleischextrakte und Wolle exportiert. Nach der Erfindung der Kühlmaschine durch Carl v. Linde (1876) setzte – nach Umstellung auf Mastrinderproduktion sowie auf Getreide- (Weizen, Mais) und Feldfutterbau (Luzerne) – nach 1898 die Kühl- und Gefrierfleischausfuhr zu den nordamerikanischen und europäischen, insbesondere den britischen Märkten ein. Voraussetzung dafür bildete eine verkehrstechnisch flächendichte Erschließung der Pampa durch hafenzentrierte Eisenbahnen (Abb. 29). Sie sind „das Werk englischen Unternehmungsgeistes, englischen Kapitals und englischen Weitblicks" (*Kühn* 1930, 104). Hinzu kam die Erbauung von Gefrierfleisch- und Konservenfabriken in den Hafenstädten ebenfalls durch englische Unternehmer, wodurch eine recht einseitige Industrieausrichtung erfolgte, die nie überwunden wurde. Dadurch bildeten sich jene vom La Plata (um Buenos Aires) landeinwärts erstreckenden, weltwirtschaftlich ausgerichteten Nutzungszonen (quasi *v.Thünen*`sche Produktionsringe) aus, die zusammen mit dem fächerförmigen Eisenbahnnetz die extern initiierte und orientierte räumliche Binnenstruktur der Pampa prägen (Abb. 29): *(1)* einseitige Ausrichtung auf den Hauptumschlagplatz Buenos Aires; *(2)* Konzentration auf den landwirtschaftlichen Sektor; *(3)* Entwicklungsgefälle zwischen der in die Exportwirtschaft eingebundenen Zentralregion (Pampa) und den peripheren Provinzen im Norden, Westen und Süden Argentiniens (*Sandner, Steger* 1973; *Waldmann* 1995).

Diese Raumstrukturen haben selbst die in der Folgezeit einsetzenden Veränderungen – wie den Rückgang der Woll- und Fleisch- zugunsten der Getreide-, Mais- und schließlich zu Sojaproduktion (zusammen 1990 = 43,8% des Exportes) – im Prinzip überdauert. Doch von dem dichten Eisenbahnnetz sind in jüngerer Zeit zahlreiche Strecken aufgegeben worden (*Bünstorf* 1992; *Wilhemy, Rohmeder* 1963).

Fallbeispiel NW-Indien: Die verkehrsmäßige Erschließung des Industieflandes, Sind und Punjab, in NW-Indien, erfolgte zuerst aus händlerischen, dann aus strategischen und endlich aus ökonomischen Interessen (*Spate, Learmonth* 1967, 345):

---

56 Die Pampa ist eine fast völlig baumlose Ebene, die sich vom La Plata landeinwärts erstreckt und heute agrarisch intensiv genutzt wird. Die Frage nach den Ursachen der Baumlosigkeit ist nicht eindeutig geklärt. Da es sich dabei um ein ökologisch interessantes Problem handelt, sei hier auf die einschlägigen Diskussionsbeiträge verwiesen: *Schmieder* (1962, 344ff), *Wilhelmy, Rohmeder* (1963, 67ff).

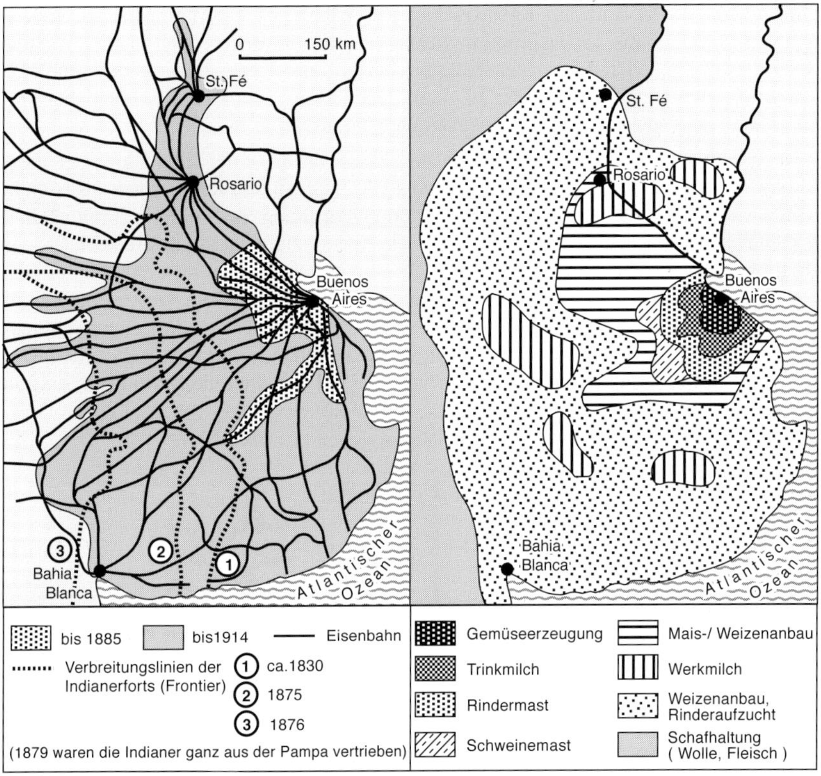

Abb. 29: Verkehrserschließung und Anbauzonierung (1930): Argentinische Pampa. Quelle: Entwurf d. Verf. nach *Kühn* 1930; *Sandner, Steger* 1973; *Schmieder* 1927.

– Die britisch-indische Kolonialverwaltung versuchte, aus dem oberen Gangesgebiet von Nordosten in das Industiefland vorzudringen. Die Händler der East-India-Company strebten danach, den Indus vom Meer her per Schiff zu erschließen und sich auf diese Weise einen Zugang zu NW-Indien bzw. nach Zentralasien zu schaffen: „The real purpose", schreibt *Huttenback* (zit. b. *Scholz* 1974a, 33), „would be to survey the Indus and its tributary streams from its mouth to Lahore ... for the British commercial schemes on the Indus. The Company (East India Company, Anm. d. Verf.) hoped that the produces of both England and India could be sent up the Indus to points of entrepôt from where it could be transshipped to the markets of Afghanistan and Persia." Diese Bemühungen wurden nicht nur durch die Herrscher in Haiderabad (Vasallen der Moguln) erschwert, sondern auch durch die nomadischen Stämme (Baluch, Brahui, Pathan), die vom Gebirge und seinem Vorland im Westen aus das weitgehend unbesiedelte Industiefland als Streif- und Weidegebiet nutzten. Sie suchten das savannen-/wüstenhafte Gebiet des Industieflandes aber nicht nur zur Winterweide auf. Sie betrachteten es – ähnlich wie die nomadischen Serakis den südlichen Punjab – als ihr Territorium. Die Versuche der Briten, den Indus als Wasserstraße zu erschließen, fanden daher spätestens bei Sukkur – hier auch aus geomorphologischen Gründen – ein Ende (*Scholz* 1974a,b). Der Zugang zum Punjab setzte daher umfangreiche politische und militärische Aktionen voraus.

– Nach dem Desaster des ersten Afghanistan-Krieges (1839), der Übernahme der East-India-Company durch die Krone (1858) und als Antwort auf die zaristische Expansion in Mittelasien strebte die britisch-indische Kolonialverwaltung, der *turbulent-frontier-* und *forward-policy-strategy* folgend, die territoriale Aneignung nicht nur des Industieflandes (Beginn 1842), sondern auch die militärische/strategische Sicherung der angrenzenden Gebirgsregion Baluchistan und der heutigen (pakistanischen) North-West-Frontier-Province (NWFP; nach 1876) an. Dieser Prozess, der letztlich auch zur Entstehung des heutigen Afghanistan geführt hat, kann hier im einzelnen nicht weiter erläutert werden. Das Ergebnis jedenfalls war die Eroberung von gesamt NW-Indien, seine Eingliederung in

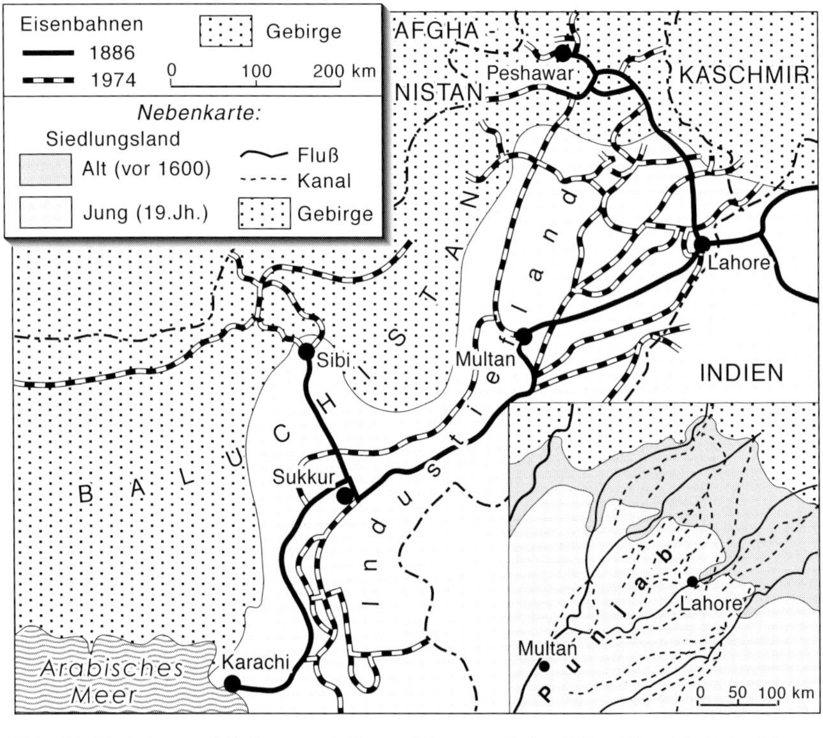

Abb. 30: Verkehrserschließung und Grenzsicherung: Industiefland/Punjab-Baluchistan, Nordwest-Indien. Quelle: Entwurf. d.Verf. n. *Dettmann* 1976, 1978; *Malik* 1962.

Britisch-Indien sowie die strategisch (auf die Grenzregionen gerichtet; *strategic railways*) und kommerziell (auf den potentiellen Wirtschaftsraum Punjab) gezielte Erschließung mit Eisenbahnen (Abb. 30; *Malik* 1962)[57].

– Nahrungsmittelbedarf in Indien und steigende Nachfrage nach Baumwolle in England führten letztlich zu einem Werk, das in seinen Dimensionen und Effekten als unvergleichlich bezeichnet werden kann: die Kolonisation des Punjab auf der Basis von Kanalbewässerung (*Spate, Learmonth* 1967, 513ff). Das Fünfstromland[58] ist eine nach Süden ganz flach einfallende Aufschüttungsebene der aus Himalaja und Karakorum heraustretenden Flüsse. Unterhalb der gebirgsnahen ‚*fontanilli*'-Linie (= Quellhorizont; etwa auf der Höhe von Sialkot) nahm südwärts bis in die Tharr der wüstenhafte Charakter zu (in der Thal-Desert zwischen Indus und Jhelum heute noch vorhanden!). Lediglich in den Talauen fand Anbau statt. Die Zwischenstromländer (*doabs*) unterlagen nomadischer Nutzung. Hier schuf ein von britischen Ingenieuren konzipiertes, eindrucksvolles Kanalsystem die Voraussetzungen für das größte geschlossene Bewässerungsgebiet der Erde (*Dettmann* 1976, 1978). Für die Inwertsetzung und den Abtransport der wichtigsten Erzeugnisse, Getreide, Zucker und Baumwolle, wurden zum einen die Aufbereitungsanlagen (Baumwollentkernung; Zuckersiederei) so plaziert und zum anderen das vom Hafen Karachi ausgehende Eisenbahnnetz so dicht angelegt, dass die Anlieferung der Rohstoffe per Ochsenkarren bewältigt werden konnte (Abb. 30). Die Öffnung dieses Eisenbahnnetzes für den privaten Verkehr, in Form des Khyber-Mail nach Peshawar oder auch des Bolan-Mail nach Quetta, erfolgte erst allmählich.

– Die Wirtschaft Pakistans profitiert heute von diesem Kolonisationswerk und der Verkehrsanlage. Dadurch wurde aber die überlegene wirtschaftliche Stellung Karachis festgeschrieben und ausgebaut. Es ist heute nicht nur die (über-)größte und ständig wachsende Stadt des Landes, sondern auch sein bedeutendster Industriestandort. Damit ist Karachi auch Ziel unaufhörlicher Migrantenströme, Fokus sozialer Probleme, terroristischer Gewalt, Umschlagstelle vielfältiger, dubioser finanzieller Vorgänge und Transaktionen, eben ein globalisierter Ort (*Scholz* 2003b). In dieser Form hätte es ihn ohne kolonialen Einfluss wohl nicht gegeben.

Doch es ist müßig, über die Frage zu raisonieren, was heute ohne koloniales Wirken wäre. Unabhängig davon und entscheidend hingegen ist zum einen die Tatsache, dass die lokale Entwicklung fremdbestimmt war und ein Wertetransfer stattfand. Und zum anderen führte – wie an Pampa und Punjab zu zeigen versucht – die Existenz dieser räumlichen Strukturen dazu, die ungleiche globale Arbeitsteilung festzuschreiben: überseeische Nutzung von Ressourcen, Absatzmarkt und Billigarbeitskräfte.

57 Die im vorausgehenden Kapitel erwähnten anglo-indischen Sicherungs-Siedlungen entstanden in diesem Zusammenhang.

58 Punjab: *punj* = fünf; *ab* = Fluss; *doab* = Terrasse zwischen zwei Flüssen.

5.4 Plantagenökonomie

Die traditionelle, indigene Landnutzung in den überseeischen Gebieten war mehrheitlich selbstversorgend kleinbäuerlich und nomadisch.

Für die (Welt-)Marktproduktion wurden diese Gebiete erst im Zuge der Europäisierung erschlossen. Es waren die merkantilen Wirtschaftsziele, die diesen Vorgang einleiteten (S. 54ff). Agrare Großbetriebe, insbesondere Plantagen, stellten das geeignete Mittel dar (*Gerling* 1954; *Ribeiro* 1971). Unter Leitung von Europäern, Einsatz europäischen Kapitals und einheimischer Arbeitskräfte oder afrikanischer Sklaven wurden meist in Monokultur Produkte anfangs für die Heimatländer, später für den aufkommenden Welt- und heute auch für den Binnenmarkt erzeugt. Sie gelangten in rohem oder höchstens aufbereitetem Zustand in den Export, wurden in den Zielgebieten veredelt und fanden in dieser Form z.T. sogar zurück auf die Märkte der Rohstoffherkunft. Das Hauptziel der Plantagen bestand in der kostengünstigen Produktion von in Europa begehrten Erzeugnissen. Dazu gehörten anfangs Zucker, Rum, Tabak, Kokosöl und Baumwolle, bald auch Kaffee, Tee, Kakao, Kautschuk, Sisal, Jute, Bananen, Ananas, Erdnuss sowie in mengenmäßig bescheidenerem Ausmaß die verschiedensten Gewürze (z.B. Pfeffer, Zimt, Nelken, Muskatnuss, Vanille, Kardamom).

Die Plantage als Produktionsform setzte sich verstärkt fort, als in der imperialistischen Phase Großunternehmen für Kolonialwaren warben und z.B. den Tee- und Kaffeegenuss in Europa und Nordamerika propagierten oder industrielle Rohstoffe, z.B. Baumwolle oder Kautschuk für Autoreifen, benötigten. So versuchte sich, wie bekannt wenig erfolgreich, der Automobilkonzern Ford in Brasilien (Fordlandria) mit dem Betrieb von Kautschukplantagen. Der Reifenproduzent Firestone verfolgte seine Interessen in Liberia, das zwar nie einen kolonialen oder völkerrechtlich ähnlichen Status innehatte, nach 1926 jedoch als „exklusive Ausbeutungsdomäne", als „Tummelplatz der amerikanischen Konzerne" fungierte: „Damals etablierte sich die allmächtige Gesellschaft ›Firestone‹ in Monrovia und überzog das zu Spottpreisen erworbene Land mit einem riesigen Areal von Gummi-Plantagen. Schon bald machte der Kautschuk … 95 Prozent des Handelsvolumens aus. Die Staatsbank Liberias, ›Bank of Monrovia‹, war bis 1955 im Besitz von ›Firestone‹" (*Scholl-Latour* 2003, 414ff). Ähnliche wirtschaftliche Bedeutung fiel z.B. den Palmöl-Plantagen in Belgisch-Kongo oder Benin, den Zuckerrohrplantagen auf Mauritius und den Karibischen Inseln, in Madagaskar, Ost-Brasilien und in Mittelamerika zu, wo z.B. die United Fruit Company noch immer fast ungebrochen die Bananenproduktion beherrscht. In zahlreichen Entwicklungsländern bilden die Plantagenprodukte bis heute die wichtigsten Exportgüter und Devisenbringer (Tab. 5).

Die Verkehrsanbindung der Plantagen entsprach dieser volkswirtschaftlichen Bedeutung, ihre räumliche Anlage der ökonomischen Zielsetzung. Dabei lassen sich

Tab. 5: Anteile von Plantagenprodukten am Wert der Gesamtexporte ausgewählter Länder 1959 und in der Gegenwart (ca. 2000)

Afrika	**1959**	**Gegenwart (ca. 2000)**
Ghana	Kakao: 60,7%	Kakao: 23,5% (2000)
Kamerun	Kakao/Kaffee: 53,5%	Kakao/Kaffee: 17,2% (1998/
99)		
Kenia	Kaffee/Tee: 41,7%,	Kaffee/Tee: 39,1% (2000)
Mauritius	Zucker: 95,4%	Zucker: 14,6% (2000)
Sierra Leone	*(Diamanten: 63,4%)	*(Diamanten: 22%)
Sudan	Baumwolle: 63,2%	Baumwolle: 5,8% (1998)
Uganda	Kaffee: 40,8%	Kaffee: 63% (1996)
Lateinamerika		
Costa Rica	Kaffee/Bananen: 74,1%	Kaffee/Bananen: 13% (2001)
Dominikanische Republik	Zucker: 47,2% (1960)	Zucker: 7% (2000)
Ecuador	Bananen: 43,9%	Bananen: 18% (2001)
El Salvador	Kaffee: 77%	Kaffee: 4% (2001)
Honduras	Kaffee/Bananen: 64,1%	Kaffee: 20,7% (2000)
Nicaragua	Kaffee/Baumwolle: 52,3%	Kaffee: 30%
Panama	Bananen: 54,9% (1960)	Bananen 19% (2001)
Asien		
Pakistan	Baumwolle, Baumwollprodukte: 23,7%	Baumwolle, Baumwollprodukte: 65,2 % (1999/2000)
Sri Lanka	Tee: 59,8% (1960)	Tee: 13% (2000)
Indonesien	Kautschuk: 44,8% (1960)	
Malaysia	Kautschuk: 69% (1961)	

Quelle: Statesman's Yearbook 1962, Fischer Weltalmanach 2003.
Anmerkung: Die monostrukturelle agrare Produktionsausrichtung der Kolonialzeit ist in den statistischen Angaben für 1959 noch deutlich erkennbar. Der Rückgang der monokulturellen Erzeugnisse bis zur Gegenwart am Gesamtexport der aufgeführten Länder (Ausnahme Pakistan) bedeutet keineswegs Rückgang der Monokulturen oder der erzeugten Produkte. Vielmehr sind in den Ländern neue Produkte (z.B. mineralische Rohstoffe, billige Konsumgüter/Textilien, Nahrungsmittel) in die Exportpalette aufgenommen worden.

je nach Anbaugewächs und topographischen Gegebenheiten zwar unterschiedliche Erscheinungsformen beobachten (*Manshard* 1968; *Scholz, U.* 1998; *SZR* 1994). In ihrer raumstrukturellen und funktionalen Anlage zeichnen sie sich jedoch durch ähnliche, wiederkehrende Elemente aus (Abb. 31): Die Nutzfläche ist in große monokulturell bewirtschaftete Anbaukomplexe unterteilt, die durch Transportbahnen und z.T. Bewässerungsanlagen erschlossen sind. Endpunkt der

Transportbahnen (heute meist LKW-Pisten) sind die Fabriken, in denen die Roherzeugnisse zu Halbfertigprodukten (z.B. Kaffee, Kakao, Tee, Sisal, Baumwolle) oder für den Seetransport (z.B. Bananen, Ananas) aufbereitet werden. Büro und Versorgungseinrichtungen für die Arbeitskräfte liegen meist zusammengefasst und zentral, während ihre Lager/Hütten, zur Vermeidung langer Anmarschwege, über die Plantagen verteilt sind. Zu ihnen gehören i.d.R. Hausgärten, wo für die Selbstversorgung angebaut wird[59]. Abgelegen inmitten Garten-/Parkanlagen befindet sich die Residenz des Eigentümers/Verwalters[60]. – Die Verkehrssysteme (Bahn, Piste, Straße) innerhalb der Plantagenländer wurden nicht selten eigens für den Abtransport der Plantagenerzeugnisse angelegt. Sie erschließen meist nur einzelne Plantagengebiete oder sogar nur einzelne Betriebe.

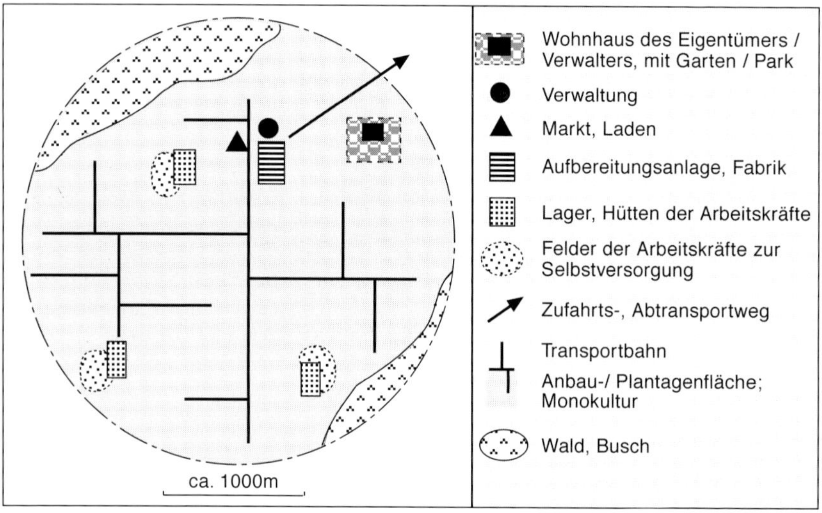

Abb. 31: Raumgestaltung: Plantage (Modell). Quelle: Entwurf d.Verf. 2003.

59 In einer landeskundlichen Beschreibung der Inseln in Dänisch Westindien ca. Mitte des 18.Jh. heißt es dazu: „Alle, die Plantagensklaven genannt werden, sind die gewöhnlichen Arbeiter, die nicht in einem der Häuser ihres Herren beschäftigt sind. Sie müssen sich daher mit Verpflegung und Kleidung selbst versorgen und bekommen nichts von ihren Herren als ein kleines Stück Land am äußeren Ende des Besitzes ihres Herren, das sie sonntags mit Gemüse für ihre tägliche Ernährung bepflanzen" (zit. *SZR* 1994, 38).

60 Eindrucksvoll beschrieben und graphisch dokumentiert sowie in ihrer „Soziomorphologie" detailliert analysiert wurden die agraren Großbetriebe, Hacienden, sowie die Agaveplantagen Mexikos von *Nickel* (1978, 1995).

Fallbeispiel Mauritius: Den Arabern zwar schon im Mittelalter bekannt, wurde diese völlig bewaldete und unbewohnte (Vulkan-)Insel östlich Madagaskars von den niederländischen Seefahren doch erst Ende des 16. Jahrhunderts entdeckt und 1598 mit dem Namen Mauritius belegt[61]. Die erste Niederlassung erfolgte 1638 und von Zuckerherstellung wird für 1696 berichtet. Doch die Holländer gaben die Insel 1710 auf. Nach ihrer Okkupation durch Frankreich (1715) begann die kolonisatorische Erschließung. Ausdruck dafür war der Bau eines ganzjährig zugänglichen Hafens mit zwei ihn schützenden Forts in Port Louis. Und der gezielte Anbau von Zuckerrohr setzte mit der Gründung der ersten Plantage 1743 ein. Anfang des 19. Jh. erreichte die Anbaufläche 4.220 ha (2,1% des Inselterritoriums) und wurden in 60 Siedereien (*sucreries, sugar mills*) Zucker und Melasse produziert. Die Entfaltung zur Zuckerinsel fand jedoch erst statt, als Mauritius 1810 in britischen Besitz gelangte. Die großflächige Rodung von Wald und Savanne (Abb. 32) setzte in den ebenen, tieferen und meernahen Teilen der Insel und vor allem dort ein, wo eine ausreichend mächtige Bodendecke ausgebildet war. Die gebirgigen und höher gelegenen Inselflächen blieben ebenso ausgespart wie jene Areale, wo sich unter dünner Bodendecke Lava-/Basaltdecken erstrecken. Hier begann die ackerbauliche Nutzung erst, als die riesigen Gesteinsquader durch den Einsatz von Maschinen (Bagger, Bulldozer, Traktoren, Lastkraftwagen) herausgebrochen und quasi zu Lesesteinhügeln aufgetürmt werden konnten.

Notwendige Voraussetzung für die wirtschaftliche Nutzung der Insel waren Arbeitskräfte. So wurden, da die Insel unbewohnt war, seit Ende des 17. Jh. Sklaven für die Feldarbeit aus Madagaskar und Ostafrika sowie seit Anfang des 18. Jh. Handwerker und Händler aus Indien geholt. Im Jahre 1764 waren von den ca. 19.000 Einwohnern 15.000 Sklaven, 1794 lagen die entsprechenden Zahlen bei 59.000 bzw. 49.000, und im Jahr des Sklavereiverbotes (1830) innerhalb des britischen Empires dürften ca. 70.000 Sklaven auf Mauritius gelebt haben. Das Verbot leitete den Import von Arbeitskräften aus Indien ein. Schon 1846 stellten sie von den 158.462 Bewohnern 52.000. Im Jahr 1870 lagen die vergleichbaren Zahlen bei 316.042 bzw. 259.000. Die Inder, hinduistischen und muslimischen Glaubens, waren zwar als Arbeitskräfte geholt worden. Sie führten aber bald auch Tätigkeiten in allen wichtigen Branchen aus, erwarben Land, und einzelne von ihnen stiegen sogar zu Plantageneignern auf. Die befreiten schwarzen Sklaven hingegen blieben mehrheitlich als Plantagenarbeiter tätig.

Getragen wurden die Landnahme und Entwicklung der Insel – wie schon in Ansätzen während der französischen Zeit – anfangs durch einzelne Kolonisatoren und später durch Kolonisationsgesellschaften. Es entstanden die ausgedehnten Plantagenbesitzungen (*estates*) mit ihren typischen Anlageelementen. Die Plantage *Queen Victoria* (Abb. 33)[62] in der zentralen Osthälfte der Insel gelegen und hier als Beispiel angeführt, zählt zu den britischen Gründungen. Die Anbaufläche ist eben, gut entwässert, und die Böden sind steinarm (skelett-) und tiefgründig. Die Plantagen waren früher in große Anbaukomplexe

61 Die folgenden Ausführungen basieren auf: *Batistini* 1967; *Beejadhur* 1935; *Dinan* 1989, 1997; *Mannick*, 1979; *Marquardt* 1975; *o.V.* 1960; *Wright* 1974.

62 Die folgenden Ausführungen basieren auf Erhebungen und Kartierungen, die d. Verf. 1982/84 durchführen konnte.

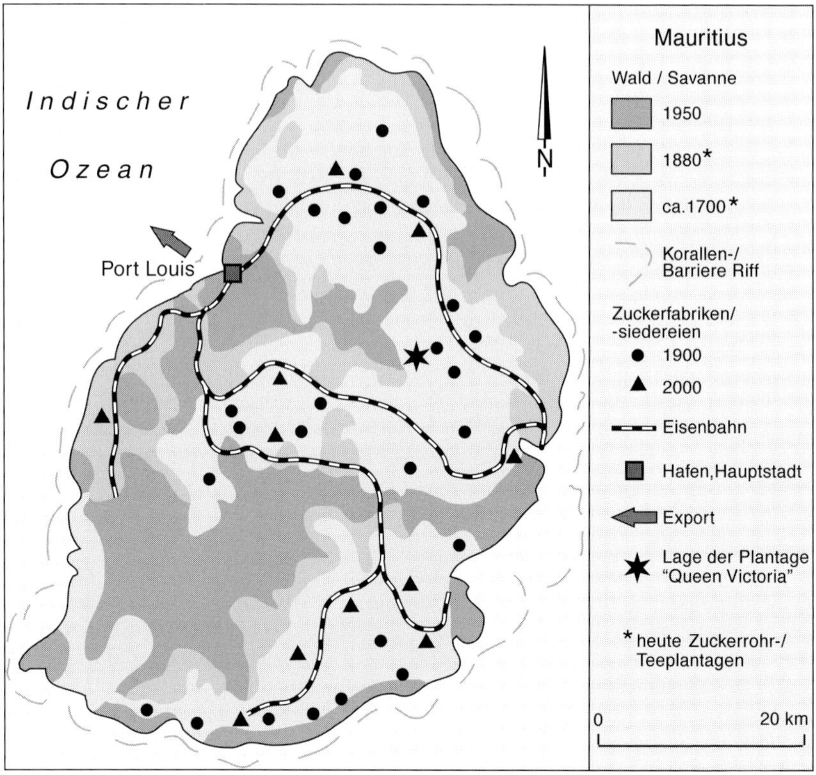

Abb. 32: Entwaldung und Entwicklung der Plantagenfläche auf Mauritius. Quelle: Entwurf d.Verf. n. *Beejadhur* 1935; *Wright* 1974; Map of the Island of Mauritius, 1880; Topogr. Map of Mauritius 1:25.000.

aufgeteilt und durch schmalspurige Feldbahnen erschlossen. Die Zuckersiederei bestand ehemals, wie Abbildungen im Büro der Verwaltung zeigen, aus zwei großen Gebäudekomplexen, die ebenso wie das Herrenhaus (Residenz des Eigentümers, später des Verwalters) noch heute, aus Basalt- und Lavabrocken erbaut waren. Dazu gehörten noch Werkstatt, Lager für den fertigen Zucker und die Sisalsäcke, Hallen für die Fahrzeuge und Ackergeräte. Die neun Hüttenlager der Fabrik- und Feldarbeiter, vorherrschend ehemals Sklaven, später Arbeitskräfte mit ihren Familien aus Indien, verteilten sich – arbeitslogistisch günstig – über das Plantagenareal. Daneben lagen die Anbau-/Gartenflächen, auf denen die Arbeiter ihre Nahrungsmittel selbst produzierten. – Im Jahr 1984 war das Plantagenareal von *Queen Victoria* durch rechteckige, ungefähr gleichgroße, durchnummerierte Sektionen unterschiedlichen Reifezustandes des Zuckerrohrs aufgeteilt und durch

Transportwege erschlossen. Die Feldbahn, deren kleine Loren 1984 noch auf den Schienen standen und vor sich hin rosteten, war jedoch durch Traktoren und flexibel verwendbare, riesige einachsige Anhänger ersetzt worden. Die Arbeit der Zuckerrohrschnitter erfolgte jetzt durch Schneidmaschinen (*mechanical whole-stalk harvesting*), und mobile Greifbagger übernahmen das Verladen des Zuckerrohrs. Seine Verarbeitung geschah bislang (heute in der größten *sugar factory*: Fuel in Flacq; *Wright* 1974, 111) in einer relativ modernen Anlage, in der Förderbänder, hydraulische Pressen, Silos, Container und Ge-

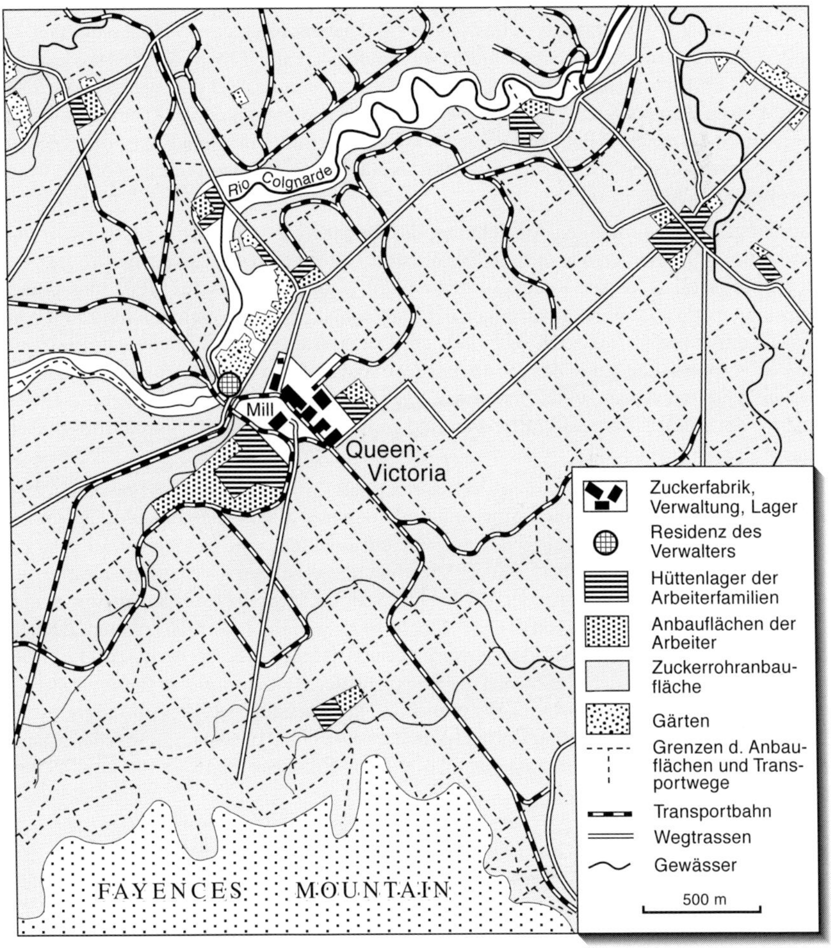

Abb. 33: Anlage der Zuckerrohrplantage Queen Victoria, Mauritius. Quelle: Entwurf d.Verf. n. Topogr. Map of Mauritius 1:25.000, Sh. 6; Kart. d.Verf. 1984.

bläse die Arbeiter weitgehend verdrängt hatten. Ihre Hüttenlager waren 1984 zwar noch vorhanden und bewohnt und die Gärten genutzt. Doch nur noch wenige Arbeiter wurden in der Plantage gebraucht.

Im Jahr 1829 gab es 106 derartige Großplantagen mit den zugehörigen Siedereien (*sugar mills*) und Arbeiterlagern auf Mauritius. Sie bebauten zusammen mit den kleinen Farmern (1846 = 4.000) eine Fläche von annähernd 11.000 ha (5,4%). Im Jahr 1858 arbeiteten 259 Siedereien. Die Anbaufläche lag bei 46.430 ha (22,7%). In der Folgezeit ging zwar die Zahl der *sugar mills* durch technische Neuerungen, Betriebszusammenschlüsse und Produktionsrationalisierungen zurück (1891 = 124; 1973 = 21; 1996 = 17). Doch die Landverteilung wurde fortgesetzt und gegen 1880 gab es 166 Estates (Plantagen) und 77 weitere Zuckerfarmen. Wie eine detaillierte Grundbesitzkarte[63] zeigt, war fast die gesamte Insel, selbst die Gebirgszüge, in Individualbesitz aufgeteilt. Damit war eine weitere Ausdehnung der gerodeten Fläche verbunden, die heute mit knapp 87.000 ha ca. 46% des Inselstaates ausmacht. Allein 93% davon nimmt Zuckerrohr ein. Der größte Anteil davon entfällt auf Plantagen (81%), der Rest auf 26.000 kleine Pflanzer, die in Kooperativen zusammengeschlossen sind.

Parallel zur flächenmäßigen Ausdehnung des Anbauareals stieg (von 1920–1994) die Produktion von Zuckerrohr mittels Einsatz von Dünger und Bewässerung pro ha von 45,5 t auf 73,2 t. Und die Zuckerausbeute nahm – dank technischer Neuerungen und gezwungen durch Gewinnerwartungen der Plantageneigner – im gleichen Zeitraum von 4,08 t Zucker pro ha auf 8,19 t ebenfalls zu. Der Abtransport des Zuckers erfolgte, in Säcken verpackt, seit Ende des 19. Jh. per Eisenbahn, die vom Exporthafen Port Louis aus das gesamte Anbaugebiet erschloss. Nach Einstellung des Bahnbetriebes (1964) gelangt der Zucker per Lastkraftwagen und in jüngster Zeit per Containertransporter zum Hafen.

Mauritius, *die* Zuckerinsel, zeichnet sich somit durch Monokultur[64] und eine damit verbundene Raumstruktur aus, die formal und funktional wie alle Plantagengebiete außenbestimmt ist. Innerhalb der jeweiligen Kolonialreiche fiel ihnen eine festgelegte Aufgabe zu und war ihr Überleben gesichert. Mit der Unabhängigkeit setzten Absatzprobleme ein, die im Fall von Mauritius bis Ende der 1970er Jahre dank *Commonwealth Sugar Agreement* (1951) sowie Lomé-Abkommen (*ACP-Protocol* 1975) gemildert werden konnten. Zucker blieb wichtigster und sicherster Devisenbringer und größter Arbeitgeber (70.000 = 31% der Erwerbspersonen) der Insel. Doch der Rückgang der Weltmarktpreise sowie die strukturellen Veränderungen und Rationalisierungen in der Zuckerwirtschaft (s.o.) führten auf Mauritius mit seiner Monokultur doch zu Arbeitslosigkeit und bald auch zu sozialen Spannungen. Die politischen Gegenmaßnahmen leiteten eine neue Phase in der Geschichte dieses Inselstaates ein (S. 241f).

Im Zuge der Dekolonisation wurden in zahlreichen Ländern die Plantagen an Kleinbauern aufgeteilt (z.B. Indonesien, Ghana, Elfenbeinküste) oder in Staats-

---

63 Map of the Island of Mauritius. Compiled from the Government Triangulation ... Public Works Department, Mauritius 1880; scale: 1 inch to a statute mile.

64 Neben Zucker werden auf bescheidenen Flächen noch Tee, Aloe und Tabak kultiviert.

betriebe überführt (z.B. Benin). In Malaysia blieb die Organisationsform erhalten, während das Management in einheimische Hände überging. Überall stellte sich jedoch ein spannungsvolles Nebeneinander von Kleinbauern und Plantagen ein, das in jüngerer Zeit, so z.B. in Malaysia, durch sog. „Nukleus-Plantagen" abzubauen versucht wird (*Scholz, U.* 1998). Dabei handelt es sich um eine Kooperationsform, bei der ein Teil der Produktion bei der Plantage verbleibt, während der andere auf vertraglicher Basis von Kleinbauern aus dem Umland erfolgt. Diese Entwicklungen sind begrüßenswert, weil sie dazu beitragen, Arbeitsplätze, Einkommen und Kaufkraft zu schaffen. Doch in den Entwicklungsländern, in denen der Agrarsektor wichtigster Devisenbringer ist, stammen die Produkte noch immer aus Plantagen oder ähnlich strukturierten agroindustriellen Großbetrieben (*agrobusiness*; *Schamp* 1981; Tab. 5). Dazu zählen die Bananen-, Agave- und Kaffeeplantagen in Mittel- und Südamerika ebenso wie die Erdnuss-, Baumwoll-, Ananas-, Cashewnuss-, Kakaoplantagen in West- und Ostafrika oder die Tee-, Kautschuk-, Sisal- und verschiedenen Gewürzplantagen in Süd- und Südostasien. Überall handelt es sich um Wirtschaftsenklaven mit äußerst geringen lokalen Ausstrahlungseffekten (Rückwärts- und Vorwärts-Koppelung; höchstens einige Arbeitsplätze), großer Marktanfälligkeit mit nicht selten katastrophalen lokalen Folgen und häufig verheerenden ökologischen Auswirkungen. Und sie befinden sich mehrheitlich in Händen lokaler Führungskräfte bzw. externer Großunternehmen, deren Interessen erfahrungsgemäß durch schnöde Bereicherung bzw. berechtigte Gewinnerwartungen bestimmt werden. – Zwischen den merkantilistisch-kolonialistischen Interessen an Plantagen und ihrer heutigen Nutzung, nämlich bei geringstem Aufwand an Produkte zu gelangen, die auf den Märkten des Nordens gute Gewinne erbringen, besteht somit strukturell kaum ein Unterschied.

5.5 Grenzen, Territorien

Im Denken der geopolitischen Veteranen *Ratzel* (1897) und *Kjellén* (1917) spielten, dem nationalstaatlichen Zeitgeist der Wende vom 19. zum 20. Jh. und dem Verständnis von Staat als Organismus entsprechend, das Territorium, dessen äußere Gestaltung und innere, lebens- und naturräumliche Differenzierung sowie vor allem seine Grenzen und Grenzverläufe, eine entscheidende Rolle. Dieser fachhistorische Verweis geschieht hier nicht, um überholte und später in Verruf geratene geopolitische Denkvorstellungen wach zu rufen. Vielmehr soll damit an eine Realität erinnert werden, die Denken und Politik der (nationalstaatlich orientierten) Industrieländer in der Vergangenheit entscheidend bestimmte, hier mehrere Kriege und zahlreiche Konflikte provozierte und selbst heute, im aufgeklärten und sich vereinigenden Europa keineswegs vergessen ist. Der Verweis auf Südtirol, Elsaß, Flandern, Baskenland, Nordirland, Cypern, Ex-Jugoslawien oder die Grenzen Polens mag genügen. In den relativ jungen Staaten der Dritten Welt haben koloniales Erbe, Völkerbund und Mandatsherrschaft Territorien und Grenzen beschert, die sich mit der Wahrnehmung der Bevölkerung nicht deckten und zu Konflikten führten. Sie überschatten das politische Geschehen und bedrohen das tägliche Leben. Afrika und Asien liefern dafür gerade heute zahlreiche Beispiele.

Frankreich leitete mit der Eroberung Algeriens (1830) das ein, was später als die (imperialistische) Aufteilung der Erde bezeichnet wurde. England folgte stehenden Fußes mit der Eroberung des Nordwestens des indischen Subkontinentes und seiner randlichen Gebirgsregionen (1842–1876; Abb. 30, 36). Doch erst mit der Berliner „Kongo-Konferenz“ (1885/6; *Krings* 1984) wurden quasi weltweit jene Tatsachen geschaffen, die im Zuge der Dekolonisation und ihrer nicht enden wollenden Nachwehen unzählige Konflikte, Massaker, Bürgerkriege und Kriege in fast allen Teilen der Dritten Welt zur Folge hatten: die ererbten geopolitischen Raumstrukturen, Grenzen und Territorien. Zum einen trennen sie, was eigentlich zusammengehört. Zum anderen zwingen sie zusammen, was bislang getrennt war und nicht zusammen sein will. Darin finden zwei strukturell unterschiedliche Prinzipien Ausdruck (Abb. 34).

(1) Ethnische, stammliche, religiöse Bezugsgruppen werden durch Grenzziehungen unter verschiedene Staaten aufgeteilt (Typ A = *Tuareg-Syndrom*). Beispiele dafür sind die Berber, Fulbe/Peul und Tuareg; Armenier Baluchen, Bengalen, Pathanen/Pashtunen, Kashmiri, Kurden und Mongolen.

(2) Durch Grenzfestlegungen wurden unterschiedlichste Bevölkerungs- oder Bezugsgruppen teilweise oder ganz in bislang nicht existierenden Territorien, in Nationalstaaten europäischen Verständnisses ungefragt zusammengefasst (Typ B; *Afghanistan-Syndrom*). Dafür stehen z.B. Afghanistan, Iran, Irak, Pakistan, Israel und zahlreiche afrikanische und asiatische Staaten.

Sie alle zeichnen sich durch wiederkehrende Konflikte und Unruhen aus. Verwiesen sei dabei – wegen der besonders grauenvollen Ereignisse – auf Somalia, Sudan, Nigeria, Ruanda oder Angola (*Ansprenger* 1972; *Tetzlaff* 1996, 2003). Das ehemalige Apartheid-Südafrika stellte im Kreis dieser Staaten eine spezielle, geradezu perverse Variante dar. Seine Entwicklung seit 1993 erscheint vielversprechend, doch sein Schicksal ist noch keineswegs entschieden. – Zwei Beispiele müssen zur Veranschaulichung genügen:

Fallbeispiel Tuareg-Syndrom: Das nomadische Volk der *Tuareg* in der zentralen und westlichen Sahara zeichnete sich, typisch für seine Kulturweise, niemals durch zentrale Organisation oder Tendenzen zu staatlichem Zusammenschluss aus. Flexible und lockere stammliche Differenzierung und Bündnisse sowie ungehinderte (grenzenfreie) Beweglichkeit bildeten die optimale Voraussetzung für seine Überlebensstrategie, die mobile Tierhal-

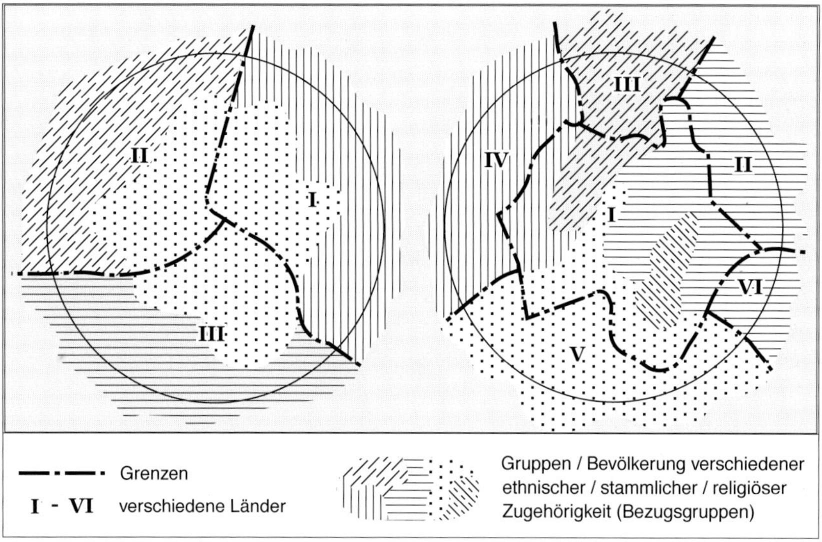

Abb. 34: Raumgestaltung: Grenzen, Territorien (Modell). Quelle: Entwurf d.Verf. 2003

tung (*Göttler 1989; Scholz* 1995). Diese fehlende Fassbarkeit bereitete während der französischen Kolonialherrschaft, der fast die gesamte Sahara-Sahel-Zone unterstand (Abb. 21), keine größeren Probleme. Als das koloniale Territorium in die Unabhängigkeit entlassen wurde und Nationalstaaten mit souveränen Grenzen geschaffen wurden, fanden sich die Tuareg (ähnlich wie die Fulbe; *Akpaki, Scholz* 2003) in mehreren Staaten Westafrikas wieder (Abb. 35). Diese Unabhängigkeit, so schreibt *Bernus* (1984, 285), „hat die von den Kolonialmächten gezogenen Grenzen zementiert“ und Bevölkerungsgruppen, hier „Nomaden voneinander getrennt, die derselben Gemeinschaft, manchmal sogar derselben Führungsgruppe (Chefferie) angehören ... Ziel war ... zumeist, sie – egal wie – in die neue Nation zu integrieren, auch auf die Gefahr hin, dass sie dies nicht überleben würden.“

Als Minderheiten fanden sich die Tuareg in Algerien, Libyen, Niger und Mali wieder. Hier unterlagen sie jeweils ganz verschiedenen politischen Zielsetzungen, die sie nicht kannten oder teilten. Nirgends gehören sie zum dominierenden Staatsvolk. Nirgends sind sie in angemessener Form an der Regierung beteiligt. In Algerien wurden sie zur Kontrolle sogar in Lagern zusammengefasst (*Klute* 1990). Mit den wertvollen mineralischen Ressourcen (Uran, Kohle, Erdöl) in ihren traditionellen Streifgebieten bereichern sich die staatlichen Eliten (Niger, Mali), und die Nutzung kontrollieren ausländische Unternehmen.

Gegen diese Situation begehren die Tuareg seit Anfang der 1990er Jahre auf. In verschiedenen Bewegungen (Front de Libération de l'Air et de l'Azaouad/FLAA; Front Islamique

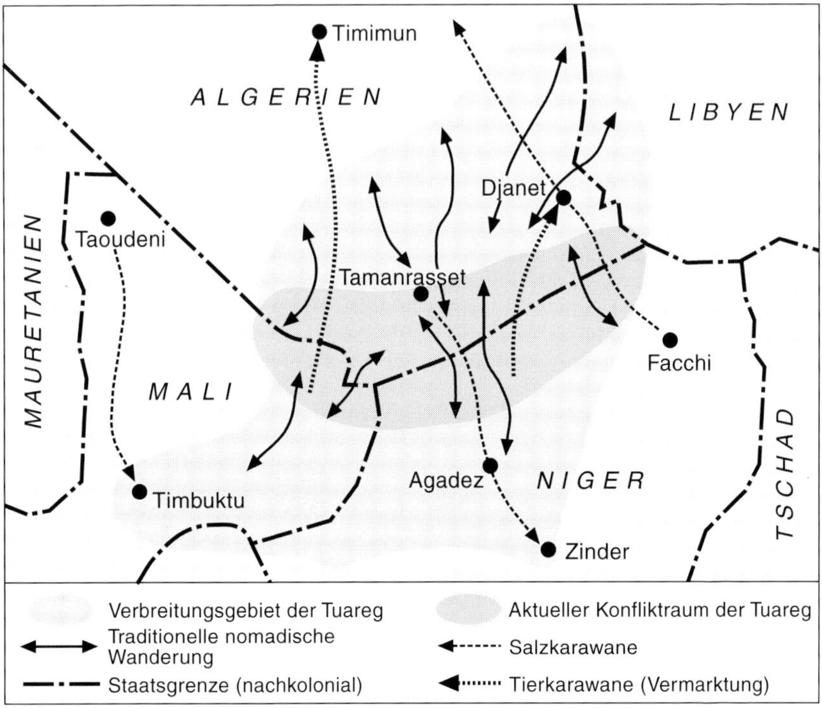

Abb. 35: Aufteilung des Streifgebietes der Tuareg. Quelle: Entwurf. d.Verf. n. *Scholz* 1995.

Arabe de l'Azawad/FIAA) zusammengefasst und von „Survie Touareque Temoust“ in Paris vertreten, kam es inzwischen wiederholt zu kriegerischen Überfällen und *kidnapping*-Aktionen. Der Versuch, mit dem Friedensabkommen von Tamanrasset (1991) zwischen der malischen Regierung und den lokalen Tuareg sowie den Lösungsvorschlägen der Regierung von Niger die Spannungen zu beheben, blieb erfolglos (*Klute* 1994; *Progrom* 1992, 1994).

In Niger, wo die regierungsseitigen Lösungsvorschläge vorsahen, zwei Drittel des Landes als autonomes Gebiet mit Sonderrechten (z.B. gewisse Eigenständigkeit) für die Tuareg zu deklarieren (was faktisch nicht zum Tragen kam!), war durch den für sie zuständigen Minister z.B. in Aboy westlich Agadez ein Tiefbrunnen angelegt, Bewässerungsland erschlossen und an Tuareg-Familien der Umgebung – ohne jedoch die ebenfalls hier streifenden und aufbegehrenden Fulbe-Nomaden zu berücksichtigen – verteilt worden. Ähnliche Maßnahmen wurden südwestlich von Ingal in der Absicht, Unruhen vorzubeugen, realisiert. Das Angebot wurde zwar angenommen und genutzt. Die eigentlichen Forderungen nach Eigenständigkeit (regionale Autonomie), Gleichbehandlung bei den Ansprüchen auf die Pfründe, die aus den reichlich vorhandenen mineralischen Ressourcen innerhalb ihres traditionellen Streifgebietes erwuchsen, wurden jedoch nicht befriedigt. Dem Verf. gegenüber, der im Frühjahr 2000 diese Region besuchen konnte, erklärte z.B. Scheich Khalid vom Stamm der Islitain (nahe Trajir de Mololo gestenreich: „Mon peuple ne peut pas accepter une solution du gouvernement, qui n'estime pas l'honneur et la souverainité des Touareques“ (*RTV* 2000).

Unzählige Konflikte mit der Bevölkerung und sogar Übergriffe auf Entwicklungsprojekte in Mali und Niger haben die Region unsicher gemacht. Die Träger der internationalen Entwicklungsvorhaben wurden dadurch veranlasst, Konfliktanalysen durch- und präventive Konfliktvermeidungsstrategien einzuführen. Der Deutsche Entwicklungsdienst (DED) leistet hier Pionierarbeit. Doch der Stachel kolonialherrlicher und nachkolonialer Übervorteilung sitzt tief, wird politisch instrumentalisiert und wirkt letztlich auf die Entwicklungserfolge zurück. Sie wären jedoch dringend geboten (*Spittler* 1987).

Das *Tuareg-Syndrom*, Aufteilung traditioneller Lebensräume/Streif-/Banngebiete unter verschiedene Staaten (Abb. 35) und die damit verbundene marginalisierte Minoritätenrolle der betroffenen Bevölkerungsgruppen in den jeweiligen Staaten, ist – wie die Geschichte Europas lehrt (z.B. Basken, Südtiroler, Dänen, Wallonen, Sudetendeutsche) – vielleicht rational, nicht aber aus der Sicht der Betroffenen einfach lösbar. Das gilt insbesondere dann, wenn sie sich der Tatsache bewusst sind, und das ist zumindest auf emotionaler Ebene verständlicherweise der Fall, dass dafür nicht sie, sondern die ehemaligen Kolonialmächte und in deren Folge die heutigen Nationalregierungen verantwortlich sind. Berber, Kurden, Pathanen/Pashtunen, Kaschmiri u.a. denken ähnlich.

Fallbeispiel Afghanistan-Syndrom: Dieses Syndrom findet sich, wie schon erwähnt, in zahlreichen Ländern des Südens. Ebenso wie im heutigen Afghanistan mit seinen verschiedenen Bevölkerungsgruppen und all den grässlichen Ereignissen, denen augenblicklich die weltweite Aufmerksamkeit gehört, handelt es sich dabei keineswegs um einen plötzlich, durch interne Konfliktgruppen wie z.B. Taliban und Al Qaida entstandenen Unruheherd. Vielmehr sind solche Ereignisse meist Ergebnis lang angelegter, häufig auf kolonialen Ursprung zurückführbarer Entwicklungen. Das gilt z.B. auch für Afghanistan. Hieran sei im folgenden gezeigt, wie ein bislang kaum wahrgenommenes, extern geschaffenes Land unvermittelt in die Weltöffentlichkeit rückt und überrascht bestaunt wird.

Afghanistan war von jeher ein armes Land, ohne erkennbare soziale und demokratische Neuerungen und ohne nennenswerte ökonomische Ressourcen (*Scholz* 2002b). Erst als ein Putsch das Königshaus beseitigte (1973), die Sowjetarmee einmarschierte (1979), das Land in einen über zwanzig Jahre währenden Bürgerkrieg stürzte, der durch die fundamentalistischen Taliban (1996) und deren Schreckensherrschaft wiederum unrühmlich durch US-amerikanische Militärs beendet wurde, trat Afghanistan in den Fokus der Öffentlichkeit. Jetzt wird es als rückständig und arm beschrieben. Seine Bevölkerung lebt tribal segmentiert und stammesverhaftet. Die Wirtschaft ist feudalistisch organisiert, auf Mohnanbau und Opiumexport spezialisiert. Regiert wird es von brutalen, eigennützigen *warlords* unterschiedlichster politischer Couleur und Außenorientierung. All das mag zutreffen. Doch war das nicht alles bekannt?

Mit der Herrschaftsausdehnung des zaristischen Russland nach Osten und Südosten, stieß es in seinem Bemühen, sich einen Hafenzugang an den „warmen Wassern“ (eisfrei, winteroffen; Indischer Ozean/Arabisches Meer) zu schaffen, auf die Gegeninteressen Britisch-Indiens, die nordwärts nach Zentralasien gerichtet waren (*Great game*!). Innerhalb Persiens steckten beide ihre Einflusssphären großzügig ab. Im östlichen Teil des iranischen Hochlandes jedoch strebten die Briten im Sinne der *turbulent-frontier-* und *forward-policy*-Strategie indirekte Kontrolle an, um sich ein militärisches Glacis gegen Norden zu schaffen. Die dazu geführten Kriege[65] verliefen wenig erfolgreich, leiteten aber letztlich – in russischem Einvernehmen – zur Bildung des Staates Afghanistan (1907)[66]. Dessen Pufferfunktion findet nicht nur in dem topographisch-strategisch günstigen Verlauf seiner Grenzen (stets Gebirgsvorland), sondern vor allem in dem Appendix Wakhan-Tal greifbar Ausdruck (Abb. 36).

Im östlichen iranischen Hochland und westlichen Industiefland war nach 1747 unter dem nomadischen Stamm der pathanischen Durani ein Reich (Königreich Kabul) geschaffen worden, das außer den mehrheitsbildenden Pathanen/Pashtunen die Hazaras sowie Teile der Baluchen, Turkmenen, Usbeken, Tadschiken über Pashtunisierung und Loyalitätsbeziehungen einzubinden vermochte. Durch die kolonialherrliche Grenzziehung (im Norden: russisch-afghanische Grenze: 1883–1893 demarkiert; im Süden: britisch-afghanische Grenze = Durand Line 1893–96; Abb. 36) mit völkerrechtlicher Bindung waren diese verschiedenen ethnischen Teilgruppen loser Zusammengehörigkeit nun von „oben“ in einem Staatsgebilde westlicher Prägung und souveräner Grenzen zusammengefasst worden. Dafür fehlte ihnen nicht nur aus der Tradition, sondern auch aus ihrer, auf ungehinderter Beweglichkeit basierenden nomadischen Kulturweise heraus das Verständnis. Es war den tolerant und leger regierenden Königen[67] – vielleicht auch ihrer Unfähigkeit – zu verdanken, dass sich die intern latent immer bestehenden vielfältigen intertribalen Spannungen bis 1973 nicht bürgerkriegsartig entladen hatten (*Grötzbach* 1990, 11ff).

Mit der Grenzziehung war eine Raumstruktur (Territorium) entstanden, die verschiedene Folgen hatte:

(1) Die vorherrschend nomadische Bevölkerung Afghanistans wurde in ihrer Freizügigkeit eingeengt, der winterzeitlichen Weidegrundlagen in den Nachbargebieten beraubt oder der Zugang dazu erschwert sowie zur Ansiedlung gezwungen (*Scholz* 1995).

(2) Die Binnenlage war nun durch Grenzen festgeschrieben und Afghanistan auf völkerrechtlich zu vereinbarende Transitabkommen angewiesen; ein politisch wirkungsvolles Faustpfand für die Anrainer. Bis 1990 wurde es von der UdSSR benutzt. Seither spielen es

65 Afghanistan Kriege: 1. 1839–1842; 2. 1878–1881; 3. 1919–1921.

66 Russisch-englisches Abkommen von 1907 begründet den Pufferstaat Afghanistan und sichert interne Unabhängigkeit zu. Der Friede von Rawalpindi und Vertrag von Kabul 1921 führen zu voller Unabhängigkeit. Einmischung Großbritanniens bleibt aber hinfort erhalten.

67 König Amanullah Shah 1919–1929; Moh. Nadir Shah 1929–1933; Zahir Shah 1933–1973.

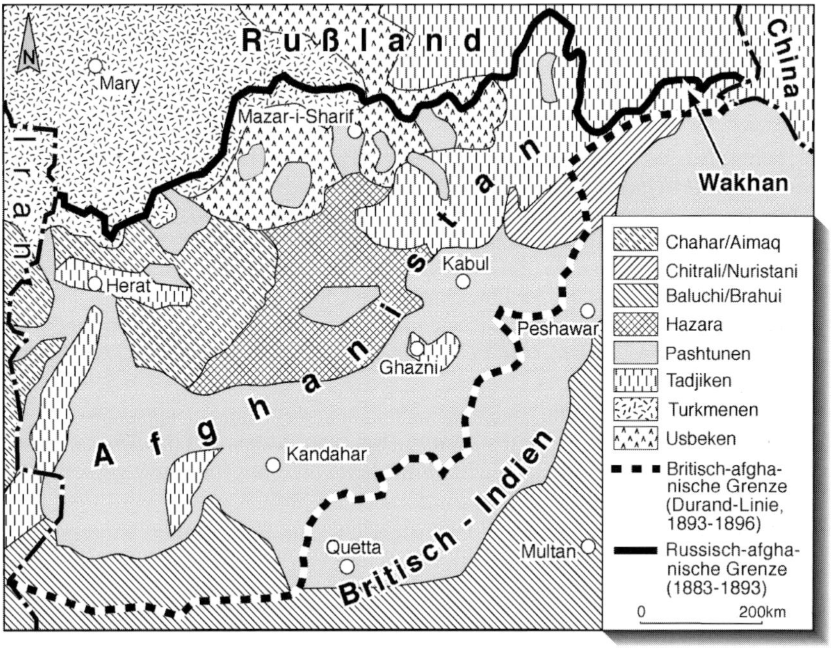

Abb. 36: Pufferstaat Afghanistan. Quelle: Entwurf d.Verf. n. *Scholz* 1974a, 2003.

gelegentlich die Nachfolgestaaten aus. Pakistan zieht politisch und ökonomisch seit jeher daraus Nutzen.

(3) Vor allem war das Siedlungsgebiet der Pathanen/Pashtunen regelrecht zweigeteilt und durch Ausgrenzung der tribal areas (North-/South-Waziristan)[68] noch weiter zerlegt worden (Abb. 36). Doch von Anbeginn regte sich dagegen massiver Widerstand. Bis auf den heutigen Tag haben sich die Pathanen damit nicht abgefunden. In den zwanziger Jahren war es die *red shirt*-Bewegung (*Khudai Khidmatgar-*), die gegen die britische Herrschaft und die Teilung ihres Siedlungsraumes opponierte und ein vereintes Afghanistan anstrebte (*Ziring* 1992, 124). Seit der Gründung Pakistans (1947) verunsichern derartige Forderungen wiederkehrend die politische Szene und stellen seine staatliche Souveränität in

68 Die *tribal areas* sind Gebiete, die sich innerhalb des pakistanischen Staates befinden. Heute wie auch in britischer Kolonialzeit konnten sie staatlicher Kontrolle nicht unterstellt werden. Die US-Militärs versuchen, die dort vermuteten Taliban- und Al Qaida-Anhänger dingfest zu machen. Doch bislang ist ihnen das trotz Bombardements (offiziell) entlang des Grenzverlaufs ebenso wenig gelungen, wie einen Zugang zu diesem Gebiet von Pakistan (Banoo, Dera Ismail Khan) aus herzustellen.

Frage. Diese Forderungen werden inzwischen in Pakistan von Parteien (anfangs von der National Awami Party = NAP, später von der Pakhoonkhwa Milli Awami Party = PKMAP) vertreten, die, sich auf das Völkerrecht berufend, die Rechtmäßigkeit der kolonialen Grenzziehung nicht gelten lassen und ganz konkrete Vorstellungen von einem möglichen Pashtunistan befürworten (Abb. 36).

(4) Seit Anfang der 1980er Jahre leidet die Region unter einer massenhaften Flüchtlingsbewegung. Sie ist nicht Folge interner Notwendigkeiten und Bedürfnisse. Sie ist von außen – Einmarsch der Sowjetarmee, extern geförderter Bürgerkriegs- und Taliban-Terror, us-amerikanische Befriedungsbemühungen – verursacht worden. In Afghanistan mangelt es dadurch an Arbeitskräften. In den Zielgebieten in Iran und vor allem in Pakistan, wo die Zahl der Flüchtlinge fast der der Einwohner entspricht, kommt es nicht nur zu gewaltsamen Spannungen, sondern zu regelrechten Konflikten um die an sich schon kärglichen Ressourcen und im Gefolge davon zu Verarmung und Marginalisierung (*Scholz* 2003a).

Das *Afghanistan-Syndrom*, die gewaltsame Eingliederung verschiedener Bevölkerungsgruppen in ein Staatsterritorium (Raumstruktur), und das *Tuareg-Syndrom*, die erzwungene Teilung von Stammes-/Bevölkerungsgruppen, geißeln heute wiederkehrend zahlreiche Staaten der Dritten Welt (s.o.). Es wird – so lässt sich beobachten – bei Ignoranz der historischen und politischen Hintergründe immer häufiger als innenbürtig, d.h. als Folge von *bad governance*, Patronage und Klientelismus qualifiziert. Die betreffenden Staaten werden als *failing states* gebrandmarkt. Einer oberflächlichen Betrachtung genügt diese Bewertung. Doch dürfen die Hintergründe, die entweder tief verwurzelt sind oder politisch vordergründig funktionalisiert werden, dabei ebenso wenig übersehen und gering eingeschätzt werden wie die vielfältigen neuerlichen Eingriffe. Dazu gehören z.B. bei Afghanistan die Erschließung der lokalen Machthaber (*warlords*) als Kollaborateure mittels Geldzahlungen, Waffengeschenken und Duldung ihres Rauschgifthandels. Nicht vergessen sei dabei die Funktion Afghanistans als strategisch wichtiger Militärstützpunkt, Pipelinetrasse (Zugang zu den Gas-/Ölfeldern Mittelasiens) sowie als Testfeld für Waffensysteme und präventive Terrorbekämpfung. In Somalia und Irak spielen derartige Faktoren sicher ebenfalls eine nicht unbedeutende Rolle.

Fazit: Der in diesem Kapitel behandelte Gegenstand, Raumstrukturen des externen Einflusses, wird wegen der Alltagspräsenz räumlicher Gegebenheiten gemeinhin als Problem und Denkherausforderung nicht wahrgenommen und daher in seiner handlungsbestimmenden Funktion kaum bedacht. Diese Feststellung gilt insbesondere dann, wenn die Entstehung dieser Raumstrukturen zeitnaher Wahrnehmung (historisch) entrückt ist, nie gedanklich durchdrungen wurde sowie unproblematisiert akzeptiert und als gegeben hingenommen wird. Wenn daher hier darauf an vielleicht als „altbekannt" qualifizierten Sachverhalten eingegangen wurde, dann geschah dies zum einen aus eben diesem Grund. Zum anderen sei auf die eingangs erwähnte erkenntnismäßige Bedeutung verwiesen, die

‚Raum' in der fachinternen wie interdisziplinären Diskussion als Handlungsebene, Handlungsrahmen und Handlungsgestalter inzwischen erlangt hat. Diese Bedeutung sollte in der entwicklungspolitischen Praxis (endlich) mitbedacht werden. Das erfordert Mut zur Revision vertrauter Denkschablonen und geliebter Vorurteile. – Die wenigen vorgestellten Sachverhalte mögen dazu anregen. Es wäre sicher voreilig, sie „als Schnee von gestern" abzutun.

Teil 3: Methodische Konzepte und theoretische Ansätze

Auf recht unterschiedliche Weise hat sich die Geographie – wie schon eingangs zu verdeutlichen versucht – am Diskurs über Unterentwicklung und Entwicklung beteiligt. Während die zahlreichen empirischen Lokal- und Regionalstudien bekannt sind und gemeinhin mit Geographie assoziiert werden, fanden die überaus anregenden und zweifellos originellen Ansätze und Überlegungen zu Theorie und Methodik ganz unterschiedliche Beachtung und Akzeptanz. Das liegt wohl daran, dass sie sich in ihrer erkenntnismäßigen Reichweite, Praxisnähe, gedanklichen und kritischen Eigenständigkeit sowie ihrer betonten Mensch-/Armutsbezogenheit und Aktualität bezüglich der herrschenden Diskussion unterschieden, weit auffächerten und nicht recht fassbar waren. Die den benachbarten Disziplinen eigene, zumindest zeitweilig wiederkehrende Konzentration auf bestimmte gesellschaftlich aktuelle Herausforderungen/Themen, z.B. hier die Erklärung für Unterentwicklung oder die Umweltproblematik, war in der Geographie weniger ausgebildet[69]. Daher ist es wirklich geboten, ihren Beitrag in seiner Vielfalt und Originalität vorzustellen. Dabei ist eine Auswahl unumgänglich. Sie umfasst jedoch all jene Ansätze und Konzepte, die aus der Sicht des Verf. – ungeachtet ihrer Entstehungszeit – noch immer von besonderer wissenschaftlicher und entwicklungspolitischer Relevanz sind.

1. Natur und Entwicklung?

Trotz Sahel-Katastrophe, wiederkehrender Erdbeben (z.B. Türkei, Iran, Algerien), Vulkanausbrüchen (z.B. Mittelamerika, Indonesien) und Sturmfluten (z.B. Bangladesh) spielten bis zum Aufkommen des internationalen, kontrovers geführten Ökologiediskurses die natürlichen Grundlagen in der entwicklungspolitischen Diskussion nur eine nach-, nebengeordnete Rolle. Zwar war in der Vergangenheit von geographischer Seite wiederholt auf die Bedeutung von Klima, Böden und Vegetation für die wirtschaftliche Entwicklung hingewiesen worden (*Otremba* 1966; *Weigt* 1963). Doch das Primat des Sozialen und Politischen beherrschte ungebrochen die entwicklungspolitische Diskussion. Nur allmählich breitete sich im Zuge der aufkommenden Auseinandersetzung um Umwelt und

69 Schwerpunktsetzungen mit zentripedaler Kompetenzverstärkung, für die Nachbardisziplinen und die Praxis wahrnehmbar, interessant und anregend, sind der Geographie leider nicht eigen. Eigenbeschau hingegen ist weit verbreitet.

Ressourcenbegrenztheit (*Meadows* 1972) in den 1980er Jahren die Einsicht aus, dass die natürlichen Grundlagen und auch die Naturrisiken (*natural hazards*)[70] nicht mehr zu ignorieren seien[71]. In den Mittelpunkt entwicklungspolitischer Betrachtung gelangte diese Einsicht endgültig durch die Nachhaltigkeits- und Global Change-Debatte seit Ende der 1980er Jahre (z.B. *Brundtland*-Bericht 1987; Weltklimakonferenz in Rio de Janeiro 1992). Seither meldeten sich vermehrt Vertreter der (Physio-)Geographie mit entwicklungspolitisch relevanten Studien zu Wort[72]. Außer z.B. zur generellen Problematik von Staudammbau und Bewässerung in der Zone der Flächenbildung und der Flachmuldentäler (*Weischet* 1977; Abb. 3) oder zu den Konsequenzen subsilvinen Bodenkriechens in den Tropen für die Landnutzung nahm sie jetzt auch zu brandaktuellen Themen Stellung[73]. Dazu zählen z.B. die bleibenden Folgen der ackerbaulichen Nutzung von Altdünen in den Trockenräumen (*Mensching* 1990, 43ff; 1991), die Bedeutung geomorphologischer Vorgänge für die Desertifikation (*Ibrahim, Bakhit* 1982), die Verschiebung der Landschaftszonen durch Austrocknung (*Anhuf* 1989), die Auswirkungen des Verlustes an Biodiversität (*Frankenberg* 1985; *Müller-Hohenstein* 1973), die weideökologischen Überlegungen für nachhaltige Tierproduktion (*Mäckel* 1995; *Meurer* 1993, 293ff) oder die zunehmende Gefährdung der Menschen durch Naturkatastrophen (*Geipel* 1994)[74]. Diese Studien reihen sich ein in die allgemeine Diskussion zur nachhaltigen Entwicklung (*sustainable development*), zu der inzwischen die geographische Forschung (aus Mensch-Umwelt-, humanökologischer Perspektive) in den Bereichen z.B. ökologische Tragfähigkeit, langfristige Ressourcennutzung/-erhaltung, Umweltdegradierung und anthropogene Umwelteffekte beigetragen hat (*Karrasch* 1995). In diesem Zusammenhang ist insbesondere auf das *watershed-development-programme* (WDP) hinzuweisen (S. 209). – Konzeptuell fand dabei ein Wandel von physio-

70 Die von der US-amerikanischen Geographie begründete *hazard*-Forschung setzt an der Schnittstelle zwischen physischen und anthropogenen (Umwelt-)Prozessen an. Sie befasst sich mit der Erforschung von Naturgefahren und Naturrisiken, ihrem räumlichen Auftreten, den Schadensfolgen, Abwehrstrategien und der Verwundbarkeitsreduzierung (*Pohl, Geipel* 2002). Obgleich insbesondere die Drittwelt-Gesellschaften von Naturgefahren heimgesucht werden (*Geipel* 1994), ist die diesbezügliche *hazard*-Forschung vor allem in der Physiogeographie noch wenig ausgebildet (z.B. *Hidajat* 2002).

71 In dieser Zeit wurden durch die GTZ Umweltverträglichkeitsanalysen bei Projektevaluierungen entwickelt und eingeführt. Daran waren sowohl Vertreter der Physio- wie der Anthropogeographie beteiligt.

72 Facheigener Hintergrund bilden die physio- und anthropogeographisch begründeten landschafts- und humanökologischen Ansätze (*Bohle, Müller-Hohenstein* 1993; *Geist* 1992).

73 Zur allgemeinen Problematik von Naturpotential und Landnutzung in den Tropen sei auf *Manshard, Mäckel* (1995) verwiesen.

74 Genannt sei hierzu z.B. die „Weltkarte der Naturgefahren". Beilage in Heidelberger Geogr. G.-J. 5, 91.

geographisch-landschaftsökologischen über humanökologische zu sozialgeographisch-politikökologischen Ansätzen statt (vgl. *Geist* 1992).

1.1 Ökologische Benachteiligung der Tropen

Letztlich durch die Thesen von *Malthus* (1798) zu Bevölkerungswachstum und Nahrungsspielraum angeregt, hat sich die Geographie naheliegenderweise intensiv mit der Frage nach der Tragfähigkeit der Erde befasst (*Hollstein* 1937; *Penck* 1924; *Müller-Wille* 1978; *Scharlau* 1953). Darunter wird traditionell die Ernährungskapazität in Abhängigkeit vom Ernährungsstandard verstanden (*Isenberg* 1948)[75]. So verdienstvoll und klärend in ihrer Zeit die verschiedenen Beiträge der Geographie zu dieser Thematik auch gewesen sein mögen, durch die umfassende Analyse von *Meadows* (1972, 113ff), wodurch neben Nahrung z.B. vor allem Wasser, Energie und Luft als limitierende Faktoren relevant wurden, sind sie in ihrer quantitativen und prognostischen Aussage jedoch inzwischen eher von historischem Interesse. Doch methodisch haben sie ihre Bedeutung nicht verloren, wie die aktuellen Überlegungen zur *regionalen* Tragfähigkeit, jetzt aber unter Einbezug ökologischer, ökonomischer und politischer Faktoren, zeigen (z.B. *Ehlers* 1977; *Geist* 1989; *Schmidt-Wulffen* 1988)[76]. In gewandelter Form leben sie auch in der These von der ökologischen Benachteiligung der Tropen wieder auf (*Weischet* 1977). Dabei wird Tragfähigkeit weniger als eine quantitative Kapazitätsgröße betrachtet. Vielmehr steht sie als prozesshafter Ausdruck für den Grad, bis zu dem die natürlichen Ressourcen nachhaltig genutzt werden können.

Die These von der ökologischen Benachteiligung basiert auf der naturwissenschaftlich begründeten Einsicht, „dass die tropischen Lebensräume hinsichtlich des agrarwirtschaftlichen Produktionspotentials von Natur aus wesentlich ungünstiger gestellt sind als diejenigen der Außertropen und Subtropen“ (*Weischet* 1977, 9). Daher sind die „Eingeborenenlandwirtschaften (z.B. Wanderfeldbau, Landwechselwirtschaft; Anm. d. Verf.), die uns unterentwickelt scheinen, … im Grunde – von kleinen Defekten abgesehen – die bestmögliche Anpassung an gegebene Umweltbedingungen. Nach den neueren Erkenntnissen muss sogar befürchtet wer-

75 Zur allgemeinen Einführung in diese Diskussion sei auf die übersichtliche Zusammenstellung von *Ehlers* (1984) verwiesen.

76 Vgl. *Bähr et al.* (1992, 137ff). So stößt z.B. die Politik der Bevölkerungsvermehrung in den kleinen arabischen Golfstaaten nicht etwa an die Nahrungsgrenze, die durch Import veränderbar ist, sondern an die Erschöpfbarkeit der Wasserreserven, die auch durch Meerwasserentsalzungsanlagen nicht beliebig aufgefangen werden kann (*Scholz* 1999). *Castells* (2003, 464) weist darauf hin, dass die Grenzen des Wachstums des Perlfluss-Deltas/Blue China (Abb. 64) durch die Frischwasserversorgung gesetzt sein werden.

den, dass alle Hilfe mit den in den Außertropen entwickelten Techniken die entscheidenden Restriktionen nur teilweise zu überwinden vermag" (ebd.). Was berechtigt zu dieser entwicklungspolitisch überaus bedenkenswerten Auffassung?

In den Tropen herrschen Bodentypen (z.B. Ferralite, Ferrisole, Fersilate und braune Böden) vor, die sich durch geringe Fruchtbarkeit auszeichnen. Als steuernde und limitierende Faktoren dabei gelten der Restmineralgehalt, die Humusanteile im Oberboden und die Kationenaustauschkapazität. Bei den Restmineralien handelt es sich um die nach „der physikalischen und chemischen Gesteinsaufbereitung im sog. ‚Bodenskelett' verbliebene Menge an Mineralbruchstücken des Muttergesteins" (*Weischet* 1977, 19; Abb. 37). Sie liefert die für den Pflanzenwuchs unverzichtbaren Kationen z.B. von Calcium, Magnesium, Kalium, Natrium oder Phosphor. Der Humusanteil des Oberbodens hängt vom Abbau (Humifizierung) der von der Vegetation angelieferten organischen Substanz ab. Er enthält aufbereitete mineralische Pflanzennährstoffe und Huminsäuren, die zum einen den Verwitterungsprozess des Muttergesteins beschleunigen und zum anderen für die Kationenaustauschkapazität entscheidend mitverantwortlich sind. Darunter wird die Fähigkeit eines Bodens verstanden, die Nährstoffe (Kationen, s.o.) vorübergehend zu speichern und allmählich über die Bodenlösung an die Nährwurzeln der Pflanzen abzugeben. Von besonderer Bedeutung dafür ist jedoch die Art der im Boden vorhandenen Tonmineralien.

Exkurs: Ohne die für den Tonmineralgehalt des Bodens verantwortlichen detaillierten klima-, boden- (geochemischen) und vegetationskundlichen Argumentationsstränge hier

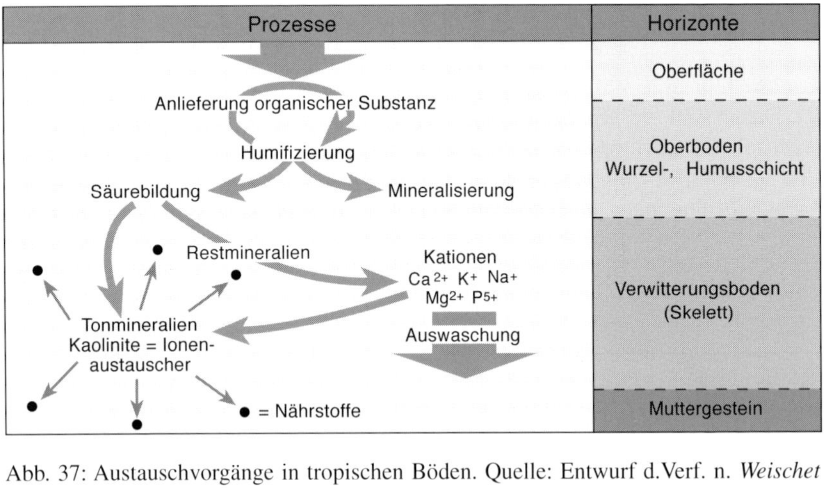

Abb. 37: Austauschvorgänge in tropischen Böden. Quelle: Entwurf d.Verf. n. *Weischet* 1977, 1981 a, b.

im Detail und in ihrer regionalen Differenzierung auszubreiten, muss doch auf folgende Zusammenhänge erklärend eingegangen werden:

(1) In den Tropen herrscht – im Unterschied zu den gemäßigten Breiten – infolge hoher und gleichbleibender Temperaturen sowie ganzjähriger Niederschläge tiefgründige Verwitterung (Hydrolyse) vor. Und dank des Vegetationsreichtums kommt es im Prinzip zu intensiver Humusbildung (Grundlage der Bodenfruchtbarkeit).

(2) Die Verwitterung ist aber nicht nur tiefgründig, sie führt auch zur Bildung von (zweischichtigen) Tonmineralien, den sog. Kaoliniten. Im Unterschied zu den Dreischichten-Tonmineralien (Illite, Montmorillonite), wie sie in den gemäßigten Breiten vorherrschen, zeichnen sich die Kaolinite zwar durch große Stabilität der Kristalle (z.B. gegen weitere chemische Zersetzung) aus, besitzen jedoch eine begrenzte Wasseraufnahmefähigkeit (neigen zum Austrocknen und zur Trockenrissbildung) und ein geringes Kationenaustauschvermögen (1/3 der Austauschkapazität der Illite).

(3) Das Ionenaustauschvermögen entscheidet – zusammen mit den Huminsäuren (s.o.) – jedoch über die Fähigkeit eines Bodens, Nährstoffe, die in der Humusschicht oder durch Mineralienverwitterung entstehen, zu speichern und sie langfristig an die Pflanze abzugeben. Umso geringer dieses Austauschvermögen ist, desto weniger fruchtbar sind die Böden.

(4) Denn die Nährstoffe gelangen, da sie nicht gehalten werden können, durch deszendenten Grundwasserfluss in die Tiefe des Verwitterungshorizontes und letztlich ungenutzt in den Vorfluter.

Diese Ausführungen decken sich nun so gar nicht mit der bekannten üppigen Fülle und Dichte der tropischen Vegetation und ihres Artenreichtums. Und es stellt sich die Frage, wo die dafür verantwortlichen Nährstoffe und Austauschkapazitäten im Bodenprofil lokalisiert sind (*Weischet* 1977, 22). Die Antwort sei in mehreren Schritten vermittelt (Abb. 38):

(1) In den tropischen Regenwäldern konzentriert sich die gesamte Wurzelmasse in der obersten Bodenschicht (70–80% in den ersten 30–45 cm Tiefe; ebd. 24). Die riesigen Urwaldbäume sind somit Flachwurzler, die ihre Standfestigkeit durch Planken-, Brett- und Pfahlwurzeln erhalten.

(2) Die Konzentration des Wurzelwerks im Oberboden deutet auf seinen hohen Nähstoffgehalt hin. Und die Tatsache, dass der Mineralstoffanteil in den Vorflutern, z.B. in den Schwarzwässer-Flüssen des Amazonasbeckens, gering ist, lässt den Schluss zu, dass der Oberboden wie eine Nährstofffalle wirkt (*Sioli* 1983).

(3) Verantwortlich dafür sind Boden-/Wurzelpilze, die Mykorrhiza-Pilze[77], die mit den Regenwaldgewächsen einen Wurzelmutualismus eingegangen sind. In

77 Mykorrhiza bezeichnet ganz allgemein die Symbiose zwischen Pilzen und Wurzeln von Pflanzen/Bäumen. Der Mykorrhiza-Pilz breitet sein Myzel, das die Wurzeln der Pflanzen umspinnt und in die Wurzelrinde eindringt, im Boden aus. Er nimmt saprophytisch organische Verbindungen auf, die an den Wirt weitergegeben werden (*Lüttge et al.* 1994, 465).

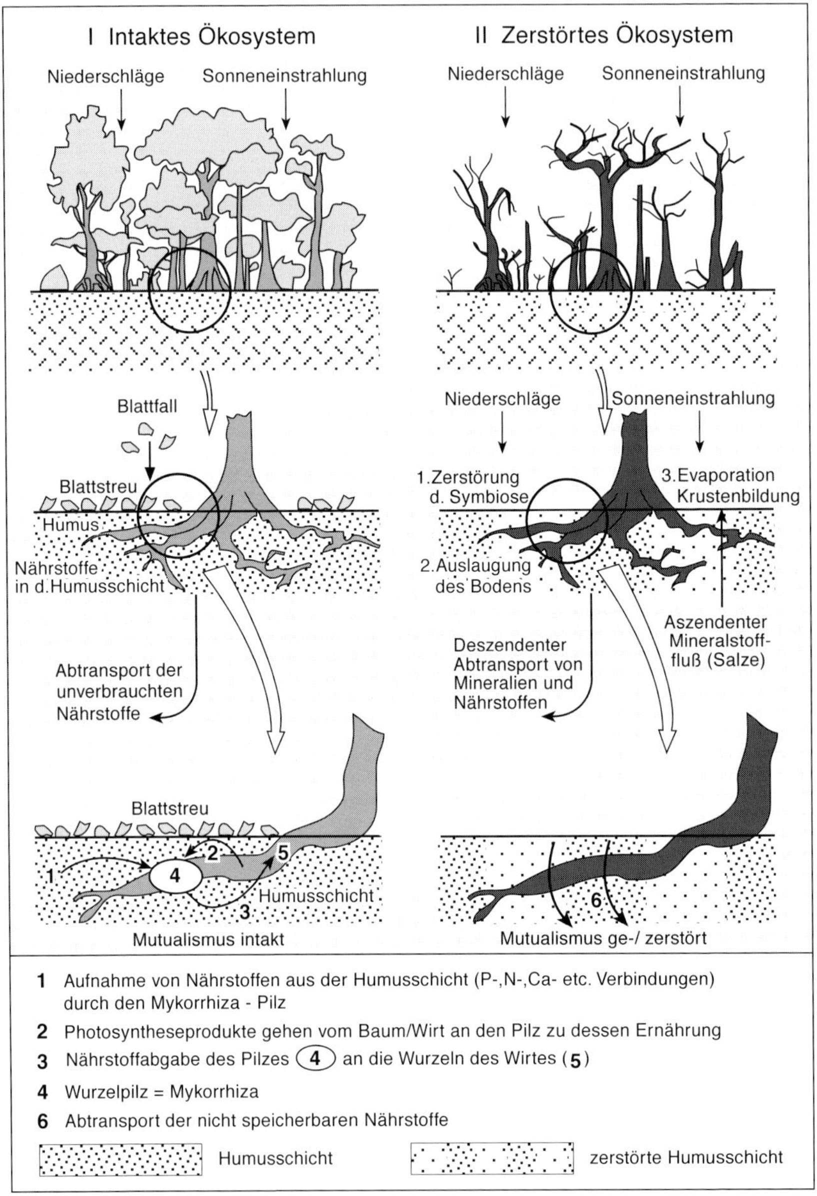

Abb. 38: Mutualismus im tropischen Regenwald. Quelle: Entwurf d. Verf. n. *Weischet* 1977, 1981a, b; 1983.

Form von Geflechten, Mänteln oder Anhäufungen rund um die Wurzeln und z.T. in sie eindringend, erhalten sie von den höheren Urwaldgewächsen die für sie lebensnotwendigen Photosyntate und sichern ihrerseits deren Nährstoffversorgung. Sie verfügen nämlich über die Eigenschaft, Mineralstoffe (z.B. Phosphor) für die Pflanzen aufzubereiten und wirken als Nährstofffallen (*nutrient traps*). Denn sie vermögen die Nährstoffe zuerst einmal aufzunehmen und dann allmählich an die Pflanzenwurzeln abzugeben.

(4) In einem ungestörten tropischen Regenwald funktioniert dieser kurze und intensive Nährstoffkreislauf in der oberen Bodenschicht und bewirkt die eingangs erwähnte üppige Vegetationsfülle.

Die in den Tropen traditionell praktizierten Landwechsel- und Wanderfeldbausysteme (*shifting cultivation*) bzw. der Hackbau und die damit verbundenen Mischkulturen trugen – ohne Kenntnis der physischen Zusammenhänge durch die lokalen Akteure, aber auf generationenlanger Erfahrung basierend – diesem symbiotischen System Rechnung. Eine langfristige Sicherung des Anbaus war damit verbunden. Die tropische Vegetationsfülle veranlasste – ohne Kenntnisse der erläuterten Zusammenhänge – in der Vergangenheit zu der Annahme, hier über ein geradezu unerschöpfliches Potential zur Nahrungsmittelproduktion zu verfügen. Doch folgende Tatsachen relativieren diese Annahme (Abb. 38):

(1) Wird nämlich das eben geschilderte Ökosystem z.B. durch Beseitigung des Waldes (z.B. Brandrodung) zu Anbauzwecken bzw. zur bloßen Holznutzung (Kahlschlagrodung) unterbrochen und das schützende Kronendach beseitigt, dann dringen Niederschlag und Sonneneinstrahlung ungehindert auf den Boden durch.

(2) Dadurch werden die Wurzelpilze zerstört, die Nährstofffallen beseitigt und der kurze, intensive Nährstoffkreislauf unterbrochen. Und bei Brandrodung verstärkt sich dieser Vorgang noch, weil die für die Humusbildung notwendige organische Substanz beseitigt wird. Sie steht auch nicht zur Verfügung, wenn eine ackerbauliche Nutzung folgt.

(3) Unmittelbar nach der Rodung werden auf diesen Flächen zwar hohe Erträge erzielt. Doch das währt nur kurz, denn das jetzt ungehinderte Vordringen der Niederschläge auf den Boden führt rasch zur intensiven Auswaschung der Nährstoffe. Sie können wegen des Fehlens an Austauschkapazität der tropischen Böden (s.o.) nicht gespeichert werden und verschwinden in dem tiefen Verwitterungshorizont und in den Vorflutern. Rasche Erschöpfung der Bodenfruchtbarkeit ist die Folge.

(4) Dort, wo in den Tropen langfristiger Anbau möglich ist, geschieht er auf der Basis sich regenerierender Bodenfruchtbarkeit. Sie ist nur lokal gegeben und z.B. durch vulkanische Ascheregen (z.B. Java, Mittelamerika), periodische Überschwemmungen (z.B. in den Dammufergebieten/Varzea der Weißwasser-Flüsse des Ama-

zonas-Beckens, am Rand des Maracaibosees, im Kongogebiet; *Weischet* 1995) oder in Hangbereichen (z.B. tropische Gebirgsregionen) möglich, wo es trotz/dank Erosion zur Erneuerung der Mineralzufuhr durch Verwitterung freigelegter Gesteinssubstanz und damit zur Regenerierung der Bodenfruchtbarkeit kommt.

Von diesen Ausnahmeregionen und lokaler Unterschiede in der Bodenfruchtbarkeit einmal abgesehen, ist der natürliche Spielraum für eine flächenintensive Agrarnutzung in den Tropen somit begrenzt (*Weischet* 1988). Er kann auch durch künstliche Düngung nicht längerfristig erweitert werden. Denn zum einen werden die Düngergaben durch die aufgezeigten Bodengegebenheiten nicht gehalten. Und zum anderen kann es wegen der direkten Sonneneinstrahlung auf entwaldete Flächen zur Anreicherung der Salzkomponenten des Düngers und damit wiederkehrend zu deren oberflächlichen Ausblühungen kommen. Dadurch wird die Nutzung zusätzlich eingeschränkt.

In den wechselfeuchten Tropen, worauf hier nur verwiesen sei, gelten andere physische Bedingungen. Hier sind es weniger die Böden, die z.T. zu Krusten- (Laterite) und Trockenrissbildungen neigen oder auch recht fruchtbar sein können (z.B. black-cotton-soil des indischen Dekkan Hochlandes). Einschränkend wirken vielmehr die saisonalen und großer Variabilität unterliegenden Niederschläge. Sie verhindern eine produktive und sichere Landwirtschaft. Schaffung von Staudämmen und künstliche Bewässerung bildeten eine Lösung. Doch dafür sind die geomorphologischen Strukturen (Flächen und Flachmuldentäler; Abb. 3) ungeeignet oder grenzen zumindest die allgemeine Anwendbarkeit der künstlichen Bewässerung erheblich ein (*Weischet* 1984, 351).

Entwicklungsbezug: Die These von der ökologischen Benachteiligung der Tropen räumt wohl begründet nicht nur endgültig mit den Vorstellungen großer Fruchtbarkeit (und Tragfähigkeit) der tropischen Waldregionen auf. Sie zwingt auch dazu, bei agrarwirtschaftlichen Entwicklungsmaßnahmen an die Begrenztheit der natürlichen Möglichkeiten zu denken. Daraus leitet sich zwingend die Forderung nach Besinnung auf indigene Anbautechniken und Rodepraktiken bei entwicklungspraktischen Maßnahmen ab. Sie veranlasst nicht weniger zu der mahnenden und inzwischen zumindest nicht mehr ignorierten Einsicht, dass bei der – insbesondere in Lateinamerika und in Indonesien betriebenen – Agrarkolonisation die Ephemerität dieser Unternehmungen und die absehbaren, inzwischen bekannten Folgen bedacht werden müssen (z.B. *Blumenschein* 2001, 128ff; *Kohlhepp* 1976a, b; 1978a, b; 1995; *Scholz, U.* 1992). Die Entwicklungspolitik müsste dieser Erkenntnis z.B. dadurch Rechnung tragen, dass sie die Länder, die noch immer Raubbau mit ihren Tropenwäldern treiben oder zulassen, ebenso zur Verantwortung gemahnen wie die Firmen, die an dieser irreparablen Waldvernichtung partizipieren. Denn die gerodeten Flächen erlauben eben keine dauerhafte agrarische Inwertsetzung.

1.2 Landschaftsökologisches Konzept der Desertifikation

Es gibt wenige Themen, die innerhalb der Geographie so intensiv, langfristig und dadurch auch besonders kompetent behandelt wurden wie die Desertifikation. Anfänglich wohl eher als ein reines Naturphänomen betrachtet und auf klimatische/ökologische Vorgänge zurückgeführt (*Hammer* 2000, 4ff; *Schmidt-Wulffen* 1985, 46f), wird Desertifikation heute unter landschaftsökologischem Aspekt als ein durch unangepassten/falschen Umgang des Menschen mit dem an sich schon labilen Ökosystem in den Trockenregionen der Erde (Savannen, Steppen) bewertet. Desertifikation (lat. *desertus* = öde; *facere* = machen) bedeutet danach nicht nur wörtlich, sondern auch faktisch einen durch menschliches Handeln ausgelösten Prozess des „Wüstemachens" (*Mensching* 1991, 139)[78]. Eingeleitet wurde die aktuelle Desertifikationsforschung durch die große Dürre mit ihren katastrophalen Auswirkungen im nördlichen Afrika (Sahel) als Folge einer längeren Trockenphase Anfang der 1970er Jahre. Seither wird die Ausbreitung der Wüste weltweit gezielt beobachtet (Abb. 39). Dabei stellt das in den Massen-

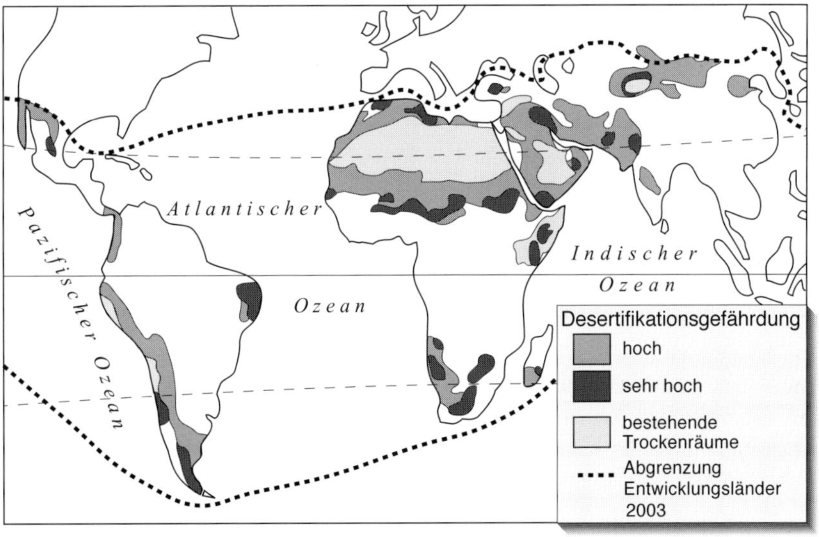

Abb. 39: Verbreitung und Grad der Desertifikation. Quelle: *Messerli, B. et al.* 1987.

78 Es sei darauf verwiesen, dass die mit Desertifikation beschriebenen Prozesse auch als „wüstenhafte Degradationsstadien" bezeichnet werden (*Müller-Hohenstein* 1993, 516). Nach *Mainguet* (1998) wurde der Begriff Desertifikation erstmals von *Lavauden* benutzt.

medien spektakulär vermittelte „Übergreifen der Sandmassen auf die grünen Kulturflächen … nur eine Sonderform dar. Die weitaus größere Gefahr besteht in der schleichenden Verringerung der Produktivität der ariden und semiariden Steppen- und Savannengürtel der Erde" (*Ibrahim* 1991, 161). Damit ist ein an sich schon karger Lebensraum gefährdet, in dem der Mensch mehrere optimal an die natürlichen Gegebenheiten angepasste Überlebensstrategien (z.B. Nomadismus, Oasen) über Generationen verfolgt hatte und jetzt – infolge gesellschaftlicher, externer ökonomischer Zwänge – Gefahr läuft, seine Lebensgrundlage zu verlieren. Was hat diesen Vorgang ausgelöst?

Bei der Diskussion dieser Frage sei zuerst einmal auf die lokalen/regionalen Gegebenheiten eingegangen (Abb. 40):

(1) Das Ökosystem arider/semiarider Regionen ist durch extremen Mangel an Niederschlägen, durch deren hohe Variabilität und damit verbundener wiederkehrender Dürren bestimmt. Intensive physikalische und stellenweise auch chemische Verwitterung, äolische und selbst fluviatile Erosion sowie lokale Dünenbildung und stabile Altdünen bestimmen die morphologischen Prozesse. Skelettierung, Krustenbildung, Versalzung und Alkalisierung kennzeichnen die Böden. Unterschiedlichste, niederschlagsbedingte Vegetationsformationen (Busch-, Strauch-, Trocken-, Dorn-, Sukkulenten-, Grassavannen) herrschen vor. Kleinste Veränderungen in diesem labilen Naturhaushalt ziehen weitreichende, meist zerstörerische Folgen nach sich.

(2) Die traditionellen menschlichen (symbiotischen) Anpassungsformen an dieses Ökosystem zeichneten sich durch Nachhaltigkeit und schonenden Ressourcenumgang aus. Dazu gehören z.B. nomadische und sylvo-pastorale Tierhaltung, Wanderhackbau, Anbau-Brache-Rotationen, *water harvesting* und Nutzung saisonalen Oberflächenabflusses, Terrassenkultur, Oasenwirtschaft, wassersparende Gestaltung der Anbauparzellen (Damm-, Hügel-, Beetkulturen) und traditionelle Bevorratung (*Ibrahim* 1991, 162).

Diese zwar labile, aber doch recht beständige Mensch-Umwelt-Symbiose war in der Vergangenheit immer wieder Gefährdungen (Anstoß: Dürren) ausgesetzt. In jüngerer Zeit kamen jedoch sich wechselseitig verstärkende endo- und exogene Stressfaktoren zum Tragen, die zu bleibenden tiefgreifenden Schädigungen führten:

(1) Generelle Bevölkerungszunahme, Sesshaftmachung und stationärer Ackerbau führten zu Landbedarf, Rodung (Brand-), erhöhter Wassernutzung und z.B. zur ackerbaulichen Erschließung von Altdünen (vegetationsbedeckte, stabile Dünenregionen = *dune ogoliene*, ca. 22.000–13.000 v. Ch.).

(2) Marktnachfrage zog die Zunahme der Tier- und Nahrungsmittelproduktion nach sich und bedingt Überweidung, Überkultivierung und Übernutzung der Wasserreserven.

(3) Extern ausgelöste Veränderungen der Diät (z.B. Zunahme gegarter Speisen) erhöhten den Brennholzbedarf, führten zu Abholzung selbst von Büschen und Sträuchern sowie zu Wurzelrodung.

(4) Ausdehnung mechanisierten, z.T. kolonialzeitlichen oder (welt-)marktbedingten *cash-crop*-Anbaus (Exportproduktion von z.B. Erd-, Cashewnüssen, Baumwolle, Kichererbsen) leitete die Einschränkung der Wald-, Busch-, Strauch- und Weideareale ein.

(5) Einsatz importierten Düngers und Überbewässerung bewirkten bleibende Vernichtung der Bodenfruchtbarkeit durch Versalzung und Verkrustung.

Diese Stressfaktoren sind nur z.T. durch die lokale Bevölkerung verursacht worden. Sie wurden von außen, z.B. auch durch die nutznießenden nationalen Eliten initiiert, vereinzelt sogar unbeabsichtigt durch Entwicklungsmaßnahmen oder auch gezielt von transnationalen Unternehmen dadurch ausgelöst, dass sie die lokalen Erzeugnisse – dank liberalisierten Marktzugangs – zunehmend aufkaufen oder vom Markt verdrängen (z.B. Knollenfrüchte durch Weizen; lokales Frischfleisch durch Importfleisch aus der EU; *Akpaki, Scholz* 2003)[79]. Die Folgen dieser umweltstressigen Eingriffe führen durch physische Störungen wie z.B. Dürrejahre[80] kurzfristig zu Katastrophen und ziehen langfristig das nach sich, was eingangs als Desertifikation definiert wurde und sich folgendermaßen fassen lässt:

(1) Die Störungen im Ökosystem äußern sich z.B. in der Vernichtung oder Zurückdrängung der Baum- und Strauchvegetation sowie der Zerstörung der Kraut- und Grasdecke[81]. Sie schlagen sich nieder in der Steigerung der an sich schon

---

79 Dazu sei ein interessantes, aktuelles Beispiel genannt: In mehreren westafrikanischen Sahelstaaten stellt Baumwolle das wichtigste Exportprodukt dar. Die bei der Entkernung (Egrenieren) anfallenden Baumwollsamen werden lokal zu Öl verarbeitet und bilden ein wichtiges Nahrungsmittel. Außerdem stellt das Pressgut (Ölkuchen) ein ganz wichtiges Zufutter für die milchgebenden und trächtigen Tiere dar. Die Bauern lieferten dabei ihre Ernte an die staatlichen Baumwollgesellschaften und erhielten von diesen Öl und Ölkuchen. Als im Rahmen der BSE-Krise in Westeuropa das Verfüttern von Tiermehl verboten wurde, erschlossen die Tierfutterproduzenten des Nordens die Baumwollkerne und das Pressgut als wichtigen Futterersatz. Begünstigt wurde dieser Trend durch die Privatisierung (Folge der WB-/IWF-Strukturanpassung) der Baumwollindustrie und die Liberalisierung des Außenhandels dieser Länder. Für die Bevölkerung wurde dadurch die heimische Speiseölversorgung und für die Tiere die Futterbasis eingeschränkt. In Mali, Burkina Faso, Togo und Benin ging dadurch die Öl- und Ölkuchenproduktion in den letzten Jahren um 25% zurück (*Linard* 2003).

80 Dürrejahre haben sich in den 1980er Jahren im südlichen Afrika oder in Lateinamerika eingestellt. Die Trockenjahre der 1970er Jahre, Sahel-Katastrophe, waren auch auf der arabischen Halbinsel und im iranischen Hochland spürbar.

81 In diesem Zusammenhang sei z.B. für die Grassteppen der Mongolei eine interessante Beobachtung vermittelt: Durch die Zunahme an Kraftfahrzeugen nach 1990 und wegen des Fehlens

großen Versalzung und Alkalisierung der Böden, in Ausblasungen oder Verschwemmungen fruchtbaren Feinmaterials, in Dünenbildung und in der Mobilisierung der Altdünen, die dadurch für die ackerbauliche Nutzung verloren gehen. Und aufgrund des bedrängten Naturpotentials erhöht sich die Gefahr von Dürren.

(2) Nicht weniger umfangreich sind die sozio-ökonomischen Konsequenzen. Hierbei seien genannt: Störung und Aufgabe der oben erwähnten Anpassungsformen der Menschen, Einengung der Ernährungsbasis, Zunahme der Hunger- und Krankheitsgefährdung, Abwanderung in die Städte, ansteigende Arbeitslosigkeit und Ausgrenzung. Lokal wird dadurch das traditionelle gesellschaftliche System und sogar seine Werteordnung erschüttert. Der Verfall von Dorf- und Stammesgemeinschaften sowie tribale Konflikte und politische Unruhen können sich einstellen (*Ibrahim* 1991).

Diese Ausführungen gelten insbesondere für Sahel-Afrika, wo die Erforschung der Desertifikation intensiv betrieben und Methoden zu ihrer Erkennung und Analyse entwickelt worden sind. Vier Indikatoren werden dabei unterschieden (*Mensching* 1991 143):

(1) Vegetative Indikatoren: Sie sind flächenhaft an der Degradierung der natürlichen Pflanzendecke erkennbar. Das äußert sich nicht nur in ihrer irreversiblen Zerstörung, sondern auch in der veränderten Artenzusammensetzung und in der Zuwanderung von Pflanzen aus arideren Gebieten.

(2) Hydrologische Indikatoren: Sie zeigen sich in einer nicht mehr regenerierbaren Absenkung des Grundwasserhorizontes und der Verringerung der Trink- und Brauchwasserversorgung. Durch die mangels Pflanzendecke ungehinderte Verdunstung reicht das Bodenwasser nicht mehr zur Versorgung der Pflanzen aus, erhöht aber die Salzkontamination des Oberbodens.

(3) Pedologische Indikatoren: Sie sind erkennbar an flächenhafter Aridifizierung (Verkrustungen, Verhärtungen) der Böden. Dadurch wird die Versickerung möglicher Niederschläge reduziert. Der Oberflächenabfluss und die Erosion werden gefördert; das Wasser jedoch bleibt weitgehend ungenutzt. Außerdem begünsti-

---

an Straßen oder festgelegten Pisten bilden sich kilometerbreite Spurentrassen aufgerissener Grasdecke heraus. Dort lagert sich winters der Schnee an, kommt es durch Aufeisbildungen zur weiteren Zerstörung der Grasnarbe und zur Lockerung des Bodens. Daran setzt die Wind- und Wassererosion an. Es entstehen tiefe Rinnen, die von den Kraftfahrzeugen gemieden werden. Dadurch wiederum verbreitern sich die Trassen usw. Ähnliche Effekte flächenhafter Ausdehnung zeitigt die ebenfalls nach 1990 extreme Zunahme der Pferde. Mit ihren harten Hufen zerreißen sie die Grasnarbe, was insbesondere an den Hängen zu verheerenden Erosionseffekten führt.

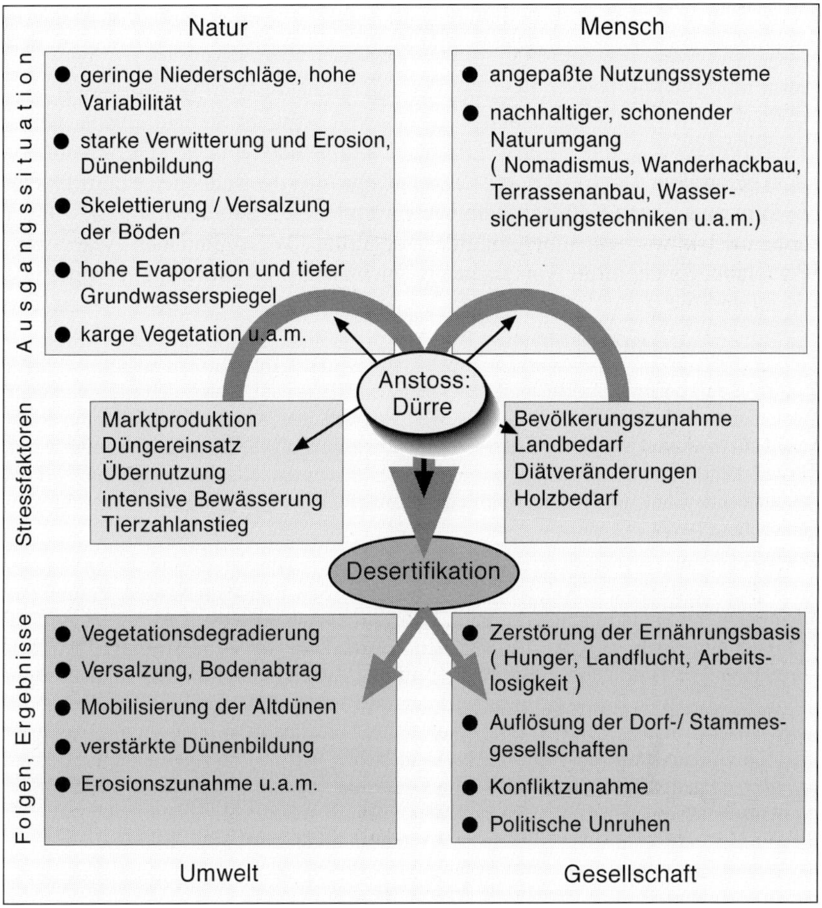

Abb. 40: Desertifikationsprozess (Modell). Quelle: Entwurf d.Verf. n. *Hammer* 1986, 2000; *Ibrahim* 1991; *Mensching* 1990.

gen die ausgetrockneten Böden die Winderosion und damit Staubstürme und Dünenbildung. Dadurch wiederum gehen dem Boden ackerbaulich wichtige Nährstoffe verloren.

(4) Morphodynamische Indikatoren: Die Veränderungen der pedologischen Verhältnisse begünstigen die schon erwähnte äolische sowie die linien- und flächenhafte Erosion nach Starkregen. Der Sandtransport führt zu Überwehungen von

Ackerflächen, Oasen und Siedlungen; die verstärkte Anlieferung von Staub zu dessen überregionalem Transport (*Jäkel* 2001; *Scholz* 1997, 247ff).

Diese hier einzeln dargestellten Indikatoren, an denen die Desertifikation physisch fassbar wird, sind Bestandteile des einen Ökosystems Steppe-Savanne (*Ibrahim* 2003). Es war stets durch die für diese Klimazone typischen Dürren äußerst leicht gefährdbar. Doch erst durch den unangepassten menschlichen Eingriff (Abb. 40) kam es zu jenen Katastrophen, wie sie am Fall des Sahel Anfang der 1970er Jahre fassbar wurden: massenhaftes Tiersterben, Wüstfallen von Acker- und Weideland, Erschöpfung von Brunnen, fluchtartige Abwanderung, Hunger und unzählige Todesfälle[82].

Fallbeispiel Cholistan/Pakistan: Im allgemeinen wird die Desertifikationsproblematik – wie oben geschehen – am Beispiel der Sahel-Zone dargestellt. Doch derartige Vorgänge spielen sich auch in anderen Teilen der Welt ab (Abb. 39). Auf die Mongolei, die arabische Halbinsel, das südliche Afrika (insbesondere Simbabwe, Botswana, Namibia) und die Trockengebiete Südamerikas wurde schon hingewiesen. Hier sei beispielhaft auf die pakistanische Cholistan-Wüste, nördlicher Ausläufer der rajastanischen Tharr, eingegangen (*Scholz* 1997).

Der Trockenraum im Nordwesten des indischen Subkontinents erstreckte sich in vorbritischer Zeit von der Run of Kutch im Süden bis an die Salt-Range im Norden. Er umfasste somit auch das Fünfstromland (Punjab). Hier zeugt heute noch die Thal-Wüste auf dem Indus-Jehlum-Doab (*do* = zwei, *ab* =Niederterrasse; *doab* = Zwischenstromland) von seiner ehemaligen Ausdehnung. Bevor die britische Kanalkolonisation das Punjab in das größte geschlossene Bewässerungsgebiet der Erde verwandelte, fand ackerbauliche Nutzung lediglich in den Auen entlang der aus dem Himalaja gespeisten Fremdlingsflüsse statt. Die trockenen *doabs*, von Dünen/Sandflächen und zwischengeschalteten Ebenen (*dahars*) eingenommen, dienten mit ihrer Gras- und Strauchvegetation als Weide für die afghanischen Nomaden im Westen und die nomadischen Seraikis im Süden (Abb. 41). Ihr Streifgebiet erstreckte sich südwärts nach Rajastan bis Jaisalmer und Bikaner.

Mit dem Ausbau der Bewässerung im Punjab (Abb. 30) wurde z.B. das Streifgebiet der Seraikis nach Süden bis zum Sutlej eingeengt. Damit aber war ihre Verdrängung noch nicht abgeschlossen. Nach 1920 setzte die britische Kolonialverwaltung den Ausbau der Bewässerung südlich des Sutlej fort (Abb. 42).

Da den Seraikis landwirtschaftliche Fähigkeiten nicht zugetraut wurden, siedelte man in erster Linie Punjabis an. Daran hielt auch die pakistanische/punjabische Provinzregierung fest, als sie den Ausbau der Bewässerung nach 1947 (bis heute) in südlicher Richtung vorantrieb. Auf diese Weise wurden die Seraikis mit ihren Rinder-, Dromedar- und Schaf-/Ziegenherden immer weiter abgedrängt, wobei der Bewegungsspielraum nach Süden durch die nach 1947 gezogene Staatsgrenze geradezu hermetisch abgeschlossen wurde. Zwar konnten sich zahlreiche Seraikis in Dörfern und Städten niederlassen und

82 Auf subtile Folgen weisen *Akpaki, Scholz* (2003), *Spittler* (1987) hin.

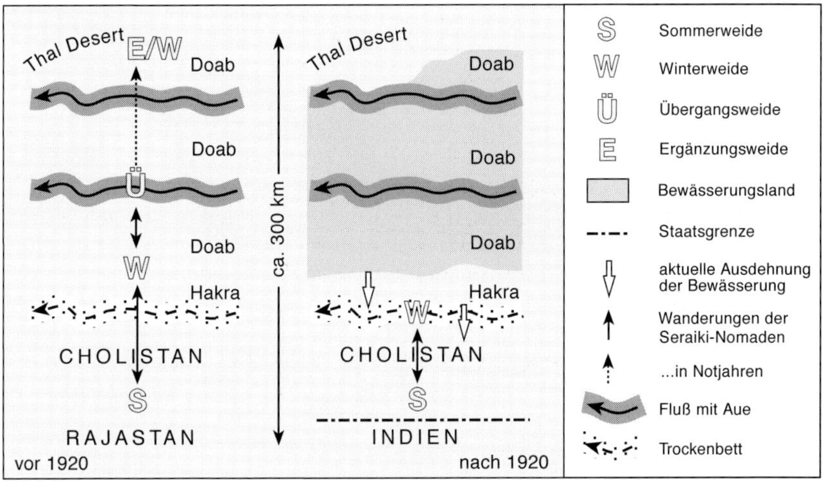

Abb. 41: Cholistan: Traditionelles und heutiges Wanderverhalten der Seraiki-Nomaden (Modell). Quelle: *Scholz* 1997 u. ergänzt d.d.Verf. 2003.

sesshaft werden. Doch die Zahl der mobilen Tierhalter blieb hoch. Sie hat sogar in den vergangenen drei Jahrzehnten zugenommen (Anzahl der Tiere 1961: 550.000; 1985: 2 Mio. 2002: 3,2 Mio.). Dafür sind verschiedene Ursachen verantwortlich:

(1) Der gestiegene Fleischkonsum in Pakistan und die Nachfrage nach dem Rohstoff Wolle (Teppichherstellung). Diese Marktchancen werden nur ganz vereinzelt durch die Seraikis genutzt. In erster Linie sind es städtische Kapitalgeber und Großgrundbesitzer aus dem Punjab, die sich hier eine zusätzliche Einkommensquelle erschließen. Sie entsenden gedungene Hirten mit riesigen Herden in die Cholistan-Wüste, um eine organisiert marktorientierte Produktion von Fleisch und Wolle zu betreiben. Die Wolle gelangt über das Endprodukt Teppiche sogar auf den internationalen Markt (heute vor allem USA, Japan, Australien).

(2) Auch eine ständig wachsende Zahl von Punjabis glaubt, sich mit Tierhaltung in Cholistan eine Existenzsicherung erschließen zu können. Beide Gruppen engen nicht nur den an sich schon beschränkten Weide- und Lebensraum der seraikischen Nomaden ein. Sie tragen – Folge ihrer Unerfahrenheit und der marktwirtschaftlichen Produktionszwänge – ganz erheblich zu Überstockung und Übernutzung bei.

(3) Verstärkt wird z.B. die Vernichtung der Busch-/Strauchvegetation auch durch die Pottaschesieder. Im Auftrag von Bazarhändlern stellen sie das begehrte, weil billige Bleichmittel durch Verbrennen von Büschen und Sträuchern her. Eine schleichende Degradierung und allmähliche flächenhafte Vernichtung der Vegetation waren die Folge.

Als nach 1995 mehrere extreme Trockenjahre folgten, setzten in dem an sich schon recht labilen und durch externe Interessenverfolgung jetzt regelrecht gestressten Öko-

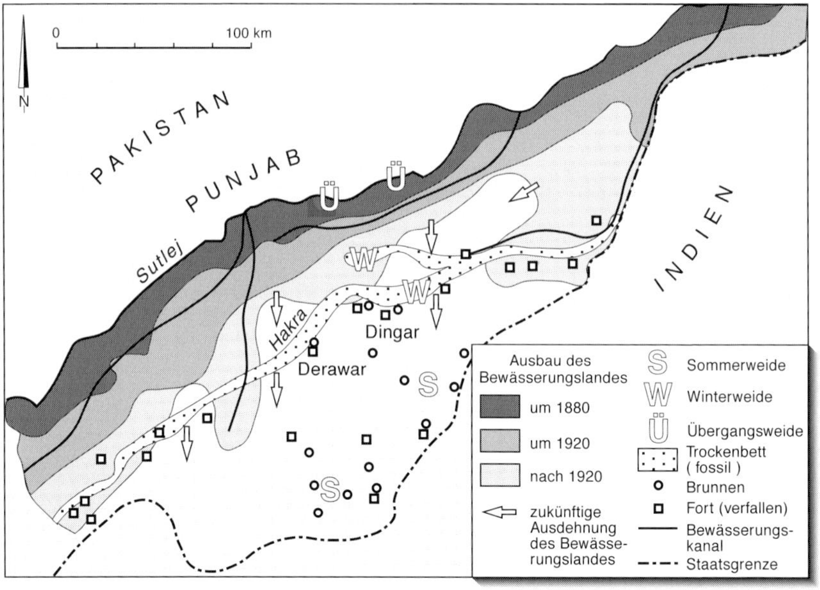

Abb. 42: Cholistan: Bewässerungsausbau und Stressentwicklung. Quelle: *Scholz* 1997 u. ergänzt d.d.Verf. 2003.

system der Cholistan-Wüste Prozesse ein, die gemeinhin mit Desertifikation assoziiert werden:

a) Vegetationszerstörung: Sie ist zum einen Folge der Überweidung und Pottaschesiederei. Sie wird aber auch durch den ansteigenden Brennholzbedarf der lokalen wie städtischen Bevölkerung als Folge geänderter Diätgewohnheiten (gegarte Speisen wie Reis, Gemüse, Fladenbrot, Fleisch, Fisch) verstärkt.

b) Sandverwehungen: Als der auf die Sandflächen ausgedehnte und auf künstlicher Bewässerung basierende Anbau in den Trockenjahren infolge Wasserknappheit nicht mehr stattfinden konnte, setzten massenhafte Sandverlagerungen ein. Sie griffen bis in die intakten Bewässerungsareale entlang der Kanäle vor, überschütteten Feldterrassen und Siedlungen.

c) Staubstürme: In den zwischen den Dünen eingeschachtelten Ebenen (*dahars*) wird die Oberfläche von z.T. salzhaltigen Tonen aufgebaut. Mit der Zerstörung der vorhandenen (halophytischen) Vegetation und dem auch hier stellenweise begonnenen Anbau setzte die Auswehung ein. Sie erreichte stellenweise derartige Ausmaße, dass regelrechte Auswehungsdepressionen entstanden. Hier bilden sich bei den gelegentlich vorkommenden Niederschlägen kleine Salzseen/-pfannen. In ausgetrocknetem Zustand bieten sie sich der äolischen Erosion geradezu an und nehmen die sommerzeitlichen Monsunwinde ihre salzhaltige Staubfracht auf. Sie wird weit in das Punjab hinein transportiert. In Bahawalpur, unmittelbar nördlich der Cholistan-Wüste gelegen, können sie den Himmel geradezu verschleiern und das Atmen der Bewohner unerträglich machen.

Ein Ende dieses Zerstörungsvorganges ist nicht in Sicht. Das Interesse an bewässerbarem Land der in der Provinz Punjab dominierenden *landlords* ist ungemindert groß und auf Cholistan gerichtet. Unterstützt werden sie darin seit einigen Jahren durch die Asian Development Bank, die Pakistan Mittel zum weiteren Ausbau der Kanalbewässerung in die Wüste hinein zugesagt hat. Ganz offensichtlich werden dabei die ökologischen Verhältnisse ignoriert und die natürlichen Grundlagen überschätzt.

Entwicklungsbezug: Bei der großen Zahl an Physio- wie Anthropogeographen, die sich mit dieser Thematik befasst haben, kann eigentlich auch die Intention nicht überraschen, mit der zum einen Strategien zur Folgenbehebung gefordert und zum anderen Konzepte zur Gegensteuerung vorgeschlagen wurden[83].

(1) Strategien der Folgenbehebung: Neben zahlreichen bilateralen Einzel-/Projektmaßnahmen vor allem der EU-Staaten für Anbau, Tierhaltung, Nahrungsmittelproduktion, Wassersicherung, Bewässerung, Vermarktung, Gesundheitswesen, Katastrophenhilfe u.a.m. gibt es auch verschiedene multilaterale Vorhaben, die sich – wiederholt auch von geographischer Seite aus gegebener Forschungskompetenz gefordert – von integrierten, auf Nachhaltigkeit gerichteten Ansätzen leiten lassen. Verantwortungsbewusster Umgang mit den begrenzten Ressourcen bestimmt dabei die Zielsetzung ebenso wie langfristige Nahrungsmittelsicherung[84]. Doch die Ergebnisse werden äußerst skeptisch beurteilt (*Haas, Lohnert* 1999; *Ibrahim* 1997, 2003; s.u.).

(2) Konzepte zur Gegensteuerung: Umfangreicher als bei den Strategien zur Folgenbehebung war/ist das Engagement der Geographie bei den Empfehlungen zur Gegensteuerung. Doch selbst denjenigen Geographen, die sich intensiv und langjährig mit den Ursachen der Desertifikation befasst haben, fällt ein geschlossenes Konzept zur Gegensteuerung nicht leicht. Ursache dafür ist nicht mangelnde Erkenntnis. Vielmehr ist es zum einen noch immer fehlendes Detailwissen vor allem über lokal spezifische Prozesse. Zum anderen sind länderübergreifende Maßnahmen, wie z.B. Kontrolle des Bevölkerungswachstums, zwar dringend notwendig, aber auch weitgehend wissenschaftlicher Einflussnahme entzogen oder schlichtweg illusorisch. Daher beschränken sich die von Einsicht und Ver-

83 Es gibt m.W. innerhalb der Geographie keinen Bereich, dessen Vertreter und deren Erkenntnisse in der entwicklungspolitischen Praxis derart nachgefragt wurden, wie die Desertifikationsforschung.

84 Eine vielversprechende Einrichtung zur Realisierung dieser Ziele ist das Comité Inter-Etats de Lutte Contre la Sécheresse dans le Sahel (CILSS) mit Sitz in Burkina Faso (*Hammer* 2000).

antwortung getragenen Empfehlungen in erster Linie auf machbare Einzelmaßnahmen. Dazu zählen ökologisch angepasste Land- und Wassernutzungsmethoden, d.h. Rückbesinnung auf indigenes Wissen (*Ibrahim* 1991, 169), Dünenstabilisierung, ressourcenschonende Weiderotationen und verkraftbare Tierpopulationen, vegetationsverträgliche oder alternative Holznutzung zu Bau- und Brennzwecken sowie Aufforstungsprogramme. Doch all diese Einzelmaßnahmen, inzwischen in zahlreichen Projekten zu realisieren versucht, reichen nicht aus. Denn Desertifikation ist derart komplex, dass nur übergeordnete Maßnahmen greifen können: „Dazu gehören mit den Regierungen, der regionalen Administration und der betroffenen Bevölkerung erarbeitete Landnutzungsstrategien … , die folgende Grundprinzipien berücksichtigen: – Anpassung der Landnutzung an das klimatisch begrenzte Naturraumpotential. – Anpassung an die hohe Variabilität der Niederschläge in semiarid-ariden Gebieten. – Beibehaltung der Flexibilität der Nutzungssysteme bei Dürreperioden. – Nutzung von Böden, Vegetation (Holz, Gras) nur im Rahmen der natürlichen Regenerationskapazitäten. – Bevölkerungskonzentration in größeren Siedlungen vermeiden, solange keine Versorgungsmöglichkeiten von außerhalb, also ökologisch günstigeren Regionen bestehen. – Entsprechende Energieversorgung und Infrastruktur ist erforderlich. – Überschussproduktion … muß auch zu vermarkten sein. – Desertifikationsgebiete sind ökologische ›Notstandsgebiete‹, die gesamtwirtschaftlich integriert werden müssen und Hilfe von außen benötigen. – Die Bevölkerung der betroffenen Gebiete muß die Desertifikationsprobleme besser erkennen und sich selbst aktiv an allen Bekämpfungsmaßnahmen beteiligen“ (*Mensching* 1991, 145; vgl. *Ibrahim* 1991, 163ff). Diese Einsichten gelten auch, so sei hinzugefügt, für die von außen initiierten Projekte und die daran beteiligten Experten.

So sinnvoll und richtig diese Maßnahmen auch sind; es gibt – worauf *Ibrahim* (1991, 173ff) hinweist – immer Möglichkeiten, sie aus eigennützigen Interessen zu unterlaufen oder zu desavouieren. So werden z.B. die Bedeutung des menschlichen Handelns im Desertifikationsvorgang in Frage gestellt, (entwicklungspolitische) Gegenmaßnahmen kommerziell genutzt oder zur agraren Produktivitätssteigerung umfunktioniert sowie die Wichtigkeit und Chancen mobiler Tierhaltung oder indigener Anbauweisen aus Vorurteilen negiert.

Mögliche und sinnvolle Konzepte zur Gegensteuerung des inzwischen weltweit beobachtbaren Desertifikationsprozesses sind somit zwar bekannt. Doch ihre Anwendung geschieht, wie die Erfahrungen auch geographischer Forschungen belegen, nur halbherzig und wenn überhaupt, dann häufig zielentfremdet (*Ibrahim* 1991; vgl. *Haas, Lohnert* 1999). Durch die Übertragung des Selbsthilfeanspruchs und der Nachhaltigkeitsforderung ist diese Diskussion in neue Bahnen gelenkt worden.

1.3 Nachhaltige Naturnutzung und Selbsthilfe

Überlegungen zu nachhaltigem Umgang mit den natürlichen Ressourcen reichen bis in die physiokratische Waldbewirtschaftung des 18. Jh. zurück. Damals kam die Einsicht auf, dass Holzeinschlag und natürlicher Verlust an Holz das Wachstum (Nachwachsen) des Holzes nicht übersteigen dürfen. Die heute darauf basierenden Ideen, dass a) die Nutzung einer Ressource nicht größer sein darf als deren Fähigkeit zur Regeneration und b) die Nutzung einer Ressource nur in dem Maße erfolgen darf, wie ihre Substitution durch technischen Fortschritt gesichert ist, haben zur Erweiterung des Nachhaltigkeitsbegriffes auch auf den sozialen Bereich geführt. Danach sollten soziale (informelle) Institutionen (S. 164) oder auch die auf indigenem Wissen basierenden (z.B. Anbau-) Techniken (S. 158) nur ersetzt werden, wenn sie nicht mehr geeignet sind, ihre Funktionen zu erfüllen, bzw. in dem Maße ersetzt werden, wie es für die Existenz-/Überlebenssicherung der Gruppe/Menschen erforderlich ist. Diese Nachhaltigkeitsüberlegungen wurden durch die entwicklungspolitische Forderung des Südens nach Entwicklung und des Nordens nach Sicherung der Umwelt in ein Dilemma geführt. Es wurde im *Brundtland*-Bericht (1987, 53) in einem salomonischen Kompromiss zu lösen versucht: Wirtschaftliche Entwicklung ist zur Lösung der Probleme der Dritten Welt notwendig. Sie muss langfristig sein und kann nur langfristig sein, wenn sie über ein ökologisch-nachhaltiges Gesamtkonzept erfolgt. Ein nachhaltiges Gesamtkonzept ist dann gegeben, wenn sowohl lang- wie mittelfristig keine Verschlechterung in den Bereichen Gesellschaft, Politik, Wirtschaft und Umwelt stattfindet. – So richtig diese Aussagen auch sein mögen, entbinden sie doch nicht der Frage nach ihrer faktischen Umsetzung. Zwei Überlegungen seien dazu aus ganz unterschiedlicher Perspektive der Geographie angeschlossen:

(1) *Nachhaltige Naturnutzung*: Die heute aus der entwicklungspolitischen Diskussion nicht mehr wegzudenkende Thematik *Nachhaltigkeit* hat inzwischen quasi den Rang einer Entwicklungsstrategie angenommen und Eingang in viele (Forschungs-)Bereiche der Geographie gefunden (*Karrasch* 1995)[85]. Dazu sei besonders auf die Beiträge des Geographischen Institutes der Universität Bern hingewiesen. Hier wurden seit Anfang der 1980er Jahre neben zahlreichen empirischen Regionalstudien zu Naturpotential und Nutzungsstress auch verschiedene konzeptuelle Ideen und Anregungen zu Umwelt-/Ressourcenumgang und nachhaltiger Naturnutzung entwickelt. Der Praxisbezug verlor dabei nie an Bedeutung. Folgende Ansätze lassen sich m.E. dabei unterscheiden:

85 Auf dem Geographentag in Hamburg 1999 war dieser Thematik eine Halbtagssitzung gewidmet.

a) Dem geographischen Selbstverständnis folgend und wohl aus den Erfahrungen der Hochgebirgsforschung resultierend, wurde von einer holistischen, stets Physio- und Anthropogeographie umfassenden und auf Problemlösungen (Entwicklungszusammenarbeit) ausgerichteten Betrachtungsweise ausgegangen[86]. Zentrales Anliegen bildete das Begreifen der Funktionsweise des Mensch-Umwelt-Systems, seiner Belastbarkeit und Steuerungsmöglichkeiten unter Einbezug der jeweils geltenden natürlichen, agraren und sozio-ökonomischen Systeme. Dazu gehören Studien z.B. zur Erhaltung der agraren Produktivität (*Hurni* 1985), über gestörte und nachhaltige Regelkreise bei der ackerbaulichen Nut-

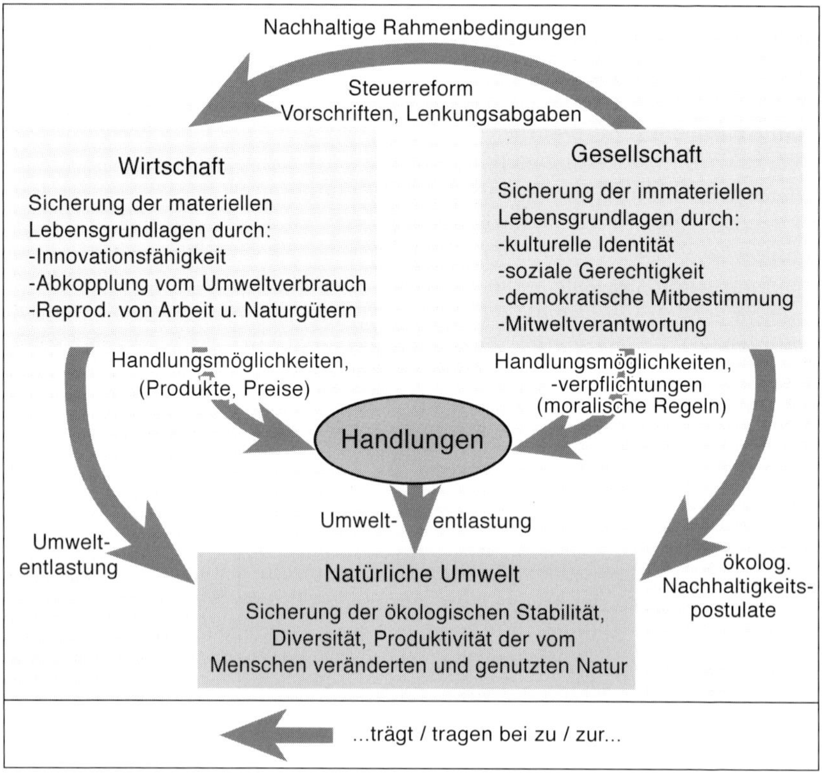

Abb. 43: Nachhaltige Naturnutzung. Quelle: Messerli, P. 1994, leicht verändert d.d.Verf.

86 Verwiesen sei auf den von *Messerli, B. et al.* (1987) erstellten Bericht „Umweltprobleme und Entwicklungszusammenarbeit".

zung (*Messerli, B. et al.* 1987) oder zu Stress/Spannungen des Regenfeldbaus zwischen ökologischen und ökonomischen Anforderungen (*Winiger* 1986).

b) Die aufkommende Diskussion zur Nachhaltigkeit und die ihr zugrunde liegende normative, auf *common sense* orientierte Definition (Brundtland-Bericht; *Brundtland* 1987)[87] wurden zum Ansatzpunkt weiterführender Überlegungen (*Messerli, P.* 1994). Denn die in der *Brundtland*-Definition vermittelte Botschaft „Menschenrechte und Wohlstand für alle" (ebd. 141) forderte die Berner Geographen vor dem Hintergrund ihrer umfangreichen relevanten empirischen Forschungserfahrungen „zur Konkretisierung dieser Vision" (ebd. 142) heraus. Dabei nun, und hierin liegt ein origineller Gedanke, steht nicht mehr das natürliche Ökosystem im Zentrum der Betrachtung, „sondern die menschlichen Handlungen, die nachhaltig zu gestalten sind; denn die ökologischen Probleme des 20sten Jahrhunderts sind in der Tat Probleme der Gesellschaft und ihrer Subsysteme und nicht Probleme der Natur" (ebd. 144; Abb. 43). Nicht mehr Natur bildet somit die umweltrelevante Betrachtungsgröße, sondern die durch das menschliche Handeln geschaffenen Naturzustände. Daher müssen Nachhaltigkeitsüberlegungen am „nachhaltigen Handeln" (nachhaltigen Naturumgang!) des Menschen ansetzen. Dafür sind gesellschaftliche Voraussetzungen und ein Bewusstsein erforderlich, wodurch der Einzelne aus dem Dilemma befreit wird, „wider besseres Wissen gegen die Natur und die Erhaltung der eigenen Lebensgrundlagen zu handeln" (ebd. 145). Ein Ansatz dazu bietet sich, wenn das wirtschaftliche Handeln durch die Sicherung der materiellen Lebensgrundlagen bestimmt, soziales Handeln von der Sicherung der immateriellen Lebensgrundlagen geleitet und der Naturumgang von der Sicherung der ökologischen Stabilität gesteuert wird. Für diese zentrale Stellung nachhaltigen Handelns sind jedoch, so sei hinzugefügt, Normen erforderlich, die für alle Verbindlichkeit – z.B. durch international politische Instanzen – besitzen und nur im Konsens geändert werden dürften. Um dabei erfolgreich zu sein, bedarf es jedoch ihrer gezielten Vermittlung über geeignete Lernprogramme/-konzepte für die Menschen im Süden wie im Norden. Und es sind sowohl Einsicht als auch ‚Macht' erforderlich, um sie umzusetzen.

Wenn diese Überlegungen konzeptuell aus Berner Sicht auch noch nicht zum Abschluss gebracht sein mögen, so verdeutlichen sie m.E. dennoch überzeugend, welchen Beitrag eine gesellschaftsbewusste (Physio-)Geographie zur Umsetzung entwicklungspolitisch zentraler Ziele beizutragen in der Lage ist.

---

87 Unter „nachhaltiger Entwicklung" wird eine Entwicklung verstanden, „die den Bedürfnissen der heutigen Generation entspricht, ohne die Möglichkeiten zukünftiger Generationen zu gefährden, ihre eigenen Bedürfnisse zu befriedigen und ihren Lebensstil zu wählen" (Brundtland-Bericht; *Brundtland* 1987, XV).

(2) *Selbsthilfe als ‚Schlüssel'*: Die entwicklungspraktische Erfahrung, das haben projektbegleitende Forschungen immer wieder gezeigt, lehrt, dass Projektmaßnahmen den Förderzeitraum nur dann erfolgreich überdauern, die Maßnahmen vor Ort nur dann angemessen fortgeführt werden, wenn von den lokalen Trägern die Eigenverantwortung erkannt, internalisiert und umgesetzt sowie die Forderung nach Selbsthilfe erfüllt wird (*Scholz* 1993a, b).

Approach: Was damit konkret gemeint ist, soll zuerst einmal folgendes Beispiel aus Nordpakistan veranschaulichen: Als die Getreideernte näher rückte, trafen sich alle Familienvorstände auf einem Platz nahe der Moschee des Dorfes. Sie vereinbarten in breitem Palaver den Zeitpunkt des Erntebeginns und bestimmten das Feld, bei dem mit dem Schnitt begonnen werden sollte. Es zeigte sich, dass sich daran die Männer aller Familien des Dorfes beteiligten. Auch führten sie das anschließende Dreschen gemeinsam aus. Diese Erfahrung überraschte die Mitarbeiter des lokalen Projektes, die bislang nur mühsam beim Aufbau dörflicher Gemeinschaften (*village organisation*) z.B. zur Sicherung des Trinkwassers vorankamen: Oberhalb des Dorfes befand sich ein größerer Tank, von dem aus Leitungen zu allen Vierteln führten. Es gab aber nicht nur jeweils eine Leitung pro Viertel, sondern drei. Und keine dieser Leitungen funktionierte. Es fehlten die Auslasshähne, Verbindungsstücke oder ganz einfach die Anschlüsse am Tank. Der Tank selbst, ursprünglich mit einer Abdeckung versehen, war mit Laub, Ästen und Unrat aller Art gefüllt. Die drei Leitungssysteme waren in verschiedenen Jahren von den jeweiligen Kandidaten für die lokale Administration (*Union Council*) quasi als Wahlgeschenke gemacht worden. Niemand im Dorf fühlte sich für diese Anlagen verantwortlich. Und als sich die Defekte einstellten, erwarteten die Dörfler Hilfe von oben, den Gebern. Da sie nicht kam, ließ man die Anlage verrotten. Der nächste Kandidat stiftete eine neue. – Als im Zuge der Projektarbeit die Reihenfolge der Bedürfnisse des Dorfes zu erfassen versucht wurden, rangierte eine neue Wasserleitung an erster Stelle. Dem Wunsch wurde entsprochen. Doch als Voraussetzung dafür die Bildung einer *village organisation* mit regelmäßigen Treffen und Spareinlagen (*rural saving*: Rücklagen z.B. für Reparaturen etc.; ggf. als Grundlage für Kreditvergabe oder Kreditaufnahme; *Scholz* 1993b, 316) begründet einzuführen versucht wurde, stellte sich Skepsis und große Zurückhaltung gegenüber einer solchen Organisation ein. Plötzlich gab es regelrechte Fronten innerhalb des Dorfes, die eine Zusammenarbeit oder selbst das Zusammentreffen an einem bestimmten Ort innerhalb des Dorfes unmöglich machten. Und überhaupt wurde die Eigenbeteiligung am Bau der Anlage (als „*gift of the Pak-German Project*" aufgefasst) und an ihrer Instandhaltung nicht eingesehen. Die Vermittlung der zugrundeliegenden Selbsthilfeidee stellt einen langwierigen Prozess dar. Er konnte letztlich von einigen Projektmitarbeitern behutsam und erfolgreich umgesetzt werden als die Tatsache erkannt worden war, dass – wie eingangs erwähnt – lokal und traditionell Gemeinschaftswerke vorhanden sind und funktionieren (*RTV* 1986)[88].

---

88 Im Jahre 1996 konnte d. Verf. im Rahmen einer Exkursion dieses Dorf besuchen. Das Projekt war inzwischen dort nicht mehr tätig. Eine lokale NRO (Sheva) hatte die Arbeit übernommen und erfolgreich fortgesetzt. Die Wasserversorgung funktionierte noch. – Ein anschauliches Beispiel zu dem obigen Fall bieten die Fotos 1a/b auf Seite 284 in *Scholz* (1993b).

Das Beispiel verdeutlicht die Wichtigkeit von der Stärkung oder Mobilisierung traditionell vorhandener oder auch die Vermittlung neuer Selbsthilfestrukturen (S. 164: informelle Institutionen) für jegliche basisbezogene und langfristige Verbesserung der Lebensbedingungen: denn ohne Selbsthilfe keine Nachhaltigkeit und ohne Nachhaltigkeit letztlich auch keine Entwicklung. Den ‚Schlüssel' stellt nach dieser empirisch erfahrenen Logik somit die Selbsthilfe dar. Sie besitzt jedoch in den obrigkeitsorientierten Gesellschaften – wie in den meisten Ländern der Dritten Welt traditionell angelegt, durch die Kolonialmächte eingeführt oder/ und durch die Nationalregierungen gefördert – keine geübte Praxis. Vielmehr herrscht eine nehmerische Erwartungshaltung vor. Sie kann nur über behutsame und ausdauernde Vermittlung und Lernprozesse abgebaut und durch die Einsicht in die Vorteile selbstgesteuerten, selbstverantwortlichen Handelns ersetzt werden.

Entwicklungsbezug: Die entwicklungspraktischen Möglichkeiten, die nachhaltige Naturnutzung und Selbsthilfe eröffnen, sind m.E. evident. Sie erfordern jedoch intensive Einsichten in gesellschaftliche Systeme auf unterster Ebene, die nur über verlässliche Feldforschung und behutsame, sensible (teilnehmende) Beobachtungen erschlossen werden können. In der empirischen geographischen Entwicklungsforschung wurden sie daher auch ernst genommen und haben Niederschlag in den verschiedenen methodischen, theoretischen Konstrukten gefunden (S. 158ff). Doch die Umsetzung und Anwendung dieser Einsichten stoßen an Grenzen. Denn nachhaltige Naturnutzung und Selbsthilfe sind stets ‚Investitionen' in den Menschen, die in Kosten-Nutzen-Rechnungen nicht oder einzig begrenzt erfasst werden können. Nicht zuletzt daher sind sie entwicklungspolitisch nur schwer durch- und umsetzbar. Doch ungeachtet dieser *constraints* bilden sie eine conditio sine qua non für erfolgreiche und nachhaltige Entwicklung.

1.4 Politisch-ökologischer Ansatz

In der Geographie hier zu Lande existieren zwei Analyseweisen des menschlichen/politischen Umwelthandelns und Umweltbewertens: Humanökologie und Politische Ökologie. Zur Orientierung sei einführend kurz auf die wesentlichen Merkmale der Humanökologie eingegangen. Das Hauptaugenmerk gehört danach jedoch der Politischen Ökologie. Hat sie doch schon vielfältige Anwendung in der Entwicklungsforschung gefunden.

Exkurs: In der *Humanökologie* richtet sich das Erkenntnisinteresse auf die vielfältigen Beziehungen und Wechselwirkungen zwischen der physischen Raumausstattung, den natürlichen Ressourcen und dem raum-zeitlich differenzierten Landnutzungssystem. Bei der Analyse des humanökologischen Wirkungsgefüges kommt somit dem dynamischen Aspekt der Veränderung von Nutzungsmustern und Umweltbedingungen zentrale Bedeutung zu.

Die auf die Überwindung etablierter Disziplingrenzen zwischen natur- und gesellschaftswissenschaftlichen Forschungsbereichen abzielende humanökologische Betrachtungsweise erhielt einen wesentlichen Bedeutungszuwachs im Zusammenhang mit der Nachhaltigkeitsdebatte, die nach dem Umweltgipfel von Rio de Janeiro 1992 verstärkt einsetzte. Am Beispiel regionaler Studien zur nachhaltigen Nutzung und Übernutzung von Naturressourcen in peripheren Entwicklungsregionen und zur Krisenbewältigung gegenüber Naturkatastrophen lässt sich die weiterführende Anwendbarkeit humanökologischer Analysen für zahlreiche Problemfelder demonstrieren. Zur Gewährleistung eines Anwendungsbezugs von Mensch-Umwelt-Studien wird häufig auch der Aspekt des indigenen Umweltwissens (S. 158) behandelt.

Ein Kritikpunkt am humanökologischen Forschungskonzept besteht in der unzureichenden Vergleich- und Generalisierbarkeit der Ergebnisse einzelner Studien, die häufig eine detailgenaue Beschreibung raum-zeitlicher Aspekte der Mensch-Natur-Interaktion in historischer Tiefe umfassen, aber keinen Beitrag zu einem besseren Verständnis systemischer Mechanismen und ihrer Dynamik leisten. Auf der anderen Seite bleiben aber sämtliche systemaren Modellkonzepte zwingend auf Informationen aus regionalen Fallstudien angewiesen (*Nüsser* 2003a, b).

Die Ausführungen zu ‚ökologische Benachteiligung der Tropen' und ‚Desertifikation' dürften gezeigt haben, dass es sich dabei um sach-/problembezogene Analysekonzepte handelt. Hingegen bietet die politisch-ökologische Betrachtungsweise – und darin unterscheidet sie sich ebenfalls von der Humanökologie – einen allgemeinen methodisch-theoretischen Erklärungsansatz, der quasi als Synthese aus Humanökologie und Politischer Ökonomie aufgefasst werden kann. In der US-amerikanischen Geographie entwickelt (u.a. *Blaikie* 1985, 1995 a)[89], fand dieser Ansatz reges Interesse bei der geographischen Entwicklungsforschung in Deutschland. Sie trug inzwischen mit profunden empirischen Studien sowie auch konzeptuellen Anregungen zu seiner wissenschaftlichen Vertiefung bei und regte zweifellos die entwicklungsanalytische Debatte an (z.B. *Coy, Krings* 2000; *Geist* 1994; *Krings* 1996, 2004; *Krings, Müller* 2001; *Neuburger* 2002).

An der Schnittstelle von „Gesellschaft, politischer Ökonomie und natürlicher Umwelt" ansetzend (*Geist* 1992, 290), besteht das erkenntnismäßige Anliegen der Politischen Ökologie in Analyse und Erklärung der Umweltveränderungen (z.B. *biodiversity, pollution, erosion, land degradation, global warming*; *Blaikie* 1994, 7; 1995b, 28ff) nach Ausmaß und Prozesszustand sowie nach den dafür verantwortlichen Ursachen. Sie werden in dem konfliktären Zusammenwirken sozialer, ökonomischer und politischer Handlungen/Interessen auf individueller, lokaler, nationaler, internationaler/globaler Ebene und in historischem Kontext

89 Zur fachhistorischen und theoretischen Einordnung sei auf *Geist* (1992) und *Krings, Müller* (2001, 111ff) verwiesen.

gesehen (Abb. 44). Ganz konkret geht es um die Verfügungsgewalt über die Natur-/Umweltressourcen (*Blaikie* 1994, 9f) und den Prozess ihrer Ausbeutung und damit verbundenen Veränderungen. Methodisch wird dabei von der dependenten Mehrebenen-Verursachungskette ausgegangen, deren zwingende Logik zur Veranschaulichung modellhaft vorgestellt sei (Abb. 44).

Approach: Ansatzstelle politökologischer Untersuchung kann z.B. eine Region/Teilregion sein, die sich durch ganz bestimmte (aktuelle oder z.B. auch kolonial ererbte) Umweltveränderungen und damit einhergehende ökologische Problemlagen auszeichnet. Sie wiederum können die soziale und ökonomische Lebenssituation der lokalen Bevölkerung z.B. nachteilig beeinflussen. Ihre Reaktion wird die Nachteile auszugleichen und der bedrohten Lebenssituation entgegenzuwirken versuchen. Dabei können die Akteure i.d.R. nicht einzig ihren individuellen Interessen und lokalen Möglichkeiten folgen. Sie sind auch, als Teil einer größeren Gemeinschaft (regionale, nationale Gesellschaft), auf die übergeordneten, nationalstaatlichen Rahmenbedingungen (z.B. Gesetze, Planungsvorgaben, Finanzsituation, internationale Entwicklungshilfe etc.) angewiesen. Der Nationalstaat wiederum ist Teil internationaler Beziehungen und Abhängigkeiten. Sie werden durch die herrschenden hierarchischen politischen (Dominanz-)Strukturen und (welt-)wirtschaftlichen Mechanismen vorgegeben und bestimmt. Bei dieser Verursachungskette müssen

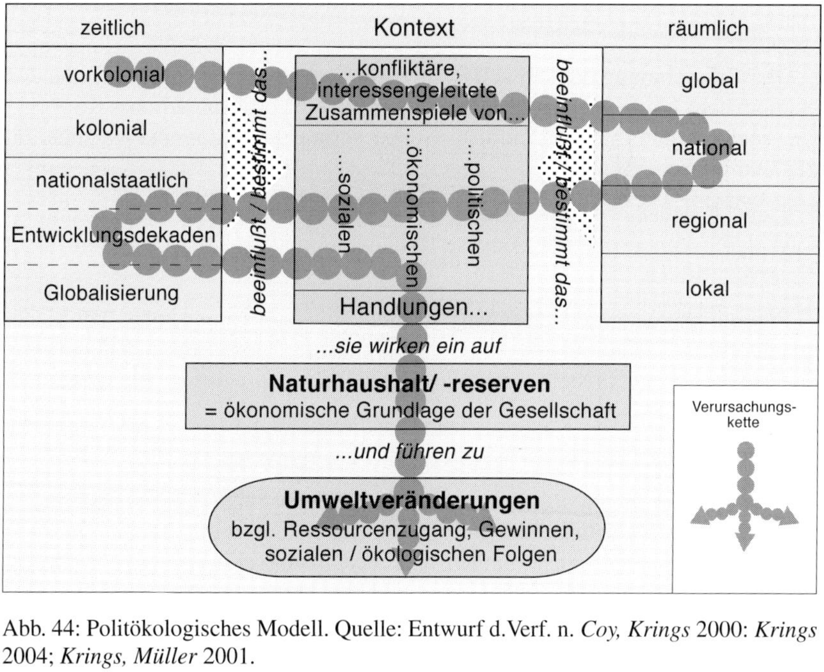

Abb. 44: Politökologisches Modell. Quelle: Entwurf d.Verf. n. *Coy, Krings* 2000: *Krings* 2004; *Krings, Müller* 2001.

sowohl historische und regional differenzierende Analysedimensionen ebenso beachtet werden wie z.B. theoriegeleitete Erklärungsansätze zur Erhellung von Abhängigkeitsstrukturen und Teilhabemechanismen. *Geist* (1994) und *Krings* (1996) liefern dafür eindrucksvolle Beispiele (vgl. auch *Blaikie* 1995a, 204ff).

Theoretisch bietet die Politische Ökologie – wie diese Verursachungskette zeigt – kein in sich stringentes Konzept. So werden zur Erklärung z.B. politischer Strukturen Teilelemente verschiedener Theorien (z.B. Abhängigkeits-, Staatsklassen-, Strategische Gruppen-Theorie) eingebunden. Auch sind Grundlageninformationen unterschiedlicher (physiogeographischer) Disziplinen für das Verständnis der natürlichen Umweltveränderungen ebenso notwendig wie Einsichten in und Verstehen von sozialgeographischen Motivations- und Handlungsmustern. In diesem Sinne stellen Umweltveränderungen in ihrer gesellschaftsgefährdenden Wirkung und als Überschneidungsprodukt von Natur/Umwelt und Mensch/Gesellschaft einen originär geographischen Forschungsgegenstand und Politische Ökologie ein eigenständig geographisches Forschungskonzept dar. Wegen seiner interdisziplinären Originalität und fachspezifischen Relevanz sei daher im folgenden ausführlicher auf die tragenden methodischen Elemente eingegangen (n. *Geist* 1992; *Krings* 2004; *Krings, Müller* 2001; Abb. 44):

(1) Den für einen theoretischen Ansatz notwendigen erkenntnismäßigen Rahmen bilden folgende Grundannahmen:

a) Die Wahrnehmung der Umwelt ist grundsätzlich durch soziale, politische und ökonomische Normen festgelegt. Sie stellt damit ein gesellschaftliches Konstrukt dar. Dadurch unterliegt sie im historischen Verlauf fortwährender Veränderungen und Umbewertungen.

b) Umwelt bedeutet Naturressourcen. Ihre Verknappung und Übernutzung erfolgt durch konkurrierende Akteure/Akteursgruppen und führt zunehmend zu Nutzerkonflikten.

c) Ressourcenknappheit/-verengung ist nicht (in erster Linie) Folge natürlicher quantitativer Ausstattung und der (Un-)Fähigkeit des Menschen, sich daran aktiv anzupassen. Vielmehr stellt sie ein gesellschaftlich bedingtes Problem dar.

d) Knappheitsbedingte Konsequenzen (z.B. Verteilungskämpfe, Migration) lösen Widerstandsbewegungen aus (*liberation ecology,* s.u.).

(2) Der methodisch wichtige zweite Schritt bildet die Mehrebenen- und die historische Analyse (*explanation chains*; s.o.). Bei ersterer wird von der empirisch gesicherten Erkenntnis ausgegangen, dass die Umweltveränderungen das Ergebnis des Zusammenwirkens von (widerstreitenden) Interessen auf individueller, lokaler, nationaler und internationaler/globaler Ebene bilden. Daher müssen Analyse und Erklärung außer auf die Vorgänge auf den einzelnen Ebenen, vor allem

auf die Mechanismen ihres Zusammenwirkens gerichtet sein. Ergänzt wird diese Forderung durch die Einsicht in die historische Dimension der Prozesse: „The complex interactions between environment and society are put in the context of local history and locally specific ecologies. Therefore it is likely that long historical periods of time have to be considered" (*Blaikie* 1994, 6).

(3) Verursacher von Umweltveränderungen sind unterschiedlichste Akteure auf den verschiedenen Ebenen. Dazu zählen z.B. betroffene oder handelnde Individuen (Kleinbauern, Unternehmer; = Einzelakteure) ebenso wie lokale Dorfgemeinschaften, regionale Verbände, staatliche/nationale Verwaltungen, internationale Unternehmen oder supranationale Agenturen (= Akteurskollektive). *Blaikie* (1994, 7) schlägt dafür vor, zwischen „place-based and locally specific interactions as well as in larger, pervasive and often non-place-based political and ideational forces (e.g. environmental ideologies or state policies)" zu differenzieren.

(4) Methodisch und erkenntnismäßig von zentraler Bedeutung ist die Erfassung der unterschiedlichen Machtbefugnisse und des jeweiligen Machtzuganges der einzelnen (Umwelt-)Akteure (*Blaikie* 1994, 8ff). Dafür ist die Analyse der empirisch belegbaren ungleichen Machtbeziehungen, der Machthierarchien, die zwischen ihnen bestehen, eine conditio sine qua non. Dabei wird unter (umweltbezogener) Macht die Fähigkeit des Akteurs verstanden, seinen Umgang mit der Umwelt selbst zu gestalten bzw. „die Interaktionen anderer Akteure mit der Umwelt zu steuern und zu kontrollieren" (*Krings* 2004). Konkret kann es z.B. um die Frage nach der Art und Weise gehen, wie ein Akteur oder ein Akteurskollektiv die Kontrolle über die Umwelt anderer Akteure ausübt oder wie es einem Akteur gelingt, sich gegen mächtigere Gegenspieler durchzusetzen.

(5) Erkenntnisgegenstand bilden die gesellschaftlich bedingten Umweltveränderungen. Umwelt ist dabei „Schlachtfeld divergierender Interessen ..., auf dem um Macht, Verfügungsrechte und Einfluß gerungen wird" (*Krings* 2004). Somit geht es nicht um das Funktionieren eines Gesamtsystems in seinen Bezügen zur Umwelt (eher Gegenstand landschafts- oder humanökologischer Forschung), sondern um die Frage, welchen Interessen dienen Umweltveränderungen, wer beeinflusst sie mit welchem Ziel, wohin fließen mögliche Gewinne, zu welchen Konditionen und zu welchen sozialen und ökologischen Folgen (*Krings, Müller* 2001, 95).

Anwendungsfelder für das komplex ansetzende politisch-ökologische Analyse- und Erklärungskonzept gibt es insbesondere in den Ländern des Südens. So erfolgt z.B. die Ausbeutung der Mineralien-, Diamanten-, Gold-, Erdöl- und Holzvorkommen sowie der agrarischen Rohstoffe (z.B. Erdnüsse, Baumwolle, Kaffee, Kakao) in Afrika, Asien und Lateinamerika im Zusammenwirken von Interessen, die auf unterschiedlichen räumlichen und sozialen Ebenen angelagert sind.

Zu ihrer Durchsetzung ist Macht erforderlich. Sie kann sich in Bürgerkriegen und Massenmord, in Korruption und Pfründenwirtschaft, in der Beteiligung lokaler Eliten und ausländischer Profiteure äußern. Am augenfälligsten – darauf sei hier betont hingewiesen – findet sie Niederschlag in Hunger, Armut, Elternlosigkeit, Vertreibung/Flucht und Massenmorden. Denn davon sind unzählige Menschen betroffen, die letztlich niemanden interessieren.

Fallbeispiel Liberia: Ein aktuelles Beispiel sei vorgestellt und dabei methodisch nach dem eben verfolgten Prinzip vorgegangen:

a) *historisch*: Im Jahre 1822 wurden in Nordamerika freigelassene Sklaven auf Betreiben der „American Colonization Society" an der Pfefferküste, im heutigen Liberia, angesiedelt. Das Land wurde von lokalen Häuptlingen zu einem nichtssagenden Preis erworben und 1847 als Republik, mit der Hauptstadt Monrovia (nach dem amerikanischen Präsidenten Monroe benannt), ausgerufen.

b) *exogen*: Es wäre falsch, von Liberia als einer Kolonie zu sprechen. Doch seine Leistungen „wären … auch heute noch gering, wenn nicht die Vereinigten Staaten nach dem Kriege (Erster Weltkrieg; Anm. d. Verf.) durch Anleihen, durch Verwendung farbiger Offiziere ihrer eigenen Armee beim liberianischen Heer, durch die Anlage von Kautschukplantagen … hier hätten Wandel schaffen können" (*Klute* 1936, 261). Das klingt harmlos. Tatsächlich erwarb im Zuge der nach dem Ersten Weltkrieg einsetzenden weltweiten Konkurrenzkämpfe um Absatz- und Rohstoffmärkte der amerikanische Reifenkonzern *Firestone* 40% der gesamten Landesfläche zu günstigen Preisen als Konzessionsgebiet.

c) *deformierend*: Nach flächenhafter Rodung riesiger Urwaldareale und Verdrängung der einheimischen ansässigen Bevölkerung (z.B. Mandingo, Kwpessi, Kru) legte der Konzern Kautschuk-Monokulturen an. Auf diese Weise wurde Liberia nach 1926 zu einer „exklusiven Ausbeutungsdomäne, einem Tummelplatz der amerikanischen Konzerne" (*Scholl-Latour* 2003, 414). Während des Zweiten Weltkrieges, als die Kautschukproduktion gesteigert wurde, kursierte für Liberia sogar der Beiname *Firestone Country*. Das vermag kaum zu überraschen, befand sich doch auch die liberianische Staatsbank, Bank of Monrovia, im Besitz des Reifenkonzerns (bis 1955).

d) *perpetuierend*: Erst als *United Steel* die reichen Eisenerzvorkommen der Bomi-Hills nach 1950 zu erschließen begann, änderte sich zwar die einseitige Abhängigkeit vom Kautschuk. Die Außenabhängigkeit an sich blieb jedoch erhalten: Im Jahr 1983 war Eisenerz mit 55% das wichtigste Ausfuhrprodukt, gefolgt von Kautschuk 16%, Nutzholz 10% sowie Kaffee und Diamanten mit je 6% (zusammen 93%). – Damit sind in der gebotenen Kürze die (*internen*) nutzungsbedingten Umweltveränderungen aufgezeigt. Nun stellt sich – methodisch konsequent und logischerweise – die Frage: In welcher Weise partizipieren daran die involvierte Bevölkerung, die verschiedenen Akteure oder Akteurskollektive und sind ihre Lebenssituationen nachteilig betroffen? Bei der Diskussion dieser Frage müssen folgende Unterscheidungen vorgenommen werden:

e) *gewinnend*: Neben den transnationalen Konzernen ehemals amerikanischer und heute auch japanischer Provenienz (*Bridgestone*) sind es deren lokale Kollaborateure (Staatsklasse/Parteien, Militärs), die an dieser extraktiven Exportwirtschaft profitieren[90]. Sie bekunden auch keinerlei Interesse an der binnenwirtschaftlichen Einbindung der ausländischen Unternehmen zur Förderung der einheimischen Industrieentwicklung, weil sie an dem extern geförderten Importgeschäft partizipieren. Auch schenkt die korrupte Elite dem zerstörerischen Raubbau der ausländischen Profiteure keine Beachtung. Und durch den andauernden Bürgerkrieg wird die Ressourcenzerstörung noch weiter verschärft. Dabei spielte die Vernichtung von Wäldern und Menschen nicht einmal die primäre Rolle. Vielmehr förderte der Finanzbedarf der Kriegsparteien die ungehinderte Ausbeute aller zugänglichen Naturreserven. Dieser Raubbau konnte jedoch nur funktionieren, „weil es in Europa und in den USA skrupellose Aufkäufer gab, die sich die Situation zunutze machten" (*Kappel, Korte* 1993, 290).

f) *verlierend*: Von den Mächtigen wurden ebenso bereitwillig die Freisetzung von Arbeitskräften infolge Mechanisierung, Rationalisierung und Schließung der Plantagen und Firmen hingenommen wie die Ausgrenzung der Betroffenen vom Erwerbsleben. Selbst die dadurch provozierten Unruhen fochten die Eliten nicht an, konnten sie doch zur Herstellung von Ruhe und Ordnung auf das Militär und seine importierten Waffen zurückgreifen.

g) *ausgrenzend*: Doch betroffen waren nicht einzig die freigesetzten Arbeitskräfte. Die bäuerlichen Nahrungsmittelproduzenten gaben infolge schwindender Kaufkraft und Nachfrage ihre Tätigkeit auf. Und langfristig ist besonders auch die Bevölkerung an sich in Mitleidenschaft gezogen. Ihre wichtigste Existenzbasis, der Boden, wurde und wird durch die ungezügelte extrahierende und expandierende Nutzung flächenhaft bleibend degradiert und vernichtet. Dazu kommen – wie die Erfahrung seit 1991 zeigt – neue bürgerkriegsartige Konflikte mit Mord, Hunger und Ausgrenzung, an denen in bekannter, aber doch neuer Form externe Mächte (USA, UN, *mercenary-companies*) ganz unterschiedlich Anteil haben und divergierende Interessen verfolgen.

h) *gegensteuernd*: Dennoch beginnen sich in Monrovia – nicht zuletzt gefördert durch die inzwischen weltweit zugänglichen und unvermittelt/unkontrollierbar verbindenden elektronischen Medien – erste zivilgesellschaftliche Gruppen zögerlich zu formieren. Sie tragen zur Bewusstwerdung der lokalen Situation bei der Bevölkerung bei und versuchen, erste Gegenbewegungen zu initiieren.

Mit *a)* bis *h)* wurden methodisch die in der eingangs erwähnten Erklärungskette angesprochenen verschiedenen historischen und räumlichen Analyseebenen, Akteure/Akteurskollektive sowie die Handlungsmechanismen hervorzuheben und zu verdeutlichen versucht. Auch weist das Fallbeispiel auf ein Phänomen hin, das in Entwicklungsländern bislang weniger zu beobachten war und im Zusam-

90 Die National Patriotic Front of Liberia = NPFL des ehemaligen Präsidenten vergibt z.B. Lizenzen an europäische und amerikanische Holzfirmen, die dafür in bar sofort zu bezahlen haben. Die Verschiffung erfolgt durch Liberian Agricultural Corporation = LAC, die sich in amerikanischem Besitz befindet und außer Holz auch den Kautschuk in die USA vermarktet. NPFL kassiert auch am Eisenerzexport (*Kappel, Korte* 1993).

menhang des politisch-ökologischen Ansatzes als *Liberation Ecology*, vielleicht mit „ökologische Befreiungsbewegung" zu übersetzen, bezeichnet wird. Da es größere entwicklungspolitische Relevanz erlangen dürfte, sei darauf abschließend eingegangen: *Liberation Ecology* bedeutet konkrete politische Forderungen nach Sicherung von Zugangsrechten zu natürlichen, naturgegebenen Ressourcen wie z.B. Ackerland, Wald, Weide, Wasser und Brennholz. In diesem Sinne ist das Konzept weniger analytisch-wissenschaftlich, als anwendungsbezogen und eminent entwicklungspraktisch zu begreifen. Zweifellos stellt die ökologische Befreiungsbewegung eine „neue" soziale Herausforderung dar (*Peet, Watts* 1996), die in den USA innerhalb des politisch-ökologischen Diskurses behandelt wird. Doch im europäischen Kontext handelt es sich m.E. um einen Teilaspekt der inzwischen weltweiten Idee zivilgesellschaftlicher (Umwelt-)Verantwortung. Sie wird von dem Ideal sozialer Gerechtigkeit (z.B. Sicherung bürgerlicher Freiheits- und Partizipationsansprüche, Abbau sozialer Ungerechtigkeit, Gleichheitsrechte der Frauen) und wohl auch von den Umweltstandards, wie sie in der Agenda 21 festgelegt sind, getragen. Damit greift die *Liberation Ecology* m.E. über die eingangs erwähnte politisch-ökologischen Forschungsanliegen hinaus, und es erscheint die Frage berechtigt, ob hier nicht die methodischen und theoretischen Kompetenzgrenzen der Geographie überschritten werden, sich sinnvollerweise Beschränkung anbietet. Doch darauf sei hier nicht weiter eingegangen.

Entwicklungsbezug: Die Politische Ökologie stellt einen komplexen und anspruchsvollen Analyse- und Erklärungsansatz für ein entwicklungspolitisch relevantes und weltgesellschaftlich wichtiges Problem dar, Umweltzerstörung und Ressourcenraubbau. Dieser Ansatz wird die geographische Entwicklungsforschung zweifellos herausfordern, aber auch befähigen, an der entwicklungspolitischen Debatte mit profunden empirischen Belegen und methodischen Anregungen kreativ zu partizipieren.

2. Gesellschaft und Entwicklung?

Gesellschaft an sich stellt keinen Forschungsgegenstand der Geographie dar. Doch prägen die Strukturen, die Gesellschaft bzw. gesellschaftliche Systeme ausmachen, den geographischen Gegenstand „Raum" als Handlungsebene, Handlungsrahmen und Handlungsgestalter. Und diese wiederum wirken auf das gesellschaftliche System zurück (Abb. 25). Daher müssen gesellschaftliche Strukturen, die von ihnen ausgehenden Funktionen (z.B. Handlungen), in die geographische Forschung soweit einbezogen werden, wie sie zur Analyse des jeweiligen Gegenstandes erforderlich sind. Seit Beginn sozialgeographischer Betrachtung, von *Bobek* (1950) und *Otremba* (1962a) empirisch vorbereitet und von *Bartels* (1968) theoretisch begründet, fand diese Forderung Eingang in die Geographie. Seither bestimmt sie, sich methodisch und theoretisch fortentwickelnd (*Werlen* 2000), Anspruch und Selbstverständnis des Faches. – Inzwischen liegen zahlreiche sozialgeographisch orientierte, empirisch detaillierte Forschungen in Entwicklungsländern vor. Sie haben zum einen Einsichten in entwicklungstheoretisch relevante soziale Sachverhalte erbracht und zum anderen lokal/regional spezifische gesellschaftliche Zusammenhänge analysiert, die methodische Anregungen für die Entwicklungspraxis vermitteln. Drei Themen stehen hier für diesen entwicklungsrelevanten Beitrag der Geographie.

2.1 Rentenkapitalistische Einsichten

Eigenständige komplex/holistisch ansetzende Beiträge der Geographie zur Erklärung von Unterentwicklung gibt es eigentlich nicht. Eine Ausnahme stellt m.E. in gewissem Sinne die These vom Rentenkapitalismus dar (vgl. S. 45ff). Sie entspringt zwar der geographischen Tradition länderkundlichen Kenntnisinteresses. Doch sie basiert auf intensiven empirischen Einsichten in regionalspezifische Gesellschafts- und Wirtschaftsstrukturen und vermag daher problemorientiert zu einer Diskussion beizutragen, die von *Behrendt* (1968, 76ff) zu recht eingemahnt wurde. Er forderte Mitte der 1960er Jahre wohl als einer der Ersten unbedingt die Berücksichtigung *gesellschaftlicher Aspekte* bei der Entwicklungsförderung.

Die These vom Rentenkapitalismus beruht auf Überlegungen, die *Bobek* im Jahre 1950 erstmals äußerte. Von besonderer konzeptueller Bedeutung ist jedoch sein Aufsatz „*Iran. Probleme eines unterentwickelten Landes alter Kultur*" (1967). Darin strebte er keine allgemeine Erklärung für Unterentwicklung an. Vielmehr versuchte er, die rückständige Situation des Iran verständlich zu machen. Seine Ausführungen, die er durch weitere Studien (*Bobek* 1962/1985; 1967; 1979) vertiefte und ergänzte, erlangten einen derart allgemeinen Erklärungswert, dass sie im Prinzip über Iran und den Kulturkreis des alten Orients hinaus gelten könnten und daher wiederholt als „Theorie" bezeichnet wurden.

Auf die Vorstellung des umfangreichen Wissens und der zahlreichen lokalen und internationalen Bezüge, in die *Bobek* (1962) seine Überlegungen einbindet, sei hier verzichtet. Und auf die ausführliche und z.T. polemisch wirkende Kritik sei im folgenden nur kurz eingegangen:

Exkurs: Kritisch haben sich mit den Vorstellungen von *Bobek* insbesondere *Leng* (1979) und *Müller* (1983) auseinandergesetzt. Sie bezogen sich auf den unscharfen Feudalismusbegriff und die als unkritisch eingeschätzte Einstellung von *Bobek* zum Schahregime. Rentenkapitalismus als Erklärungsansatz für Unterentwicklung ließen sie nicht gelten, weil sie dafür die „materiell-strukturellen Ausgangsbedingungen" verantwortlich sahen

(*Müller* 1983, 339). Die aus dem damaligen Zeitgeist verständliche und auf der Diskussion zur asiatischen Produktionsweise aufbauende Kritik hat zwar eine unbeschwerte Auseinandersetzung mit den anregenden Überlegungen *Bobeks* diskreditiert (*Massarat* 1977), doch m.E. der Originalität des Ansatzes keinen Abbruch bereitet (*Büttner, Scholz* 1983; *Ehlers* 1978; *Scholz* 1982a). Auch trug diese Kritik nur bedingt zu einer konstruktiven gedanklichen Fortentwicklung des Ansatzes bei.

Noch immer stellt dieser *Bobek*'sche Ansatz eine intellektuelle Herausforderung an sich dar. Er ist bei weitem noch keineswegs gedanklich ausgeschöpft. Daher sei er hier auch vorgestellt. Dabei konzentrieren sich die Ausführungen auf die zentralen Aspekte des Rentenkapitalismus als mögliche Ursache für die Rückständigkeit des Entwicklungslandes Iran. Der Eindruck drängt sich jedoch auf, dass damit ein generelles Erklärungsmodell zumindest für die Entwicklungsländer des alten Orients anvisiert wurde.

Unter *Rentenkapitalismus* versteht *Bobek* (1962, 12ff) ein Wirtschaftssystem, „das in den Städten des alten Orients schon sehr früh, spätestens am Anfang des zweiten vorchristlichen Jahrtausends zur Ausbildung kam und … weite Verbreitung fand (vgl. dazu *Schmökel* 1974; Anm. d. Verf.). Man muß es als einen echten Kapitalismus bezeichnen, da es mit allen typischen Kennzeichen des rationalen Erwerbsstrebens, der Reichtumsbildung als Ziel an sich behaftet ist. Von dem uns geläufigen Kapitalismus abendländischer Entstehung unterscheidet es sich vor allem dadurch, dass seine Träger der Gütererzeugung selbst nur geringes Interesse und den damit Beschäftigten ausgesprochene Geringachtung entgegen bringen. Sie überlassen die Erzeugung sich selbst, das heißt dem Kleinbetrieb in der Hand von Bauern, Handwerkern usw., um ihr Interesse auf das Abschöpfen von Ertragsanteilen („Renten") zu konzentrieren. Daher wurde dieses System … als ›Rentenkapitalismus‹ bezeichnet" (*Bobek* 1950, 1959, 1962/1985). Es wird durch folgende Elemente bestimmt:

(1) *Renten* sind Ansprüche, die aufgrund von Eigentumsrechten z.B. auf Produktionsmittel von deren Nutzern an die Eigner in Form z.B. von Ernteanteilen und Geldbeträgen bezahlt werden müssen. Bei den Produktionsmitteln handelt es sich in der Agrarwirtschaft z.B. um Land, Wasser, Saatgut, Zugtiere und Geräte (Abb. 45) sowie im gewerblich-handwerklichen Bereich um Werkstätten, Lagerplätze, Werkzeuge/Geräte, Rohstoffe und Transportmittel. Der Rentenpächter bringt meist nur seine Arbeitskraft ein. Der Gesamtertrag eines Betriebes wird zu gleichen Anteilen an die Titeleigner und den Pächter für dessen Arbeitsleistung vergeben[91].

---

91 Wegen der fünf Produktionsfaktoren Land, Wasser, Saatgut, Zugtiere/Ackergeräte und Arbeitskraft auch als *punjiadrai* oder als Teilpacht bezeichnet.

Produktionsmittel	Produktionsmitteleigner (E) z.B. bei												
	Betrieb 1				Betrieb 2					Betrieb 3			
	E 1	E 2	E 3	A	E 1	E 2	E 3	E 4	A	E 1	E 2	E 3	A
Land	●					●					●		
Wasser			●		●							●	
Saatgut		●					●			●			
Zugtiere / Ackergeräte				●				●				●	
Arbeitskraft = A				●					●				●
Anteil an der Ernte = Rente	1/5	1/5	1/5	2/5	1/5	1/5	1/5	1/5	1/5	1/5	1/5	2/5	1/5

Abb. 45: Rententitelaufteilung auf drei Betriebe (Schema). Quelle: Entwurf d.Verf. 2003.

(2) Das *Kapitalistische* besteht zum einen darin, dass die Rententitel zur handelbaren Ware und zur Reichtumsbildung benutzt werden (*Bobek* 1962/1985, 81f). Dies geschieht über die Aneignung/Akkumulation möglichst vieler Rententitel an verschiedenen Betrieben und Orten durch die Eigner. Dabei befinden sich die Produktionsmittel eines Betriebes keineswegs alle in der Hand eines einzigen Eigners (Abb. 45). Im Extremfall kann jedes Produktionsmittel sogar einem anderen gehören. Bei ihnen nun handelt es sich meist um Personen, die selten am Standort ihrer Produktionsmittel, sondern z.B. in der Anonymität von Städten wohnen (z.B. *absentee landlord*!). Ihre räumlich (weit) gestreuten Renten ziehen sie völlig anonym über ein vielfach gestaffeltes System von Ober-, Zwischen- und Unterpächtern ein[92]. Am unteren Ende dieser Abschöpfungskette befindet sich der einzelne Landbewirtschafter (*Ehlers* 1978).

(3) Typisch für diese *Rententiteleigner* ist nun ein aus (west-)europäischer, kapitalistisch-rechenhafter Sicht unökonomisches Verhalten. Sie *reinvestieren* nämlich die Einnahmen nicht zur Produktionssteigerung; in der Landwirtschaft z.B. zur Ertragserhöhung, indem das Saatgut und die Geräte verbessert oder das Bewässerungswasser vermehrt und gesichert oder der Wasserverlust in den Kanälen vermindert wird. Die produktiven Investitionen bleiben „auf das allernotwendigste beschränkt“ … zumal in dem „herkömmlichen System der Produktionsfaktoren … kein Raum für eine eigentliche Unternehmerleistung mit entsprechender Vergütung“ vorgesehen ist. Ein ähnliches Verhalten gilt auch für Handwerk und Gewerbe (*Bobek* 1962/1985).

92 *Wiche* (1962) konnte in Pakistan unterhalb des Hauptpächters noch bis zu 15 Zwischen-/Unterpächter nachweisen.

Eine Reinvestition der Gewinnanteile findet nicht statt. Vielmehr werden die Titel einzig abgeschöpft und die Erträge konsumiert oder zum Erwerb neuer Rententitel verwendet. Ein solches Verhalten unterscheidet sich grundlegend von dem rechenhaften, *„produktiven Kapitalismus"* (*Bobek* 1962/1985, 14), der durch das Bürgertum des atlantischen Europa hervorgebracht wurde. Hier auch vollzog sich die Entwicklung zu manufaktureller und industrieller Fertigung und galt Privateigentum an Produktionsmitteln als Kapital, das mit dem Ziel, die Erträge zu erhöhen, eingesetzt wurde.

(4) Der *Absentismus* der Eigner und die weitgehende Anonymität der Titel durch ihre räumliche und sektorale Streuung sowie ihre Abwicklung über ein vielfältig gestaffeltes Pächtersystem erklären sich aus der für despotische Herrschaft üblichen willkürlichen Konfiskation. Diese dreifache Anonymität mindert das Risiko.

(5) Die fehlende Bereitschaft zur *Investition* der Einnahmen, um die Produktion zu steigern, erfolgt deshalb nicht, weil die einzelnen Produktionsmittel jeweils anderen Eignern gehören können. Der Ertragszugewinn fiele bei mehreren Eignern letztlich auch denen zu, die sich an der Investition nicht beteiligten. Würde z.B. der Eigner für Bewässerungswasser in die Erhöhung und Sicherung des Wasserzuflusses (z.B. Vertiefung des Brunnens, Abdichten der Kanäle) investieren und dadurch den Ertrag vermehren, käme ihm an diesem erhöhten Ertrag ebenfalls nur der übliche paritätische Anteil zu. Er wäre zwar durch die verbesserte Wasserzufuhr erhöht, doch die erzielte Produktionssteigerung flösse in gleichem Maße auch allen anderen Titeleignern zu.

(6) Aus diesen Gegebenheiten resultiert eine auf Titelsicherung und Renteneinzug gerichtete reine Abschöpfungs- und „Minimumswirtschaft" (*Bobek* 1962/1985, 13; Abb. 7).

Vor diesem Hintergrund werden nach *Bobek* (1962/1985) die strukturellen Defizite in Wirtschaft und Gesellschaft des alten Orients verständlich. Er geht jedoch nicht soweit, daraus allgemeinere Folgerungen über Rückständigkeit/Unterentwicklung an sich abzuleiten. Denn „nicht alle unterentwickelten Länder gehören ... dem rentenkapitalistischen Zivilisationskreis an. Dies waren vor allem China, Zentralasien, Indien, der Vordere Orient einschließlich Nordafrikas und das restliche Mittelmeer. Dazu kommen Lateinamerika, wohin diese Wirtschaftsgesinnung von den Spaniern und Portugiesen übertragen wurde, ferner die Philippinen und einige weitere Inseln, ... Japan und Taiwan, die südostasiatische Halbinsel, der malaiische Raum und Indonesien ... ferner der Sudan und Ostafrika (Hinweis d. Verf.: Abb. 7). Wir haben es hier mit echten kolonialen Ausstrahlungen der rentenkapitalistischen Völker zu tun, vor allem der Araber, Inder und Chinesen" (*Bobek* 1962/1985, 83). Die Hintergründe für rentenkapitalistisches Verhalten und die dadurch bedingte Rückständigkeit weiter Weltgegenden sieht *Bobek* im Fehlen eines atlantischen Bürgertums, im Ausbleiben des Aufstiegs der Städte zu autonomen politischen Gemeinden und im Mangel ausformulierter bürgerlicher Rechtsstaats-Ideen. „Es ist … nicht so, daß sie (die Länder alter Kultur; Anm. d. Verf.) auf dem Wege zum Industrialismus aus verschiedenen Gründen ein Stück zurückgeblieben wären, sondern sie befanden sich überhaupt nicht auf dem Wege dahin. Das industrielle System hätte in ihrem Schoße niemals geboren werden können" (*Bobek* 1962/1985, 83).

Die Ursachen dafür liegen in der „besonderen Struktur des alten orientalischen Staates" begründet, „der seinen theokratischen Ursprung ebenfalls niemals verleugnete" und dessen Herrschaftsallmacht Elemente von Willkür innewohnten (*Herzog* 1988; *Schmökel* 1974). Daher zog man es vor, „seinen Reichtum nicht allzu sichtbar werden zu lassen", was entscheidend dazu beigetragen hat, z.B. vorhandenes Kapital nicht in Großbetriebe zu investieren (*Bobek* 1962/1985, 13).

Entwicklungsbezug: Auf zwei Ebenen besitzt das Konzept des Rentenkapitalismus entwicklungspolitische Relevanz:

(1) Die Überlegungen und Folgerungen *Bobek*s sind zwar nicht auf alle Entwicklungsländer übertragbar. Das schmälert m.E. jedoch nicht die Tatsache, dass damit Sachverhalte am Beispiel des alten Orients angesprochen werden, die strukturell und aus ähnlichen gesellschaftlichen Kontexten heraus in zahlreichen Ländern des Südens anzutreffen sind. Dazu gehören zum einen Willkürherrschaft, Rechtsunsicherheit und dadurch bedingte Investitionsabneigung sowie Kapitalflucht. Zu dem sei auf deren hartnäckigen Fortbestand in der Gegenwart oder die fast endlose Wiederkehr derartiger Herrschaftsstrukturen in vielen Ländern des Südens verwiesen. Wenn auch in einem etwas anderen Zusammenhang, so tauchen diese Überlegungen auch in der neueren Diskussion über das Rentierstaat-Phänomen wieder auf (*Pawelka* 1985)[93].

(2) Rentenkapitalismus besitzt aber auch lokale Bedeutung. Sie steuert ohne formelle Absprachen das Wirtschaftverhalten der Produktionsmitteleigner, beeinflusst den Arbeitseifer der Pächter und entscheidet damit letztlich über die Höhe des Produktionserfolges (Minimumswirtschaft). In diesem Sinne stellt Rentenkapitalismus eine informelle Institution (S. 164) dar und erlangt die Kenntnis seiner Struktur und Wirkweise eminente Bedeutung für die projektpraktische Entwicklungsarbeit[94].

---

93 Besonders eindrückliche Beispiele stellen die arabischen, insbesondere die kleinen Golfstaaten dar (*Scholz* 1999) oder auch Ägypten, Jordanien, Jemen sowie Afghanistan, Somalia u.a. Sie könnten ohne die Renten und unverdienten Zuwendungen von außen (z.B. Entwicklungshilfe, Remissionen) nicht existieren.

94 Inzwischen liegen mehrere empirisch interessante Studien vor, deren Informationen und Einsichten für die praktische Entwicklungsarbeit Sinn machen. Sie modifizieren auch und unter-

Denn noch immer laufen nachweislich z.B. auf dörflicher Ebene in vielen Ländern des Südens agrargesellschaftliche Prozesse auf dieser Grundlage ab.

2.2 Indigenes Wissen und informelle Institutionen

Auf die Verschiebung von Theorie zu Strategie in der entwicklungspolitischen Diskussion wurde schon hingewiesen. Beobachtbar war dabei auch eine Verlagerung von den bislang rein ökonomischen zu sektoral ansetzenden Strategien oder zu solchen mit sektoralem oder teilsektoralem Wirkungsfeld. Begleitend oder vorbereitend wirkte in diesem Zusammenhang die ebenfalls erwähnte Perspektivenänderung, wodurch die *Peripherie*, das *Unten*, der *ländliche Raum* in den Mittelpunkt der entwicklungspolitischen Aufmerksamkeit rückten. Die untere soziale und räumliche Ebene, Betroffene und Zielregion, und nicht wie bisher das Projekt- oder Maßnahmenareal oder gar die Versuchsfarm standen nunmehr im Vordergrund. Dadurch gewann das Zielgebiet als Totalität natürlicher und humaner Ressourcen und nicht selten als Standort eigenständiger, lokal angepasster und über Generationen praktizierter Lösungen, an Bedeutung. Die darin lebenden Menschen mit ihrem über Generationen gesammelten und zur Überlebenssicherung weitgehend erfolgreich genutzten Wissen sowie jener internen sozialen Mechanismen, die ohne Kodifizierung kulturelle, gesellschaftliche und wirtschaftliche Prozesse bestimmen, wurden entwicklungspraktisch wichtig (*Ehlers* 1996; *Müller-Böker* 1995a). – Entwicklungspolitisch derart bedeutsame Informationen erschließt nur detaillierte Forschung auf unterster Ebene, wie sie von der Geographie seit jeher betrieben wird. Indigenes Wissen und informelle Institutionen sind geeignet, die Entwicklungsrelevanz dieser Informationen zu veranschaulichen.

(1) *Indigenes Wissen*: Selbst in den ökologisch fragilen Regionen der Erde – vornehmlich in Entwicklungsländern – haben es Menschen vermocht, Formen zur Überlebens- und Existenzsicherung zu entwickeln, die über Jahrhunderte, über Generationen Bestand hatten. Sie benutzten dabei ganz offensichtlich ein tradiertes Erfahrungswissen, das an die sich in der Vergangenheit nur langsam verändernden Rahmenbedingungen wohl auch immer wieder angepasst wurde.

Approach: Nomadismus als sozio-ökologische Kulturweise stellt mit seinen verschiedenen Wander- und bodenvagen Behausungsformen sowie mit lokalen Herdenzusammensetzungen in besonderem Maße eine langfristige, aktive, überlebenssichernde An-

---

stützen die Vorstellungen von *Bobek* (z.B. *Bohle* 1981a; *Ehlers* 1978b, 1981a) oder versuchen, auf sie fachübergreifend aufmerksam zu machen (*Büttner*, *Scholz* 1983).

passungsstrategie dar, die auf indigenem Wissen basiert (*Scholz* 1995). So gewinnen z.B. Areale mit halophytischer Vegetation, gemeinhin als ungeeignete Futterbasis angesehen, bei bestimmten Tierkrankheiten und Trächtigkeitszuständen oder extremer Hitze als Weide eine wichtige veterinärmedizinische Funktion. Aufteilung z.B. einer Kamelherde nach Zustand des Felles, Bewegungsbereitschaft und Milchproduktion der Tiere mit dem Ziel, verschiedene Weiden mit unterschiedlichem Futterangebot aufzusuchen, verweist auf differenziertes traditionelles Hygienewissen. Begrenzte und wiederkehrende Verweildauer an Brunnen oder auf Weiden nach Herdengröße und Jahreszeit spricht für die Einsicht in Erschöpfbarkeit und Gefährdbarkeit der Ressourcen. Verwiesen sei hierzu auch auf die Vielfalt ökologisch abgestimmter und standortspezifischer Wanderfeldbausysteme in den Tropen (*Manshard* 1968; *Scholz, U.* 1998) und Terrassenkulturen, auf die technisch ausgeklügelten Wassergewinnungs-, Wassersicherungstechniken z.B. in Form der *Qanate/Kareze*, der *Ghayl*, der Tanks, des *water harvesting* oder des *Deshek*-Überschwemmungs-Feldbaus (*Ibrahim* 1988; *Janzen* 1990). Besondere Beachtung verdienen die verschiedenen Hügel- und Dammkulturen (*Krings* 1991), die unzähligen lokal abgestimmten Nutzungsformen (z.B. Misch-, Unterkulturen) und Anbaugewächse. Dabei sei insbesondere auf das Wissen um die zahlreichen lokalen Getreidearten (*Müller-Böker* 1995a, b) sowie auf die Vielfalt standortgerechter Reissorten (Trocken-, Berg-, Nass-, Schwimmreis) und ihre Anbauformen verwiesen (*Uhlig* 1983). All diese einheimischen Getreidearten werden inzwischen weltweit durch gezüchtete Hochertragssorten verdrängt, deren Verbreitung durch die Saatgutabkommen der WHO begünstigt wird.

Diese Aufzählung lässt die Vielfalt dessen, was an lokalem Wissen, *indigenous knowledge* bzw. Erfahrungs- oder traditionellem Umweltwissen, vorhanden und erforscht ist, nur erahnen. Um jedoch zu veranschaulichen, welche Einsichten daraus in den schonenden und auf Langfristigkeit gerichteten Umgang mit der Natur möglich sind, sei hier beispielhaft auf Anbautechniken verwiesen, wie sie in eingehender lokaler geographischer Feldforschung ermittelt wurden. Der Anbau verschiedenster Nahrungspflanzen auf Dämmen, Wällen, Hügeln, in Gräben, verschieden gestalteten Beeten und Tanks oder auf Terrassen mit Bewässerung ist aus fast allen Teilen der Welt, insbesondere aus den ökologisch fragilen Regionen der Tropen und Subtropen bekannt. Stets handelt es sich um technische Bodennutzungsformen hoher Spezialisierung und Anpassung an die lokalen natürlichen Rahmenbedingungen. Sie fallen durch Langfristigkeit auf, sind aber auch leicht zu gefährden, wenn die Rahmenbedingungen, z.B. durch äußere Eingriffe wie Entwicklungsmaßnahmen, verändert werden.

Fallbeispiel Mali: Die Dammkultur in Westafrika wird von *Krings* (1991, 88ff) als „Anpassungsleistung an die spezifischen ökologischen Bedingungen der sudano-guineischen Baumsavanne“ bezeichnet. Das Grundprinzip z.B. der Dammkultur besteht darin, dass die Vegetation einer mehrjährigen Brachfläche abgeschnitten/gerodet und in parallelen Streifen auf der jetzt vegetationsfreien Fläche aufgehäuft wird (Abb. 46). Darauf wird das zwischen den aus Ästen und Blattwerk bestehenden Streifen (Düngergrundlage) befindliche Erdreich aufgeschüttet, so dass regelrechte Gräben und Dämme entstehen, in deren Inneren sich eine nährstoffreiche Mulchschicht befindet. Auf den Dämmen und in den Gräben werden jeweils Gewächse mit unterschiedlichem Wasser- und Nährstoff-/Bodenbedarf angebaut. Im folgenden Jahr wird das Material der Dämme in die Gräben umgehäuft, das ungenutzte Blatt- und Stengelwerk der Anbaugewächse als Mulchschicht aufgelegt und darauf das Erdreich geschüttet. An der Stelle der Dämme befinden sich jetzt die Gräben. Auf diese Weise erfolgt in jährlichem Wechsel eine Umschichtung des Bodens und damit der langfristige Erhalt seiner Fruchtbarkeit. Doch diese Feldanlage geschieht nicht einzig der Bodenfruchtbarkeit wegen. Sie erfüllt mehrere Anforderungen:

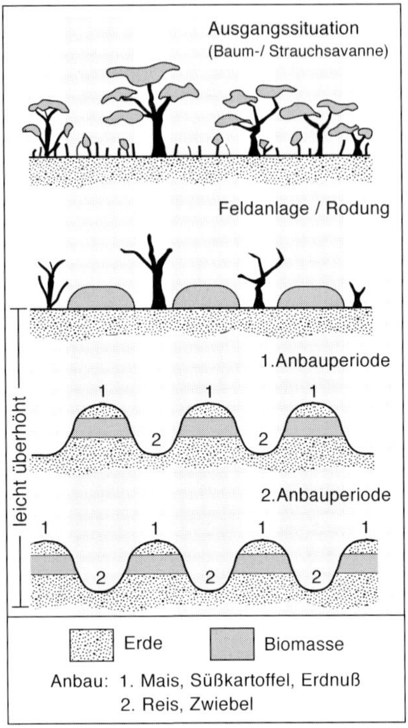

Abb. 46: Dammkulturen in Westafrika. Quelle: *Krings* 1991, leicht verändert d.d.Verf. 2003.

(1) Erosionsschutz: Die Wälle behindern den oberflächlichen Abfluss bei Starkregen und damit den Bodenabtrag. Sie stauen das Wasser und bringen es auf diese Weise zum Versickern und zur Speisung des Boden- und Grundwassers.

(2) Pflanzenwuchs: Die lockere Dammerde begünstigt die Erträge all jener Gewächse, die Früchte im Wurzelbereich ausbilden (z.B. Erdnüsse, Erderbsen, Süßkartoffel). In den Gräben, in denen sich durch die Abspülung besonders fruchtbarer Feinboden ansammelt, gelangen hingegen Gewächse zum Anbau, die höheren Wasserbedarf haben und dichteres Bodensubstrat vertragen (z.B. Reis).

(3) Unkrautnutzung: Unkräuter gedeihen zwar insbesondere auf den fruchtbareren Dämmen. Doch können sie wegen des lockeren Erdreiches hier auch leichter entfernt werden. Das entfernte Unkraut wird in die Gräben gelegt und zu Düngerzwecken genutzt.

(4) Drainage: An feuchteren Standorten werden Pflanzen mit geringerem Wasserbedarf auf den Dämmen so angepflanzt, dass das Wurzelwerk über dem Dauernässehorizont liegt. – Bei den Senoufo im südlichen Mali fasst man mehrere kurze parallele Wälle quasi in Beetform zusammen (*sonwalge*). Dies geschieht außer zur Erosions- und Wasserregulierung vor allem aus arbeitstechnischen Gesichtspunkten, u.a. zur Bewirtschaftungskontrolle. – Diese Anbauform, hier für die Senoufo Malis geschildert, besteht nicht nur seit Generationen. Sie wird auch stets am selben Standort betrieben.

Fallbeispiel Baluchistan: Um in dem extrem trockenen Quetta-Becken, Baluchistan, das wenige, aus *Karezen/Kanaten/Qanaten* gewonnene Wasser gezielt einzusetzen, wurden zum einen auf den unteren Bergfußflächen (*daman*), aus feinem, schwemmlößartigen Material bestehend, kleine Terrassen angelegt (Abb. 47). Zum anderen wurden diese Terrassen in beetgroße Becken unterteilt, die je nach Anbaugewächs ganz unterschiedliche Gestaltung durch Wälle, Gräben und ebene Flächen aufweisen. Die Erdwälle und Gräben, senkrecht zur vorherrschenden Windrichtung orientiert, werden innerhalb der mit einem Streichbrett eingeebneten, völlig flachen Beete in aufwendiger Handarbeit so tief angelegt, dass das Bewässerungswasser von den überstreichenden, meist heißen Winden nicht erreicht wird. Damit kann der Verdunstung vorgebeugt werden. An den Wallkämmen jedoch setzt der Evaporationssog an. Hier scheiden sich die Mineralien (als weiße Krusten, Ausblühungen erkennbar) aus und können mit einer Ziehschaufel wiederholt abgetragen werden. Der Anbau findet daher auch nicht auf den Wallkämmen, sondern an den Wallflanken und innerhalb der Gräben statt. Dabei kommen jeweils ganz bestimmte Gewächse mit unterschiedlicher Erntezeit in meist bunter Mischung zum Einsatz. Auf diese Weise kann die arbeitsaufwendige Anlage der Beete fast ganzjährig genutzt und vor Versalzung weitgehend bewahrt werden. Auf dieser Basis wurde nicht einzig im Quetta-Becken, sondern in ganz Baluchistan Gemüse produziert.

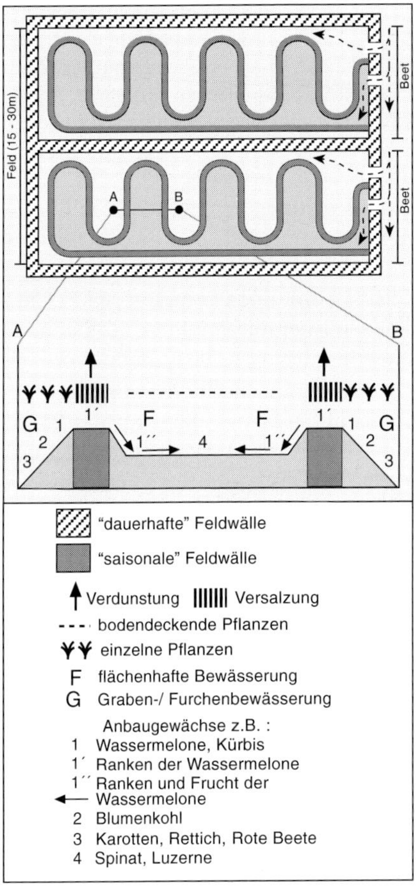

Abb. 47: Beetanbau im Quetta-Becken. Quelle: *Scholz* 1986c, vereinfacht d.d.Verf. 2004.

Die Feldterrassierung und -gestaltung ist seit den 1870er Jahren belegt und konnte 1976 noch in unveränderter Form nachgewiesen werden (*Scholz* 1986c). Diese Situation änderte sich in der Folgezeit rasch: Zum einen wurden die *Kareze* als gemeinschaftlich organisierte Wasserquellen durch die Anlage privater Tiefbrunnen (durch sog. Wasserkapitalisten) verdrängt. Zum anderen fanden in wachsendem Maße Maschinen (Traktoren, Planierraupen) zur Feldbearbeitung (Pflügen, Planieren) Einsatz, da es wegen der Arbeitsmigration in die Golfstaaten an Arbeitskräften mangelte. Zum Wasserkauf und zur Anschaffung von Maschinen waren aber nur wenige Landeigner fähig. Es kam zum Landverkauf z.B. an die Wasserkapitalisten, die jetzt die kleinen Terrassen und ihre Beetaufteilung beseitigten und große, mit Maschinen bearbeitbare Flächen schufen. Die Überflutung dieser ausgedehnten Flächen, die nie ganz horizontal und eben angelegt werden können, erforderte größere Wassermengen. Die große Wasserfläche war aber jetzt schutzlos der Verdunstung ausgesetzt. Binnen weniger Jahre nahm die Versalzung, nicht zuletzt auch durch Düngereinsatz, derart zu, dass anfangs immer tiefer gepflügt, bald aber die Oberschicht abgetragen werden musste. Inzwischen sind die Flächen unbebaubar, liegen brach und sind der Winderosion ausgesetzt. Bei bestimmten Wetterlagen liefern diese Flächen den Staub, der die Stadt Quetta, früher eine der saubersten und klimatisch günstigsten Städte im Nordwesten Britisch-Indiens, regelrecht einhüllt.

Beide Beispiele aus ganz unterschiedlichen Regionen verdeutlichen m.E. eindrücklich, was indigenes Wissen bedeutet und beinhaltet. Das zweite Beispiel zeigt zusätzlich, wie rasch dieses Erfahrungswissen ignoriert, ja geradezu zerstört werden kann. Zahlreiche weitere Beispiele mit noch komplexeren Zusammenhängen ließen sich aus der geographischen Literatur anführen. Größer noch dürfte jedoch das indigene Wissen sein, über das bislang keine Kenntnis vorliegt. Seine Erschließung sollte aber nicht einzig aus wissenschaftlichem Interesse geschehen. Als endogenes Entwicklungspotential ist es vor allem für die Praxis relevant und dazu anwendbar aufzubereiten (*Bohle* 1988). Doch der Forderung, dieses bewährte Erfahrungswissen zu nutzen, „um auch künftigen Generationen das Überleben zu sichern und die gefährdeten Ökosysteme zu erhalten bzw. wiederherzustellen" (*Ehlers* 1995, 157), ist nicht einfach zu folgen. Denn zum einen müssen bei seiner aktuellen Anwendung die gegenwärtigen externen Rahmenbedingungen und daraus erwachsenden inneren Zwänge für den Anwender mitbedacht werden. Und zum anderen muss die Existenz dieses Wissens erst einmal überhaupt erkannt, dann in seinen z.B. ökologischen und kultischen Gesamtzusammenhängen differenziert bekannt sein, um endlich interpretiert werden zu können. Nur so wird es auch praktisch verwendbar.

Methodische Aspekte: Um dieses traditionelle Umweltwissen und Umweltbewusstsein zu erschließen, bieten sich in Anlehnung an *Müller-Böker* (1995b) folgende methodischen Schritte an:

a) Die *Erschließung* dieses Wissens setzt forschungspraktisch die Beherrschung der verschiedenen Arbeitstechniken und Methoden der empirischen Sozialforschung voraus[95]. Doch diese Instrumente werden nur sinnvoll wirksam, wenn

95 In der Entwicklungspraxis kommt das *participatory (rapid) rural appraisal* zur Anwendung. Dabei handelt es sich um den gemeinsamen Einsatz verschiedener sozialwissenschaftlicher Arbeitstechniken bei Einbezug der lokalen Bevölkerung mit dem Ziel, möglichst rasch umfassende Informationen über traditionelles Wissen, aktuelle Handlungsweisen und z.B. Nutzungsstrategien zu erwerben (*Chambers* 1992).

auch der Wahrnehmungszugang zu diesem Wissen erschlossen wird. Der *einheimische Anwender* traditionellen Erfahrungswissens wird zum einen durch den jeweiligen religiösen/animistischen bzw. analytisch nicht hinterfragten Zugang zu Umwelt/Natur bestimmt und zum anderen – m.E. in erster Linie – von der Notwendigkeit zur Überlebens-/Existenzsicherung geleitet. Auf die dafür notwendigen Faktoren wie Feldfläche, Anbaugewächs, Boden, Wasser, Tierart, Weide oder auch kultische Gesichtspunkte richtet sich das Interesse seiner Wahrnehmung. Sie bilden auch die Bezugsbasis, wenn sich die Rahmenbedingungen (z.B. Vergrößerung/Verkleinerung der Familie) ändern. Darauf und auf das lokale Umweltwissen vermochten sich aus ähnlichen, überlebenssichernden Motiven die europäischen Kolonisten recht geschickt einzustellen und im Sinne der Akkulturation mit ihrem, aus der Heimat mitgebrachten Erfahrungsschatz sinnvolle Symbiosen einzugehen (vgl. *Kohlhepp* 1995).

Dem *externen Beobachter*, der z.B. als Entwicklungsexperte zur Maßnahmenumsetzung kurzfristig vor Ort verweilt, kann sich diese Bezugsbasis i.d.R. nur indirekt erschließen. Er wird sie z.B. als Feld mit bestimmter Anbauweise oder als lokal spezifische Herdenwanderung wahrnehmen. Kultische/religiöse Aspekte dürften ebenso verschlossen bleiben wie die lokalen Kenntnisse z.B. über Grundwasserbewegungen, Termitenbefall, Bodenregenerierung usw. Denn seine Perspektive wird durch seinen beruflich bedingten Auftrag sowie seinen persönlichen Motivations- und Erfahrungshintergrund bestimmt. Beides ist dazuhin durch Herkunft und Ausbildung geprägt. Dabei können Motive zum Tragen kommen, die von Nothilfeleistung und Befriedigung der Grundbedürfnisse bis hin zu Ertragssteigerung, Technik-/Maschineneinsatz und Marktwirtschaft reichen mögen. Derart unterschiedliche Partner werden bei der Suche nach Lösungen nicht zusammenfinden. Daher sind vor allem auf Seiten des externen Beobachters Vorkenntnisse zu schaffen, die für das Phänomen indigenes Wissen sensibilisieren und Methoden zu vermitteln, die Zugang eröffnen.

b) Dazu eignet sich die in praxi mögliche Erfassung der *Bewertung* der Bezugsbasis (s.o.) durch den einheimischen Anwender. „Die Bewertung der natürlichen Umwelt“ schreibt *Müller-Böker* (1995b, 377) „ist in subsistenzorientierten Gesellschaften zunächst nutzungsbezogen. Ein Wald wird z.B. dann hoch bewertet, wenn er vielfältige Nutzungsmöglichkeiten bietet, wenn er zur Versorgung mit Brennholz, Bauholz, Viehfutter, Nahrungsmitteln, Heilpflanzen usw. beiträgt.“ Derartige Inwertsetzungsformen von Umwelt sind beobacht-, erfragbar, können leicht hinterfragt und nachvollzogen werden. Sie bieten dem Externen eine erste Zugangsebene, die auf vergleichbare Bereiche ausgedehnt werden könnte.

c) Ergänzend dazu bietet sich die *Klassifikation* der verschiedenen Elemente der Bezugsbasis an. Denn der einheimische Nutzer verfügt i.d.R. über recht genaue Vorstellungen von der Belastbarkeit der Böden oder Brunnen, der Einsatzfähigkeit von Pflanzen oder Tieren, der Verlässlichkeit und Wirkung des Klimas. Dazuhin sind die lokalen Klassifikationen „fast immer nutzungsbezogen und berücksichtigen die spezifischen natürlichen Voraussetzungen einer Region sehr genau" (*Müller-Böker* 1995b, 378). Und sie sind erschließbar, wenn dem aufmerksamen Beobachter lokale Nutzungsunterschiede auffallen und sie über Befragungen und Gespräche zu verstehen versucht werden.

Entwicklungsbezug: Das indigene Wissen bzw. traditionelle Umweltwissen und Umweltbewusstsein sind ein Erfahrungswissen, das zeit- und lokalspezifisch entstand, angewendet und auch fortentwickelt wurde. Es bildete die Basis für existenz-, überlebenssicherndes Handeln unter bestimmten Rahmenbedingungen. Insofern ist es nicht generell übertragbar. Doch seine Einsichten und Informationen können dazu verhelfen, moderne technische Lösungen, wie sie von externer Seite naturgemäß bevorzugt und eingebracht werden, mit den lokalen Gegebenheiten und Anforderungen in Einklang zu bringen. Wichtiger noch ist m.E. der Wirkeffekt bei dem lokalen Partner (einheimischer Anwender), wenn er begreift, dass sein Wissen beachtet und sogar in moderne Techniken eingebunden wird. In diesem Sinne das versteckte und nur über differenzierte Forschung auf *gras root level* zugängliche indigene Wissen zu erschließen, für die Praxis und „übergreifende Entwicklungsstrategien" aufzubereiten (*Müller-Böker et al.* 1998, 17), stellt folglich keinen wissenschaftlichen Selbstzweck dar.

(2) *Informelle Institutionen*: Bei sozialgeographischen Feldforschungen in Entwicklungsländern wurden wiederholt ganz spezifische und lokal auftretende Formen gesellschaftlicher und ökonomischer Kontrollen, Absprachen, Regelungen und Übereinkünfte beobachtet und erfasst. Sie binden den Einzelnen über seine Individualinteressen hinaus langfristig in Verpflichtungen gegenüber der Gemeinschaft ein und sichern gleichzeitig seinen gesellschaftlichen und wirtschaftlichen Erfolg bzw. sein Überleben (z.B. *Nüsser* 1998; *Scholz* 1986a). Sie zeichnen sich i.d.R. durch hohe Persistenz aus und wirken systemstabilisierend. In den Sozialwissenschaften werden Formen sozialer und ökonomischer Kontrolle und Regelungen, wozu nach *Mühlmann* (1969) z.B. Ehe, Familie, Männerbünde oder auch Gastrecht gehören, als „Institutionen" bezeichnet[96]. Da die eingangs angesprochenen Formen gesellschaftlicher und ökonomischer Kontrollen, Absprachen, Regelungen und Übereinkünfte jedoch nirgendwo schriftlich fixiert oder kodifiziert, im Prinzip rechtlich nicht ein- oder anklagbar sind und sich dem Zugriff oder der Steuerung des Staates entziehen, seien sie – zur begrifflichen Abgrenzung von Institution im Sinne von Organisation – hier als „informelle In-

96 Die Institutionen-Thematik hat auch Eingang in die wirtschaftswissenschaftliche Diskussion gefunden. Lediglich zur Ergänzung sei auf *North* (1990, 1992) hingewiesen.

stitutionen“ bezeichnet (*Scholz* 1986a). – Die Frage, was konkret darunter zu verstehen ist, sei kurz verdeutlicht:

Approach: Im Bereich des Nanga Parbat konnte *Nüsser* (1998, 98) auf Dorfebene Gruppen (*weygons*) nachweisen, die für die Bewässerung der Felder des Dorfes verantwortlich sind. Obgleich nirgendwo rechtlich fixiert, handeln die Bewohner doch danach, indem sich jeder Haushalt mit einer bestimmten Leistung an dieser Gemeinschaftsaufgabe beteiligt. Bei der Schaf- und Ziegenhaltung gilt z.B.: „Nach einem gemeinschaftlich festgelegten Rotationszyklus (Hüterotation = *lachogon*; Anm. d. Verf.) müssen alle Haushalte“, so führt *Nüsser* (1998, 126ff) aus, „die ihr Vieh auf eine *Nirril*[97] zur Sommerweide schicken, männliches Hirtenpersonal zur Verfügung stellen, um die täglichen Weidegänge in die umliegenden Hänge durchzuführen.“ Darin sind auch die Haushalte eingebunden, die in den Dauersiedlungen verbleiben. Können sie keine Arbeitskraft zur Verfügung stellen (z.B: wegen Abwesenheit der Männer zur Arbeit im Vorland), dann müssen Kompensationsleistungen in Form von Naturalien und in jüngerer Zeit auch Geld erbracht werden. „Mit diesen institutionalisierten Rotationsregelungen, die die partizipierenden Haushalte durch Verpflichtungen binden, wird erreicht, dass die arbeitsintensive Almwirtschaft trotz Zunahme von außerlandwirtschaftlichen Tätigkeiten der Männer und einem steigenden Schulbesuch der Jugendlichen weiterhin beibehalten werden kann.“ Diese informellen Institutionen tragen ganz entscheidend zum Fortbestand der existenzsichernden Wirtschaftsweisen in dieser Gebirgsregion bei.

Die eingangs vorgenommene definitorische Festlegung und die eben gegebenen Beispiele entbinden weder der wissenschaftlichen Auseinandersetzung mit dem Gegenstand ‚Institution‘ an sich noch (und in erster Linie) mit der Frage nach ihrer Entwicklungsrelevanz.

Institutionendiskussion: Nach *Parsons* (1951) handelt es sich bei Institutionen um organisierte Formen von Rollenverteilungen mit dem Ziel, das kollektive Zusammenleben zu regulieren. Verhaltenstheoretisch bedeuten sie Ordnungen mit bestimmten Vorstellungen über ihre richtige Funktion (*Luhmann* 1965). Dadurch wird erreicht, dass die Beteiligten gehindert werden, in ihrem Verhalten von dieser Ordnung abzuweichen. Es handelt sich dabei um ideale Sinngebungen (z.B. Gefolgschaftstreue) oder um kollektive Lebens- oder Überlebenssicherungen (z.B. Partnerschaftshilfe). Auf der Basis empirischer Befunde aus konkreten Analysen der Strukturen in sog. primitiven Gesellschaften gelangten *Radcliffe-Brown* (1952) und *Malinowski* (1944, 91ff) zu dem Ergebnis, dass diese Gesellschaften zur Existenzsicherung bestimmte Strukturen und Funktionen in einem Beziehungsgefüge institutionalisiert haben. Diese Institutionen lenken die

97 Unter *Nirril* werden die bodensteten Behausungen auf der Sommerweide an der Südseite des Nanga Parbat verstanden. Auf der Nordseite heißen sie *Rungs* (*Nüsser* 1998, 110).

Aktivitäten und wechselseitigen Beziehungen sowohl der Individuen als auch der organisierten Gruppen. Ausgehend von der elementaren Struktur sozialen Zusammenlebens, nämlich dem Überdauern in der Zeit, stellt *Malinowski* auf der Basis dieser Überlegungen eine direkte Beziehung von Grundbedürfnissen (*basic needs*) und kultureller Reaktion (*cultural response*) her. Sie ist die direkte Antwort einer Gesellschaft, die zur Befriedigung dieser Bedürfnisse gegeben wird. Sie ist auf Dauerhaftigkeit, auf Fortbestand gerichtet und wird als Institution bezeichnet, d.h. sie wirkt als Institution. Daraus leitet *Schelsky* (1970) folgende Überlegungen ab:

Bei den *basic needs* handelt es sich um Bedürfnisse biologischer Art, also um gegebene Bedürfnisse. Diese ‚gegebenen Bedürfnisse' (z.B. Trinkwasser) werden durch bestimmte Institutionen (Institutionen ersten Grades) befriedigt, können jedoch durch abgeleitete Bedürfnisse (z.B. gesäubertes, gekühltes Trinkwasser) erweitert werden. Die abgeleiteten Bedürfnisse verlangen nach neuen Formen ‚kultureller Reaktion', neuen Institutionen. Die weitere Ableitung von Bedürfnissen erfordert neue Institutionen, die immer komplexer werden, um immer vielfältigere Ansprüche/Bedürfnisse befriedigen zu können.

Basic needs sind somit Bedürfnisse unterschiedlicher Elementarität und Ableitung. Diese Feststellung gilt auch für die zugehörigen Institutionen. Sie sind nach sozialer Reichweite und traditionsbegründeter Tiefe oder Verwurzelung ganz verschieden. Daher können nach *Schelsky*'s Überlegungen z.B. Maßnahmen, die außen für sinnvoll/notwendig erachtet und ergriffen/eingeleitet werden oder eingeleitet werden sollten, um eine Verbesserung der Lebensbedingungen der Zielgesellschaft/Zielgruppe zu erreichen/zu initiieren, bei den Bedürfnissen oder bei den Institutionen ansetzen. Diese Überlegung sei – mit Blick auf die Entwicklungspraxis – an drei Modellen durchgespielt:

Modell 1: Vorhandene Bedürfnisse werden auf unterstem Niveau befriedigt.

a) Solange ein System fortbesteht, vermögen die Institutionen die Bedürfnisse zu befriedigen, auch wenn diese Befriedigung auf unterstem Niveau abläuft oder sich über Wohlergehen ‚weniger' und Verzicht/Mangel/Not ‚vieler' vollzieht. Im Vordergrund steht dabei stets die Sicherung des Fortbestandes der Zielgesellschaft/Zielgruppe.

b) Solange die Bedürfnisse durch die vorhandenen Institutionen nur auf dem untersten Niveau befriedigt werden, stagniert die Ableitung neuer Bedürfnisse, verharrt die Zielgesellschaft/Zielgruppe auf dem gegebenen Niveau.

Modell 2: Vorhandene Bedürfnisse müssen besser befriedigt werden, um die Lebensbedingungen der Zielgruppe zu heben. Dabei sind zwei Möglichkeiten denkbar:

a) Vorhandene Institutionen müssen dem angestrebten Bedarf an Befriedigung angepasst werden.

b) Vorhandene Institutionen müssen durch neue Institutionen substituiert oder ergänzt werden. Diese neuen Institutionen können entweder von der Zielgesellschaft/Zielgruppe ohne externen Bezug selbst entwickelt, durch Anregung von außen innerhalb derselben entstehen oder müssen von außen direkt aufgebaut, eingeführt, implantiert werden.

Modell 3: Vorhandene Bedürfnisse werden von außen als verbesserungs-/steigerungsbedürftig angesehen. Die Initiierung, Formulierung, Suggerierung von neuen Bedürfnissen stellen sich ein. Dabei sind wiederum mehrere Möglichkeiten zu unterscheiden:

a) Neue Bedürfnisse können von den schon vorhandenen Institutionen befriedigt werden (dieser Fall ist recht unwahrscheinlich, doch nicht unmöglich: z.B. bei Rücknahme des Bedürfnisniveaus!).

b) Neue Bedürfnisse können von vorhandenen Institutionen nicht befriedigt werden. Dann sind zwei Reaktionen möglich: Die Zielgruppe ist fähig, eine geeignete *cultural response*, d.h. selbständig eine Institution hervorzubringen, um die von außen kommenden neuen Bedürfnisse zu befriedigen (dieser Fall ist recht unwahrscheinlich, doch nicht unmöglich!). Die Zielgruppe ist unfähig, neue Institutionen aufzubauen, eine *cultural response* zu geben, um die von außen kommenden neuen Bedürfnisse zu befriedigen. In diesem Fall wird es notwendig, neue Institutionen von außen zu initiieren. Dabei können vorhandene Institutionen umfunktioniert und über partizipatorische Prozesse zu verändern versucht werden. Oder es müssen die von außen kommenden Verbesserungsansprüche zurückgenommen werden, weil zu ihrer Befriedigung keine geeignete *cultural response* möglich ist.

Welche entwicklungspraktischen Einsichten vermitteln diese abstrakten Modelle? In der Annahme, dass diese Modelle verschiedene Wirkungszusammenhänge zwischen Bedürfnis und Befriedigung bezüglich der Erhaltung der Zielgruppe in der Zeit zwar abstrahieren, jedoch im Prinzip richtig beschreiben, ergeben sich daraus für die entwicklungspolitische Praxis und die entwicklungsrelevante Forschung logischerweise mehrere Folgerungen:

(1) Entwicklungspolitische Maßnahmen mit Zielgruppen-, Grundbedürfnis- und Regionalentwicklungsbezug (LRE) sind auf die unterste soziale/regionale Ebene gerichtet und haben daher für ihre Aktivitäten/Maßnahmen zwei Ansatzstellen: Bedürfnisse (*basic needs*) und Institutionen (informelle Institutionen).

(2) Alle Maßnahmen, die auf eine soziale, politische und ökonomische Stärkung der unteren/untersten Ebene abzielen (Grundbedürfnisbefriedigung), müssen in

erster Linie auf die relevanten informellen Institutionen gerichtet sein, sich in Erfassung und Anwendung auf sie konzentrieren. Denn sie sind indigen angelegt, allgemein vertraut und akzeptiert. Dazuhin zeichnen sie sich durch hohe Persistenz aus.

(3) Institutionen können/sollten nur verbessert, neue Institutionen nur dann initiiert werden, wenn es für die Befriedigung vorhandener oder neuer/abgeleiteter Bedürfnisse wirklich erforderlich ist.

Fallbeispiel Punjab/Pakistan: Im *tribal area* des südlichen Punjab (Rahimyakhan-Sadiqabad-Sukkur/Pakistan) gibt es zahlreiche Bauern, die zwar über Eigenland verfügen, dennoch zu Feldarbeit bei einem lokalen landlord (*zamindar*) verpflichtet sind. Dahinter verbirgt sich eine informelle Institution, die von *Kuhnen* (1968) schon als *seb* beschrieben wurde und in ihrer jüngeren Variante im konkreten Fall als *kishan* bezeichnet wird. Sie sei an einem Beispiel beschrieben: Der Bauer (*kishan*) gibt an, über insgesamt 600 *acres* Land zu verfügen. Doch davon gehören ihm nur 200 und die restlichen 400 *acres* dem *zamindar*, ohne dass dafür ein Pachtverhältnis besteht. Von dem Eigenland kann der *kishan* jährlich ca. 50% bestellen, da der größere Teil seiner Arbeitskraft und der der übrigen Familienmitglieder auf den Feldern des *zamindars* eingesetzt werden muss. – Das Land erhielt der *kishan* in den 1960er Jahren, als der *zamindar* die drohenden Landreformgesetze damit unterlief, dass er seinen riesigen Besitz nicht nur unter die Familienmitglieder, sondern auch an verdiente, treue Stammesangehörige aufteilte und vergab. Diese Vergabe geschah unter modifizierter Anwendung des traditionellen *seb* und bedeutete für den *kishan*: *(1)* die unvergütete Bearbeitung der ihm ebenfalls übergebenen 400 *acres* des *landlords* (ggf. auch unter Hinzuziehung von Pächtern und Tagelöhnern, die er zu vergüten hat); *(2)* die Ablieferung aller Erträge von seinem Eigenland (z.B. Baumwolle, Zuckerrohr, Mango, Ölsaat) gegen marktübliche Konditionen an den *landlord* zu dessen Weiterverwendung; *(3)* Bereitstellung von Arbeitskräften (aus der Familie, z.B. Frauen, Mädchen) zu Dienstleistungen für den *landlord* und *(4)* Haltung und Zurverfügungstellung eines Reitpferdes. Im Prinzip sind diese Regelungen für alle *kishan* gleich, können aber (z.B. Pferdehaltung) spezielle Absprachen beinhalten.

Diese *kishan*-Institution ist in den Dörfern allgemein üblich. Doch weder die differenzierte Landübergabe noch die eben genannten Verpflichtungen sind kodifiziert, nirgendwo schriftlich festgehalten. Deswegen können sie staatlich nicht erfasst und von Seiten des *kishan* wirklich nicht eingeklagt werden. Daher auch bilden sie nie Gegenstand von Erörterungen oder Unmutsäußerungen. Der Grund dafür liegt letztlich jedoch wohl darin, dass die Landübertragung an den *kishan* und der damit ausgedrückte Vertauenserweis des *landlords* ihm gegenüber seine soziale Stellung erhöht und seine ökonomische Lage gegenüber den einfachen Pächtern verbessert. Auch hätten Unmutsäußerungen den Entzug des Landes zur Folge. – Faktisch sichert sich auf diese Weise der *landlord* den fast ungeschmälerten Zugriff auf das Land und vor allem auf die wichtigen Erträge zur Weiterverwendung. Und zum anderen weiß er sich kostenloser Arbeitskräfte sicher und ist frei von der Verantwortung der Felderbewirtschaftung. – Ganz zu schweigen von der Tatsache, dass er über die *kishan*-Institution sein Land dem Zugriff der Bodenreform entziehen konnte.

In anderen Teilen Pakistans konnten informelle Institutionen wie z.B. *pashtunwali*, Schuldknechtschaft, Partnerschaftshilfe, Feindfronten u.a.m. nachgewiesen werden[98]. Kenntnisse über informelle Institutionen liegen inzwischen für Ost- und Nordafrika, Madagaskar, Sri Lanka, Bangladesh, Thailand, China, die Mongolei und verschiedene Teile Lateinamerikas aus den unterschiedlichsten Lebens- und Wirtschaftsbereichen vor[99]. Sie bilden ein ganz bedeutsames soziales Regelungs- und Entscheidungselement auf unterer, existenz-/überlebenssichernder Ebene. Und es überrascht, dass sie in der Forschung, aber vor allem in der Entwicklungspraxis bislang wenig beachtet wurden.

Entwicklungsbezug: Die Anwendung dieser Überlegungen in der praktischen Projekt-/Entwicklungsarbeit setzt zwar zum einen die Internalisierung der hier modellhaft diskutierten Zusammenhänge bei den Mitarbeitern voraus und macht zum anderen ganz spezielle Kenntnisse über die lokale Zielgesellschaft/Zielgruppe notwendig. Doch dieser Aufwand eröffnete auch Zugang zu einem Instrument, das per se schon Partizipation bedeutet, d.h. es setzt dort an, wo sich die Zielgesellschaft/Zielgruppe selbst wiederfindet. – Eine gesellschaftlich relevante geographische Entwicklungsforschung, wie in diesem Buch vertreten, muss daher auch auf das Erkennen informeller Institutionen gerichtet sein. Deshalb sei an dieser Stelle nochmals auf die eingangs vorgestellten Fallbeispiele eingegangen: Wenn in der Projektarbeit erkannt würde, dass z.B. die *lachogon*-Institution dafür verantwortlich ist, dass die mobile Tierhaltung am Nanga Parbat (s.o.) als Existenzsicherung trotz neuer Bedürfnisse fortdauert, dann erübrigten sich z.B. Projekte zur Verbesserung der Tierhaltung, um ihren Fortbestand zu sichern. Damit sind mögliche partielle Maßnahmen z.B. in der Tierhygiene nicht generell ausgeschlossen. Und wenn erkannt würde, dass die *kishan*-Institution die Bauern in den Dörfern des südlichen Punjab fast unlöslich an den *landlord* bindet, würden z.B. zu ihrer Selbstorganisation (z.B. Bildung von *village organisations*) wohl kaum Maßnahmen sinnvoll sein, die den *landlord* ignorierten.

Die entwicklungspraktischen Möglichkeiten, die die Kenntnis von und die Einsicht in informelle Institutionen eröffnen, sind nach diesen Ausführungen sicher leicht einsehbar. Schwieriger ist ihre anwendungsbezogene Umsetzung. Denn trotz inzwischen zahlreicher Informationen über informelle Institutionen und sicher ein noch viel größeres Erfahrungswissen darüber bei vielen KollegInnen

---

98 Genannt seien dazu: *rishwat* = übliche Zahlungen (Bestechungsgelder) bei Verfolgung eines Geschäftes, Erlangung eines Auftrages etc.; *paishqi* = Vorauszahlungen auf eine Ernte durch den Kontraktor an den Landeigner; *shufa* = Einspruchsrecht bei Landverkauf durch Dorfmitglieder; *thake dari* = Kontraktorsystem im gewerblichen/industriellen Bereich zur Absicherung von Arbeitskräften, Rohstoffen, Energie und sogar Absatz (*RTV* 1986).

99 Diese Angaben basieren auf Diplom- und Doktorarbeiten oder Studien, die der Verf. seit Mitte der 1980er Jahre betreut oder selbst durchgeführt hat.

und ProjektmitarbeiterInnen ist über die praktische Anwendung noch wenig bekannt.

2.3 Verwundbarkeitsansatz

Der Verwundbarkeits- (*vulnerability-*)Ansatz dürfte wohl, angeregt durch die Überlegungen von *Timmerman* (1981) sowie durch Einsichten der Landschafts-/Humanökologie (S. 145), letztlich konsequent aus dem Diskurs innerhalb der Agrargeographie über Nahrungskrisen hervorgegangen sein. Bei der Analyse der Verursachungskomplexe wiederkehrender Hungerkatastrophen bildeten sich nämlich seit Ende der 1980er Jahre drei Erklärungsansätze heraus (*Bohle, Krüger* 1992, 260ff; vgl. *Neuburger* 2002, 20ff)): So wurde die Entstehung von Nahrungsdefiziten erstens aus der Differenz zwischen Produktion und Bedarf an Nahrungsmitteln gedeutet (*food availability decline*), zweitens als Folge des Verlustes der Möglichkeit interpretiert, Lebensmittel erzeugen, erwerben oder eintauschen zu können (*entitlement decline*) oder drittens – im konflikttheoretischen Sinne – als Ergebnis kurzfristiger Kulmination langanhaltender struktureller Krisen begriffen.

Approach: Noch bevor im Jahre 1992 die Flutkatastrophe in Pakistan (Jahrhundertflut; *Bohle, Pilardeaux* 1992) ihren Höhepunkt erreicht, weite Teile des fruchtbaren Punjab und unzählige Dörfer verwüstet sowie hunderttausend Tote gefordert hatte, machten Presse und Rundfunk dafür zuerst die extremen Niederschläge verantwortlich. Bald sahen sie die Schuldigen in den Verantwortlichen von Water and Power Development Authority (WAPDA), die nicht rechtzeitig die Schleusen in den großen Dämmen (Mangla, Trabela, Kalabagh) geöffnet hatten. Und endlich wurden die Verursacher in der Regierung und ihrer Unfähigkeit ausgemacht. Nachdem sich Betroffenheit und Aufregung über das Ausmaß des Hochwassers gelegt hatten, besann man sich darauf, dass es in der Vergangenheit schon häufig zu Flutkatastrophen gekommen war. Doch waren weder Folgerungen aus diesen Erfahrungen gezogen (z.B. Unterbindung des Holzeinschlages im *catchment area* des Indus und seiner Nebenflüsse: Himalaya, Karakorum und Vorgebirge; Erhaltung des Speichervolumens der gebirgsnahen Stauseen, die der Sedimentation anheimfallen) noch bauliche, technische und organisatorische Maßnahmen ergriffen worden (z.B. Befestigung der Wälle entlang der dammflußgleichen *link channels* und deren Tieferlegung, Abstimmung bei der Wassernutzung zwischen Elektrizitätserzeugung und Feldbewässerung), um zukünftigen Hochwassern begegnen zu können. Deshalb, so die Folgerung, waren die Bewohner des Punjab ungeschützt und musste die Flut des Jahres 1992 zu verheerenden Auswirkungen führen.

Plötzliche Naturereignisse mit katastrophalen Auswirkungen für den Menschen, so die Einsichten aus den Erfahrungen in Pakistan, sind langfristig angelegt, stellen letztlich das Ergebnis versäumter Maßnahmen und Entscheidungen dar. Dadurch fehlt es den betroffenen Menschen an geeigneten Fähigkeiten und angemessenen (Handlungs-)Strategien zur Gegensteuerung. Wenn, so die öffentliche Meinung in Pakistan, die Verantwortlichen ihren Aufgaben in der Vergangenheit nachgekommen wären, hätte die Katastrophe verhindert oder zumindest verringert werden können[100].

Wohl aus zahlreichen ähnlichen empirischen Erfahrungen erwuchs die Erkenntnis, dass Desaster, hier im besonderen Nahrungskrisen und Hungerkatastrophen, als Ergebnisse länger dauernder Prozesse und versäumter Maßnahmen zu verstehen sind. Kommt es nämlich nicht – wie der Fall Pakistan zeigt – zu entsprechenden Folgerungen und gegensteuernden Maßnahmen nach erfolgten Katastrophen, dann nimmt i.d.R. die Gefährdung der betroffenen Gruppen z.B. durch Nahrungskrisen zu und wird „die Möglichkeit einer erfolgreichen Krisenbewältigung immer weiter eingeschränkt“ (*Bohle, Krüger* 1992, 261). Die gesammelten Erfahrungen bei den relativ dicht dokumentierten Hungerkrisen erlauben es nun, dabei verschiedene Stadien zu unterscheiden:

(1) Grundanfälligkeit (*baseline vulnerability*) bildet das erste Stadium dieses Hungerprozesses. Sie ist strukturell in den jeweiligen sozioökonomischen, politischen, demographischen, aber auch ökologischen und natürlichen Instabilitäten angelegt und tendenziell labil.

(2) Kurzfristige Veränderungen können diese Labilität gefährden und zu einer erhöhten Anfälligkeit (*current vulnerability*) führen. Die Nahrungssicherung wird instabil, die Versorgung verschlechtert sich.

(3) Durch plötzliche Krisen und Katastrophen kann sich die Situation weiter destabilisieren und zu Hungerkrisen (*famine crisis*) steigern.

(4) Fehlen wirkungsvolle Gegen-/Hilfsmaßnahmen, so treten in solchen Fällen regelrechte Hungerkatastrophen (*famine disaster*) ein. Sie sind meist mit einem völligen Zusammenbruch des Nahrungssystems verbunden.

(5) Gegensteuerung mit dem Ziel der Stabilisierung kann an verschiedenen Stellen dieses Prozesses ansetzen und zur Verbesserung der Ernährungssituation verhelfen. Dabei sind verschiedene Alternativen möglich. So kann z.B. sogar die Grundanfälligkeit – auf einem höheren, dem ursprünglichen oder noch tieferem Niveau – wieder hergestellt werden. Das jeweilige Niveau bildet jedoch die Ausgangsbasis zukünftiger Destabilisierungen mit unterschiedlichem Anfälligkeitsergebnis.

Dieser am Fall der Nahrungsversorgung abgeleitete Prozess erlangte – angeregt, wie eingangs erwähnt, durch die Überlegungen von *Timmerman* (1981) – als Ansatz gesellschaftlicher Verwundbarkeit eine allgemeinere Bedeutung. Aus der

100 Diese Ausführungen basieren aus verschiedenen Artikeln, die 1992 in *News Line* und *Herald* erschienen sind (V).

Einsicht nämlich, dass Gesellschaften unterschiedliche Fähigkeiten zur Absorption oder Abfederung von Anfälligkeiten, Gefährdungen, Unwägbarkeiten und/oder Schutzlosigkeit (*vulnerability*) besitzen, die ihren Fortbestand bedrohen, wurde ein allgemeines Analysekonzept für die Eignung einer Gesellschaft zur Überlebenssicherung abgeleitet (*Chambers* 1989; *Krüger* 2003, 8). Als Verwundbarkeitsansatz fand es Eingang in die geographische Entwicklungsforschung.

Kern dieses Ansatzes bilden die drei Faktoren: Exposition, Bewältigung und Folgeschäden. Sie stellen auch die (forschungs-)methodischen Analyseebenen dar. Exposition kann heißen: Ausgesetztheit gegenüber natürlichen Bedrohungen, Exponiertheit gegenüber gesellschaftlichen Gefährdungssituationen oder/und auch Unfähigkeit, derartige Situationen zu bewältigen. Die Konstellation der drei Faktoren zueinander (Ursachenkomplexe) entscheidet letztlich darüber, wie verwundbar die betreffenden Menschen sind. Nach *Watts, Bohle* (1993) sind dabei drei Ursachenkomplexe von Bedeutung. Sie sind jedoch nicht statisch, sondern können zeitlich und räumlich unterschiedliche Ausprägung erfahren/zeigen (vgl. *Krüger* 2003, 8f; *Tekülve* 1997, 17ff):

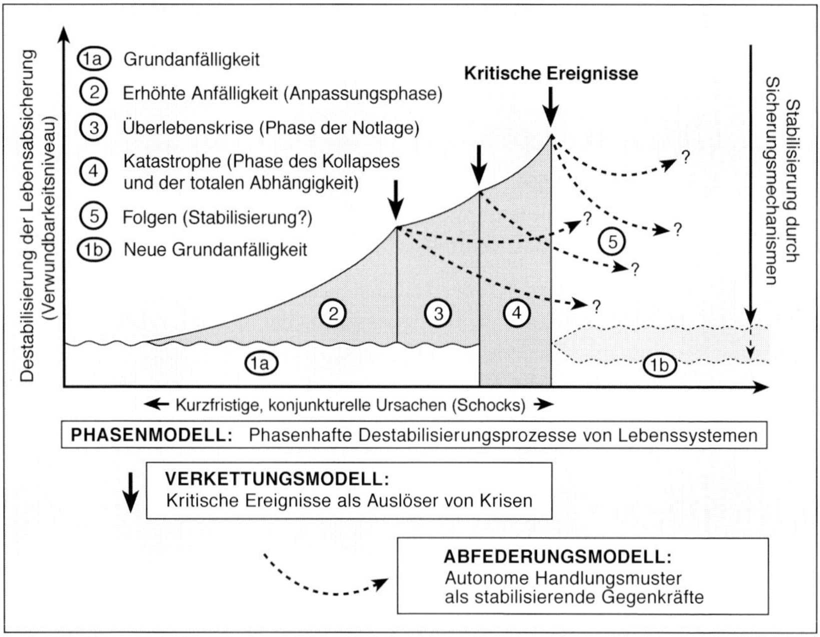

Abb. 48: Verwundbarkeitsansatz (Modell). Quelle: *Bohle, Krüger* 1992; *Krüger* 2003; leicht verändert d.d.Verf.

(1) Über Art und Weise, wie z.B. Bevölkerungsdruck die Bodendegradation erhöht, entscheidet die lokal herrschende Wechselbeziehung zwischen der demographischen Entwicklung und den natürlichen und humanen Ressourcen einer Gesellschaft. Die Frage, wie in einem solchen Zusammenhang z.B. Krankheiten, Glück/Unglück und Schicksalsschläge bewältigt/abgefedert werden, erfordert Handlungsstrategien sozialer, politischer, medizinischer und auch materieller Implikation.

(2) Die Verwundbarkeit steht in enger Beziehung zu den Artikulations- und Partizipationsmöglichkeiten innerhalb einer Gesellschaft sowie zum Zugang zu den relevanten Verfügungsrechten. Sie sind jedoch nicht nur Ursache, sondern können ebenso Ausdruck/Folge von Verwundbarkeit sein.

(3) Die Existenz-/Überlebenssicherung hängt wesentlich von den grundlegenden wirtschaftlichen und politischen Machtverhältnissen sowie den Zugangsmöglichkeiten zum Machtgebrauch ab.

Damit ist ein komplexes Risikoszenarium für Verwundbarkeit abgesteckt, das neben strukturellen Elementen (*trigger events*: z.B. Naturereignisse, politische Unruhen, Preiserhöhungen) vor allem Handlungsspielräume für die betroffenen Gesellschaften und Individuen sowie Handlungsnotwendigkeit aufzeigt. Es kann daher wohl kaum überraschen, dass an dieser Stellen konzeptuell weiterführende, handlungstheoretische Überlegungen ansetzen.

Exkurs: Der handlungstheoretische Ansatz, in Soziologie, Psychologie und Anthropologie entwickelt, ist verhaltenstheoretisch begründet. Er geht von dem intentionalen und interpretativen Verhalten handelnder Individuen oder Gruppen und davon aus, dass menschliches Handeln prinzipiell über (Willens-)Freiheiten verfügt, die Veränderungen/Verbesserungen der Wirklichkeit/Welt (Veränderungen von Strukturen) ermöglichen. Gesellschaftliche Ereignisse stellen danach Ergebnisse intentionalen, situationsbedingten Handelns dar.

In die Sozialgeographie durch *Werlen* (1988) eingeführt, leiteten die handlungstheoretischen Überlegungen von der bislang tragenden regionalwissenschaftlichen Suche nach räumlicher Gesetzmäßigkeit zu der Einsicht, dass „die erdräumlich repräsentierten Strukturen materieller Handlungsfolgen nur als Ansatzpunkt" dienen, „um daraus auf Handlungsregelmäßigkeiten" (*Müller-Mahn* 2001,16) bzw. auf Handlungsoptionen zu schließen. Dadurch rückt die Frage, „welche Handlungs-Macht dem Akteur oder der Akteurin in der Konfrontation mit dem vorgegebenen Rahmen mit seinen Strukturelementen zuzuweisen ist" ins Zentrum des Forschungsinteresses (*Tröger* 2003, 26). Denn über den Erfolg von Handlungen entscheidet letztlich, ob der Akteur/die Akteurin sich den Vorgaben beugen oder für sie die Möglichkeit besteht, „sich gegen den Rahmen aufzulehnen oder gar auf seine konstitutiven Elemente Einfluß zu nehmen" (ebd.). Aus der handlungstheoretischen Logik wird der darin angesprochene Dualismus von Struktur/Funktion/Normen und Handeln (*Parsons* 1951) im Sinne der Handlungsoption entschieden. Daraus leitet sich wohl die Tatsache ab, dass der handlungstheoretische Ansatz gerade im Zusammenhang neoliberalistischen Wettbewerbscredos im entwicklungstheoretischen Diskurs auftaucht und die Frage nach der Bedeutung individuellen, subjektzentrierten Handelns im Entwicklungsprozess und für die Entwicklungspraxis aufgeworfen wird (*Krüger* 2003, 14).

In diesem Sinne stellt der handlungstheoretische Ansatz auf den ersten Blick eine zwingende und logische Herausforderung dar. Und er mag auf der Ebene individuellen Handelns auch aus entwicklungspolitischer Perspektive eine zentrale funktionale Bedeutung besitzen. Dadurch aber dürfen die gesellschaftlichen Strukturen und die Gesellschaft an sich keinesfalls in ihrer Verantwortung gegenüber den Betroffenen übersehen werden. Denn, bezogen auf die Probleme der Länder des Südens, könnte aus subjektzentriertem Handeln die Folgerung abgeleitet werden, dass diese Probleme nicht (mehr) gesellschaftlich verursacht und verantwortbar sind und sie daher ein selbst verursachtes, persönliches Schicksal darstellen. Doch eine solche „Individualisierung sozialer Ungleichheit" (*Beck* 1986, 187) entspricht nicht der historischen und gesellschaftlichen Realität und sollte daher entwicklungspolitisch nicht konsensfähig sein.

Eingedenk dieser Anmerkungen eröffnet der handlungstheoretische Ansatz für die entwicklungstheoretische Diskussion Perspektiven, die *Krüger* (2003, 12ff) in verschiedenen Denkrichtungen erkennt, die bislang noch nicht konstitutiv für den Verwundbarkeitsansatz erschlossen wurden: a) Die (neue) Institutionenökonomie eröffnet Einsichten in die Steuerungsmechanismen von Regelwerken (Institutionen), die den sozialen, ökonomischen und kulturellen Interaktionen von Gruppen und Gesellschaften zugrunde liegen. b) Aus problemtheoretischer Sicht, die die Bedingungen von bzw. Erfordernisse für Problemlösungen thematisiert, hängt die Verwundbarkeit einer Gesellschaft von ihrer Fähigkeit und Flexibilität ab, in Augenblicken erhöhter Anfälligkeit innovative Handlungsweisen zu entwickeln und ihren Mitgliedern deren Anwendung zu erlauben. c) Der Verwundbarkeitsansatz steht auch in engem Zusammenhang mit der auf lokalem/indigenem Wissen basierenden Fähigkeit, plötzliche Ereignisse/Gefahren in direkte Bedrohungen (Risiken) umzusetzen (Risikoperzeption) und daraus Handlungen zur Existenz-/Überlebenssicherung abzuleiten[101].

Als Analyseinstrument zur Erforschung von Existenzgefährdungen hat sich der Verwundbarkeitsansatz als geeignet erwiesen. Er stieß jedoch dort an Grenzen, wo es um die Messbarkeit von *vulnerability* und um die Indikatoren zu ihrer Erfassung ging. Dennoch wurde dieser Ansatz in der entwicklungspolitischen Praxis beachtet und aufgegriffen[102].

101 vgl. ‚informelle Institutionen' im Entwicklungsprozess (S. 164; *Scholz* 1986a).
102 Hingewiesen sei dazu auf: Newsletter of the International Human Dimensions Programme on Global Environmental Change (IHDP), Update, 2, Bonn, 2001.

Entwicklungsbezug: Vom United Nation Development Program (UNDP) wurde auf der Basis dieses Ansatzes und in Anlehnung an den Human Development Index (HDI) sowie unter Verwendung verschiedener Risikofaktoren ein World Vulnerability Report erstellt. Mit dessen Hilfe soll der Grad regionaler Verwundbarkeit verdeutlicht bzw. erfasst werden (*Krüger* 2003, 10). In ähnlichem Sinne fand der Verwundbarkeitsansatz in der Entwicklungspraxis als *Sustainable Livelihood Approach* Eingang (*Carney et al.* 1999; *Krüger* 2003, 11; *Tröger* 2003, 25). Es handelt sich somit um ein Analyseschema, das den gesamten Verwundbarkeitskontext von Haushalten zu betrachten versucht. Dabei steht die Frage nach der Mobilisierbarkeit der fünf *livelihood assets* Human-, Natur-, Sozial-, Sach- und Finanzkapital[103] für die Entwicklung von handlungsorientierten Anpassungs- und Bewältigungsstrategien für Bedrohungen/Gefährdungen/Risiken im Zentrum der Analyse (Abb. 49): Diese *assets* sind verschiedenen Bedrohungen (Verwundbarkeitskontext) ausgesetzt, stehen im Wechselverhältnis mit den politischen, gesellschaftlichen und ökonomischen Rahmenbedingungen (Politikkontext) und können/sollen durch

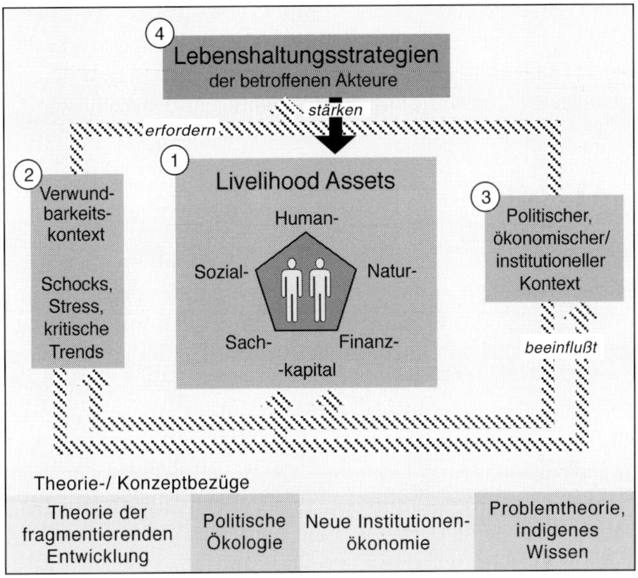

Abb. 49: Grundkonzept des *livelihood*-Ansatzes. Quelle: Entwurf d.Verf. n. *Krüger* 2003, 10; *Tröger* 2003. (Zahlen in Kreisen siehe Text.)

103 *Humankapital*: Wissen, Fähigkeiten, Fertigkeiten, Gesundheit usw.; *Naturkapital*: Land, Wasser, Böden, Biodiversität usw.; *Sozialkapital*: soziale Netzwerke, Status, Vertrauensverhältnis, Loyalitätsbeziehungen usw.; *Sachkapital*: Infrastruktur, Produktionsmittel, Wohnraum usw.; *Finanzkapital*: Einkommen, Ersparnisse, Kreditzugang usw. (*Krüger* 2003, 11).

das lebenssichernde Handeln der sozialen Akteure (Lebenshaltungsstrategien) gestärkt werden[104]. Auf diese Weise wird der theoretisch angelegte Verwundbarkeitsansatz zu dem Analysekonzept *Sustainable Livelihood Approach*. Denn durch die Unterscheidung in vier Ebenen wird es m.E. forschungsempirisch und entwicklungspraktisch handhabbar: Die *assets*-Ebene gibt den fassbaren Forschungs- und Entwicklungsgegenstand vor. Die Ebene des Verwundbarkeits- und die des Politikkontextes bilden Forschungsanlass und Analyserahmen. Und die Ebene der Lebenshaltungsstrategien stellt das entwicklungsrelevante Anliegen und damit das menschbezogene Maßnahmenziel dar. Verschiedene theoretische und konzeptuelle Bezüge erlauben eine Erweiterung des Erkenntniszusammenhanges.

3. Wirtschaft und Entwicklung?

Wenn es im weltweiten ‚Entwicklungsgeschäft' einen alles dominierenden Faktor gibt, dann ist es die Wirtschaft, sind es die unterschiedlichsten ökonomischen Interessen. Sie reichen von Maßnahmen nachholender Entwicklung, gleichermaßen modernisierungs- wie abhängigkeitstheoretisch begründet und propagiert, bis zu der Vorstellung von einer gesellschaftlich, wirtschaftlich und räumlich fragmentierenden Entwicklung. Direkter formuliert umschließen sie nicht selten rücksichtslose Ausbeutung ebenso wie schiere Überlebenssicherung. Erstere – zwar international vorherrschend – findet in diesem Buch keine Beachtung. Vielmehr sei hier auf jene Konzepte und Überlegungen eingegangen, die auf Grundbedürfnis- und Überlebenssicherung gerichtet und von der Überzeugung einer *bottom-up*-Entwicklung getragen sind. Ihnen hat die geographische Entwicklungsforschung auch in beachtenswerter Weise besondere Aufmerksamkeit gewidmet.

Es hat in der Vergangenheit nicht an Bemühungen und Empfehlungen gemangelt, die entwicklungspolitische Effektivität zu erhöhen, die Umsetzung für sinnvoll erachteter Konzeptionen zu verbessern, Entwicklungspolitik generell wirkungsvoller zu gestalten. Dazu veranlassten außer philanthropischer Gesinnung nicht weniger politisches Kalkül und fiskalische Notwendigkeit oder die Einsicht in erkannte Insuffizienzen bei den Ausführungsorganen und den benutzten Instrumenten. Auch dürften Zweifel an den Folgen vorgenommener interventionistischer Maßnahmen auf lokaler Ebene eine Rolle gespielt haben. Die als Para-

---

104 Verwiesen sei hier auf den anregenden Diskurs von *Tröger* (2003, 26ff) zum *livelihood*-Ansatz. Am konkreten Fall wird der theoretisch bislang noch ungelöste Gegensatz zwischen Struktur und Handeln aufgezeigt und ein Lösungsversuch angeboten. Vgl. dazu auch *Müller-Mahn* (2001, 12ff).

digmenwechsel der Entwicklungspolitik immer wieder begrüßten ‚großen Veränderungen' erfolgten m.E. aber weniger aus gereifter Einsicht und der Entschlossenheit, das Problem Unterentwicklung wirklich anzugreifen. Vielmehr geschahen sie aus internen Zwängen oder politischer Umorientierung bei den verantwortlichen Institutionen. Und was *Rauch* (2003, 35) als „Mainstream" der höheren Etagen, das In-Sein von ›Makro‹ bezeichnet, wird nicht weniger rasch der entwicklungspolitischen Hektik anheimfallen. Denn die Feststellung, dass sich die „Einschätzung, dass ohne eine Veränderung der Rahmenbedingungen alle Bemühungen auf lokaler und regionaler Ebene nicht zu dauerhafter und breitenwirksamer Entwicklung beitragen können, sondern bestenfalls zu künstlichen, temporären Insellösungen führen würden" (ebd.), ist zwar richtig und hat sich inzwischen auf breiter Ebene durchgesetzt[105]. Doch sie ist keineswegs neu und auch nicht originell. Im politisch geeigneten/opportunen oder notwendigen Augenblick werden nämlich – unter Beibehaltung z.B. der zur Einflusssicherung brauchbaren und bewährten Strukturanpassungsprogramme von WB/IWF oder der (früher GATT-)WHO-Regelungen – immer wieder neue Konzepte für andere Ebenen auftauchen.

Exkurs: In diesem Zusammenhang sei zurückblickend ganz generell die Frage aufgeworfen, ob die wachstumstheoretischen Vorstellungen nicht schon zum Abbau von Rückständigkeit hätten führen können, wenn die angestrebten Ziele wirklich das Handeln der Verantwortlichen bestimmt hätten. Als die Weltbank in den 1980er Jahren die Kleinbauern der Dritten Welt als Ansatzstelle zur Beseitigung des eingesehenen ländlichen Elends erkannt und als Ziel ihrer Förderungsmaßnahmen erkoren hatte, war zweifellos ein wichtiger Schritt getan worden. Doch seine Umsetzung diente letztlich industriestaatlichen Interessen. Die Kleinbauern wurden als Abnehmer von Traktoren, Maschinen, Saatgut und Dünger erschlossen und verschuldeten sich, während die weltbankseitigen Kredite über den Markt mehrheitlich in den Norden transferiert wurden. Und ist nicht auch die WHO 1995 mit dem Ziel gegründet worden, endlich Parität im Welthandel umzusetzen? Die Wirklichkeit des Agrarmarktes und Textilhandels sowie die bilateralen Abkommen der USA mit einzelnen Ländern sind von diesem Ziel weit entfernt. – Eine ähnliche Einschätzung knüpft sich wohl an zahlreiche andere Maßnahmen, seien es Versuchs- oder Experimentierfarmen, *vocational training centers*, Aufbauprojekte für Industrie oder Förderung gewerkschaftlicher Organisationen etc. Anspruchsgerecht umgesetzt, hätten auch sie schon – ohne die zahlreichen tatsächlichen positiven Entwicklungen zu verkennen –

105 Verwiesen sei hierbei auf die von der Bundesregierung seit 2000 verfolgte „globale Strukturpolitik". Sie hat, bei Beibehaltung der bislang üblichen Maßnahmen, einige neue Handlungsfelder aufgenommen. Dazu gehören z.B. (1) eine verbesserte Inlands-(Aufklärungs-)arbeit: Information über Billiglohnproduktion, „Fairen Handel", Kinderarbeit, Klimaschutz, Menschenrechte. (2) Mitwirkung an internationalen Absprachen/Abkommen: z.B. Produktionsstandards in Billiglohnländern, Internationaler Gerichtshof, Klimaabkommen, Regenwaldschutz, Saatgutabkommen, Welthandelregelungen etc.

zumindest zur Minderung der Probleme beitragen können. Selbst die Strategie der ländlichen Regionalentwicklung (LRE; S. 207), eine geeignete und überzeugende Maßnahme zur Grundbedürfnisbefriedigung und Armutsbekämpfung auf regionaler/lokaler Ebene[106], bereitet bei der Umsetzung Probleme. Zum einen sind die erforderlichen Einsichten und Fähigkeiten bei den verantwortlichen externen und lokalen Projektmitarbeitern nicht immer vorhanden. Zum anderen schaffen die zuständigen lokalen Regierungsinstitutionen meist nicht vorbehaltlos die notwendigen Rahmenbedingungen. Ganz abgesehen von der Tatsache, dass diese m.E. sinnvolle Strategie in der Interessenmühle der bundesdeutschen Entwicklungspolitik zerrieben und unterminiert wird.

Doch ungeachtet dieser generellen Anmerkungen zu modeströmungsgleicher Kurzlebigkeit entwicklungspolitischer Maßnahmen (*Müller-Mahn, Scholz* 1993) bleibt natürlich die Notwendigkeit, den neu gewonnenen Einsichten, Erkenntnissen und entstandenen Bedürfnissen entsprechend, geeignete interventionistische Konzepte zu bedenken und für die praktische Umsetzung aufzubereiten. – Zwei m.E. bemerkenswerte Beiträge der Geographie zu der Frage nach dem möglichen Weg zum Erfolg, d.h. wenigstens Befriedigung der Grundbedürfnisse oder Verringerung der Armut, seien im folgenden vorgestellt.

3.1 Perspektivenänderung: von *unten* und *autozentriert*

Die Frage, wie Entwicklung volkswirtschaftlich abläuft, ist dank neoklassischer Wachstumsvorstellungen im Prinzip geklärt. Zur Beantwortung der Frage jedoch, wie sie bei der besonderen Situation in den Entwicklungsländern, die sich nach der Unabhängigwerdung durch dualistische/deformierte Strukturen in Wirtschaft und Gesellschaft sowie das fast völlige Fehlen notwendiger Produktionsfaktoren (z.B. Kapital, qualifizierte Arbeitskräfte, Infrastruktur) auszeichnen, initiiert, ausgelöst und gesteuert werden kann, sind verschiedene ökonomische, soziologische und demographische Theorien entwickelt worden (vgl. *Bohnet* 1971). Sie sind von ganz unterschiedlicher Reichweite und Differenziertheit. Doch setzten sie alle auf nachholende Entwicklung. Diese Konzeption, nach der Stellung der verantwortlichen Träger in der administrativen Hierarchie als Entwicklung von *außen*, von *oben* oder vom *Zentrum zur Peripherie* bezeichnet, war von der Überzeugung getragen, Entwicklung über Regierung und Administration bzw. über Projekte mittels Kapital und Wissen vornehmen zu können. Die unzähligen, bi-

---

106 In ähnlicher Form wie das LRE in Deutschland (*Rauch* 1991), jedoch unabhängig davon, wurde durch die Aga Khan Foundation das sog. Aga Khan Rural Support Program (AKRSP) in Pakistan entwickelt (*Kreutzmann* 1989). Die pakistanische Regierung setzt es inzwischen landesweit zur Verbesserung der Lebensbedingungen im ländlichen Raum ein. Eine wichtige Makro-Bedingung, nämlich staatliche Akzeptanz der Entwicklung von unten, ist hier gegeben. Leider liegen m.W. keine Untersuchungen über die erzielten Erfolge vor.

und multilateral durchgeführten Demonstrations- und Produktionsfarmen bei Tier- und Landwirtschaft, Projekte zur Verbesserung der Infrastruktur und selbst die Großvorhaben wie z.B. Staudämme, Kraftwerke, Häfen oder Straßen unterstanden stets externer Leitung, Beratung oder sogar ganz konkreter Durchführung. Und auch auf der Ebene des Empfängerlandes lag die verbleibende Verantwortung in Regierungshand. Eigentlich hatte sich an den kolonialen Praktiken strukturell wenig geändert. Die Bevölkerung, für die letztlich all diese Aktivitäten gedacht waren und die ihre Situation verbessern sollten, spielte faktisch kaum eine Rolle.

Approach: „Die Produktions- und Demonstrationsfarm unweit Seeb in der Batinah Küstenebene (Oman) wird mir heute als erfolgreiches Projekt genannt und zum Besuch empfohlen. ... Auf der fast vegetationslosen, kiesig-sandigen Aufschüttungsebene, die sich hinter dem küstenparallelen Oasenstreifen landeinwärts bis zum Oman-Gebirge erstreckt, wurde die ‚Rumais Experimental and Demonstration Farm' von britischen und indischen Experten mit dem Ziel angelegt, die lokalen Anbau- und Produktionsmöglichkeiten zu ermitteln sowie an die lokalen Farmer zu vermitteln. Bislang waren in der Batinah einzig Dattelpalmen, Limes, Papaya und stellenweise Tabak, nicht aber Gemüse/Nahrungsmittel kultiviert worden. Als Versuchsgewächse kamen jetzt Weißkraut, Blumenkohl und Süßkartoffeln zum Einsatz. Die Größe der einzelnen Pflanzen, die mittels kräftiger Düngergaben erzielt wurde, ist zweifellos beeindruckend. Die gerade erst eingeführte Tageszeitung (Oman Times) berichtete darüber und die Farm-Verantwortlichen führen ihre Ergebnisse bereitwillig vor" (*RTV* 1974).

Zwei Jahre später: „Die Farm nimmt heute eine bedeutend größere Fläche als 1974 ein. Neue Verwaltungsgebäude, Tiefbrunnen und Motorpumpen. Die erfreulichen Anbauerfolge werden jedes Jahr wiederholt. Der indische Experte, der in einer britischen *experimental farm* in Poona/westliches Dekkan Plateau seine Ausbildung erhalten hat, weist auf die eingeführten wassersparenden Techniken hin und nicht ohne berechtigten Stolz auf die Breite des Anbauspektrums: Auberginen, Blattsalat, Blumenkohl, Gurken, Melonen, Süßkartoffeln, Weißkohl. Die Frage, wie viele Omanis im benachbarten Oasenstreifen diese Gewächse anbauen und welche Erfolge sie erzielen, beantwortet er mit dem Hinweis, dass das Projekt erst seit wenigen Jahren existiert und die dafür vorgesehene Ausführungsphase erst 1978 einsetzt" (*RTV* 1976).

Es war erst möglich, dieses Projekt im Jahre 1980 wieder zu besuchen. Inzwischen jedoch konnte es nur mittels schriftlicher Erlaubnis des zuständigen Ministeriums betreten werden. Das Gelände wurde von einem hohen Zaun eingefasst, das Tor von einem Wachmann kontrolliert. Diese äußeren Insignien staatlicher Wichtigkeit seien hier nur erwähnt. Sie sind unbedeutend. Wichtig hingegen war: „Die für die dritte Projektphase vorgesehene Einbindung der lokalen Bauern hat inzwischen stattgefunden. Eine Demonstrationsveranstaltung war durchgeführt worden. Die Zahl der Teilnehmer war so groß, dass sie mehrmals wiederholt werden musste. Es stellte sich aber heraus, wie ein jüngerer indischer Agraringenieur erzählte, dass nur die Landeigner, nicht aber die Landbearbeiter (früher Baluchis, schwarze Sklaven, bis in die 1970er Jahre noch deren Nachkommen; inzwischen Afghanen, Pakistani, Srilangesen, Ägypter, Iraker, Inder) daran teilgenommen hatten" (*RTV* 1980).

Bis 1982, als der letzte Versuch unternommen wurde, die Effekte und den Nutzen des Projektes für die lokale Bevölkerung zu erfassen, war außerhalb der Demonstrationsfarm wirklich nirgendwo eines der erfolgreich erprobten Gewächse oder der angewandten Anbau- oder Bewässerungstechniken nachweisbar. Inzwischen belieferte jedoch die staatliche Farm zahlreiche private Abnehmer und den Gemüsemarkt in Ruwi/Muscat mit ihren ansprechenden Erzeugnissen. – Dieses Beispiel entstammt zwar keinem der als typisch zu bezeichnenden Entwicklungsländer. Es stellt jedoch einen empirisch belegbaren Sachverhalt dar, der sich strukturell letztlich in unzähligen Maßnahmen/Projekten vergleichbaren Zuschnittes weltweit beobachten lässt: Die Zielgruppe, die Nutzerebene wird nicht einbezogen oder höchst selten erreicht.

Diese Projektumsetzung, wohl typisch für die ersten entwicklungspraktischen Gehversuche, wurde gedanklich – die wachstumstheoretischen Vorstellungen bestärken diese Annahme – von dem Entwicklungsablauf bestimmt und geleitet, der vermeintlich Grundlage des Erfolges bildete, den die Industrieländer erzielt haben. Den Apologeten dieser Vorstellungen muss wohl entgangen sein, dass dieser Erfolg nicht von *oben* geschah und auch höchstens z.T. bzw. indirekt durch Regierungen und staatliches Kapital initiiert worden ist[107]. Vielmehr ging er von einer Vielzahl kleiner und kleinster Handwerker, Gewerbetreibender, Händler, Kaufleute, Grundbesitzer aus, die das Risiko wagten, selbst ganz bescheidene Kapitalmengen in Produktionsmitteln anzulegen und häufig sogar waghalsig einzusetzen. Dazu ist m.E. die Erinnerung an die Vorgänge, wie sie in Mitteleuropa abgelaufen sind, unverzichtbar[108].

Exkurs: Wie viele Getreidemüller und Sägewerksbetreiber z.B. im Schwarzwald versuchten, Wasserrechte an Flüssen und Bächen (z.B. Alb, Enz, Murg, Nagold) zu erwerben oder zu pachten, um die Mahl- oder Sägekapazität zu erhöhen und leistungsfähigere Sägegatter und Maschinen zur Weiterverarbeitung des Holzes betreiben und allmählich industriell produzieren zu können? Wie viele davon haben die Kühnheit mit dem Bankrott bezahlen müssen? Wie viele Weber erwarben Wasserrechte an den Tuffterrassen (z.B. Pfullingen, Honau im Echaz-Tal; Dettingen, Urach im Ermstal) der obsequenten Flüsse (Stirngewässer) der Schwäbischen Alb, um Spinner- und Webereien mit Turbinen zu betreiben und eine industrielle Fertigung aufzubauen? Wie viele von ihnen büßten nach Einführung der Dampfmaschine ihre Standortgunst ein? In den südwestdeutschen Städten Balingen, Ebingen, Hechingen, Metzingen, Nürtingen, Plochingen, Reutlingen oder

107 Kritik an dieser Strategie, die die Basis aller IWF-Aktivitäten bildet, übt dezidiert *Stiglitz* 2002, 72ff.

108 Es sei erlaubt, in diesem inhaltlichen Zusammenhang auf den Roman von *Heinrich Mann* „Der Untertan" oder die Novellen von *Leonhard Frank* „Bruder und Schwester" und *Thomas Mann* „Wellsungenblut" hinzuweisen.

Tailfingen haben sich diese Vorgänge abgespielt (*Loser* 1963). Ähnliche Prozesse liefen z.B. in den Randstädtchen der Cevennen in Frankreich ab (z.B. Alès, Anduze, Ganges, Lodève, Staint-Hippolyte du Fort, Valleraugue). Hier war es die Seidenherstellung, die im 13. Jh. entstand, im 18. und 19. Jh. als zweit größter Seidenproduzent der Welt ihren Höhepunkt erreichte und nach der Öffnung des Suez-Kanals (Import asiatischer Seide) und dem Aufkommen der Kunstfasern (Kunstseide) Anfang des 20. Jh. völlig zusammenbrach. Heute zeugen die überall noch sichtbaren Maulbeerbäume und die mehrgeschossigen Bauten in den Städten mit den hohen, lichtreichen Fenster, die Filaterien (Spinnereien) und die Magnanerien (Häuser, in denen die Raupen ihre Kokons produzierten), von dieser kleinunternehmerischen Anfangs- und Aufbauphase der Industrie. Die auffällig großen Bauten stehen heute leer und unterliegen dem Verfall. Als eindrucksvolles Beispiel unternehmerischer Initiative zahlreicher Handwerker kann auch die Handschuhherstellung (*la ganterie*) in Millau/Causses angeführt werden, die auf der Schafhaltung der Causses basiert. Die aus feinstem Lammleder gefertigten Handschuhe wurden im 19. Jh. weltweit exportiert. Auch heute gilt Millau noch als *„cité du gant"*.

Vergleichbare Verhältnisse liegen am Südrand der Alpen (Oberitalien: z.B. Brescia, Mailand, Turin, Udine, Verona, Vicenza) oder an der Westabdachung der Pennines in England (z.B. Bradford, Bransley, Nottingham, Sheffield) vor. Die Aufzählung ließe sich beliebig fortsetzen[109]. – Erst allmählich bildeten sich größere und Großunternehmen heraus, nahm die Produktivität und Diversifizierung der Produktion zu, wurden immer neue Tätigkeitsfelder und dadurch Arbeitsplätze geschaffen[110]. Und nach und nach gingen Anstöße auch von Seiten der Regierungen aus. Durch Infrastrukturausbau (z.B. Post, Bahn, Strassen, Kanäle, Häfen, Elektrizität, Wasser, Kanalisation), allgemeine Schulpflicht und soziale Gesetzgebung sowie protektionistische Maßnahmen (z.B. Schutzzölle) schufen sie die för-

109 Um hier wenigstens ein eindrucksvolles und konkret nachvollziehbares Beispiel für diese Eigeninitiative aus einer ganz anderen Region zur informativen Vertiefung zu empfehlen, sei auf die Geschichte der Familie Quandt hingewiesen. Die Quandts haben sich, in Pritzwalk, Brandenburg, aus einfachsten Verhältnissen mit lokaler Spinnerei- und Webereimanufaktur beginnend, zu einer der reichsten Unternehmerfamilien Deutschlands regelrecht heraufgearbeitet (*Jungbluth* 2002).

110 Am Beispiel der „Dresdener Molkerei Gebrüder Pfund" seien diese Vorgänge veranschaulicht: Die Firma wurde 1880 von Paul Pfund gegründet. Anfänglich verwertete sie 150 Liter Milch pro Tag aus eigener Kuhhaltung. Um 1930 waren es über 60.000 Liter. Hergestellt wurden Sahne, Butter, Buttermilch, Käse, Joghurt, Kefir, Milchpulver, Kondensmilch und Milchseife. Die drei letztgenannten Produkte, insbesondere die von Pfund erfundene Kondensmilch, begründeten den internationalen Ruhm und Absatz der Firma. Aus der anfänglichen Molkerei wuchs binnen weniger Jahre ein regelrechtes „Imperium". Es umfasste neben den Molkereien und Labors zur Vermarktung der Erzeugnisse Kartonagenfabriken, Druckereien (für Etiketten in mehreren Sprachen, Reklameplakate, Werbeschriften), Beschlagschmieden für die 100 Zugpferde und Fahrzeuge, Tischlerei, Zimmerei, Wagnerei, Betriebsschlosserei, Konstruktionsabteilung für Maschinen, Klempnerei zur Verzinnung der Kannen und Krüge, Lackiererei für die Firmenfahrzeuge (Pferdewagen), Dampfwäscherei für die Filtertücher, Schneiderei für die Kutscher-Uniformen. Außerdem gehörten dazu Musterstallungen zur Milcherzeugung sowie Schweinezucht-/Mastanstalten, wo die in der Molkerei anfallende Molke sinnvoll eingesetzt wurde (*Pfund* 1896).

derlichen und notwendigen Voraussetzungen. Auch griffen sie aus konjunkturellen Erwägungen oder Notwendigkeiten stützend und steuernd in den Wirtschaftsprozess ein. Kurz: Industrialisierung und wirtschaftliche Entwicklung in den *alten* Industrieländern basierten auf der Initiative unzähliger *kleiner Leute* und vollzogen sich in den Köpfen der Menschen, ungeachtet ihrer Stellung in der Produktionshierarchie. Es war ein Vorgang, der unten begann und sich erst allmählich zu dem formierte, was heute als Industrialisierung des Nordens gepriesen wird (vgl. *Elias* 1977; *Engelsing* 1973; *Mottek* 1974; *Pirenne* 1976; *Ribeiro* 1971). – Seine Geschichte ist nicht nur spannend. Sie in der entwicklungspolitischen Realität nicht aus den Augen zu verlieren, wäre notwendig gewesen, als in Verfolgung und Umsetzung des Konzeptes nachholender Entwicklung auf das Vorbild *Industrieländer* gesetzt und verwiesen wurde. – Doch es ist nicht – wie im folgenden gezeigt – zu spät!

(1) *Von unten*: Anfang der 1980er Jahre kam es zum Umdenken, zu einer *Perspektivenumkehr* (*Stöhr*,1981; *Stöhr, Taylor,* 1981). Anlass dazu boten der sich seit Ende der 1970er Jahre erschöpfende Theoriedisput und die daraus gezogenen entwicklungspraktischen Einsichten (S. 85). Verantwortlich waren wohl auch die Misserfolge oder die dürftigen Ergebnisse, die sich nach jahrzehntelanger (nachholender) Entwicklungshilfe[111], dem Einsatz beträchtlicher Mittel und persönlichen Engagements eingestellt hatten. Die Frage, welche Rolle dabei eine Rückbesinnung auf die oben kurz angesprochene Geschichte der Industrialisierung in Europa spielte, wird zwar aufgegriffen (*Weaver* 1981; vgl. *Menzel, Senghaas* 1986), ist im Detail jedoch nicht eruiert und in praxi eigentlich auch nicht als wichtig erachtet worden. Bedeutsam ist hingegen, dass folgende Sachverhalte erkannt, begriffen und in die entwicklungsstrategische Diskussion eingeführt wurden (Abb. 50):

a) In der bisherigen entwicklungspolitischen Praxis wurden die Bedürfnisse, Interessen und Fähigkeiten (z.B. indigenes Wissen, lokal angepasste Anbautechniken/*appropriated technology*, informelle Institutionen; S. 164) der Bevölkerung in den peripheren Regionen nicht wirklich wahrgenommen und – soweit heute eingestehbar – für nicht berücksichtigenswert erachtet; eine inzwischen als inakzeptabel bewertete Haltung.

b) Wichtig zur Überwindung von Unterentwicklung ist nicht Wachstum an sich. Vielmehr stellt die Befriedigung der Grundbedürfnisse der Bevölkerung die Voraussetzung dafür dar, dass in Alternativen und über Perspektiven überhaupt nachgedacht werden kann.

111 Verwiesen sei hierzu auf die weltweit aufschreckende Nairobi-Rede des damaligen Weltbankpräsidenten McNamara. Er beklagte darin die Tatsache, dass trotz jahrzehntelanger Hilfe die absolute Armut in der Dritten Welt nicht nur zugenommen, sondern auch menschenunwürdige Formen angenommen hat (*McNamara* 1973; vgl. *Scholz* 2003c).

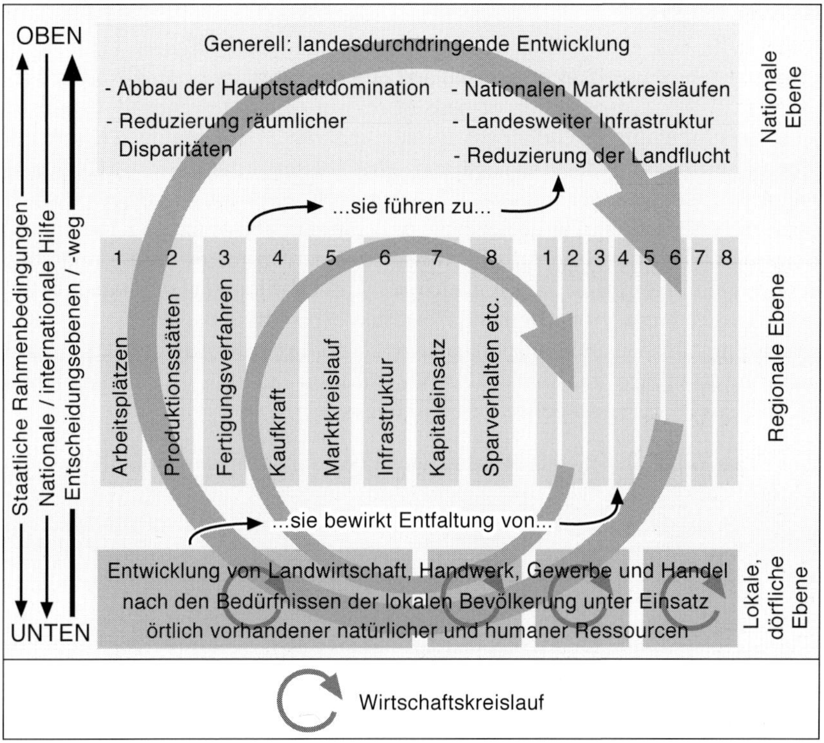

Abb. 50: Entwicklung von unten (Modell). Quelle: Entwurf d.Verf. 2003.

c) Zur Befriedigung der Bedürfnisse bedarf es ihrer Kenntnis, der lokal/regional vorhandenen Fähigkeiten und (natürlichen, humanen) Potentiale sowie ihrer entwicklungspraktischen Mobilisierungsfähigkeit auf unterster, dörflicher/lokaler Ebene.

d) Darauf sowie auf die lokalen Bedingungen (z.B. natürlichen Potentiale) müssen auch die neu konzipierten Produktionsformen (Diversifizierung vor Spezialisierung) und die anvisierten Produkte (Erschwingbarkeit vor Qualität) ausgerichtet sein.

e) Wichtigste Voraussetzung dafür sind jedoch verlässliche staatliche Rahmenbedingungen, die eine solche Entfaltung ermöglichen, Langfristigkeit versprechen, rechtliche Sicherheit garantieren und vor allem erlauben, dass die Entscheidungsprozesse *unten* gefällt werden (Abb. 50).

Bei den Begründern dieses Strategieansatzes wird im einzelnen auf folgende Aspekte für eine Entwicklung „from below" hingewiesen (*Weaver* 1981, 63ff): „*1.* Provision of broad access to land and other territorially available natural resources … *2.* … introduction of new, or revival of old, territorially organized structures for equitable communal decision-making … *3.* Granting a higher degree of self-determination to rural and other peripheral areas … *4.* Choice of regionally adequate technology … *5.* Assignment of priority to projects which serve the satisfaction of basic needs … *6.* …introduction of national pricing policies …" *7.* Externe Hilfe, falls die Ressourcen der Peripherie zur Befriedigung der dortigen Bedürfnisse nicht ausreichen … „*8.* Development of productive activities exceeding regional demand (so-called export-based activities) … *9.* Restructuring of urban and transport systems … *10.* Improvement of rural-to-rural and rural-to-village transport and communication facilities … *11.* Egalitarian societal structures and a collective consciousness".

Auf diese Weise ließen sich auf unterster Ebene über landwirtschaftliches und gewerbliches Engagement sowie über Unternehmeraktivitäten erste Wirtschaftskreisläufe auslösen. Die zentrumsgerichtete Orientierung der Bevölkerung könnte umgekehrt (Abwanderung verringern) sowie lokale Kaufkraft und regionale Marktkreisläufe angeregt werden. Einsatz, sogar Entwicklung und Herstellung neuer Techniken und Produktionsmittel, Erschließung und Nutzung lokaler Ressourcen (erst einmal ungeachtet des Technikniveaus), Schaffung von Produktionsstätten und Arbeitsplätzen wären die Folge. Dieser Prozess könnte auf lokaler, allmählich selbstverstärkend auf regionaler und schließlich landesweiter/nationaler Ebene wirksam werden. Dadurch baute sich das Zentrum-Peripherie-Gefälle ab, setzten landesweite Marktkreisläufe ein, entstünden die notwendigen Infrastrukturen (Transportwege, Elektrizität, Kommunikationssysteme, Weiterbildungseinrichtungen etc.), reduzierte sich die Landflucht. Die Zentrumsorientierung könnte vermindert und die Ein-Stadt-/Hauptstadtdomination oder das Wachstumspolsyndrom abgebaut oder zumindest nicht weiter verstärkt werden. Ein von *unten* nach oben, ein die Bevölkerung insgesamt, ihre Fähigkeiten und Bedürfnisse sowie die lokalen Ressourcen grundlegend berücksichtigender, eben ein landesdurchdringender Entwicklungsprozess setzte auf diese Weise ein.

(2) *autozentriert*: Das Konzept der *kleinräumigen Wirtschaftskreisläufe* setzt zwar an den Überlegungen der eingangs erläuterten und eben an der Entwicklung von *unten* dargestellten *Perspektivenumkehr* an. Es geht jedoch in zwei entscheidenden Details konsequent und innovativ einen Schritt weiter: erstens die Einsicht in die Notwendigkeit autozentrierter Entwicklung (S. 80) und zweitens – im Unterschied zur gängigen Auffassung (*Bohnet* 1982, 310) – die Erkenntnis der Tatsache, dass eine solche Entwicklungsstrategie nicht für Länder als Ganze gelten kann. Vielmehr sollte sie sich realistischer Weise auf Teilräume oder Regionen

beziehen. Es handelt sich dabei um ein analytisches Konzept. Es zeigt einen Weg auf, wie auf unterster Ebene wirtschaftliche Prozesse initiiert werden können, die die lokal bestehenden elementaren und bislang offen gebliebenen Bedürfnisse zu befriedigen vermögen. Damit wird aber nicht weniger deutlich offenbar, worin die Gründe dafür zu suchen sind, dass diese Bedürfnisbefriedigung bislang nicht erfolgt ist. – Insofern handelt es sich eben auch um einen entschieden erklärenden, d.h. theoretischen Ansatz.

Ausgangspunkt der Überlegungen bildet die Kritik an dem undifferenzierten Verständnis von autozentrierter Entwicklung. Sie wird hier erhellend und anwendungsbezogen „als ein auf das Ziel der besseren Befriedigung der materiellen Grundbedürfnisse gerichteter Prozess der Produktivkraftentfaltung" verstanden, „der so weit wie möglich auf intensivierter Nutzung der lokal verfügbaren Ressourcen mittels lokal kontrollierbarer Technologien vorrangig zur direkten Befriedigung der Bedürfnisse der heimischen Bevölkerung basieren soll" (*Rauch, Redder* 1987, 110). Notwendig sind außerdem der Einsatz arbeitsintensiver Kleintechnologien, die Entfaltung flexibler produktiver Fähigkeiten und die Begrenzung der Außenabhängigkeit auf das notwendigste Minimum. Auf welches Problem der Länder des Südens damit hingewiesen wird, sei im folgenden zu veranschaulichen versucht.

Approach: Im Jahre 1967 wurden im Bazar von Quetta/Pakistan, unweit des inzwischen beseitigten *Fruit Market* aus britischer Zeit, in ca. 30 Ladenboxen von unzähligen Männern aller Altersgruppen Sandalen gefertigt. In dieser Art waren sie neu und fanden riesigen Absatz. Es handelte sich um ein recht plumpes, strapazierfähiges Schuhwerk, dessen Riemen aus derbem Leder bestanden und dessen breite Sohle grob aus abgefahrenen Reifen von Lastkraftwagen mühsam geschnitten wurde (sog. *tyre sandals*; *RTV* 1968). Zwei Jahre später hatte sich die Zahl der Sandalenfertiger mehr als verdoppelt. Auch hatte sich eine Art Arbeitsteilung eingestellt: In einigen Ladenboxen wurden die Oberteile produziert, in anderen das Riemenwerk mit farbigen Plastikstreifen durchwirkt und verziert, in wieder anderen die Sohlen aus den Reifendecken, nun nicht mehr wie zuvor mit dem Messer mühsam geschnitten, sondern mit einer Fräse und nach Schablone, herausgetrennt. Auch für das Zusammenfügen beider Teile sowie das Einfärben des Leders und die Glättung der Innensohle gab es jetzt Spezialisten. In nur wenigen Boxen war diese Arbeitsteilung nicht beobachtbar. Außerdem war in unmittelbarer Nachbarschaft die Fertigung einfachster Schuhschachteln (meist aus Papier-/Pappeabfällen) aufgekommen, hatten sich einige Schleifer für die Messer der Fräsen und mehrere Hersteller der schmalen Plastikbänder niedergelassen (*RTV* 1970). Das derbe Leder wurde lokal hergestellt, die abgefahrenen Reifen lieferten anfänglich das Militär, später auch die immer zahlreicheren Fuhr-Unternehmen[112]. –

112 Quetta ist einer der größten Infanterie-Militärstandorte (Cantonment) Pakistans. Außerdem wurde von hier aus ganz Süd-Afghanistan mit Waren aus dem Hafen von Karachi per LKW versorgt. Daher fielen hier abgefahrene und defekte Reifen in großer Zahl an.

Mit diesen *tyre sandals*, mit lokalen Mitteln, auf Eigeninitiative und ohne Konkurrenz hergestellt, wurde zuerst einzig der lokale Markt versorgt. Doch sie waren bald überall in Pakistan anzutreffen und wurden wohl auch jeweils lokal produziert.

Im Jahr 1973 erschienen auf dem Bazar in Quetta erstmals farbige, aus einem Stück bestehende Plastiksandalen und Plastikschlappen. Sie waren zwar nicht allzu haltbar, dafür aber leichter, bequemer, *moderner*, wasserresistent und vor allem billiger. Gefertigt wurden sie anfangs im Sind Industrial Trading Estate (SITE) in Karachi von einem pakistanisch-japanischen Unternehmen. Rohstoff, Pressen, Pressformen und Lizenzen kamen Mitte der 1970er Jahre aus dem Ausland (*RTV* 1978). Die derben Reifensandalen konnten zwar – vor allem bei den Männern – durch die Plastikware (trotz anfänglichen Erfolges) nicht verdrängt werden. Die Füße der Frauen und Kinder – falls sie nicht barfuß gehen müssen – sind jedoch heute fast völlig plastikbewehrt.

Eine eigenständige lokale Produktion auf breiter Basis – wie eingangs dargestellt – fehlt im Prinzip in allen Ländern des Südens. Dort, wo sie in Ansätzen vorhanden ist, wird sie – wie im Fall der *tyre sandals* in Pakistan – dadurch unterminiert, dass interne Interessenten externe Angebote eigennützig umsetzen und auf lokale Entwicklungsansätze, die letztlich der Bevölkerung nützten, keine Rücksicht nehmen.

Das Konzept der kleinräumigen, autozentrierten Wirtschaftskreisläufe – wie eben im konkreten Fall angesprochen – zielt gerade darauf ab, derartigen, die Entwicklung auf unterster räumlicher Ebene behindernden Vorgängen entgegenzuwirken bzw. den Rahmen zu schaffen, derartige eigenständige Produktivkraftentfaltungen zu ermöglichen. Daher setzen die Überlegungen auf der Klärung der Voraussetzungen an, die zur Realisierung dieses Konzeptes notwendig sind:

a) In der einschlägigen Diskussion herrscht Unsicherheit über die räumliche Dimension. Während *Friedmann, Douglas* (1978) räumliche Einheit nach der Bevölkerungsgröße vorschlagen, setzen die Überlegungen von *Rauch, Redder* (1987) am Subsistenz betreibenden Haushalt an. Hier kann die Bedarfsdeckung auf der Grundlage lokaler Ressourcen, einfacher Techniken und sogar durch haushaltseigene Arbeitskräfte erfolgen. Es darf somit nicht starr von einer festen räumlichen Größe, sondern es sollte davon ausgegangen werden, auf welcher räumlichen Ebene die Bedarfsdeckung am sinnvollsten gewährleistet werden kann.

b) Bei der Initiierung und praktischen Umsetzung kleinräumiger, autozentrierter Wirtschaftskreisläufe muss die politische Durchsetzbarkeit bedacht werden. Sie hängt zum einen von den lokalen, regionalen und nationalen politischen und administrativen Kräfteverhältnissen sowie den Klientel- und Patronagestrukturen ab. Sie muss aber auch die Bereitschaft z.B. der lokalen Eliten zur Förderung örtlich angepasster Wirtschaftsprozesse berücksichtigen und deren mögliche Bevorzugung moderner, westlicher und pfründesichernder Produktionstechniken einkalkulieren.

c) Bedeutsam ist auch die technisch-ökonomische Zweckmäßigkeit der lokal initiierten Maßnahmen. Sie sind eher umsetzbar *(1)* bei Ferne zu überlegenen, exogenen, innovativen oder weltmarktorientierten Marktstandorten mit den verlockenden (westlichen) Erzeugnissen und zu überlegenen, extern orientierten Zentren und bei geeigneter Ressourcenausstattung; *(2)* bei niederem Lebensstandard und *(3)* vor allem bei lokalspezifischen Konsumeigenheiten, d.h. bei der Bevorzugung von Vertrautem, d.h. z.B. von Waren der bisherigen Erfahrungstradition.

Entwicklung in diesem (autozentrierten) Sinne (Abb. 51) löst über Lohn-/Verdienst- und Güterströme sowie unter Einbezug der Bevölkerung auf regionaler/lokaler Ebene Wirtschaftskreisläufe (d.h. handwerkliche, industrielle Fertigung) aus, die Arbeitsplätze und Einkommen zu schaffen, in angepasster Form Marktprozesse zu stimulieren, Kapitalbildung zu kreieren und dabei die lokalen Bedürfnisse zu befriedigen vermögen. Erst in zweiter Linie wird bei derartigen, intern

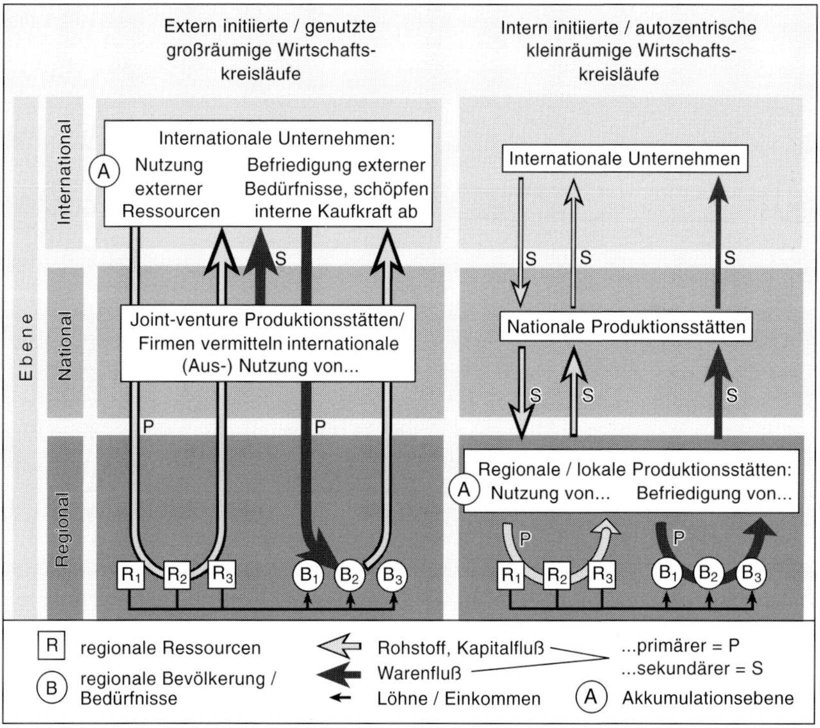

Abb. 51: Kleinräumliche, autozentrierte Wirtschaftskreisläufe (Modell). Quelle: *Rauch, Redder* 1987, verändert d.d.Verf. 2003.

initiierten, kleinräumigen Wirtschaftkreisläufen an den nationalen und ganz entfernt an den Weltmarkt gedacht. Bei extern initiierten, außenorientierten Wirtschaftskreisläufen steht hingegen – um den Unterschied zu verdeutlichen – die Einbindung in den Weltmarkt im Vordergrund (Abb. 51). Die lokale Ebene fungiert dabei als Lieferant von Rohstoffen und billigen Arbeitskräften. Die nationalen Unternehmen partizipieren daran als eigennützige Mittler/Handlanger sowie als Erfüllungsgehilfen der Interessen internationaler Unternehmen. Die elementaren Probleme der lokalen/nationalen Bevölkerung in den Ländern des Südens werden dadurch nicht zu lösen angestrebt.

Ähnlichen Überlegungen folgen auch die Konzepte zur Entwicklung des produzierenden Kleingewerbes (*Schamp* 1988) oder der Kleinbauern (*Rauch* 1979b) sowie der akkumulationstheoretische Ansatz, auf den an anderer Stelle eingegangen wird.

Entwicklungsbezug: Die entwicklungsstrategische *bottom-up*-Konzeption und der Ansatz kleinräumiger, autozentrierter Wirtschaftskreisläufe, beide im Prinzip richtig, logisch und nachvollziehbar, vermochten zwar bei den führenden Entwicklungsagenturen und damit in praxi den *top-down-approach* nicht wirklich in Frage zu stellen oder zu ersetzen. Doch ein Umdenken wurde dadurch schon ausgelöst: So basieren darauf letztlich alle Projektmaßnahmen mit Zielgruppen-, Selbsthilfe- und Partizipationsbezug. Dabei wird von der Vorstellung ausgegangen, dass die Formulierung von Bedürfnissen, die Entscheidungen über Form und Weg zu ihrer Befriedigung, über Herkunft und Einsatz von Mitteln nur auf der Ebene der nutznießenden Bevölkerung erfolgen dürfen. Denn einzig auf diese Weise können Selbstverantwortung geweckt, Selbsthilfeaktivitäten initiiert und Nachhaltigkeit gesichert werden. Grundvoraussetzung dafür sind jedoch geeignete Trägerinstitutionen (z.B. Dorforganisationen für Frauen und Männer, genossenschaftliche Zusammenschlüsse von Bauern und Handwerkern zur Durchführung ausgewählter Maßnahmen auf unterster Ebene. Sie auszulösen sowie die notwendigen Rahmenbedingungen zu schaffen und Hilfestellung (Beratung, technische Anregungen) bei Bedarf zu geben, stellen die vornehmlichste Aufgabe und verantwortungsvollste Herausforderung für Projektleitungen dar.

Auch die Nachhaltigkeits-Diskussion geht im wesentlichen auf *bottom-up*-Vorstellungen zurück. Als nämlich erkannt und bewusst wurde, dass die Effekte der bislang einzig von oben gesteuerten Einzelmaßnahmen und Projekte über deren Förderungsdauer kaum hinausreichten, setzte sich die Einsicht in folgende Notwendigkeiten durch: Beteiligung der nutznießenden Bevölkerung, Übertragung von Verantwortung, Einbezug und schonende Nutzung lokaler Ressourcen, indigener Fertigkeiten und angepasster Techniken. Wenn auch nirgendwo geschrieben, so basieren diese Einsichten auf der Tatsache, dass es leichter ist, Werte zu erhalten, als Werte zu schaffen.

In diese entwicklungspolitische Perspektive ordnen sich z.B. die Entstehung der Nicht-Regierungsorganisationen (NRO) oder auch das von der Grameen Bank praktizierte *rural banking* zur Bildung von selbst kleinsten Kapitalmengen auf unterster Ebene ebenso ein wie das Konzept der ländlichen Regionalentwicklung (*Kropp* 1991). Selbst die Debatte zu Selbsthilfe und Nachhaltigkeit sowie die Vier-Ebenen-Interventionsstrategie ziehen daraus Anregungen (S. 203).

3.2 Verflechtungskonzept

Aus der Einsicht – wie eben dargestellt – in alternatives Entwicklungsdenken ist auch der Verflechtungsansatz zu begreifen (*Evers* 1988)[113], der innerhalb der Geographie vielfach empirisch angewendet und konzeptuell fortentwickelt wurde. Er resultierte aus der Erfahrung, dass in der herrschenden Theorie- und Weltsystemdiskussion ein „riesiger Wirtschaftsfaktor" vergessen wurde, nämlich die Hauswirtschaft, die unbezahlte Frauenarbeit, die Reproduktion von Wohnraum und die agrarische Subsistenzproduktion (*Evers* 1988, 132f). Denn die Sicherung des Überlebens, der Existenz der Bevölkerungsmehrheit resultiert aus dem Zusammenwirken verschiedener Tätigkeiten. Und dabei spielt die Subsistenzproduktion eine entscheidende Rolle. Ohne sie ist „Produktion für andere, insbesondere einen anonymen Markt" nämlich nicht denkbar (ebd. 132). – Um den gedanklichen Einstieg in die folgenden Ausführungen zu erleichtern und eine Vorstellung von dem zugrundeliegenden Erfahrungshintergrund in Entwicklungsländern zu vermitteln, seien folgende Beobachtungen vorausgeschickt:

Approach: Es lässt sich in Entwicklungsländern feststellen, dass Familien gemeinhin nie/ höchst selten von einer einzigen materiellen Basis leben. Meist herrscht die Kombination (Verflechtung) von Einkommen aus verschiedenen Tätigkeiten in der Subsistenz- und Markt-/Warenproduktion vor. So ist – und das folgende Beispiel stammt aus Mauritius – der Haushaltsvorstand als Lohnarbeiter im Hafen an der Verschiffung von Zucker tätig, und in seiner Freizeit versucht er, durch Fischen die Diät der Familie zu bereichern. Die Hausfrau hält Haustiere, pflanzt Gemüse im Vorgarten und verdingt sich für einen Hungerlohn in den Abend-/Morgenstunden als Putzfrau im Büroturm eines Unternehmens. Die halbwüchsigen Söhne tragen durch kleine Dienstleistungen (Betteln, Diebstahl sind nicht auszuschließen) zur Existenzsicherung bei. Und von den beiden erwachsenen Töchtern arbeitet die eine im Wohnviertel als Friseuse und sucht über gelegentliche Freier das Familieneinkommen zu stabilisieren. Die andere ist phasenweise in einem sweatshop-Unternehmen tätig, in dem junge Frauen zu niedrigsten Löhnen z.B. Textilien für den Weltmarkt produzieren. Die dürftige, aber eigene Hütte in einem nördlichen Randviertel von Port Louis wurde mit Unterstützung von Nachbarn errichtet. Über das Zusammen-

113 Als *Bielefelder Verflechtungsansatz* bekannt geworden.

führen von Einkommen aus diesen verschiedenen Produktionssphären konnte die Familie ihr Überleben auch in Krisenzeiten, die den Inselstaat bis Anfang der 1980er Jahre erschütterten, sichern (*RTV* 1984). Für den Staat entstehen durch ein derartiges *income-pooling* finanzielle und *wirtschaftliche* Handlungsspiel-/-freiräume und Einsparungen, die er im günstigen Fall z.B. für die Wirtschaftsförderung nutzen kann.

Diese Beobachtung gewinnt in folgendem Zusammenhang eine weiterreichende Bedeutung. In der *dependencia-* (S. 83) und der damit verbundenen marxistischen Produktionsweisen-Debatte (*Bettelheim* 1970, 57ff; *LPÖ* 1972; *Mandel* 1972, 149ff, 817ff; *Palloix* 1971, 46ff) wurde nämlich die Frage nach den Verflechtungen zwischen vorkapitalistischer (einfache Warenproduktion)[114] und kapitalistischer Produktionsweise gestellt und in ihrer Bedeutung für den gegenwärtigen Entwicklungsprozess thematisiert. Dazu sei auf folgende Überlegungen hingewiesen:

Exkurs: Der Begriff Produktionsweise umfasst das regional spezifische Zusammenwirken von materieller Basis (Produktion) und gesellschaftlichem Überbau. Während die asiatische und vorkolumbianische Produktionsweise durch komplexe, gesellschaftlich despotische Strukturen, die aus hydraulisch basierter Wirtschaft entspringen, gekennzeichnet sind, folgt z.B. die afrikanische anderen Prinzipien. Sie „beruhte einerseits auf der sich selbst tragenden Subsistenzwirtschaft des Dorfes, die an sich keine Akkumulation hervorbrachte, andererseits auf dem von einer Reihe gut organisierter ›Staaten‹ kontrollierten Fernhandel, der – zusammen mit gelegentlichen Überfällen auf Nachbarstämme und ihrer direkten Plünderung – eben diese Akkumulation und damit auch die Herausbildung unterschiedlicher sozialer Klassen gestattete“ (*Stavenhagen* 1974, 278). Durch die Kolonialverwaltungen bildeten sich auf dieser Grundlage neue soziale und ökonomische Grundmuster heraus. So entstand z.B. die Schicht halbproletarischer wandernder Landarbeiter, die in ähnlicher Erscheinung ehemals einzig im Subsistenzbereich zu finden waren. Jetzt müssen sie den Verpflichtungen gegenüber der Kolonialverwaltung nachkommen und können z.B. in die weltmarktorientierte Plantagenökonomie eingebunden sein. Auf diese Weise wurden die meisten Dörfer „vom Geldeinkommen eines Teiles ihrer Bewohner abhängig … auch um wachsenden Bedarf an Industriegütern decken zu können. Während die Lohnarbeit außerhalb der eigenen Gemeinde zunächst nur eine Ergänzung zur Tätigkeit in der traditionellen Subsistenzlandwirtschaft war, gerät die Subsistenzwirtschaft nun schlicht zu einer (wenn auch notwendigen) Ergänzung der Lohnarbeit im kapitalistischen Sektor. Tatsächlich hat die Subsistenzwirtschaft in vielen Gegenden die Funktion einer Arbeitskräftereserve für den kapitalistischen Sektor – als Sicherheit für die Arbeiter, die nicht ständig in diesem Sektor Beschäftigung finden, und als Instrument, mit dessen Hilfe der kapitalistische Sektor die Lohn- und ‚sozialen‘ Kosten niedriger halten

114 Bei der einfachen Warenproduktion bleibt der Produzent Herr seiner Produkte. Er produziert für den Eigenbedarf/Subsistenz. Aneignung des Produktes über die Entlohnung der Arbeitskraft durch den Kapitaleigner zeichnet hingegen die kapitalistische Produktion aus.

kann, als es der Fall wäre, wenn es die Subsistenzwirtschaft überhaupt nicht mehr gäbe. Mit anderen Worten: Der Kapitalismus hat eine widersprüchliche Wirkung auf die traditionelle Agrarwirtschaft gehabt. Während er auf der einen Seite die Tendenz zu ihrer Zerstörung zeigt, hat er auf der anderen Seite ein Interesse, sie aufrechtzuerhalten und seinen eigenen Bedürfnissen unterzuordnen" (*Stavenhagen* 1974, 285).

Damit war Anfang der 1970er Jahre eine Diskussion angestoßen worden, die zur Erhellung der Frage beitrug, welche Bedeutung traditionellen Produktionsweisen im aktuellen Entwicklungsprozess beigemessen werden muss/kann. Darauf greifen nun die Überlegungen des eingangs schon angesprochenen Bielefelder Verflechtungsansatzes zurück, wenn es sich dabei nach *Evers* (1988, 134) weniger um die Verflechtung verschiedener Produktionsweisen als vielmehr um eine solche verschiedener Produktionsformen der einen kapitalistischen Produktionsweise handelt. Dieser Ansatz, m.E. weniger auf Erklärung (Theorie), denn auf Verstehen/Nachvollziehen gerichtet, stellt die Frage nach den Bedingungen und den Verflechtungen von hauswirtschaftlichem und gesamtgesellschaftlichem Sektor bzw. von subsistenzwirtschaftlicher und kapitalistischer Produktionsweise in den Analysemittelpunkt (*Elwert* 1984, 1985; Evers 1988; vgl. *Schmidt-Wulffen* 1983; 1985). Dabei wird von zwei zentralen Thesen ausgegangen:

(1) Der Mensch/Produzent, der in verschiedenen Sektoren wirkt, deckt „bei intakter Subsistenzproduktion die Reproduktion (= Sicherung der Existenz; Anm. d. Verf.) seiner Arbeitskraft voll aus der nicht als Kosten bewerteten Subsistenzproduktion ... die Geldausgaben für den Erhalt seiner Arbeitskraft können also gegen Null konvergieren" (*Elwert* 1980, 357)[115]. „Derartige Arbeitsformen sind vornehmlich im sog. informellen Sektor zu finden, wo sie nur in Kombination mit der Subsistenzproduktion bestehen können" (*Evers* 1988, 138).

Daraus folgt die Feststellung, dass die Unterhaltskosten in einer Familie selbst gedeckt werden („Netzwerke der ökonomischen Solidarität"; „*nicht*-warenökonomische Selbsthilfestruktur der Familien-Verbände"; *Elwert* 1985, 80, 83), wenn die Nahrungsmittelerzeugung gesichert ist. In einem solchen Fall gewährleistet also die Subsistenzwirtschaft die Reproduktion (auch Ausbildung, Krankenpfle-

115 Derartige Strukturen sind aber auch in den Industrieländern nicht unbekannt. Erinnert sei hier nur an die sog. Wochenend- oder Feierabendbauern in Südwestdeutschland, die ihr Äckerle und Gärtle bestellten sowie eine Kuh hielten, ein Schwein mästeten, Hühner und Enten züchteten und häufig ihren Fabriklohn sparten oder in den Hausbau steckten. Arbeitslosigkeit, wenn überhaupt ein Problem, konnte ihnen kaum etwas anhaben. Die Unternehmen z.B. der schwäbischen Textilwirtschaft waren daher auch nicht zu hohen Lohnzahlungen gezwungen. Dieser Produktionsvorteil änderte sich jedoch durch das Eindringen von Produktionszweigen mit höherem Lohnniveau und durch die gewerkschaftlich ausgehandelten Flächenverträge; u.a. war damit der Niedergang dieser traditionsreichen Branche in Südwestdeutschland verbunden.

ge, Alterssicherung; vgl. dazu *Elwert* 1985) der Arbeitskraft, was sich kostensenkend z.B. bei den Löhnen in der und damit entwicklungsfördernd auf die Waren-/Exportproduktion auswirken kann.

(2) Das Verhältnis dieser Sektoren zueinander und die Entwicklung ihrer Verflechtung wird von außen durch die Art der Akkumulation bedingt, die der Weltmarkt vermittelt (*Elwert* 1984, 379).

Daraus folgt, dass sich bei geeigneten internen Produktionsbedingungen (z.B. niedere Löhne) die Gewinnsituation für ausländische Produzenten als günstig erweist, und sie ihre Aktivitäten auf- und ausbauen. Davon profitieren vor Ort an erster Stelle die Eliten und Bürokratien, die daher auch an diesen Strukturen festzuhalten suchen. Für die eingebundenen lokalen Produzenten eröffnen sich dadurch zwar Beschäftigungsmöglichkeiten. Doch sie währen nur so lange, wie die hauswirtschaftliche Selbstversorgung die Kosten niedrig hält. Daher muss „eine Integration in den Weltmarkt nicht unbedingt zu einer Zerstörung der Subsistenzproduktion führen" (*Evers* 1988, 140). Gegenwärtig erlangt sie im Zuge der aktuellen *outsourcing*-Strategien transnationaler Konzerne eine konstitutive Funktion.

Dieser Verflechtungsansatz, der die Tatsache verständlich und nachvollziehbar macht, dass die Gesellschaften und Menschen des Südens seit Jahrzehnten überleben, obgleich die verheißenen Entwicklungen weitgehend ausgeblieben sind, hat in der geographischen Entwicklungsforschung – wie eingangs erwähnt – vielfältig Anwendung gefunden. Durch zahlreiche empirische Studien ist er methodisch erweitert, erkenntnismäßig fortgeführt und entwicklungspolitisch funktionalisiert worden (z.B. *Schmidt-Wulffen* 1983, 1985; *Tröger* 2003),

Entwicklungsbezug: Zwei entwicklungspolitisch wichtige Folgerungen lassen sich daraus ableiten:

(1) Innenpolitisch stellt die Verflechtung der Einkommen aus verschiedenen Produktionsweisen ein überlebenssicherndes, krisenbewältigendes materielles Netzwerk dar. Der überwiegende Teil der Bevölkerung in den Ländern des Südens – vor allem in den Städten (informeller Sektor) – vermag auf diese Weise zu überdauern. Für die Regierungen bedeuten diese materiellen Netzwerke eine Kostenexternalisierung. Auch können sie dabei von einer nachhaltigen Struktur ausgehen, weil die Akteure selbstverantwortlich, selbstgesteuert tätig sind. So werden die Herrschenden zusätzlich ihrer politischen Fürsorgepflicht entbunden und ihnen die Bereicherung erleichtert.

(2) Für die wirtschaftliche Entwicklung resultieren daraus zwei Folgerungen:

a) In dem Maße wie z.B. der Subsistenzproduzent seine Arbeitskraft zwischen beiden Sektoren aufteilt, können sich folgende Reaktionen einstellen: Hauptaugenmerk gehört ungemindert der Ernährungssicherung der Familie und damit der Nahrungsmittelerzeugung. Die Möglichkeiten zur Marktproduktion werden von dem zu erwartenden Gewinn bzw. dem Verhältnis von Aufwand und Einkommen bestimmt. Im Extremfall könnte es sogar zum Anbau von Exportprodukten kommen.

b) Ein Staat mit geringem Lohnniveau, durch die haus-/subsistenzwirtschaftliche Sicherung der Arbeitskraft ermöglicht, kann sich trotz technischer und infrastruktureller Rückständigkeit im Konkurrenzkampf z.B. mit günstiger ausgestatteten Nachbar- oder gar Industrieländern behaupten bzw. für transnationale Konzerne interessant werden.

Obgleich der Verflechtungsansatz Einsicht in essentielle, konstitutive Zusammenhänge eröffnet, hat er m.W. nur wenig entwicklungspraktische Anwendung erfahren. Das liegt wohl darin begründet, dass dieser Ansatz Zusammenhänge zwar plausibel nachvollziehbar macht. Doch entziehen sich die Handelnden der entwicklungspraktischen Intervention, weil gerade in der Art ihres Handelns (Verflechtung verschiedener und unterschiedlichen Produktionssphären zugehörigen Aktivitäten) ihre Chance liegt. Eingriffe würden – ähnlich wie im informellen Sektor – zu Gefährdungen führen.

3.3 Akkumulationstheoretischer Ansatz

Wenn die These des Peripheren Kapitalismus stimmt (S. 83), nämlich dass die Akkumulation, d.h. im Sinne der *Marx*schen Theorie die spezifische Anhäufung von Kapital, Produktion und Arbeitskräften zur Herstellung von Waren und zur Erzielung von Mehrwert, in den Ländern der Dritten Welt anders verläuft als in den Industrieländern (*Senghaas* 1979, 379ff), dann müsste es auch Unterschiede in der regionalen Entwicklung geben (*Rauch* 1985, 172ff). Dann wäre, dies sei hinzugefügt, ebenso von spezifischen räumlichen Unterschieden in der Verteilung der Produktionsstandorte, in der Stadt-Land-Beziehung und damit letztlich in dem Zugang der Bevölkerung zu existenzsichernden Einkommen/Ressourcen auszugehen. Bei der Diskussion dieser These, die zu allgemeineren, theoretischen Einsichten gelangen will (*Rauch* 1985), steht die Analyse des spezifischen Zusammenwirkens der strukturellen Merkmale, sektorales Wachstum, Kapitalintensität und Einkommensverteilung im Vordergrund. Dabei wird von der retrospektiven Dimension der folgenden zentralen Fragen ausgegangen: *(1)* Ist der Akkumulationsprozess in den Entwicklungsländern wirklich anders geartet als in den Industrieländern? *(2)* Welche Bedeutung kommt dieser Andersartigkeit für den räumlichen Entwicklungsprozess zu? *(3)* Welche Konsequenzen resultieren daraus für die regionale Entwicklungsplanung (*Rauch* 1985, 178)?

Diese drei Fragen seien, ohne hier auf die Bezüge dieses Theorieansatzes zu den inspirierenden regionalwissenschaftliche Theoremen ,Wachstumspole' und ,*polarization reversal*' einzugehen, im folgenden diskutiert:

(1) Wie einleitend schon angesprochen, geht die Theorie des Peripheren Kapitalismus davon aus, dass der Akkumulationsprozess, wie er sich in den Industrieländern vollzogen hat, für Entwicklungsländer „nicht geeignet ist, Existenzgrundlagen und Kaufkraft für die Masse der Bevölkerung zu schaffen" (*Rauch* 1985, 173). Vielmehr kommt es im Sinne der These von der „Entwicklung der Unterentwicklung" (*Frank* 1973, 91ff) zu einer Verschärfung der sozialen Gegensätze und zur Marginalisierung der Bevölkerungsmehrheit. Die Ursachen dafür werden in der einseitigen, exogenen, imperialistischen Ressourcenextraktion, in dem dafür notwendigen kapitalintensiven Technologiebedarf (aus den Industriestaaten), der extrem ungleichen Einkommensverteilung infolge der geringen Beschäftigungseffekte der extern orientierten Wachstumssektoren und in deren geringen Binnenmarkteffekten gesehen. Darin bestehen grundsätzliche Unterschiede zu dem Akkumulationsprozess der Industrieländer, wo sich die industrielle Produktivkraftentwicklung[116] parallel zur Produktivitätssteigerung in der Landwirtschaft[117] sowie zum gesellschaftlichen Wandel[118] vollzog und der Industrialisierungsprozess Arbeitsplätze und damit Massenkaufkraft schuf.

Die Marginalisierung der Bevölkerungsmehrheit wird von fehlendem Zugang zu politischer Macht und der Tatsache begleitet, dass die sich selbst privilegierende Staatsbürokratie an der peripher-kapitalistischen Akkumulation partizipiert, sie daher fördert und reproduziert.

(2) Aus dieser Andersartigkeit des peripher-kapitalistischen Akkumulationsmusters lässt sich auf zwei Ebenen auch ein eigener räumlicher Entwicklungsprozess ableiten: *(1)* Zwar gibt es in Entwicklungs- und Industrieländern auf der Erscheinungsebene ähnliche Beziehungsgefügemuster zwischen städtischen Zentren und Umland. Doch strukturell besteht ein wesentlicher Unterschied. In den Peripherieländern wird nämlich die vorherrschende Produktionsweise, die traditionelle, überwiegend agrarische und gebrauchswertorientierte Selbstversorgung, einseitig von einem modernen, extern gesteuerten Wirtschaftssystem dominiert. Dieses System basiert auf Ausbeutung der lokalen Arbeitskraft sowie auf extraktiver

116 z.B. Entwicklung neuer Maschinen: *spinning*-Jenny, Dampfmaschine; fortwährende Differenzierung der Produktion; Herstellung von Zwischenprodukten; Schaffung immer neuer Arbeitsplätze.

117 z.B. Erhöhung der Nahrungsmittelerzeugung dank Wende- und Vielscharpfluges, Fruchtwechselwirtschaft, künstlichen Düngers und „Flurbereinigung"; Freisetzung von Arbeitskräften.

118 z.B. Einhegung, Blutgesetze und Lohnarbeit in England (*Marx* 1890/1973, 764ff); Ende des Feudalismus, Bauernbefreiung.

Nutzung der vorhandenen Ressourcen. Es wirkt deformierend und ist damit entwicklungshemmend. Denn der Agrarsektor wird entweder voll in die exportorientierte Produktion (Plantagen-, Haciendaökonomie) ohne lokale Sickereffekte (z.B. Arbeitsplätze, Einkommenssteigerung) einbezogen. Oder er fristet z.B. als Lieferant von Nahrungsmitteln für die kaufkraftschwache lokale Bevölkerung ein minimumswirtschaftliches Dasein. Dadurch ist er kapitalarm, verbleibt auf niederem Produktivitätsniveau, setzt kaum Arbeitskräfte frei und überdauert quasi als „soziales Auffangbecken" (*Rauch* 1985, 182).

Die Landwirtschaft erhält durch den modernen Sektor keine Impulse. Vielmehr werden ihr sogar „Ressourcen und Mehrprodukt entzogen, ohne dass sie dabei von ihren Reproduktionsaufgaben entlastet wird" (ebd. 184; vgl. dazu Verflechtungsansatz, S. 189). Daraus resultiert, dass hier – anders als es in den Industrieländern der Fall war, wo Zwang und Möglichkeit zum Berufswechsel und zu räumlicher Mobilität konstituierend für die gesamtgesellschaftliche Produktivitätssteigerung waren – die ländliche, agrare Bevölkerung „weder durch Wechsel des Berufs noch durch den Wechsel des Standortes" (ebd., 185) partizipieren kann. *(2)* Außer diesem spezifischen Stadt-Land-Hiatus findet die raumstrukturelle Andersartigkeit der Entwicklungsländer in der räumlichen Verteilung der Wachstumssektoren (z.B. Bergbau, Plantagen und Industrie) Ausdruck. Verantwortlich dafür sind die extern orientierte Produktionsausrichtung und der dafür notwendige kapitalintensive Technikeinsatz. Sie führen zur Konzentration auf Rohstoffstandorte und Außenhandelsumschlagplätze. Hier ist daher auch die größte Kaufkraft vertreten. Sie wiederum zieht eine Differenzierung der Nachfrage nach sich. Dadurch und wegen der Begrenztheit des Marktvolumens verringert sich die Zahl der Fertigungsstätten und kommt es zu deren Anhäufung dort, wo sich die wenige/begrenzte Kaufkraft konzentriert. – Da in peripher-kapitalistischen Ökonomien eben keine landesweite Massenbeschäftigung und Massenkaufkraft entstehen, ist der Grad der räumlichen Konzentration zwar nicht zwingend, aber i.d.R. höher als in den Industrieländern.

Wenn die eben herausgestellten Merkmale auch nicht als allgemein verbindlich betrachtet werden können, so sind sie doch Ausdruck eines ganz bestimmten Entwicklungsweges, der der überwiegenden Mehrzahl der Länder des Südens stets oder in bestimmten Phasen einzig zu beschreiten möglich war. Für die Fragen nach den Konsequenzen für den regionalwissenschaftlichen Entwicklungsprozess erwachsen daraus folgende Überlegungen:

(3) Regionalorientierte Entwicklungsstrategien streben im Sinne ‚dezentraler Konzentration' eine dezentrale Verteilung von Wachstumssektoren an. Doch blenden sie meist die Zwänge der jeweiligen Akkumulationsmuster aus und erreichen daher nicht die angestrebten Effekte. Das gilt insbesondere in den peripherkapitalistischen Ökonomien, wo das Akkumulationsmuster durch den Gegensatz

zwischen wenigen städtischen Zentren und peripheren ländlichen Regionen bestimmt ist. Regionalorientierte Entwicklungsmaßnahmen müssen daher hier von folgenden Überlegungen ausgehen: *(1)* Zur Erlangung von Wirtschaftswachstum ohne Marginalisierung ist die Initiierung von kleinen, ubiquitären Produktionsprozessen auf der Basis arbeitsintensiver (vielleicht sogar indigener) Techniken erforderlich. *(2)* Dadurch können Arbeitsplätze und breitere Kaufkraft geschaffen und kann die Dezentralisierung bei der Gründung weiterer Betriebe gefördert werden. Selbst die Nutzung geringer, lokal vorhandener Ressourcen und eine der lokalen Nachfrage gemäße Warenproduktion sind dadurch möglich. *(3)* Auch profitierte davon die agrare Nahrungsmittelerzeugung. Sie förderte die Entwicklung der ländlichen Räume und begünstigte die Entstehung neuer Bezugs- und Absatzmärkte.

Die Realisierung dieser Überlegungen, in der entwicklungspraktischen Diskussion nicht unbekannt, wirkte den gängigen Polarisationsprozessen entgegen und führte zur Überwindung der aus dem peripher-kapitalistischen Akkumulationsmuster abgeleiteten Effekte. Nur auf diese Weise kann Entwicklung per se erzielt werden. Möglich ist die Realisierung dieses Entwicklungsansatzes aber nur über die (partielle) Abkopplung des wirtschaftlichen Entwicklungsprozesses der Peripherieländer von den bislang bestimmenden Weltmarktmechanismen. Dadurch aber sind die Interessen all jener tangiert, die von den herrschenden Produktionsverhältnissen profitieren. Und damit wird deutlich, „dass die effektive Bekämpfung der aus den sich verschärfenden regionalen Gegensätzen resultierenden Probleme … eine Frage der gesellschaftlichen und internationalen Kräfteverhältnisse ist“ (*Rauch* 1985, 189).

Entwicklungsbezug: Der von dem regionalwissenschaftlich bestimmten Anliegen um Abbau entwicklungshemmender Gegensätze in den Ländern des Südens getragene akkumulationstheoretische Ansatz von *Rauch* (1985) stellt die Zusammenhänge von räumlicher Entwicklung und peripher-kapitalistischem Akkumulationsprozess in den Mittelpunkt der Überlegungen. Er gelangt zu dem entwicklungspraktischen Ergebnis, dass die beobachtbare und nachweisbare „Verschärfung regionaler Gegensätze in peripher-kapitalistischen Ländern … in seinen wesentlichen Aspekten (Stadt-Land-Gegensatz, Landflucht) weder durch eine von oben noch durch eine von unten geplante räumliche Dezentralisierung innerhalb des gegebenen Akkumulationsmusters gelöst werden kann. Es bestehen auch keine Möglichkeiten, dass es sich im Rahmen dieses Musters und der ihm entsprechenden gesellschaftlichen Strukturen mit zunehmender Akkumulation von selbst löst“ (ebd. 189). Für den Abbau der entwicklungshemmenden regionalen Gegensätze sind Entwicklungsprozesse erforderlich, die auf breiter Partizipation der Bevölkerung beruhen und sich, geschützt vor überlegenen Weltmarkteinflüssen, auf nationaler Ebene vollziehen können. – So richtig und originell diese

Forderung und die ihr zugrundeliegenden Überlegungen zum Zeitpunkt ihrer Formulierung (1982) waren und im Prinzip insbesondere heute – in Zeiten der Globalisierung – noch immer sind, es bleibt die Frage nach den Trägern ihrer Umsetzung.

4. Raum und Entwicklung?

Im handlungstheoretischen Sinne hat Raum als Rahmen, Bühne oder Fundus für Art und Weise menschlichen (und entwicklungspraktischen) Handelns eine neue Dimension erhalten. Doch dessen ungeachtet fällt insbesondere in den Ländern des Südens dem Räumlichen, d.h. Distanz und Fläche sowie Dimension (lokal, regional, territorial, global), Raumerfüllung, Zuordnung (choristisch, chorologisch), Differenzierung (funktional, strukturell) und Disparitäten (arm, reich; integriert, ausgeschlossen), eine elementare Bedeutung bei allen Analysen der Unterentwicklung und Maßnahmen der Entwicklung zu. Das kann nicht überraschen, zielt doch nachholende Entwicklung, entwicklungspolitische Strategie seit Ende des Zweiten Weltkrieges, auf die Beseitigung von räumlichen Disparitäten, d.h. die tendenzielle Durchdringung von Gesellschaften und Länder als Ganze ab.

4.1 Wachstumspole und wissensbasierte Cluster

Wachstumsökonomische Vorstellungen bestimmen generell Denken und Handeln wirtschaftlicher/industrieller Entwicklung. Für die Überwindung der Unterentwicklung in der Dritten Welt bilden sie daher letztlich und faktisch die einzige und die von Anbeginn und bis heute praktizierte Lösung. Dabei konzentrierten sich die regionalpolitisch-strategischen Entscheidungen auf regionalökonomische Konzepte. Sie gehen von den Mechanismen gleichgewichtsgesteuerter Marktabläufe mit dem Ziel aus, regionale Unterschiede z.B. im Produktionsprozess, in den Handelsbeziehungen und der Faktorausstattung abzubauen. Die regionalwissenschaftlich daraus ableitbare und für Entwicklungsländer interessante Frage muss jedoch auf die Effekte gerichtet sein, die von Zentren des Wachstums (Wachstumspole) ausgehen können und Disparitäten entwicklungsrelevant abzubauen vermögen.

Obgleich standorttheoretische Konzepte seit der grundlegenden Arbeit von *Christaller* (1933) über die zentralen Orte zum Gegenstand geographischer Forschung gehören, bestimmten doch die wirtschaftswissenschaftlichen Studien von *Myrdal* (1957) zur zirkulären/polarisierten Entwicklung, von *Perroux* (1964) über Wachstumspole (*espace géonomique; relations géonomiques entre points, lignes, sur-*

faces, volume; 125ff) sowie z.B. von *Friedmann* (1972), *Hirschman* (1967) und *Lasuén* (1973) den einschlägigen (nicht regionalwissenschaftlich geführten) Diskurs. Erst später meldete sich auch die Geographie mit unterschiedlichen Beiträgen zu Wort. Verwiesen sei dabei vor allem auf die Arbeiten von *Schilling-Kaletsch* (1976), *Rauch* (1979a, 1981) sowie die Übersichtsdarstellungen von *Schätzl* (1978). Erwähnt seien in diesem Zusammenhang die regionalen Beispiele von *Vorlaufer* (1972), *Blenck* (1973), *Schätzl* (1973) und *Scholz* (1979). Dabei ging es zum einen um die Frage nach den zentralörtlichen Raummustern und zum anderen um die Bedeutung regionaler Implikationen (z.B. Disparitäten) im Entwicklungsprozess.

Aus heutiger Perspektive und vor dem Hintergrund global-zeitlicher *flexifactory*-Mobilität der Produktion könnte diese Thematik als überholt erscheinen. Doch zum einen gewinnt sie gerade dadurch und durch die Diskussion über Chancen aus wissensbasierten Clustern für die Länder des Südens (*Altenburg* 2000) an Aktualität. Daher sei hier rückblickend auf die wesentlichen, richtungsweisenden Ansätze von einst und die dabei analysierten raumwirksamen Effekte von Wachstums-/Entwicklungspolen aus geographischer Perspektive eingegangen. Dies geschieht nicht zuletzt im Blick auf die neu aufgekommene Clusterdiskussion, die daraus m.E. methodisch und vor allem auch für die Beurteilung der Effektchancen Anregungen ziehen könnte.

Die Diskussion über die Bedeutung von Wachstumspolen im Entwicklungsprozess erwuchs aus der allgemeinen Dominanz wachstumstheoretischer Vorstellungen (*Nurske* 1967; *Rostow* 1960) und solcher neoklassischen Gleichgewichtswachstums (*Jochimsen* 1966; zur Übersicht vgl. *Schätzl* 1978) sowie nicht zuletzt aus der dabei gegebenen ungereimten Realitätsferne. Denn die Entwicklung vollzog sich eben nicht, wie von steuernden Marktkräften erwartet, gleichgewichtig. Aus dieser Einsicht heraus leitete *Perroux* (1964, 125ff) daher die These ab, dass wirtschaftliches Wachstum aus innovatorischen Schüben resultiert, die von einzelnen, dominierenden Wirtschaftssektoren (den sektoralen Wachstumspolen = *pôles de croissance*) ausgehen. Sie lösen sektorübergreifende Kopplungswirkungen und Verflechtungseffekte aus. Diesen *Perroux*'schen Polen liegt aber nur ein mittelbarer Raumbezug (*relations géonomiques*) oder die Frage zugrunde, wo und wie sich die induzierten Wachstumswirkungen im konkreten Raum niederschlagen (*Schilling-Kaletsch* 1976, 25). Dennoch regte *Perroux* damit die regionalwissenschaftliche und regionalpolitische Diskussion über die Notwendigkeit des Einbezuges räumlicher Komponenten in die Strategieentwicklung für die Länder der Dritten Welt an.

Konkrete Fortentwicklung erfuhr diese Diskussion aus den Vorstellungen von *Myrdal* (1957; *zirkuläre Verursachung*), dass sich Entwicklung in zirkulären Prozessen abspielt. Dabei geht er von zwei unterschiedlich entwickelten, aber zirkulär verbundenen Regionen aus. Die schwächere von ihnen tendiert durch Entzugsvorgänge (*back-wash effects*) zu Schrumpfung, während die stärkere, von der dieser Entzug ausgeht, selbstverstärkende Anhäufungs-/Expansionseffekte (*spread effects*) und dadurch Wachstum verzeichnet. Kapital- und Arbeitskräftewanderung kennzeichnen diesen Entzugsvorgang (Kontereffekt) ebenso wie die sich verstärkende Marktdominanz der überlegenen Region. Dadurch aber werden beiderorts vielfältige, jedoch entgegengerichtete soziale, ökonomische und infrastrukturelle Veränderungen ausgelöst. Sie fördern die zirkulären Prozesse weiter, verstärken und verfestigen somit regionale Ungleichheiten. Nach *Myrdal*, der diese Gegebenheiten insbesondere auf nationaler Ebene der Entwicklungsländer (und wohl auch in deren Verhältnis zu den Industrieländern) erkannt hat und dafür ein kapitalistisches Milieu (freies Spiel der Marktkräfte) voraussetzt, gehen von diesen Wachstumspolen keine Impulse aus, die die schwächere Region allmählich zu nachholender Entwicklung befähigten.

In diesem Zusammenhang und mit Blick auf die neuerliche Chancenthese für Entwicklungsländer durch wissensbasierte Cluster (s.u.) muss noch ergänzend auf die polarisationstheoretischen Überlegungen von *Lasuén* (1973) hingewiesen werden. Auch bei ihm spielen innovative Cluster, in geographischen Clustern konzentriert, für die raumdurchdringende Wirtschaftserschließung eine zentrale Rolle. Ausschlaggebend dafür ist die Diffusion von Innovationen. Sie können jedoch nur Wirkungen zeigen, wenn in den Zielregionen Fähigkeit und Bereitschaft zu ihrer Aufnahme (Adaptionskapazität) vorhanden sind. Und sie entscheiden letztlich über Verschärfung oder Abbau räumlicher Disparitäten. – Von ähnlichen Vorstellungen lässt sich auch *Friedmann* (1972) in „*A theory of polarized development*" leiten. Darin wird der Innovationsausbreitung ebenfalls eine zentrale Rolle beigemessen. Da sich Innovationen insbesondere im Agglomerationsmilieu städtischer Zentren bilden, fällt diesen als Innovationsherden (*core regions*) eine dominierende Stellung zu. Die daraus erwachsende Machtposition erlaubt es den Zentren, sich einerseits der Ressourcen der nachgeordneten Regionen (*peripheral regions*) zur Eigenentwicklung zu bedienen und damit – etwa im Sinne der zirkulären Verursachung – andererseits dort Entzugseffekte und Schrumpfungs-/Schwächungsprozesse einzuleiten.

In allen vorgestellten Theorien wird von einer sich räumlich verschärfenden Entwicklungspolarisation ausgegangen. Gegenläufige Prozesse spielen bei den zitierten Autoren eine untergeordnete Rolle. Hinweise darauf beschränken sich auf Chancen, die sich aus staatlichen Gegensteuerungsmaßnahmen ergeben, oder auf reversible Prozesse, die aus der Ungunst entstehen, die in Agglomerationszentren (Agglomerationsnachteile) ausgebildet sind.

Um diese Theorien für eine weiterführende kritische Reflexion nachvollziehbar und verwertbar zu gestalten, seien die daraus ableitbaren, m.E. zentralen Einsichten im folgenden zusammengefasst: *(1)* Entwicklung vollzieht sich in Zentren (Wachstumspole). Sie basiert auf der hier gegebenen Konzentration an politischer Macht, ökonomischer Dominanz/Marktüberlegenheit, Arbeitskräften, Bildungs- und Forschungseinrichtungen, kurz an unterschiedlichsten Innovationen und Agglomerationsvorteilen. *(2)* Daraus leiten sich – im Sinne zirkulärer Verursachung – Entzugseffekte bei Kapital, Arbeitskräften, Unternehmen, Rohstoffen und Nahrungsmitteln in der Peripherie ab. In sie hinein erstrecken sich daher keine Ausstrahlungseffekte, die Entwicklung auslösen könnten. Über ihr Schicksal entscheidet letztlich das Zentrum aus der überlegenen Machtposition und Interessenlage heraus.

Während diese konzeptuellen Modelle von modernisierungstheoretischer Überzeugung getragen sind, nähert sich *Rauch* (1979a; 1981, 124ff) der Frage nach den entwicklungspraktischen Effekten von Wachstumszentren/-polen auf der Grundlage dependenz-theoretischer Vorstellungen. Dennoch gelangen seine Überlegungen und die darauf aufbauenden empirischen Studien zu Ergebnissen und Einsichten, die vom Effekt her ähnlich sind. Im folgenden Fallbeispiel seien sie vorgestellt:

Fallbeispiel Nigeria: In seinem Artikel weist *Rauch* (1979a) einleitend in einem allgemeinen Erklärungsmodell nach, dass bei abhängiger Industrialisierung von Wachstumszentren unabhängig vom Standort keine Impulse für die regionale Entwicklung ausgehen können. Vielmehr sind sie „Glied im Rahmen eines die Unterentwicklung der peripheren Regionen verschärfenden Akkumulationsprozesses und haben deshalb einen gegenüber ihrer Region parasitären Charakter“ (*Rauch* 1979a, 254). Am Beispiel der beiden nordnigerianischen Städte Kano und Kaduna liefert er dafür den konkreten Nachweis:

(1) Beide Städte waren in den 1970er Jahren hinter Lagos die wichtigsten nigerianischen Industriezentren. In Kaduna, wo die Textilindustrie mit 79% an der Netto-Wertschöpfung dominierte, waren in den 26 Großbetrieben über 22.000 Arbeitskräfte beschäftigt. In Kano hingegen herrschte Branchenmischung (z.B. Erdnuss-, Metallverarbeitung, Süßwaren, Getränke, Gerbereien, Bekleidung, Seife) vor. Und in den 80 Betrieben fanden 16.000 Menschen Arbeit.

(2) An vier Indikatoren sei die Struktur der Städte herausgearbeitet:

a) Produktionsstruktur: In beiden Standorten überwog eine importsubstituierende Industrie auf der Basis importierter und bei Kaduna zusätzlich auch lokaler Rohstoffe (Baumwolle).

b) Güterwirtschaftliche Verflechtung: In Kano stammten 45% der Rohstoffe und 77% der industriellen Inputs aus dem Ausland. In Kaduna lagen die entsprechenden Werte bei 66% und 76%. Kano exportierte 27% der Gesamtproduktion.

c) Herkunft von Kapital und Management: In Kano nahm das lokale Kapital 66% ein, während 54% der Managementpositionen mit Ausländern besetzt waren. In Kaduna lagen die vergleichbaren Werte bei 71% bzw. 48%.

d) Regionale Produktionsverflechtung: Die Herstellung für den lokalen Markt hängt letztlich von metropolitanen absatz- und rohstoffstrategischen Entscheidungen ab.

Danach sind beide Standorte „Zweigstellen in einem weltmarktorientierten, auf die Metropolen ausgerichteten und durch deren Kapital bestimmten Produktionskreislauf" (*Rauch* 1979a, 259).

(3) Die Frage nach dem Beitrag, den beide Städte zur Entwicklung Nordnigerias leisten bzw. nach ihrer Wachstumspolrelevanz, sei in folgenden Schritten zu beantworten versucht:

a) Wegen des geringen Mechanisierungsstandes ist der Beschäftigungseffekt der Industrie zwar relativ groß, doch bezogen auf die Bevölkerungszahl mit 0,2% äußerst bescheiden. Entwicklungsimpulse können davon nicht ausgehen. Auch bei Expansion der Betriebe sind für die Zukunft keine allzu großen Zunahmen zu erwarten. Für 2000 wurde ein Anteil von 1,4% und für 2025 von 8,5% prognostiziert.

b) Die Entwicklungsimpulse aus Erwerbseinkommen halten sich in engen Grenzen. Zum einen sind die Löhne der industriellen Arbeitskräfte (Relationszahl 1), die zwar etwas höher liegen als bei einem normalen nigerianischen Arbeiter (0,6), bescheiden. Zum anderen fließt der überwiegende Teil (Kano = 54,6%; Kaduna = 61,9%) der Einkommen ins Ausland ab.

c) Nur 1/4 der industriellen Konsumgüter in Kano und 1/3 der in Kaduna sind geeignet für die Deckung des einfachen Bedarfs. Der größte Teil der Erzeugnisse zielt auf die Bezieher monetärer Einkommen ab. Zur Befriedigung der Grundbedürfnisse der lokalen Bevölkerung tragen sie kaum bei.

d) Vorwärts- und Rückwärtskoppelungseffekte in der Region sind kaum feststellbar. Die einzig auf die beiden Städte konzentrierte Entwicklung verschärft sogar die an sich schon bestehende Einkommenspolarisation gegenüber dem Land und nimmt quasi allen Ausbreitungseffekten auf ihr Umland die Basis (Kapitalflucht, Abwanderung).

e) Ähnlich negativ sind die von den Städten ausgehenden Wirkungen auf die Produktivkraftentfaltung. Ausbildungseffekte sind nämlich nicht nachweisbar. Denn selbst die mittleren Positionen in den Industriebetrieben sind von ausländischen Fachkräften besetzt.

Fazit: Es zeigt sich, dass die beiden Industriestandorte in Nordnigeria nicht geeignet sind, die lokale Bevölkerung in die industrielle Produktion direkt und indirekt einzubinden, ihre Grundbedürfnisse besser zu befriedigen, auf das Umland Impulse zu übertragen, die agrare Wirtschaft anzuregen und das Bildungsniveau zu verbessern. Ursache dafür sind nicht Mangel an Agglomerationsvorteilen der Zentren, sondern die außenabhängige Industriestruktur und die externen Produktionsinteressen. „Die Sogwirkung dieses ‚modernen Sektors' lähmt den Rest der Ökonomie, beeinträchtigt die Existenzbedingungen der davon lebenden Mehrheit der Bevölkerung, ohne jemals in der Lage zu sein, einem relevanten Teil dieser Bevölkerung eine alternative Existenzgrundlage zu geben. Die Frage des Standorts solcher Produktion ist dabei von sekundärer Bedeutung" (*Rauch* 1979a, 264).

In dem *Polarization-Reversal-Modell* entfaltet *Richardson* (1980) jedoch eine Gegenthese zu den obigen Modellen und ihren Voraussetzungen sowie zu den

Folgerungen aus dem Fallbeispiel. Ausgehend von den möglichen reversiblen Effekten der oben erwähnten Agglomerationsnachteile, leitet er über verschiedene Phasen intra- und interregionaler Dezentralisationsprozesse ein differenziertes und stabiles urbanes Hierarchiesystem ab. Dieser Vorgang erfolgt über eigendynamische Wachstumsprozesse in urbanen Subzentren, die infolge lokaler Vorteile Innovations- und (sogar ausländische) Investitionsströme sowie Arbeitskräfte anzuziehen vermögen. Dieser Vorgang setzt sich auf suburbaner Ebene fort und führt letztlich zu einem stabilen urbanen System mit tendenziell homogener Verteilung von Industrie, Straßennetz, Arbeitsplätzen und Einkommen. Zu einem ähnlichen Ergebnis gelangen *Vance* (1970) und *Potter* (1992) mit Modellen, die in historischer Perspektive die Handelsbeziehungen zwischen Mutterland und Kolonie in Beziehung zum Aufbau des Siedlungs- und Verkehrsnetzes verfolgen. Auch *Taaffe et al.*(1970) gehen von der Möglichkeit einer homogenen Verkehrserschließung in Entwicklungsländern aus.

Von diesen Ausnahmen abgesehen (vgl. *Koschatzky* 1987), scheinen die empirischen Beobachtungen in den Entwicklungsländern, d.h. die heute dort fassbaren Raumstrukturen (z.B. Ein-Stadt-/Hauptstadt-Domination; marginalisiertes Hinterland/Peripherie; Disparitäten; bergbauliche, agrare Extraktionszentren; Exportproduktionszonen/-exklaven; S. 89ff), jedoch der These von *Richardson* zu widersprechen. Da ihre Logik aber ebenso nachvollziehbar ist wie die der zirkulären Verursachung oder des polarisationstheoretischen Ansatzes kann die Tatsache nicht überraschen, dass – ähnlich wie bei vielen anderen entwicklungstheoretischen Themen – die Diskussion noch offen ist und Fragen wieder neu gestellt werden. Dies geschieht augenblicklich aus der Sicht jener, die z.B. in *wissensbasierten Clustern* Chancen für die Länder des Südens in der Ära der Globalisierung sehen (*Altenburg* 2000). Doch woraus speisen sich in einem global-zeitlichen System, in dem Wettbewerb mit den Zielen Konkurrenzverdrängung und wirtschaftlicher Erfolg dominiert, ihre Argumente?

In der neueren innovationstheoretischen Diskussion wird von der Kernhypothese ausgegangen, „dass erfolgreiche Innovation ein ausdifferenziertes und leistungsfähiges Unternehmensumfeld voraussetzt und dieses wiederum die Agglomerationsvorteile jener industriellen Kernräume verstärkt, die über die entsprechende Ausstattung verfügen“ (*Altenburg* 2000, 336). Die Sicherung dieser Vorteile erfolgt über vielfältige und fortdauernde Rückkopplungsprozesse zwischen Forschung, Produktionsentwicklung, Fertigung und Marketing. Damit wird die Grenze zwischen Produktion und Forschung/Entwicklung aufgehoben, findet ein, zur Produktion parallel verlaufender „kontinuierlicher Verbesserungsprozess“ statt und sind immer raschere Innovations- und kürzere Produktzyklen möglich.

Die dafür notwendigen Voraussetzungen sind in erster Linie in der Triade gegeben. Doch in zunehmendem Maße haben daran auch die Länder des Südens teil, wofür vor allem Faktorkostenvorteile sprechen: Lohnniveau, qualifizierte Fachkräfte (Techniker, Ingenieure, Manager, IT-Spezialisten), elektronische Datenübermittlung zum Nulltarif in Echtzeit, lokale infrastrukturelle Ausstattung (z.B. hohes Bildungsniveau, Wissensintensität, *software*-Umgang), sichere und günstige Investitionsbedingungen. Auf diese Weise bilden sich in der Peripherie Ansatzstellen für technologische Anschlussprozesse heraus und stellen sich „längere wissensintensive Wertschöpfungsketten" mit globaler Einbindung ein (*Altenburg* 2000). Und in dem Maße, wie Produktionsabläufe zerlegbar werden, können dank Internet Teilaufgaben produktionskonform an beliebige Standorte verlagert werden. Dort findet schrittweise Kompetenzerwerb statt und erhöhen sich infolgedessen Attraktivität und Konstanz des Standortes. Dadurch wiederum wird die Ansiedlung von „mehrstufigen Wertschöpfungsaktivitäten" gefördert, die lokale Kompetenz weiter erhöht und die Differenzierung der Produktion erweitert. Denn jetzt können auch vor Ort kontinuierliche Verbesserungsprozesse erfolgen. Die auf diese Weise entstehenden Cluster sind als intra- und interbetriebliche Netzwerksysteme zu begreifen und eher virtuell als räumlich fassbar. In zunehmendem Maße bilden sie sich auch in den Ländern des Südens heraus.

Entwicklungsbezug: Im Unterschied zu den Überlegungen z.B. von *Myrdal* oder *Friedmann* (s.o.) ist nach der Argumentation von *Altenburg* der Peripherie generell Teilhabe an der globalen Wertschöpfungskette möglich. Doch resultieren daraus keine Aussagen über mögliche entwicklungsauslösende Ausbreitungseffekte von diesen wissensintensiven, wissensbasierten Clustern aus in Gesellschaft und Raum. Und es wird auch nicht der entwicklungspolitisch wichtigen Frage nachgegangen, ob in Zeiten des Wettbewerbs derartige Effekte überhaupt möglich sind. Die Annahme liegt nahe, dass sich die von diesen Clustern ausgehenden Prozesse, an sie geknüpfte Chancen, ähnlich gerieren, wie durch die zirkuläre Verursachung beschrieben: Wachstumspole führen nicht zum Abbau räumlicher Ungleichgewichte in der Peripherie.

4.2 Vier-Ebenen-Interventionsstrategie

Auf dem aktuellen Stand der geographischen Methodendiskussion basierend und von der eingangs erwähnten Notwendigkeit zur Reflektion über strategische Interventionswege geleitet, entwickelte *Rauch* (1996, 36ff; 2003) ein Konzept, das hier als Vier-Ebenen-Interventionsstrategie vorgestellt sei. Vom Anspruch und Ansatz her ist es von fachübergreifender Relevanz. Die Überlegungen sind von zwei Einsichten geleitet:

(1) Es besteht eine Kluft zwischen den entwicklungspolitischen Maßnahmen, die auf der Makroebene (internationale Entwicklungsagenturen) für sinnvoll/richtig/notwendig angesehen und durchgeführt werden und ihrer informativen und

praktischen Wahrnehmung sowie ihrer Umsetzung auf der Mikroebene (Zielgruppen).

(2) Die jeweiligen Vorteile struktur-[119] und handlungstheoretischer[120] Ansätze zur Analyse des Handelns (hier) entwicklungspolitischer Zielgruppen sollten zusammengeführt, die Widersprüche aufgelöst werden. Dabei wird von der Hypothese ausgegangen, dass „Handeln in manchen historischen Situationen hochgradig strukturbestimmt ist, während es z.B. in historischen Umbruchsituationen relativ große Freiheitsgrade für strukturveränderndes Handeln gibt" (*Rauch* 2003, 37). Daraus resultiert folgender Verständniszusammenhang (Abb. 52):

a) Handlungsspielräume werden durch mehrere Rahmenbedingungen begrenzt: ökonomische, ökologische, politisch-institutionelle und sozio-kulturelle.

b) Diese Rahmenbedingungen werden von innen wie von außen beeinflusst und geben den Handlungsspielraum für die Akteure vor.

c) Innerhalb der jeweiligen Spielräume konkurrieren die Akteure untereinander, verdrängen sich, entwickeln ggf. auch neue Fähigkeiten und versuchen, den Spielraum zu erweitern.

Aus diesen hier verkürzt, zur Verdeutlichung jedoch ausführlich genug wiedergegebenen Zusammenhängen leitet *Rauch* (2003, 39) zwei Ansatzpunkte für die entwicklungspolitische Intervention ab:

(1) Externe Erweiterung/Veränderung der Rahmenbedingungen (Strukturveränderungen) auf regionaler, nationaler und internationaler Ebene.

(2) Interne Befähigung der Akteure zur verbesserten Nutzung oder zur Erweiterung ihrer Handlungsspielräume (*local empowerment*). Die interventionistische Umsetzung geschieht nach *Rauch* (1996, 36ff; 2003) auf den/über die vier Ebenen global, national, regional und lokal (Abb. 52):

a) *Global* müssen z.B. die ökonomischen Rahmenbedingungen durch geeignete, sozial und ökologisch verträgliche Maßnahmen (z.B. durch die WHO: paritätische Handelsbedingungen; Abbau von Agrarprotektionismen) geschaffen, die Regulierung der Weltfinanz- und Weltbeschäftigungsmärkte sowie weltweiter Umweltschutz, Menschenrechtswahrung und Rechtssicherheit (internationaler Gerichtshof) realisiert werden.

---

119 Strukturtheoretisch gehen konkrete Handlungen von Strukturen bestehender Systeme aus. Sie sind weitgehend losgelöst vom individuell Handelnden. Seine Handlungen folgen strukturabstrakten, allgemeinen Mechanismen.

120 Handlungstheoretisch steht die Analyse des Akteurs und seiner Handlungsstrategien sowie die Frage nach den von ihm und seinen Handlungen ausgehenden strukturprägenden Bedeutungen und Funktionen (strukturprägende Kraft menschlichen Handelns) im Vordergrund (*Tröger* 2003).

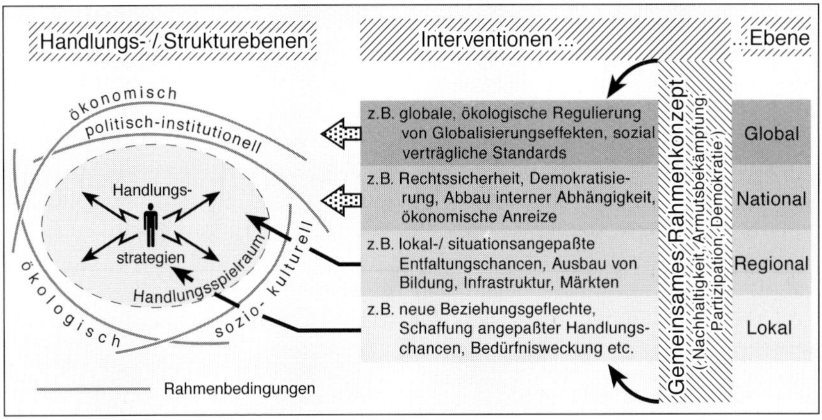

Abb. 52: Interventionsmodell. Quelle: *Rauch* 2003, verändert d.d.Verf. 2003

b) *National* stehen z.B. die Umsetzung von Makrostrukturreformen, die angepasste Durchsetzung von Rechtsstaatlichkeit, Demokratie und wirtschaftlicher Anreize ebenso an wie wirkungsvolle Maßnahmen zum Ausbau von Infrastruktur sowie zur Verringerung politischer und ökonomischer Abhängigkeit der Masse der Armen von wenigen Reichen.

c) *Regional* müssen die Voraussetzungen geschaffen werden, dass auch hier die auf der globalen Ebene wirksam werdenden Maßnahmen konstruktiv umgesetzt werden und daran nicht nur Wenige partizipieren können. Dazu bedarf es des Ausbaus von Infrastruktur, Bildungssystemen, Märkten sowie der Erschließung vorhandener Ressourcen ggf. mittels externer Förderung.

d) *Lokal* geht es vor allem darum, bestehende paternalistische, klientelistische Beziehungsgeflechte zu lockern und zu beenden sowie konkrete Handlungsspielräume für die massenhaft Armen zu öffnen, zu erweitern und nutzbar zu machen. Dazu bedarf es möglicherweise ebenso der sinnvollen Stimulation (von außen), wie z.B. für die entwicklungsnotwendige Erkennung der eigenen Bedürfnisse, die Befähigung, sie zu artikulieren, und Vorstellungen zu ihrer Verwirklichung – nicht zuletzt in lokal spezifischer Übereinstimmung mit der globalen Makroebene – zu entwickeln.

Durch diese möglichen Interventionen können die verschiedenen Rahmenbedingungen strukturell bzw. handlungsbezogen verändert und der Spielraum der Akteure erweitert (oder auch eingeengt!) werden. Damit die für die vier Ebenen beispielhaft formulierten Interventionen – mit Blick auf die Situationsverbesserung in den Ländern des Südens – jedoch wirksam werden, sollten sie einem „gemeinsamen Rahmenkonzept mit gemeinsamen Grundsätzen folgen“ (*Rauch* 2003, 43). Dazu gehören unbedingt Armutsorientierung, Sicherung von Nachhaltigkeit und Partizipation, Durchsetzung demokratisch/rechtsstaatlicher Grundsätze sowie angemessene, stimulierende Hilfeleistungen von nationaler und internationaler Seite. Für die praktische Umsetzung der vier Interventionen müssen sie in „ihrer grundsätzlichen Ausrichtung aufeinander“ abgestimmt sein. Dabei fällt der mittleren/regionalen Ebene eine wichtige, eine transformative Funktion zu. Denn insbesondere hier werden – quasi an der Schnittstelle von Strukturveränderungen (Rahmenbedingungen) und Veränderungen der Handlungsspielräume (Akteursreaktion) – neue, „innovative, konkrete Handlungsoptionen unter Berücksichtigung der jeweiligen regionalen Gegebenheiten“ (ebd. 45) konzipiert.

Entwicklungsbezug: Mit dieser Vier-Ebenen-Strategie hat *Rauch* zweifellos ein sinnvolles Interventionskonzept entwickelt, das struktur- und handlungstheoretische Überlegungen einbezieht. Er liefert damit m.E. einen ganz wichtigen Anstoß zur Überwindung offensichtlich bislang bestehender Mängel in der entwicklungspolitischen Zielumsetzung. Das geschieht bei ihm aus fundierter Theorie-, Berater- und Praxiserfahrung sowie geographischer Forschungskompetenz heraus. – Doch die Anwendung dieser Interventionsstrategie ist nicht zwingend. Und nach den eingangs erwähnten Erfahrungen aus der Vergangenheit drängt sich die Frage auf, ob die zuständigen, angesprochenen Akteure ihre Handlungsspielräume entsprechend nutzen oder welche Strukturveränderungen erfolgen müssen, um sie dazu zu bewegen.

4.3 Ländliche Regionalentwicklung (LRE) und Watershed Development-Programme (WDP)

Nach den geringen und problematischen Erfolgen unzählicher sektoraler Entwicklungsmaßnahmen sowie der *bottom-up*-Diskussion (S. 178ff) und der Einsicht in die entwicklungsstrategisch überzeugenden Ansätze Partizipation, Grundbedürfnisbefriedigung und Selbsthilfe (*self-reliance*) war es wohl eine logische Folge, als Anfang der 1980er Jahre Überlegungen aufkamen, endlich gezielt den Menschen in den Mittelpunkt der entwicklungspolitischen Maßnahmen zu stellen. So heißt es z.B. im Entwicklungspolitischen Bericht der Bundesregierung vom 5. März 1982: … unter Punkt 2: „Die Hauptzielgruppe der deutschen Entwicklungszusammenarbeit sollten die ärmsten Bevölkerungsschichten sein“; unter Punkt 3: „Die Mobilisierung und aktive Beteiligung der betroffenen Bevölkerung am Entwicklungsprozeß sowie die Erfüllung ihrer Grundbedürfnisse sollten bestimmende Kriterien für Programme und Projekte sein“ und unter Punkt 5: „Die Bemühungen, vom Einzelprojektansatz zu integrierten Planungen überzugehen, sind zu verstärken“ (*BMZ* 1983, 136ff).

Damit war in gewisser Weise ein entwicklungspolitischer Paradigmenwechsel eingeleitet worden, der ein Konzept ermöglichte, dem m.E. eine überlegene Relevanz bei der Armutsbekämpfung zukommt, das Konzept der Ländlichen Regionalentwicklung (LRE). Die Zeit war spätestens seit der alarmierenden Nairobi-Rede des Weltbankpräsidenten McNamara 1973 über das weltweite Ausmaß der absoluten Armut reif für Strategien, die sich wirklich der Probleme annehmen, unter denen die überwiegende Mehrzahl der Menschen vor allem im ruralen Raum der Länder des Südens leidet: Hunger, Armut, Unterernährung, Krankheiten usw. So setzten z.B. die auf privater Initiative basierende Grameen Bank und die NGO *BRAC* in Bangladesh mit ihren Maßnahmen und Sparprogrammen oder die Aga Khan Foundation mit dem *Aga Khan Rural Support Programme* (AKRSP) im Norden Pakistans (Hunza) an den ländlichen Armen an. In Deutschland wurde in diesem Zusammenhang auf Wirken der GTZ hin das erwähnte Konzept der Ländlichen Regionalentwicklung (LRE) formuliert, angewendet und bis heute fortentwickelt[121]. Daran waren in besonderem Maße auch Geographen beteiligt.

(1) *Ländliche Regionalentwicklung* (LRE): Das Konzept verfolgt als Oberziel, durch „Nutzung lokaler Ressourcen – bei langfristiger Sicherung der ökologischen Tragfähigkeit – einen Beitrag zur Entwicklung ländlicher Regionen" zu leisten. „Besonders die armen Gruppen der Bevölkerung sollen in die Lage versetzt werden, ihre Lebensverhältnisse dauerhaft zu verbessern und ihre Zukunft selbstverantwortlich zu gestalten" (*LRE* 1983, 35). Es handelt sich somit um einen multisektoralen Ansatz, der das bisher vorherrschende Denken in getrennten Sektoren (z.B. Landwirtschaft/Tier-, Pflanzenproduktion, Infrastruktur, Verkehr, Gesundheit etc.) zu überwinden versucht. Er geht von der Erkenntnis aus, dass Entwicklung erstens in den Köpfen der Menschen (menschliche Ressourcen) ansetzen muss, zweitens der Einbezug aller lokalen/regionalen Potentiale notwendig ist und es drittens dabei gilt, die spezifische Bedarfslage der Zielgruppe zu berücksichtigen. Die konzeptuellen Grundlagen sind Armuts- und Zielgruppenbezug sowie Partizipation und Nachhaltigkeit (*LRE* 1983, 36ff):

– Armutsbezug beinhaltet die Stärkung der basalen Wirtschaftskraft jener Bevölkerungsschichten, die durch Armut am stärksten betroffen sind. Die Befriedigung ihrer Grundbedürfnisse steht dabei an erster Stelle.

121 Seit dem ersten LRE-Orientierungsrahmen (1983) sind mehrere, auch regionsbezogene Konzeptionsfortschreibungen und Analysen vorgelegt worden (z.B. *RRD* 1987; *Rauch* 1991, 1996; *LRE* 1993; *Rauch et al.* 2001). Sie dokumentieren die aus der Erfahrung abgeleitete, sinnvolle Weiterentwicklung des Konzeptes, die realistische Einschätzung seiner Effekte sowie die Grenzen seiner Umsetzbarkeit. Sie belegen m.E. aber auch – konzeptkonform und politisch gewollt und gefördert – die Überlegenheit dieser Strategie bei der wirkungsvollen Armutsbekämpfung.

– Zielgruppenbezug bedeutet, dass es sich dabei um eine in ethnischer, sozialer und wirtschaftlicher Hinsicht möglichst homogene Gruppe handelt und sich die Projektmaßnahmen auf die Bedürftigkeit dieser Bevölkerung konzentrieren. Dazu ist es notwendig, dass ihre Bedürfnisse und Interessen identifiziert, in ihrer Wichtigkeit erkannt und konstruktiv berücksichtigt werden.

– Partizipation zielt auf die aktive Beteiligung der Zielgruppe bei Planung, Durchführung und Nutzung eines Projektes ab.

– Nachhaltigkeit strebt die Verstetigung der extern geförderten Maßnahme über den Förderungszeitraum hinaus an.

Das tragende Entwicklungsverständnis geht somit von einer aktiven Beteiligung der Betroffenen/Armen an den Maßnahmen aus. Sie basiert auf der Einsicht in die Zusammenführung von sozialer Gerechtigkeit, schonender Nutzung der natürlichen Ressourcen und behutsamen wirtschaftlichen Wachstums. Eine besondere Bedeutung fällt dabei dem (ebenfalls neuen) Anspruch zu, dass sich die Maßnahmen auf die Gesamtheit einer ländlichen Region beziehen[122], d.h. räumliche Breitenwirksamkeit bei der Armutsbekämpfung angestrebt wird. Der Vorteil dieses regionsbezogenen Ansatzes besteht in der für Entwicklung letztlich unverzichtbaren Chance, die vorhandenen natürlichen/ökologischen, sozialen, kulturellen, politischen und ökonomischen Ressourcen in ihrer räumlichen Differenzierung zu erfassen, ihre Entwicklungsrelevanz zu erkennen und in die Projektmaßnahme grundlegend einzubeziehen.

Zur Realisierung dieses Konzeptes, das somit nicht mehr auf eine abgezäunte Farm oder auf einzelne Muster-Bauern beschränkt ist, sind jedoch verschiedene, nicht immer leicht zu schaffende Voraussetzungen erforderlich. Dazu gehören die Akzeptanz des Konzeptes durch die Regierung des Ziellandes und die Administration der Zielregion, die Zustimmung der lokalen/regionalen Machthaber (*big shots*) sowie der Zielgruppen und ihrer Bereitschaft zur Kooperation. Wichtig ist auch das Wissen um das Vorhandensein naturräumlicher/ökologischer Grundlagen, die entwicklungsrelevant in Wert gesetzt werden können (Standortanpassung). Um diese Voraussetzungen erfassen und bewerten zu können, sind verlässliche und detaillierte Kenntnisse der regionalen Naturausstattung sowie der sozialen, politischen und kulturellen Grundstrukturen vor Ort notwendig. Sie zu erfassen, projektgerecht aufzubereiten und in einer effektiven Implementierung umzusetzen, erfordert Arbeitstechniken und Methoden sowie die Fähigkeit

---

122 An dieser Stelle, d.h. durch die Konzentration eines Projektes auf die Teilregion eines Landes und deren Förderung bei Abkopplung von dem umgebenden Umland, zeigt sich der Bezug der LRE-Strategie zu dem Dissoziationsansatz des Peripheren Kapitalismus.

zu holistischem (Maßnahmen-)Denken. Damit ist im Prinzip geographisches Fachverständnis gefordert. In diesem Sinne und von der ganzheitlichen raumbezogenen Umsetzung her stellt das Konzept der LRE nicht nur eine Herausforderung für die Geographie dar. Durch Beteiligung ihrer Vertreter an Konzeptentwicklung und Implementierung liefert sie auch einen originären Entwicklungsbeitrag (*Scholz* 1990a, 19).

Die eben vorgestellte und 1983 formulierte Zielsetzung ist zwar auch heute noch gültig (*Rauch* 1991, 3). Doch inzwischen haben die vielfältigen wertvollen und konstruktiven Erfahrungen – nicht zuletzt wohl auch der neoliberalistische Zeitgeist – zu einer Weiterentwicklung des LRE-Konzeptes geführt. Nahrungssicherung versus Marktproduktion, Gender-Aspekte und Gruppeninteressen, Machtstrukturen und politische Emanzipation, Ressourcennutzung con Ressourcenerhalt sind in das LRE-Konzept eingegangen. Sie haben diese ursprünglich recht idealistisch konzipierte Entwicklungsstrategie zeitgerecht und realitätsnah angepasst. Auch wurden probate Implementierungskonzepte z.B. zur Überwindung der Kluft zwischen Projektträgern (z.B. NGO, Staat, LRE) und Zielgruppen (z.B. ländliche Kleinproduzenten) entworfen (*Rauch* 1993). Damit wurde eine m.E. zur Armutsbekämpfung überzeugende entwicklungspraktische Strategie geschaffen, die heute als Produkt international angeboten wird und erworben werden kann.

(2) *Watershed-Development-Programme* (WDP)[123]: Ähnlich wie das LRE-Konzept handelt es sich bei dem WDP um eine überzeugende Strategie zur Armutsbekämpfung und Grundbedürfnisbefriedigung. Unter WDP wird nämlich entwicklungsstrategisch ein Programm verstanden, das alle lokalen/regionalen Prozesse und Institutionen sowie die unterschiedlichen Aktivitäten und Entwicklungsmaßnahmen in einem Wasser-, besser Flusseinzugsgebiet zusammenführt. Damit sollen entwicklungsfördernde Effekte bei einer sozial, ökonomisch und ökologisch nachhaltigen Bewirtschaftung der Wasserressourcen erzielt werden. Ähnlich wie das eingangs vorgestellte Konzept der Ländlichen Regionalentwicklung (LRE) handelt es sich bei dem *watershed-development-programme* (WDP) somit methodisch um einen originär raumbezogenen, holistischen und damit geographischen Ansatz. Neben anderen von der GTZ geförderten und angewendeten Strategien setzt das WDP an einem durch das Einzugsgebiet eines Flusses begrenzten Raum an (Projekt-, Bezugsebene; Abb. 53), der von seiner Natur-

---

123 Die folgenden Ausführungen basieren auf *GTZ* 2004 sowie *Farrington, J.*; *Lobo, C.* 1997. Außerdem sei auf *Schütt* (2004) sowie einen grundlegenden Vortrag von *Nippes, K.-R.*(Hydrogeograph, RODECO Consulting) verwiesen, der am 27.1.04 im Institut für Geographische Wissenschaften, FU Berlin, gehalten wurde (V).

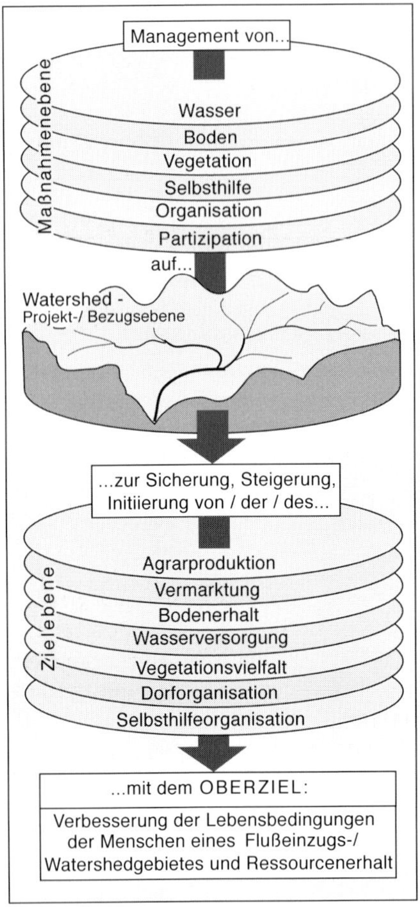

Abb. 53: Watershed-development-programme (WDP-Modell). Quelle: Entwurf d.Verf. 2004.

ausstattung entwicklungsstrategisch möglichst homogen sein bzw. sich intern ergänzen sollte.[124]

Exkurs: Was hier mit Management konkret gemeint ist, sei am Beispiel Wasser veranschaulicht. Dabei geht es um die Sicherung einer wesentlichen Ressource mit dem Ziel, eine nachhaltige soziale, ökonomische und ökologische Bewirtschaftung einer Region (Wasser-/Flusseinzugsgebiet) zu erlangen. Dazu muss das Oberflächenwasser gesichert und zurückgehalten (*water harvesting*), das Grundwasser gespeichert, bei der Wasserverteilung Verdunstung und Versickerung in den Kanälen/Gräben unterbunden werden. Bei der Bewässerung ist eine pflanzenspezifische und möglichst sogar zeit- und temperaturangepasste Wasserzufuhr zu erreichen. Dazu müssen die Anbauflächen optimal nivelliert, der Boden geeignet präpariert sowie Saatgut und Düngergaben lokal angepasst sein. Unverzichtbar ist eine verlässliche Regelung der Verteilung und Zufuhr des Bewässerungswassers (Wasserrechte), wofür wiederum geeignete Organisationen und gemeinschaftlich getragene Regelungen erforderlich sind (*capacity-, organization-building*). Methodisch bietet sich bei dieser basisorientierten Entwicklungsmaßnahme der Einbezug mehrerer, in Teil 3 vorgestellter, innerhalb der Geographie formulierter Konzepte (z.B. indigenes Wissen, informelle Institutionen) und Ansätze (z.B. nachhaltige Naturnutzung, Verwundbarkeitsansatz, politisch-ökologischer Ansatz) an.

---

124 *Watershed* bedeutet Wasserscheide und steht hier für einen Raum, der durch die/das Wasserscheiden/Wassereinzugsgebiet/*catchment area* eines Flusses begrenzt wird. Dabei handelt es sich meist um einen Raum homogener natürlicher Ausstattung und Differenzierung. – Ein im Ansatz und in der Umsetzung ähnliches Programm ist für Forstregionen entwickelt worden (Forest Management Planning; *GTZ* 2002).

Bei dem *watershed-development-programme* stehen – was selbsthilfeorientierte Partizipation der lokalen Bevölkerung und Nachhaltigkeitssicherung erfordert – die Erhaltung und effektive Inwertsetzung der natürlichen Grundlagen (Wasser, Boden, Vegetation) mit dem Ziel im Vordergrund, die Produktion zu stabilisieren und zu erhöhen sowie die Lebensbedingungen zu verbessern bzw. die Armut zu reduzieren (Oberziel). Ganz konkret geht es auf der Maßnahmenebene um (Abb. 53): *(1)* das Management der natürlichen Ressourcen, d.h. Schutz der Bodenfruchtbarkeit, der Wasservorkommen und der Wasserverfügbarkeit. Dazu wird z.B. die Förderung von Aufforstungsmaßnahmen bei gleichzeitiger Förderung alternativer Energiequellen sowie die Einführung von *water harvesting*-Techniken, Wasserrückhaltemaßnahmen und alternativer Energien verfolgt; *(2)* die nachhaltige Verbesserung der Lebensbedingungen für Landlose, d.h. Initiierung des Kleingewerbes, der Tierhaltung und eines subsistenzsichernden Anbaus; *(3)* die Hebung der Agrarproduktion für (kleine) Landeigner, d.h. Förderung von Gartenbau, marktorientierter Landwirtschaft, *agro-forestry*, Kompostierung und Düngung sowie Anwendung gezielter Bewässerungsverfahren (z.B. Tropfenbewässerung, Regelung des Ober-/Unterlieger-Problems); *(4)* die Schaffung, Stärkung und Ausbildung partizipativer (dörflicher) Organisationen, d.h. Bildung und Förderung von Selbsthilfegruppen/*village organizations* z.B. über *rural saving* (Einführung attraktiver, realisierbarer Finanzierungsmechanismen) und Trainingsprogramme zur Sicherung und effektiveren Nutzung von Wasser, Boden/Land und Wald. Wichtig ist dabei ebenfalls die gemeinschaftliche Reduzierung von Erosion/Bodenerosion (Bodenkonservierung) sowie die Etablierung von Maßnahmen gegen Naturkatastrophen und zu ihrer Bewältigung.

Von besonderer, maßnahmensichernder Bedeutung sind dabei der Aufbau und die Einrichtung von Kontrollmechanismen und Monitoring[125]. Dadurch kann den Beteiligten das Erreichte erkennbar gemacht, ihre Motivation zu verstetigen versucht sowie Wirkung und Effizienz der Maßnahmen erfasst und dokumentiert werden. Indem dadurch wiederum die bisherigen *development constraints* wie z.B. Bodenerosion/Bodenabtrag verringert und der Grundwasserstand erhöht werden, können die Lebensbedingungen verbessert und gesichert sowie das Engagement zu selbstverantwortlicher Nachhaltigkeit gestärkt werden.

---

125 Monitoring ist ein Steuerinstrument des Projektmanagements zur systematischen Beobachtung der Durchführung von Projekt-/Entwicklungsvorhaben. Dabei werden die Wirkungen und Leistungen sowie die Akzeptanzentwicklung der Maßnahmen bei den Zielgruppen und die Effizienz dieser Maßnahmen ermittelt und dokumentiert. Dies geschieht über intensive Dialoge mit den verschiedenen Empfängern der Projektleistungen. Monitoring ist somit ein projektbegleitendes ‚Kontroll'-Instrument, das letztlich der Verbesserung der Maßnahmen dient.

Entwicklungsbezug: In diesem Sinne stellen Ländliche Regionalentwicklung (LRE) und *watershed-development-programme* (WDP) zwei – im geographischen Sinne – holistisch angelegte, regions- und ressourcenbezogene sowie betroffenenzentrierte Entwicklungsstrategien dar. Sie sind gleichermaßen von der Einsicht und der Überzeugung geleitet, dass Entwicklung nur erfolgen kann: erstens über die Bewusstwerdung der eigenen Bedürfnisse der Betroffenen und ihre Partizipation an der Bedürfnisbefriedigung, zweitens über die Sicherung, Erhaltung und Nutzung regional vorhandener Ressourcen und Kenntnisse sowie ihre realistische Einschätzung und endlich drittens über die Schaffung geeigneter lokaler Institutionen/Organisationen (z.B. auch Finanzierungsmechanismen, Sparprogramme) und begleitender Maßnahmen zur Bewusstseinsbildung. Denn nur auf diese Weise kann Selbstverantwortung/Selbsthilfe geweckt werden. Ohne sie wiederum ist Nachhaltigkeit nicht erreichbar. Und ohne Nachhaltigkeit ist Entwicklung nicht möglich.

Ländliche Regionalentwicklung (LRE) und ebenso das *watershed-development-programme* (WDP) bilden somit Strategien, die – konsequent umgesetzt – Entwicklung auf unterster regionaler Ebene und mit *bottom-up*-Anspruch initiieren und bleibend sichern können. Sie sind inzwischen anwendungspraktisch konzipierte sog. ‚Produkte' der GTZ. Ähnlich wie das *Aga Khan Rural Support Programme* (AKRSP; *Kreutzmann* 1989, 203ff) können sie von Dritten erworben und eingesetzt werden.

5. Gemeinsame Botschaft?

Die in den voranstehenden Kapiteln vorgestellten methodischen Konzepte und theoretischen Ansätze sind zuerst einmal jeweils ganz unterschiedlichen zeit- und fachübergreifenden Diskussionszusammenhängen zuzuordnen. Sie sprechen ganz verschiedene entwicklungsrelevante Themen an und besitzen auch recht unterschiedliche Entwicklungsbezüge. Sie sind auf Verstehen und Erklären von Zusammenhängen und Ursachen gerichtet, beinhalten aber auch Strategien und liefern Empfehlungen zu deren Umsetzung. Auf den ersten Blick scheinen sie keinen gemeinsamen entwicklungspolitischen Nenner aufzuweisen, und einige von ihnen könnten als überholt, veraltet angesehen werden.

Die scheinbare Heterogenität spricht m.E. eher für Kreativität und Vielseitigkeit sowie für das entwicklungspolitische Engagement der Geographie. Auch trifft – ungeachtet der Entstehungszeit – die Einschätzung ‚überholt/veraltet' nicht zu. Denn alle vorgestellten Konzepte/Ansätze tragen – wie zu zeigen versucht – noch immer zur Erhellung von entwicklungsnotwendigen Zusammenhängen bei und ermöglichen – richtig verstanden und eingesetzt – entwicklungsrelevante Einsichten. Und bei aller Heterogenität, die bei der Komplexität des Gegenstandes Entwicklung/Unterentwicklung eigentlich nicht überraschen kann, weisen die Konzepte und Ansätze doch eine einheitliche Botschaft auf. Sie sei in fünf Punkten erläutert:

(1) Alle vorgestellten Konzepte und Ansätze folgen dem Paradigma *nachholender* Entwicklung. Sie entsprechen damit dem weltweiten entwicklungspolitischen *mainstream*.

(2) Die Einsicht in die Notwendigkeit *nachhaltiger* Entwicklung wird nicht nur vertreten. Sie bestimmt auch das konzeptuelle und forschungspraktische Denken.

(3) Wachstumspolbezogene und *top-down*-Strategien werden widerlegt. Vorstellungen von einer Entwicklung von unten nach oben (*bottom-up*), von der Peripherie zum Zentrum (*periphery-inward*) werden, empirisch untermauert, hingegen für geeigneter erachtet, Entwicklung zu generieren. Auch wird dabei die Berücksichtigung des Vier-Ebenen-Modells (lokal, regional, national, global) bei Forschung, Planung und Maßnahmen gefordert. Und damit erlangt der Raum nicht mehr nur als Dimension/Bühne und Abbild, sondern (im handlungstheoretischen Sinne) als Analyse-, Gestaltungs- und Motivationsrahmen Entwicklungsbedeutung.

(4) In diesem Zusammenhang rückt die unterste räumliche Ebene und somit der Mensch, seine (Grund-)Bedürfnisse und der Imperativ zu ihrer Befriedigung in den Mittelpunkt geographischer Entwicklungsforschung.

(5) Ungeachtet spezieller Besonderheiten und unterschiedlicher Schwerpunktsetzung zeichnen sich alle vorgestellten Konzepte und Ansätze dadurch aus, dass die Probleme/Fragen, die es wissenschaftlich zu analysieren oder auch praktisch zu lösen gilt, nicht isoliert oder von einer einzigen Fachperspektive aus betrachtet werden. Vielmehr wird von einem holistischen Grundverständnis ausgegangen, das der Geographie eigen ist, ihre Kompetenz ausmacht.

Die vorgestellten Beiträge der Geographie zur Entwicklungsforschung basieren ausnahmslos auf fundierter empirischer Forschung und praktischer Projekterfahrung. Dennoch oder gerade deshalb sind sie – so anspruchsvoll das auch klingen mag – letztlich von der Idee getragen, dass das unbeschreibliche, sich quantitativ und räumlich sogar noch ständig ausweitende Elend des Südens, nämlich Armut, Hunger, Obdachlosigkeit, Krankheit usw., zu verringern und „eine andere Welt" möglich ist (*Latouche* 2003a, b).

Teil 4: Theorie der fragmentierenden Entwicklung

Die Theorie der fragmentierenden Entwicklung ist eine erklärende Beschreibung und Analyse der Entwicklungsrealität in der Ära der Globalisierung! Sie bietet somit primär keine Lösungen und Strategien an.

Das entwicklungspolitische Denken, das seit Anbeginn ungebrochen von der Vorstellung getragen wird, dass die Unterentwicklung der Dritten Welt durch nachholende Entwicklung überwunden werden kann, erfährt durch Globalisierung eine aktuelle Belebung. Das ist nicht einfach nachvollziehbar, sind die bislang erzielten Entwicklungsergebnisse doch keineswegs vielversprechend und haben z.B. Armut, Beschäftigungslosigkeit und Analphabetismus in den Ländern des Südens in den vergangenen zwei Jahrzehnten alarmierend zugenommen. Daher sei hier die Überzeugung von dem Erfolg *nachholender Entwicklung* angezweifelt und durch die These *fragmentierender Entwicklung* in Frage gestellt[126]. – Bevor diese These im folgenden synoptisch diskutiert wird, sind einige Vorbemerkungen notwendig.

1. Globalisierung: Realität der Gegenwart

Bei der aktuellen Diskussion über die entwicklungspolitische Bewertung der Globalisierung stehen sich zwei konträre Positionen gegenüber:

(1) Globalisierung führt zu weltweitem Anstieg des Wohlstands. Dies gilt insbesondere auch für die Länder des Südens. Für sie eröffnet Globalisierung vielfältige Möglichkeiten zur Überwindung der bestehenden wirtschaftlichen Rückständigkeit, zum Abbau der gesellschaftlichen Probleme und zur Verbesserung der sozialen und technischen Infrastruktur.

(2) Globalisierung führt zur weltweiten Zunahme von Massenarmut, exzessiver Verschärfung des Wohlstandsgefälles auf nationaler und internationaler Ebene sowie zu der allerorts präsenten materiellen und sozialen Ausgrenzung von immer

126 Zum Thema Fragmentierung liegt inzwischen ein recht breites Schrifttum vor: z.B. *Bonder et al.* (1993), *Bourdieu* (1998), *Castells* (2003), *Coy, Pöhler* (2002a), *Creveld* (1999), *Escher* (2001), *Heidmeyer* (1997), *Hein* (1999), *Herkommer* (1999, 2002), *Hirsch, Roth* (1986), *Klein* (2002), *Kohlhepp* (2003), *Korff* (1995), *Kronauer* (1996, 1999), *Menzel* (1998), *Neuburger* (2003b), *Rifkin* (1997), *Rufin* (1993), *Scholz* (2000a, b; 2002a), *Senghaas* (1993), *Sunkel, Mortimore* (2001), *Tetzlaff* (2003), *Tibi* (1996), *Wallerstein* (2003), *Wieviorka* (1997).

mehr Menschen. Und sie steht für eine regelrechte ökonomische Abkopplung des Südens[127].

Diese Dialektik erinnert an die Zeit, als sich ebenso gegensätzlich Modernisierungs- und Abhängigkeitstheorien bei der Erklärung und Überwindung von Unterentwicklung gegenüberstanden (S. 74ff). Doch gemeinsam lag ihnen die *These* von dem Paradigma einer durch den Konsens der ‚Ersten Moderne'[128] getragenen *nachholenden Entwicklung* der Länder als Ganze zugrunde. Dieses Entwicklungsverständnis bestimmt – trotz der mahnenden Einsichten des Club of Rome in die Ressourcenbegrenztheit dieser Erde (*Meadows* 1972; vgl. *Sachs* 2002) – ungebrochen Propaganda und Alltagsgeschäft der nationalen und internationalen Entwicklungspolitik: „ … noch immer herrscht bei den Rechten wie bei den Linken, bei Neoliberalen wie Sozialdemokraten der fatale Glaube vor, dass ohne Wachstum gar nichts geht" (*Latouche* 2003b, 3)[129]. Im Zeitalter jedoch von Globalisierung, d.h. von Liberalisierung, Deregulierung, Privatisierung, entgrenzter Märkte und exzessivem Wettbewerb (Washington Konsens) – eben dem Credo der ‚Zweiten Moderne' – besitzt dieses Entwicklungsverständnis strukturell und faktisch eigentlich keine tragende Bedeutung mehr. Vielmehr muss, so die hier vertretene *These*, in der Ära eines *globalen Kapitalismus* von einer durch Wettbewerb bestimmten, höchst gegensätzlich verlaufenden, einer *fragmentierenden Entwicklung* ausgegangen werden.

Das allgemeine Verständnis von Globalisierung basiert auf der Annahme von einem grenzüberschreitenden, uniformierenden, ökonomisch und sozial homogenisierenden Transformationsprozess. Er bindet alle wirtschaftlichen und gesellschaftlichen Bereiche gleichermaßen in einen globalen Markt ein (vgl. *Beck* 1997). Dagegen steht die inzwischen erkannte und empirisch belegbare Auffassung, dass Globalisierung einen zutiefst widersprüchlichen, heterogenen und umstrukturierenden Vorgang darstellt. Er resultiert letztlich aus den fordistischen Verwertungsschwächen des Kapitals (*Altvater, Mahnkopf* 1997; *Hein* 1995; vgl.

---

127 Zur generellen Kritik am *Washington Consensus* sei hier auf *DGL* (1997), *George* (2001), *Gray* (1999), *Latouche* (2003) und *Stiglitz* 2002 verwiesen.

128 Die ‚Erste Moderne' (Prä-Globalisierung) ist nationalstaatlich begründet, konsensgetragen und solidaritätsbestimmt. Nach-/aufholende Entwicklung bildet das tragende Entwicklungsparadigma. Die ‚Zweite Moderne' (Globalisierung) ist weltgesellschaftlich begründet, global wettbewerbsfixiert und erfolgverpflichtet. Fragmentierende Entwicklung kennzeichnet das Entwicklungsparadigma (*Beck* 1997, 1999; *Bonder et al.* 1993; *Hein* 1999; *Menzel* 1999; *Scholz* 2000b, 2002a).

129 Ausdruck findet diese Überzeugung z.B. in einer Rede von G.W. Bush (14. Feb. 2002) vor Meteorologen: „Wachstum ist nicht das Problem, sondern die Lösung, weil es der Schlüssel zu Fortschritten im Umweltschutz ist und die nötigen Ressourcen für Investitionen in sauberer Technologie bereitstellt" (zit. b. *Latouche* 2003b).

Tibi 1996), dem daraus erwachsenen exzessiven Wettbewerb sowie der Entpersönlichung von Kapital, Produktionsmitteln und Produktion (*DGL* 1997). Er ist damit *per se* nicht auf Konsens, sondern auf Erfolg, Konkurrenz und Verdrängung ausgerichtet. Und wenn die gemeinschaftsstiftenden Überzeugungen und Werte erst einmal verloren gehen, enthemmt sich die Gesellschaft. Die Barbarei der Gewalt bestimmt im Sinne des südafrikanischen Schriftstellers *Coetzee* (1980) das öffentliche Leben. Sie durchsetzt auch das Private und damit die Lebenswirklichkeit jedes Einzelnen. Greifbaren Niederschlag findet dieser Vorgang im zeitlichen und räumlichen Nebeneinander integrierender und (bruchhaft) trennender, eben *fragmentierender* Prozesse (*Scholz* 2000a). Sie drücken sich in (extremem) individuellem oder lokalem/regionalem Reichtum und massenhafter, flächenweiter Armut aus, in ökonomischer Partizipation und Ausgrenzung, in bewusster sozialer Inklusion und Exklusion sowie in Standortzugewinn und exzessiver Standortfluktuation. All diese widersprüchlichen Erscheinungen und Vorgänge treten gleichzeitig auf. Und sie sind sowohl im Süden wie im Norden anzutreffen. Als Phänomene sind sie heute konkret und virtuell von globaler Präsenz. Sie stellen das Ergebnis fragmentierender Entwicklung dar. – Sie sei zuerst am Modell herausgearbeitet und danach konkret zu veranschaulichen versucht. Doch zuvor sind einige terminologische und methodische Überlegungen erforderlich.

2. Anmerkungen zur Begrifflichkeit und Methodik

Insbesondere neue Erscheinungen bedürfen zur intersubjektiven Verständigung der Bestimmung ihrer begrifflichen Bedeutung. Globalisierung, inzwischen ein schillernder Begriff, ist dafür ein eindrückliches Beispiel (s.o.). Doch auch vertraute Begriffe unterliegen inhaltlichen Veränderungen und bedürfen vor allem dann der Präzisierung, wenn neue Phänomene damit belegt werden. Zum Verständnis der im folgenden verwendeten Begriffe zur räumlichen Differenzierung bedarf es daher einiger klärender Anmerkungen.

2.1 Fragmentierung und Regionalisierung?

Fragmentierung wird hier als Ausdruck für bruchhafte, sozio-ökonomische und/oder kulturell/politische Sonderung/Trennung von Individuen/Akteuren und/oder Akteursgruppen in räumlicher Dimension verstanden. Bruchhaft, weil in Zeiten der Globalisierung wettbewerbsbestimmt, erfolgverpflichtet und damit konsensfrei sowie solidaritätsentbunden; denn, „wenn das Ziel der Sieg ist, kann es nur wenige Gewinner geben“ (*DGL* 1997, 110). Niederschlag findet Fragmentierung auf sozio-ökonomischer Ebene zum einen in Aufsteigern, Gewinnern, *glo-*

bal players und *flying geese* sowie zum anderen in Verlierern, Absteigern, *underdogs*, *underclass*, Randgruppen, Scheingewinnern, *working poor*, Leih-, Billiglohnarbeitern, *les exclus* und *sitting ducks* (*Sunkel* 2001). Räumlich äußert sie sich in regionaler Vernetzung und Integration (= Inklusion) bzw. regionaler Auflösung, Trennung, Ausgrenzung, Abkopplung, Marginalisierung und Desintegration (= Exklusion). Ausdruck dafür sind zum einen Paradiese, Zitadellen, *banlieues chics*, *gated communities*, *no-entrance-areas*, transnationale soziale Räume, kreative/innovative Netzwerke, aber auch wissensbasierte Cluster und Steuerinseln/*offshore banking* sowie zum anderen Ghettos, Höllen, *no-go-areas*, *banlieues tristes*, Glacis vor den Mauern der Festungen (*Klein* 2002), *road closures*, *sweatshops* und mehrheitlich die Exportproduktionszonen.

Dieser qualitativ-funktionale Prozess der Fragmentierung bedeutet aus geographischer Perspektive methodisch ganz allgemein erst einmal räumliche Differenzierung nach Wirtschaft, Gesellschaft und Kultur bzw. die Herausbildung räumlicher Einheiten nach bestimmten strukturellen/qualitativen Kriterien, d.h. Regionalisierung (*Boustedt, Ranz* 1957, 33ff; *Isard* 1956, 17ff). Sie vollzieht sich intern, kann extern erfasst und sollte heute in unterschiedlichen Dimensionen (und auch virtuell) begriffen werden (*Danielzyk*, *Ossenbrügge* 1996, 107; *Krätke* 1995, 213):

(1) Regionalisierung/räumliche Differenzierung erfolgt *zum einen* auf der Basis kreativen Milieus, innovativer Netzwerke oder/und über die Erfassung intensiver Innovations-, Informations- und Kommunikationsströme (*Bernardy, de Boisgontier* 1988, 215ff; *Fromhold-Eisebith* 1995). Sie artikulieren sich in engen Interaktionen von Unternehmen, Finanzinstitutionen, politischen Entscheidungsträgern, Forschungsstätten und administrativen Organisationen zwischen verschiedenen Teilen eines Landes, sogar einer Stadt (nationale Regionen) oder zwischen Teilen verschiedener Länder (transnationale Regionen; Abb. 54). Diese Regionen zeichnen sich aus durch entgrenzte Kommunikationstechniken, internationales evolutives Zusammenwirken, grenzüberschreitende Mobilität von Produktion und Arbeitskräften, ubiquitären Transfer von Kapital und Zwischenprodukten sowie synergetischer und komparativer Arbeitsteilung (Netzwerkregionen; vgl. *Aydalot* 1986). Und sie heben sich zudem von ihren Umfeldern ab durch die Globalität ihrer Architektur und Wohnraumgestaltung, die Diät und uniforme Bekleidungs-/Lebensweise ihrer Bewohner, die *Staatenvielfalt* ihrer Beschäftigten und Führungskräfte sowie die verwendete Sprache und/oder die Gleichförmigkeit ihrer kulturellen Bedürfnisse. Aber nicht nur dadurch sind sie ihren Umfeldern weiter entrückt, geradezu bruchhaft davon gesondert, als entfernt gelegene vergleichbare Regionen. Zum einen können sie auch durch Zäune, Mauern, bewachte Tore, bewehrte Eingänge und Sicherheitsdienste direkt sichtbar abgetrennt sein. Und zum anderen müssen sie, wollen sie in einer wettbewerbsbestimmten Welt überleben, auf ihre eigenen Interessen konzentriert sein. Das

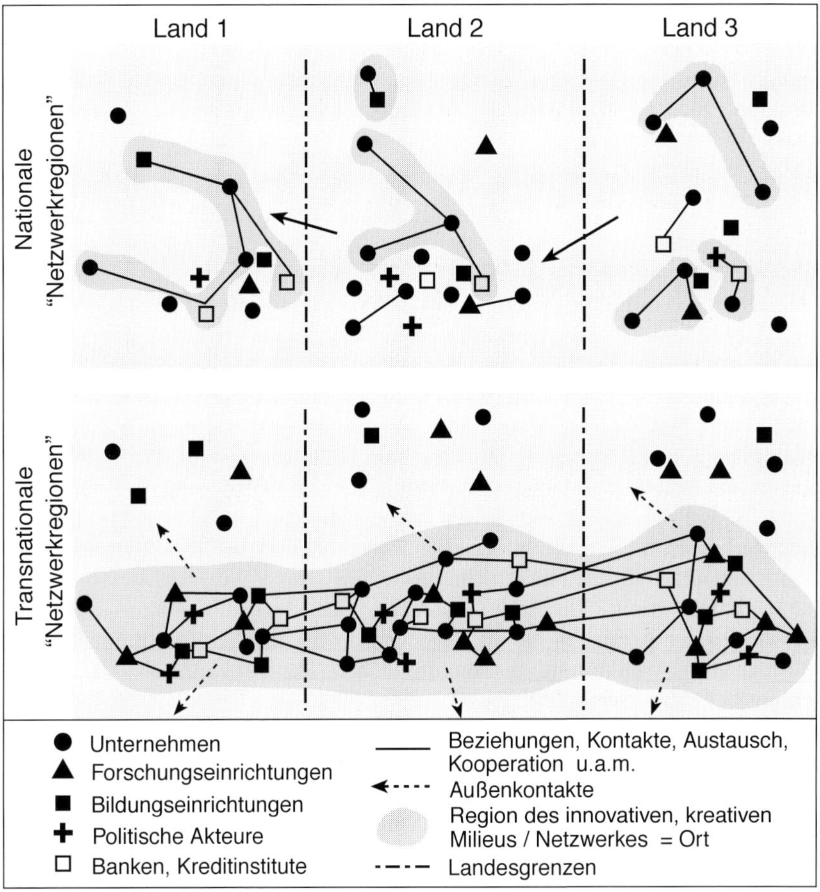

Abb. 54 Transnationale Vernetzungsräume (Modell). Quelle: Entwurf. d.Verf. 2003 n. *Bernardy, de Boisgontier* 1988.

jeweilige Umfeld ist nur dann und nur so lange von Belang wie es genutzt werden kann.

Die genannten strukturellen/qualitativen Kriterien der Regionalisierung unterscheiden sich jeweils in ihrer Gewichtigkeit und Reichweite sowie in ihrer lokalen Ausprägung und Wirkungsintensität. Insofern können derartige Regionen wesentlich voneinander verschieden sein (s.u.). Auch stellen sie keine Containerräume im Sinne von *Boustedt, Ranz* (1957, 37ff) dar, sondern Knoten oder

Orte flexibler Spezialisierung und Entwicklungsdynamik innerhalb eines globalen Netzwerkes (*Castells* 2003, 441; *Danielzyk, Ossenbrügge* 1996, 107). Sie unterscheiden sich wesentlich in ihrer ökonomischen Funktion und Bedeutung, nach ihrer Stellung in der globalen Machthierarchie und in ihrer Überlebensperspektive (Nachhaltigkeit).

(2) Regionalisierung erfolgt *zum anderen* aus dem Bedürfnis nach Privatheit und Exklusivität, nach Sicherheit im öffentlichen und privaten Raum sowie nach kultureller Eigenprägsamkeit und politischer Zielsetzung. Sie vollzieht sich über Wahrnehmung und Bewusstwerdung der sozialen, politischen, ökonomischen, ethnischen und religiösen Stellung, aus der Notwendigkeit zur physischen Existenz-/Überlebenssicherung und aus individueller wie kollektiver kultureller Selbstachtung und Selbsterhaltung. Regionalisierung ist damit ein innenbürtiger, lokaler/regionaler Prozess. Er wird extern wahrgenommen einerseits in weltweit beobachtbaren Nationalismen, staatlicher Zersplitterung (Staatsverfall), Ethnoprotektionismus, Refundamentalisierung, kulturellem Relativismus, zivilisatorischer Regression und sogar blankem Atavismus (Deregionalisierung; *Menzel* 1998, 46ff). Er lässt sich andererseits fassen in transnationalen sozialen und politischen Netzwerken, in entgrenzten informellen Interaktionen von Nichtregierungsorganisationen und zivilgesellschaftlichen Akteuren. Und er wird nachweisbar greifbar in grenzübergreifender Arbeits- und Perspektivelosigkeit, in interkontinentaler wie lokaler Armut, in bewusster oder erzwungener Ab-/Ausgrenzung von Weltmarkt und Weltkommunikation (*digital divide; cyber gap*; Abb. 57) sowie in temporärer episodischer Teilhabe an der globalen Wirtschaft z.B. über Rohstoffproduktion und Billigarbeitskräfte (*global sourcing*). Diese Regionen unterscheiden sich zwar nach den jeweiligen individuellen kulturellen, ökonomischen und physischen Besonderheiten. Doch sind sie von lokaler bis globaler Dimension, umfassen Teile von Staaten oder sogar mehrere Staaten. Sie erfüllen die Räume zwischen den Knoten oder Orten flexibler Spezialisierung und Entwicklungsdynamik. Ihnen bieten sich zwar Entwicklungschancen. Sie sind jedoch durch die internen Strukturen begrenzt und von externen Interessen und Entscheidungen abhängig.

2.2 Regionen und „Orte"?

Das Ergebnis von Regionalisierung/räumlicher Differenzierung sind bei unterschiedlicher Dimension gemeinhin Regionen. Dabei handelt es sich nach *Isard* (1956, 21) nicht um starre, in der Zeit unveränderliche Gebilde. In diesem Verständnis sind nach den bisherigen Ausführungen die sozio-ökonomischen und/ oder kommunikativen Verflechtungsräume als Regionen zu begreifen (*Krätke* 1995).

In dem hier verfolgten Zusammenhang und Erkenntnisinteresse macht aber auch der Begriff *Ort* Sinn. Unter *Ort* wird dabei nicht eine Stadt, eine Ortschaft, ein Dorf oder ein Standort begriffen. Vielmehr steht *Ort* für einen Prozess, durch den nach *Castells* (2003, 441) z.B. „Zentren der Produktion und Konsumtion hochmoderner Dienstleistungen und die ihnen zuarbeitenden lokalen Gesellschaften zu einem … Netzwerk verbunden werden, wobei auf der Grundlage von Informationsströmen zugleich die Bedeutung der Verknüpfung mit ihrem Hinterland zurücktritt." Nach diesem Verständnis handelt es sich bei dem Begriff *Ort* um räumliche Konzentrationen von sozial, ökonomisch, politisch und/oder kulturell verflochtenen, vernetzten und nach außen abgegrenzten/sich abgrenzenden Aktivitäten. Sie können, um einen konkreten Bezug herzustellen, vielleicht sinnvoll mit Export- oder Sonderproduktionszonen, mit technologischen Innovationszentren, wissensbasierten (räumlichen) Clustern assoziiert werden und sich auf Teile einer Stadt, einer Region/Zone eines Landes oder einer Region/Zone beziehen, die sich über Teile verschiedener Länder erstreckt (*Tieman* 2001; Abb. 54, 57).

3. Modell der Fragmentierung

Aus (sozial-)geographischer/regionalwissenschaftlicher Perspektive spielt sich die mit Globalisierung und mit dem Verfall des Konsens- bzw. Solidaritätsprinzips der Ersten Moderne einhergehende Fragmentierung auf unterschiedlichen Maßstabsebenen ab und führt zu qualitativ wie strukturell unterschiedlichen räumlichen Ergebnissen:

3.1 Globale Fragmentierung

Die Idee, dass nicht alle Menschen dieser Erde gleichermaßen an den erwünschten oder auch notwendigen Entwicklungen und Entwicklungserfolgen teilhaben können, ist nicht neu. Sie entspricht eigentlich dem historischen Erfahrungswissen. Doch sie ist originell und aktuell im Kontext der Entwicklungsdiskussion im Zeitalter der Globalisierung. Darauf sei hinführend auf *Sunkel* (1972, 280ff) zurückgegriffen, der – noch im Sinne „*container*"-theoretischer Vorstellungen vom Nationalstaat als Handlungsträger – von folgender Überlegung ausging: Das geltende kapitalistische System setzt sich aus entwickelten und unterentwickelten Ländern zusammen. Jedes Land weist, ungeachtet seines Entwicklungsstandes, „einen bestimmten Grad an Heterogenität hinsichtlich der Entwicklungsniveaus, der Modernisierung, des Fortschritts und der Höhe der Einkommen" auf. Daher auch sind in allen Ländern Sektoren vorhanden, die auf nationaler bzw. internationaler Ebene integriert oder nicht-integriert bzw. internationalisiert oder nicht-internationalisiert sind. Die Entwicklungsdynamik der derart differenzierten Gesellschaften hängt, so *Sunkel*'s These, von dem Einfluss ab, „den die führenden Länder“ auf die internationalisierten bzw. integrierten Sektoren ausüben (ebd., 312): „Auf der *Produktionsstruktur* äußert sich dieser Einfluß vermittels massiven und dynamischen Eindringens des internationalen Konzerns und seiner Filialen und Niederlassungen, auf *technologischer Ebene* in der breit angelegten Anwendung von Technik mit hoher Kapitalintensität, auf *kultureller und ideologischer Ebene* in der systematischen Durchsetzung der Wertordnung der Überflußgesellschaft, auf der *praktischen Ebene der Politik und der Entwicklungsstrategie* schließlich in dem Druck, den die nationale und internationale Öffentlichkeit und die Privatinteressen zu Gunsten der Produktion von Konsumgütern und Dienstleistungen ausüben, die für die Personen mit hohem Einkommen bestimmt sind ...“. Damit verbunden – so *Sunkel*'s Folgerung – ist auch ein sozialer Desintegrationsprozess auf jeweils nationaler Ebene, der alle Klassen überlagert. Er äußert sich in „integrierten Gruppen und solchen Gruppen, die einer Abspaltung unterworfen sind“. Darunter sind Unternehmer, Angehörige der Mittelklasse und Arbeiter sowie die „absolut marginalisierte Restgruppe der Bevölkerung“ zu finden (ebd., 311). Sie sind in starkem Maße von absteigender Mobilität und Marginalisierung betroffen, von sozialen Bewegungen also, denen eine vergleichsweise geringe aufsteigende Mobilität und *brain drain* gegenüberstehen.

Dieser hier zur konzeptuellen Einführung zitierte nationalstaatliche Ansatz hat für die Gegenwart in dem Maße seine Bedeutung verloren, indem die Globalisierung und ihre Effekte Platz gegriffen haben und an die Stelle des „Container-Staates“ der entgrenzte und von der global operierenden Wirtschaft quasi abgekoppelte Nationalstaat trat. Er hat schon heute seine Kompetenz an territoriale und funktionale Fragmente abzutreten begonnen (*Rifkin*, 2001) und wird erst recht in Zukunft dazu gezwungen sein. Diese Fragmente fungieren als (virtuell) räumliche Handlungscluster (Netzwerkregionen), deren funktional-hierarchische Verflechtung einzig den Forderungen von Wettbewerb und globalem Markt unterliegt (Abb. 55):

(1) Schaltstellen dieses durch Wettbewerb gesteuerten weltwirtschaftlichen Geschehens sind schon heute und werden vor allem in Zukunft die *globalen Orte* sein[130]. Sie umfassen im speziellen Fall die *acting global cities* oder mehr bildhaft und entwicklungsbezogen die *Inseln des Reichtums* (*Scholz* 2000b, 2002a; vgl. *Sassen* 1991; *Herkommer* 2002). Dabei handelt es sich um die Kommando-

130 In dem Kapitel „Der Raum der Ströme“ hat sich *Castells* (2003, 431ff) insbesondere mit diesen *globalen Orten* befasst. – Zu Methodik und Begrifflichkeit sei auf S. 217ff verwiesen.

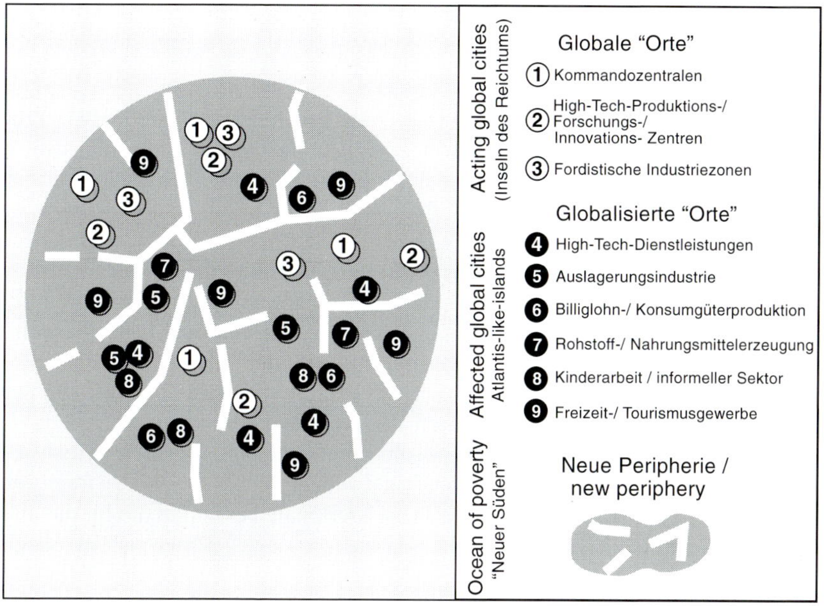

Abb. 55: Modell globaler Fragmentierung. Quelle: *Scholz* 2002a, ergänzt d.d.Verf. 2003.

zentralen der als *global players* agierenden transnationalen Unternehmen und Finanzinstitutionen (vgl. Abb. 55, 1), um die High-Tech-Produktions- und Forschungs-Innovationszentren (z.B. Regionen/Orte innovativen Milieus/kreativer Netzwerke; „Technopole", *Castells* 2003, 445; 2) sowie um die vereinzelt überkommenen fordistischen Industriezonen für Güter höchster Qualität, die z.Z. noch bestehende Produktionsüberlegenheit besitzen (3).

(2) Eng verbunden mit diesen dominierenden Schaltstellen und ihnen funktional hierarchisch nachgeordnet sind die *globalisierten Orte*. Sie seien wegen ihrer ephemeren Entwicklungsperspektive hier bildhaft als *Atlantis-like-islands* bezeichnet. Dazu zählen im speziellen Fall die *affected/exposed global cities*, häufig auch als *Hinterhöfe der Metropolen* benannt. Bei den *globalisierten Orten* handelt es sich um Regionen der High-Tech-Dienstleistungen (z.B. „wissensbasierte regionale Cluster"; „neue industrielle Räume", *Castells* 2003, 441ff), des *offshore-bankings* und der Steuerparadiese (Abb. 55; 4), der Auslagerungsindustrie (z.B. Exportproduktionszonen; 5), der Billiglohn- und Massenkonsumgüterproduktion (6), der montanen und agraren Rohstoffextraktion sowie der Erzeugung hochwertiger Nahrungsmittel (7). Hierzu zählen die Orte der aus ver-

meintlichen Wettbewerbszwängen unverzichtbaren Kinderarbeit und des global funktionalisierten informellen Sektors (8) sowie des Freizeit- und Tourismusgewerbes (9).

(3) Von den *globalen* und *globalisierten Orten* bruchhaft gesondert, eben fragmentiert, befindet sich die neue Peripherie (*new periphery*), andeutungsweise mit „marginalisierten Zwischenräumen" (*Hein* 2001), mit „schwarze Löcher" (*Castells* 2003, 434) oder mehr bildhaft mit „Meer des Elends" (*Mitterrand* 1982[131]) bzw. „Ozean der Armut" (*ocean of poverty*; *Scholz* 2000a) beschrieben. Dabei kann es sich um die Peripherien (Regionen, Teilregionen) oder auch um die Totalität der entgrenzten, um Standortqualität streitenden, um Territorialität, Machtkompetenz und Legitimität ringenden nominellen Nationalstaaten handeln. In ihrer Gesamtheit bildet die *neue Peripherie* ganz oder teilweise den sich weltweit erstreckenden, virtuellen oder auch physisch begreifbaren Lebensraum der ausgegrenzten, überflüssigen Mehrheit der Weltbevölkerung. Diese *new periphery* ist in sich durch Ethnoregionalismen, Fundamentalismen, Neotribalisierung und Kryptonationalismen bruchhaft und widersprüchlich vielfältig fragmentiert (*Menzel* 1998). Sie wird durch all jene Merkmale bestimmt, die für die bisherige Dritte Welt als typisch erachtet wurden. Und dazu gesellen sich jetzt noch Ausgrenzung und Abkopplung.

Dieses Modell globaler Fragmentierung erschöpft sich nicht in den für Entwicklungsländer typischen physiognomischen Erscheinungen wie Problemvorstädte, Slums, Hüttenviertel oder Marginalsiedlungen. Es spricht die Ghettos, Höllen und *no-go-areas* (*Rifkin* 2001), die Glacis vor den Mauern der Festungen (*Klein* 2002), die Paradiese und Zitadellen und den neuen Süden (*Beck* 1997), eben die *new periphery* (s.o.) an. Diese räumlichen ‚Größen' oder konkreter Verortungen sind bislang noch keineswegs begrifflich eindeutig geklärt sowie strategisch in ihrer Reichweite und Dimension ausdifferenziert (s.o.). Doch beschreiben sie treffender, realistischer und detaillierter als die bisherigen Zwei-, Drei- oder Vier-Welten-Modelle (vgl. *Mesarovic, Pestel* 1974; *Senghaas* 2003a) die heutige globale Wirklichkeit. Denn sie gaukeln nicht das Bild der Verheißungen nachholender Entwicklung von Ländern als Ganzen vor, sondern beschreiben die Realität sozialer und sozialräumlicher Fragmentierung, d.h. von Chancen und Nicht-Chancen.

---

131 Auf dem G7-Treffen von Versailles 1982 verwies der französische Staatspräsident F. Mitterrand bezüglich Ausbreitung neuer Technologien auf die Gefahr „einer Welt von Inseln des Reichtums inmitten eines Meers von Elend" (zit. n. *Mattelart* 2003).

3.2 Lokale Fragmentierung

Die räumliche Fragmentierung bleibt nicht auf den globalen Raum beschränkt. Sie setzt sich bis auf die lokale Ebene fort. Denn die einzelnen *globalen* oder *globalisierten Orte* sind ebenso wie ihre Bevölkerungen nie als ganze erfasst. Es handelt sich stets nur um Fragmente derselben, die zu partizipieren vermögen oder eben nicht in irgendwelche Netzwerke und Kommunikationsströme eingebunden sind und teilnehmen können. Dieses Faktum sei hier auf der Grundlage ganz konkreter Fälle (s.u.) an den *globalisierten Orten* verdeutlicht. So sind von den Entscheidungen des entgrenzten Wettbewerbs, z.B. des globalen Handels, innerhalb der *globalisierte*n *Orte* (*affected global cities*) nur jene Teile erfasst, in denen sich die Billiglohn- und Massenkonsumgüterproduktion mit den dazugehörigen Organisationen und Organisationsstrukturen konzentrieren (vgl. Abb. 55, **6**). Diese *global integrierten Stadtfragmente* (Abb. 56, **I**) bestehen – und damit sei nur eine mögliche raumfunktionale Variante aufgezeigt – aus den zentralen Schaltstellen, den Kommandozentralen mit den dafür als typisch erachteten Bürokomplexen und der notwendigen und faktischen internationalen Infrastruktur- und Informationsvernetzung (**A**). Von hier aus werden – gemäß der neuen globalen Arbeitsteilung – Produktionsaufträge an formale, lokale Unternehmen in Auftrag gegeben oder über *joint-venture*-Kooperation abgewickelt. Häufig lagern diese formalen, lokalen Unternehmen – wiederum aus Kosten- und nicht selten aus Zeitgründen – Teile der Produktion zu informellen lokalen Kleinstun-

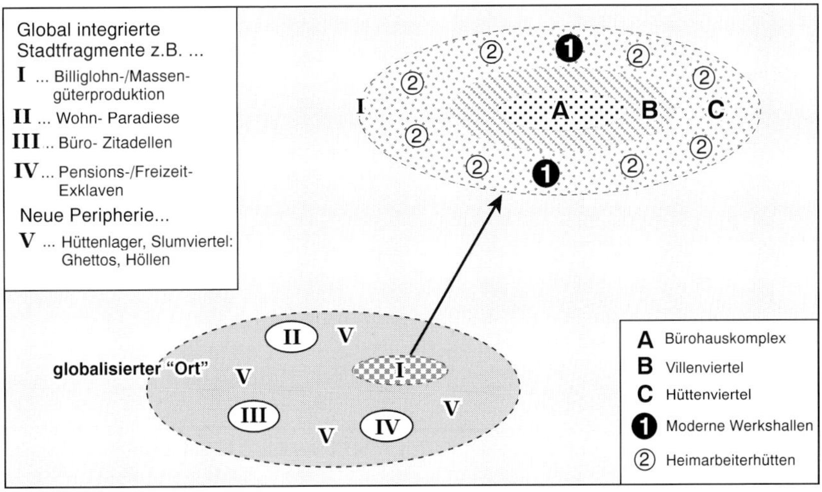

Abb. 56: Modell lokaler Fragmentierung. Quelle: *Scholz* 2002a, leicht verändert d.d.Verf. 2003.

ternehmern und Heimarbeitern aus – quasi dem letzten Glied von *global sourcing* (*Klein* 2002; vgl. *Hein* 1995, 57). Auf diese Weise wird das Massenangebot billigster Arbeitskräfte, überwiegend Frauen und in Heimarbeit nicht selten auch Kinder, für den globalen Markt auszuschöpfen versucht.

An diese zentralen Schaltstellen schließen meist räumlich direkt die parkartigen Villenviertel (Paradiese/Zitadellen) der zugehörigen Akteure, der ausländischen Repräsentanten und ihrer lokalen Agenten an (B; *Kohlhepp* 2003, 29ff; *Korff* 1996, 121ff). Dies geschieht aus eigentlich ganz profanen, in einer virtuellen Welt kaum als zeitgemäß geltenden Gründen: Verkehrsdichte, Zeitdistanz, Sicherheit.

Meist unmittelbar daran grenzen ausgedehnte Quartiere aus dürftigen Schutzschirmen, Hütten, Not- und Massenunterkünften sowie trostlosen Wohnsilos (C). Hier befinden sich auch entweder die technisch meist anspruchsvoll eingerichteten, nach außen abgeschotteten Produktionszonen (1) oder die verstreut liegenden Produktionsstätten. Dabei kann es sich ebenso um hochmoderne, ephemere Werkshallen oder monotone, mehrgeschossige Fabrikkomplexe handeln wie um ausgedehnte Viertel hüttengleicher Werkstätten, einfacher Unterstände und auch Heimarbeiterstätten (2). Hier werden entweder *High-Tech*-Produkte oder z.B. textile Billig- oder Massenerzeugnisse gemäß globalem Nachfragestandard gefertigt.

Diese Viertel sind infrastrukturell unzureichend oder nur punkthaft erschlossen und hoffnungslos überbevölkert. Hier lebt das Heer der billigen Arbeitskräfte. Für sie fallen weder Weg-, Kranken-, Urlaubs- noch Ausbildungskosten an. Auch sind sie wegen des großen Angebots oder des geringen Qualifikationsanspruchs beliebig ersetzbar, werden nur nach auftragsbedingter Bedarfslage beschäftigt. Sie sind daher ohne jegliche existenzielle Absicherung. Zwar partizipieren sie als Anbieter billigster Lohnarbeit am globalen Marktgeschehen. Doch dadurch oder gerade deshalb sind sie in das Netz neuer globaler Arbeitsteilung keineswegs nachhaltig eingebunden. Sie befinden sich auf ökonomisch unsicherer Position und seien hier – wohl zutreffend – als *Scheingewinner* bezeichnet. Sie sind besonders leicht verwundbar, der neuen Armut ausgesetzt und bilden das letzte, beliebig austausch- und ausbeutbare Glied der globalen Wertschöpfungskette (*Scholz* 2002a, 8).

Erst jenseits der Peripherie dieser *global integrierten Stadt-Fragmente* und dieser Scheingewinner öffnet sich die wahre soziale Kluft: nämlich das Faktum der Ausgrenzung, d.h. die Zugehörigkeit zur dreifach abgekoppelten, ausgegrenzten *new periphery*[132]. Als Hüttenlager, Slumquartiere, Höllen/Ghettos nimmt sie in

---

132 Dreifach ausgegrenzt sind all jene, die auf dem Arbeitsmarkt nicht benötigt werden, als Konsumenten keine nennenswerte Bedeutung besitzen und deren Produkte nicht gebraucht werden (*Kronauer* 1996; 1999; vgl. *Herkommer* 1999, 12ff; *Rifkin* 2001). Für diese Ausgegrenzten kursieren heute Begriffe wie *underclass*, *les exclus*, *working poor*, *undercastes*, *underdogs*, *sitting ducks*, neue Arme, Verlierer.

der überwiegenden Mehrzahl der Städte des Südens die größten Flächenanteile ein. Sie ist aber auch in wachsendem Maße in den Triadestaaten anzutreffen.

3.3 Fragmentierende Entwicklung

Welche Erkenntnis resultiert aus den Ausführungen zum Modell globaler Fragmentierung für die These von einer durch Wettbewerb bestimmten, höchst gegensätzlich verlaufenden *fragmentierenden Entwicklung*?

(1) Bei den verschiedenen angesprochenen räumlichen Fragmenten handelt es sich nicht um starre raumstrukturelle Cluster oder dauerhaft dynamische innovative Netzwerke, um Funktionsstandorte hoher Persistenz, bleibender Nachhaltigkeit und wachstumspolgleicher, raumgreifender Sicker- und Entwicklungseffekte. Ebenso wenig können die Personengruppen, die z.B. an den Arbeitsangeboten transnationaler Unternehmen partizipieren oder sich direkt unternehmerisch dem Wettbewerb stellen, von nachhaltiger Teilhabe per se ausgehen. Vielmehr sind sie ganz konkret exzessiver Konkurrenz ausgesetzt und fortwährend von Verdrängung bedroht; daher auch können sie sich nur um das eigene Überleben kümmern. Das gilt für die *globalen Orte* (*acting global cities*) ebenso wie für die *globalisierten Orte* (*affected/exposed global cities*). Insbesondere sie können sich jedoch nicht auf Erreichtem ausruhen. Die Gefahr für sie, ganz oder partiell wieder in die *new periphery* zurückzufallen, ist – gemäß der Logik des globalen, des entgrenzten Wettbewerbs – vorprogrammiert und latent gegeben[133]. Auch der Aufstieg daraus ist eher ein Zufallsakt. Denn die Entscheidung darüber liegt nicht einzig bei den lokalen, sondern in erster Linie bei den Akteuren der *globalen Orte*, den sog. *global players*.

(2) An dem globalen Wettbewerb und seinen nachweisbaren Segnungen partizipieren nicht Länder/Staaten *an sich* und nicht deren Bevölkerung *als Ganze*, sondern nur bestimmte Orte/Zonen und auch dort einzig Teile der Bevölkerung. Und dies wiederum währt nur so lange, wie es die Wettbewerbsbedingungen erlauben. Das schließt keineswegs aus, dass einzelne Orte/Zonen nicht zu reüssieren vermögen (partielle/lokale nachholende Entwicklung) und in die Welt der *globalen Orte* aufsteigen. Auch werden immer wieder Einzelpersonen, Personengruppen und Unternehmen erfolgreich sein und zu den *global players* aufschließen können. – Doch stets partizipieren daran nur jene *Orte* und Personen, die sich

133 Ursache dafür sind *global sourcing*, *flexifactory*- und *transplant-strategy*, wie sie heute von den transnationalen Unternehmen verfolgt werden. Zahlreiche Beispiele für dieses wiederkehrende Verlagern der Produktion und ihre Folgen liefert *Klein* (2002); vgl. *Latouche* (2003, 103ff). Dazu sei auch auf die jüngste Entwicklung in Mauritius verwiesen (*Koop* 2004; *Koop, Scholz* 2001; vgl. S. 241).

eben dem Wettbewerb stellen und die daher – wollen sie erfolgreich sein oder überleben – einzig dem Eigeninteresse verpflichtet sind[134]. Nach der Wettbewerbslogik können es – wovon bei der These von einer *nachholenden Entwicklung* in der Vergangenheit tendenziell ausgegangen wurde – nie Länder, Regionen oder Populationen als Ganze sein.

(3) Der *new periphery* und damit der Mehrheit der Weltbevölkerung steht zwar prinzipiell die Option zur Partizipation am Wettbewerb offen. Und es wird auch immer wieder von Erfolgsstories berichtet werden können. Strukturell jedoch bleiben ihr nicht viele Alternativen, bieten sich ihr nicht viele Chancen: Die *new periphery* kann als Absatzmarkt für Gebrauchtwaren aller Art und von industriellen Billigerzeugnissen dienen, gelegentlich von Almosen und Katastrophen- oder Aufbauhilfe profitieren. Auch dürfte sie wiederholt Ziel militärischer Befriedungsaktionen oder von Terrorpräventionen sein (*Rufin* 1993). Vereinzelt mag sie als abrufbarer Lieferant mineralischer und agrarer Rohstoffe oder menschlicher Organe dienen; wiederkehrend sogar als Quelle für IT-Spezialisten, Hochleistungssportler, exotische Frauen, Hausangestellte, Novizen und seltene Haustiere sowie als touristisches Tummelfeld fungieren. Und aus humanitären, politischen oder diplomatischen Erwägungen wird auch noch oder immer wieder technische und finanzielle Entwicklungshilfe geleistet und werden Maßnahmen zur Grundbedürfnisbefriedigung Anwendung finden.

Mehrheitlich wird die *new periphery*, auch als *neuer Süden* bezeichnet (*Beck* 1997), eben abgekoppelt sein und sich weitgehend selbst überlassen bleiben. Er wird sich an seinen internen Widersprüchen aufreiben, an Armut und Rückständigkeit leiden, sicherlich aber auch vielfältige Strategien zum Überleben entwickeln. Dabei ist an die Revitalisierung von Subsistenzwirtschaft, indigenem Wissen (S. 158) und lokalen Produktionsweisen, an Tauschringe, an zivilgesellschaftliche, nachbarschaftliche Netzwerke, an informelle Institutionen (S. 164.) und an den Dritten Sektor zu denken[135]. Und trotz aller bruchhaften Vielfalt und Gegensätzlichkeiten werden sich vielleicht sogar regional neu eigene Identitäten, individuelle

---

134 Ein aktuelles Beispiel dafür ist die Umwerbung von Unternehmen durch die großen deutschen Städte mittels lukrativer finanzieller und infrastruktureller Anreize. So vermochte z.B. Berlin 2002/03 der Stadt Hamburg die Unternehmen Universal Music, SAP-Software, Carmeq (Automobiltechnik), Axel Springer Verlag/Medien, und Lufthansa Global Telesales, der Stadt Essen Coca-Cola (dt. Headoffice), der Stadt München MTV networks und London den europäischen Hauptsitz des IT-Unternehmens Corning Cable Systems abzuwerben (*Stark* 2003).

135 In diesem Zusammenhang gewinnt der Verflechtungsansatz (S. 189) eine neue Relevanz. Denn er beschreibt und analysiert „eine Situation relativer Unsicherheit, in der Erfolg niemals garantiert und immer dem Wandel der Außeneinflüsse unterworfen ist" (*Tröger* 2003, 26). Er beschreibt aber auch eine Realität, der in Zeiten der Globalisierung immer mehr Menschen immer wieder neu ausgesetzt werden, da die wettbewerbsgesteuerte Weltwirtschaft zu lokal extrem unsicheren Arbeits- und Einkommensverhältnissen führt.

Überlebensstrategien und lokale lebensweltliche Konzepte herausbilden. Immer aber wird der *neue Süden* die Lebensrealität für die nicht nur doppelt, sondern sogar dreifach überflüssige Masse der Weltbevölkerung, „*the population redundant*“ von *Ricardo* (zit. *Scholz* 2000b), darstellen: Als Arbeitskräfte (industrielle Reservearmee) wird sie nicht benötigt, als Konsument spielt sie keine Rolle. Und die Erzeugnisse, die sie herstellt, werden nicht gebraucht (vgl. *Rifkin* 2001).

4. Annäherung an die *eine* global fragmentierte Welt

In Wissenschaft, Politik und Presse wird heute ganz direkt von einer Teilung der Welt in Triade und abgekoppelte Restwelt oder von der grundlegenden Fragmentierung der Welt in ein Gravitationszentrum von Weltpolitik und Weltwirtschaft und einen davon abgesonderten Rest gesprochen (*Rufin*, 1993; *Senghaas*, 1993). Für eine solche globale Fragmentierung stehen z.B. folgende Tatsachen: So nehmen die 91% der Menschen, die das Internet nutzen, gerade einmal 19% der Weltbevölkerung ein. Auf Afrika entfallen 0,8%, Nahost 0,9% und Lateinamerika 4,9% der Welt-Internet-Anschlüsse (*Scholz* 2002a). Die Zahl der (Langzeit-)Beschäftigungslosen im arbeitsfähigen Alter (1993) lag weltweit bei 800 Mio. und der Schätzwert für diejenigen, die als Arbeitskräfte gar nicht wahrgenommen werden, bei ca. 25% der Weltbevölkerung (*ILO* 1993). Über 1,5 Mrd. Menschen müssen von weniger als 1 US$ pro Tag leben und 3,5 Mrd. Menschen (= 58 % der Weltbevölkerung) standen 1999 statistisch gesehen gerade einmal 2 US$ pro Tag zur Verfügung (*WDI* 1999). Von den Finanziellen Direktinvestitionen (FDI) der OECD im Jahre 2000 (insgesamt 1.271 Mrd. US$) flossen ganze 12,7% dem Süden zu, auf den 77,7% der Weltbevölkerung entfallen. Der große Rest gehörte dem Norden (Abb. 57). Afrika erhielt 0,7% und ganz Südasien nur 0,2%; Lateinamerika vermochte nur 6,7% auf sich zu konzentrieren. Und am Welt-Bruttosozialprodukt von 30.966 Mrd. US$ (2000) nahm der gesamte Süden lediglich 17,1% ein.

Fragmentierung äußert sich auch in lokal eng begrenzten Orten hoher *software*-Kompetenz (z.B. Indien, Brasilien, Mexiko), der Erzeugung hochwertiger oder auch billigster (Massen-)Konsumgüter und Nahrungsmittel in Exportproduktionszonen (z.B. Ägypten, Bangladesh, Brasilien, China, Indonesien, Mauritius, Philippinen, Tunesien) und weltweit agierender Anbieter von online- (*www-*, *e-mail-*) services. Dazu gehören Regionen luxuriöser (Zweit-/Alters-)Domizile (z.B. Marokko, Chile, Kenia) oder temporäre Tummelfelder verschiedenster touristischer Bedürfnisse und Exzesse. Nicht zu vergessen ist die Bereitstellung von *edv*-Experten und hardware-Technikern (z.B. Indien, China, Korea), von exotischen Frauen (z.B. Thailand, Malaysia, Äthiopien), Novizen/-innen (z.B. China, Indonesien, Westafrika) und Super-Fußballspielern (z.B. Brasilien, Nigeria, Ghana, GUS-Staaten).

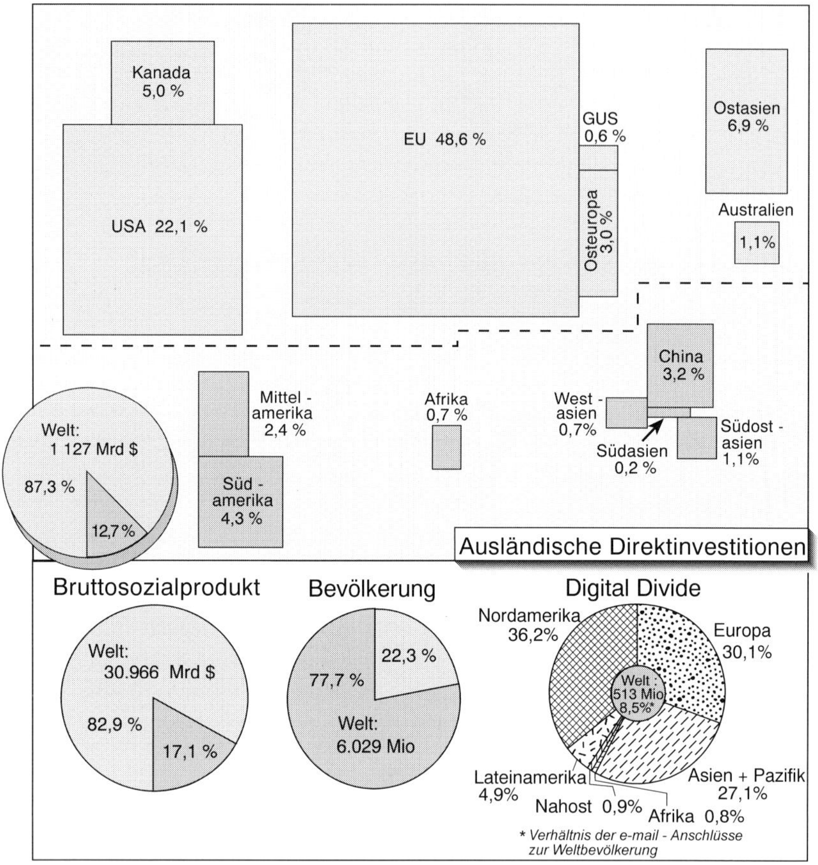

Abb. 57. Globale „Zweiteilung“ der Erde nach Direktinvestitionen, Bruttosozialprodukt, Bevölkerung und *Internet*-Zugang (Digital Divide). Quelle: Scholz 2002a, verändert d.d.Verf. 2004.

Und all diese widerstreitenden Tatsachen existieren (heute schon) nachweislich gleichzeitig und sogar räumlich bruchhaft wie sozial unvermittelt nebeneinander. Sie treten stets ephemer, bei weltweiter Präsenz immer nur lokal eng begrenzt (globale, globalisierte Orte) oder undifferenziert flächenhaft (neue Peripherie) auf oder sind virtuell präsent. Und sie umschließen ganz konkret einzelne Individuen, Personengruppen und Unternehmen oder eben auch ganze Bevölkerungsmassen. – Welches global-räumliche Muster zeigt diese Realität?

Ein originäres Anliegen der Geographie besteht bekanntermaßen im Erkennen der räumlichen Ordnung in der Vielfalt erdoberflächlicher Erscheinungsformen und Verbreitungsmuster. Räumliche Differenzierungen von Städten oder Ländern nach Bevölkerung, Funktion oder Wirtschaft, Zonierungen der Erde nach Klima oder Wirtschaftsformen sind z.B. gemeinhin bekannte Ergebnisse. Regionalisierung ist das dabei verfolgte methodische Konzept (s.o.). In diesem Sinne und auf der Basis quantitativ nachvollziehbarer Kriterien haben *Bratzel/Müller* (1979) und *Giese* (1985; Abb. 4) die Länder der Erde nach dem Entwicklungsstand differenziert. Damit war ihre bislang vage Zuordnung auf eine methodisch nachvollziehbare statistische Grundlage gestellt. Eine methodisch vergleichbare und kartographisch differenzierte Umsetzung der *globalen* und *globalisierten Orte* sowie der *new periphery* ist nicht einfach und gegenwärtig noch nicht befriedigend leistbar. Doch es gibt inzwischen mehrere Ansätze und zahlreiche Veröffentlichungen, die das Modell globaler Fragmentierung (Abb. 55) konkret aufgreifen. Auf dieser Basis sei eine erste qualitative Annäherung an diese Wirklichkeit in Form einer *geographischen Karte* versucht (Abb. 58, s. S. 264).

4.1 Globale Orte

Die *globalen Orte* konzentrieren sich in der Gegenwart auf die Triadestaaten:

(1) Hier sind es in erster Linie die von *Sassen* (1996) erfundenen Global-Cities London (Reading), New York und Tokyo. Zu ihnen zählen nicht weniger Paris/La Défense, Frankfurt/Westend, Seattle, Austin und Santa Clara oder auch noch Brüssel, Zürich, Amsterdam, Madrid und in wachsendem Maße Berlin; alles Orte, „where the big service companies are generally represented" (*Tieman* 2001, 28).

Fallbeispiel Paris: So ist Paris zweifellos seit langem eine *Primate City* (*Pletsch* 2003, 139). Als Hauptstadt eines zentralistischen Staates und weltweiten Kolonialreiches, Sitz zahlreicher nachkolonialer Befreiungsbewegungen, Exilregierungen und internationaler Organisationen, Heimstatt unbekannt vieler politischer Flüchtlinge, Hort einmaliger kultureller Schätze (z.B. im Louvre, Centre Pompidou) und Ziel von Intellektuellen und Künstlern aus aller Welt hat diese Stadt stets übernationale Funktionen wahrgenommen. Zum *globalen Ort* stieg Paris jedoch durch die Bündelung global wirtschaftlicher Entscheidungskompetenz auf. Sie konzentriert sich im wesentlichen auf das „Etablissement Public d'Aménagement de la région de la Défense" (EPAD; Abb. 59)[136]. Dieses Dienstleistungs-, Verwaltungs- und Geschäftsviertel war zwar schon 1958 als Gesellschaft des

---

136 Neben La Défense gibt es noch zwei weitere Bürohochhausviertel in Paris: Gare Montparnasse und Gare de Lyon. Von ihrer Funktion her treten sie jedoch hinter La Défense zurück.

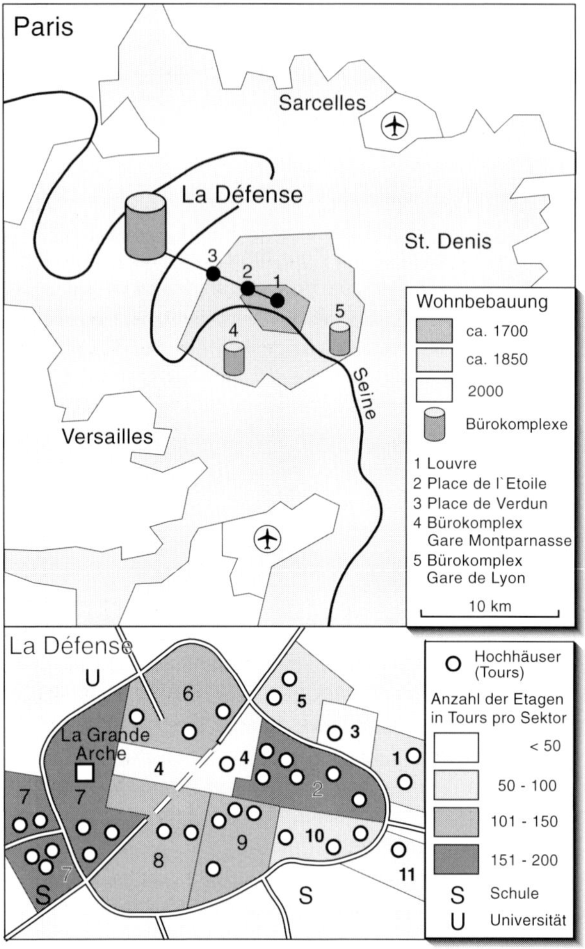

La Défense: Bedeutende Unternehmen in den „tours" (Auswahl nach Sektoren 1–11): **1.** AXA, AGF, Crédit Lyonnais, FITEC; **2.** AIG Europe, EDF, GDF, Aurore, Westfalia Métal, Air Liquide, Gan; **3.** Kvaerner Métal; **4.** FM Global, IBM, Lexmark Europe; **5.** IBM France, Lexmark International, BT France, La Fayette; **6.** ELF, Cegetel, SFR, TDR, BNP, Ciment Francçais, Mobil Oil; **7.** British Airways, Pneu Pirelli, GIA, Microsoft Europe, Vivendi; **8.** Worldcom, Assur Crédit, Winterthur, SCOR; **9.** ASCOP, Total, Crédit Lyonnais, SICUDEF, BATA; **10.** Total Fina, ELF Atochem, AGF Assurances; **11.** Hoechst, SGL Carbon, Targor SA

Abb. 59: Paris: Globales Stadtfragment «la Défense». Quelle: Entwurf 2003 n. Kart. d.Verf. 2001.

öffentlichen Rechts gegründet worden. Doch bis 1988 konnte es eigentlich nur dank öffentlicher Subventionen und ohne nennenswerte Ausstrahlung überdauern. Dann aber entwickelte es sich, staatlicherseits mit dem Ziel der globalen Standortsicherung von Paris gefördert, durch neueste Kommunikationstechnik ausgestattet und international vernetzt, rasant zu einem globalen Stadtfragment.

Am Ende von Champs Elysées und Avenue Charles de Gaulle gelegen, konzentrieren sich heute hier auf einer Fläche von 750 ha über 200 moderne/postmoderne Hochhaus- (*tours, gratte-ciels*; Abb. 59) und Gebäudekomplexe (*immeubles*), die sich vom übrigen Stadtgebiet geradezu zitadellenhaft abheben. Sie bieten 9.000 (Luxus-)Wohnungen (z.B. Le Neuilly-Défense, Vision 80, Les Damiers, Gambetta, La Sirène) und 2.2 Mio. qm Bürofläche Platz. Hier sind 3.600 Firmen mit 140.000 Beschäftigten ansässig. Davon zählen 20% als Führungspersonal (davon ca. zwei Drittel aus Frankreich) und 45% werden als höhere Angestellte geführt. Der prozentuale Anteil der Teilzeit- und Gelegenheitsarbeiter liegt bei 30% und lediglich 5% sind Industriearbeiter. Allein 14 der 20 größten Unternehmen Frankreichs haben in La Défense ihren Hauptsitz (z.B. Credit Lyonnais, Descartes, EDF, ELF, La Fayette, Les Damier, Monge, Total, Voltaire). Und 13 der 50 bedeutendsten *Global Players* sind hier vertreten (z.B. AXA, British Telecom, Deutsche Bank, Esso, Franklin, Hoechst, IBM, Manhattan, Mobil Oil, Siemens, Winterthur). Über 80 Bekleidungsspezialisten, etwa 70 Freizeiteinrichtungen, über 30 Kosmetik- und Schmuckanbieter, 20 Restaurants und Bistros und 5 Rieseneinkaufszentren (*grandes surfaces*) werden von über 20 Mio. Kunden pro Jahr aufgesucht. Mit einem Gesamtumsatz aller hier vertretenen Firmen, der fast die Höhe des Jahresbudgets der französischen Regierung erreicht, zählt dieses Fragment von Paris, das auch baulich wie eine Insel aus dem Stadtkörper aufragt, zu den globalen Schaltstellen Europas[137].

(2) Außer den *acting global cities* gehören zu den *globalen Orten* Regionen wie das japanische Städteviereck (Kioto-Nagoya-Osaka-Kobe), die Goldene Banane (= Arc Mediterranéen mit Sophia Antipolis sowie Rom und Barcelona), die nordische Achse mit Stockholm-Malmö-Kopenhagen-Hamburg[138], die Europäische/ Blue Banana (Dorsal; London-Amsterdam-Ruhrgebiet-Frankfurt-Stuttgart-München-Mailand), das Silicon Valley, das Forschungsdreieck von North Carolina oder San José State sowie die europäischen „rising regions" Alpine Diamond (Lyon-Grenoble-Genf-Turin), das oberrheinische Länderdreieck (Mülhausen-Basel-Straßburg-Offenburg-Karlsruhe), l'arc jurassien Suisse (Neuchatel-Bienne-Delemont), le Doubs (Besançon-Belford-Montbéliard-Pontarlier), Catalonia oder Basque Region (*Tieman* 2001, 28). Und besondere Bedeutung erlangen dazuhin die *sun belts* der USA von Phoenix-Tucson oder St. Petersburg-Orlando/Miami-West-Palm-Beach (Florida).

Fallbeispiel Frankreich: L'Arc Mediterranéen bzw. „Goldene Banane" sei hier näher vorgestellt. Dieser *globale Ort* ist eine transnationale Netzwerkregion (Abb. 60), die sich küstennah von Rom bis Barcelona spannt. Hier sind unzählige Technologieparks und Unternehmen der Elektro-, Elektronik-, HT- und IT-Branche, internationale Ausbildungsstätten sowie modernste Luftfahrt- und Hafenanlagen (z.B. Containerterminal in Fos-

---

137 Nach Unterlagen v. EPAD, Paris, 2002; La Défense 2000, Paris; Erh. d. Verf. Nov. 2002.

138 Hamburg mit dem Container Terminal Altenwerder, dem z.Z. modernsten und größten Container-Hafen der Welt. Ab 2006 werden hier 1.9 Mio. Container jährlich umgeschlagen.

Marseille, Genua) konzentriert. Mit dieser Ausstattung sowie nach den Einkommensverhältnissen und durch Wandergewinne hebt sie sich von dem angrenzenden Hinterland deutlich ab. In einer von der Industrie- und Handelskammer in Montpellier herausgegebenen Broschüre wird diese Region daher sogar als „mediterranes Silicon Valley" bezeichnet. Innerhalb Frankreichs sei in diesem Zusammenhang auf Städte wie Nîmes (5 Innovations-/Technologieparks)[139], Perpignan (4), Toulouse (6) oder vor allem Sophia Antipolis verwiesen (*Perrin* 1986, 284ff; *Sternberg* 1995). Gerade dieses global integrierte Fragment innerhalb der „Goldenen Banane" verdankt seinen Anstoß zwar den Dezentralisierungsgesetzen unter Mitterrand (1982), dessen innovativen Initiativen und dem generellen *sunbelt shift* (sanfte Standortfaktoren). Doch seinen Aufstieg erlebte dieses hochtechnisch ausgestattete Sophia Antipolis im Hinterland von Nizza und Antibes erst seit Anfang der 1990er Jahre. Heute sind hier ca. 1.000 Firmen, 18% davon international, mit über 20.000 Beschäftigten in z.T. hypermodernen Bauten ansässig. Nur 59% der Beschäftigten stammen aus Frankreich (21% aus der Region selbst) und 41% aus dem Ausland. Allen voran USA, GB, Italien, Spanien, Deutschland und Japan. Allein 15 transnational agierende Firmen (u.a. Dow Chemical, Searle, L'Oreal, Nestlé, Aisin-Seiki), fünf For-

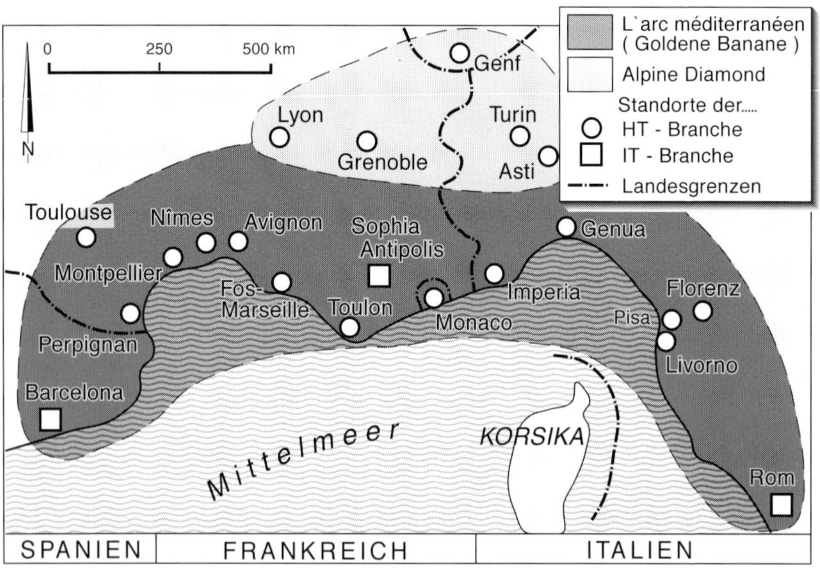

Abb. 60: Globaler Ort: Die goldene Banane. Quelle: Entwurf 2003 n. Erhebungen/Kart. d.Verf. 2000, 2001.

139 In Nîmes sind diese Zentren: KM-Delta, Georges Besse, Grezan, ZAC und Ville Active; in Perpignan: Le Polygone, Tecnosud, Le Grand saint Charles, le MISC (Erh. d. Verf. 2001).

schungsstätten (z.B. Institut National de la Recherche en Information et Automatique) sind in Sophia Antipolis vertreten und die Buchungszentrale z.B. für Air France, TGV, Ganzaz-Logistik und Turfwetten hier konzentriert. Für die Vernetzung innerhalb dieser Region spricht die Telefondichte, die von 1991 bis 2000 zwischen dem französischen Teil und den spanischen bzw. italienischen Teilen von 3% auf 18% bzw. von 2% auf 12% zugenommen hat. In der gleichen Zeit ging der Anteil zum übrigen Frankreich von 30% auf 21% zurück. Und die F+E-Firmenzusammenarbeit innerhalb des französischen Teils der Goldenen Banane nahm von 69 auf 207 und zum übrigen Frankreich nur von 53 auf 71 Aktivitäten zu[140]. Damit hat sich innerhalb dieser transnationalen Region ein dichteres Netzwerk ausgebildet als zu den angrenzenden eigenen Landesteilen.

L'Arc Mediterranéen zählt heute neben mehreren bedeutenden Städten (London, Paris, Frankfurt, Mailand), der *Blue Banana* (Dorsal) und einigen weiteren ‚Orten' zu *„the premier league"* der *„emerging regions"*, den Aufsteigerregionen Europas (*Tieman* 2001, 28).

4.2 Globalisierte Orte

Die *globalisierten Orte* sind von ephemerer Dauer (*Atlantis-like-islands*!) und lokal isoliert. Sie treten weltweit disjunkt auf, sind aber unterschiedlich intensiv und dauerhaft in weltweite Netzwerke eingebunden (Abb. 58, S. 264).

(1) Zu diesen *globalisierten Orten* gehören im Augenblick – bei aller Unterschiedlichkeit in Funktion und Wichtigkeit – Städte wie z.B. Bangalore, Bangkok, Bombay, Colombo, Dhaka, Delhi, Guangzhou (Kanton), Haiderabad, Hongkong (Shenzhen), Hunday-Town, Kapstadt, Karachi, Madras, Maputo[141], Mexiko City, Puna, Rio de Janeiro, Shanghai, Sialkot, Singapur oder Sao Paulo-Santos. Sie erfahren als Standorte von Billiglohnproduktion, IT-Unternehmen und preiswerten (Alters-/Wohlstands-)Residenzen eine globale Nachfrage.

Fallbeispiel Bangalore, Indien: Geradezu als ‚Musterbeispiel' eines *globalisierten Ortes* kann die *high-tech*-Metropole Bangalore angesehen werden. Hier lässt sich in besonderer Weise fragmentierende Entwicklung beobachten (*Dittrich* 2003). Auf der Basis kolonialer und nachkolonialer Maschinenbau-, Rüstungs- und später auch (indischer) Raumfahrtindustrie sowie von führenden Bildungs- und Forschungseinrichtungen (*Fromhold-Eisebith, Eisebith* 1999) kam es seit Mitte der 1980er Jahre zur Nutzung des hier vorhandenen

140 Auskünfte d. Chambre de Commerce et d'Industrie, Nîmes, 2001.

141 In Maputo/Moçambique erwirtschaftet einzig ein Aluminiumwerk ein jährliches Wirtschaftswachstum von im Mittel 5,7%. Die Bevölkerung des Landes hat daran keinen Anteil. Sie gehört zu der ärmsten Afrikas. Die Männer sind gezwungen, sich in den Goldbergwerken Südafrikas als Billigarbeitskräfte zu verdingen (Befragung d.Verf. Feb. 2001). Frauen sind zu extrem niederen Löhnen in den *sweatshops* in Beira und Chimoio tätig.

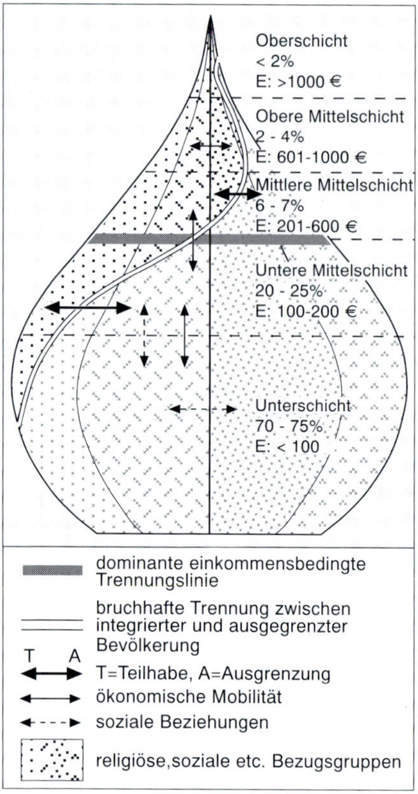

Abb. 61: Bangalore: Sozio-ökonomische Differenzierung und Fragmentierung der Bewohner unter dem Einfluss der Globalisierung (Modell). Quelle: *Dittrich* 2003, 44; leicht verändert d.d. Verf.

Angebots an gebildeten und fähigen Arbeitskräften durch US-amerikanische IT-Unternehmen. Durch Sonderkonditionen zusätzlich angelockt, hatten sich in Bangalore bis 2000 über 700 IT-Betriebe (341 aus Indien; 387 aus dem Ausland) niedergelassen und über 75.000 Arbeitsplätze geschaffen. Die Unternehmen konzentrieren sich auf den Hochhauskomplex des CBD sowie auf die Technologiezentren Electronics City und International Technology Park, drei global integrierte Stadtfragmente (Abb. 56). Die hier erzeugten Produkte gehen zu 80% nach Nordamerika und Europa. Dadurch ist diese Branche extrem außenabhängig. Das äußert sich in den letzten Jahren „in gebremster Wachstumsdynamik" sowie in „Konzentrations- und Rationalisierungstrends" und hat „bereits zur Freisetzung hunderter Arbeitskräfte geführt" (*Dittrich* 2003, 41).

Die Möglichkeiten, die sich in der modernen IT-Branche bieten, haben die bislang schon vorhandene extreme soziale Differenzierung zwischen reich/gesichert und arm/ungesichert verschärft. Reich und Arm stehen sich heute im Verhältnis von ca. 1:9 gegenüber. Die sozialhierarchische Differenzierung wird jetzt durch Fragmentierung in Gewinner, Scheingewinner und Verlierer überlagert. Denn die Stadtbewohner können nur zu einem kleinen Teil, nicht dauerhaft (ephemere In-/Exklusion) und ausgeprägt ungleich (Abb. 61) an den neuen Einkommensmöglichkeiten partizipieren. Extremer Ausdruck dafür sind nicht nur die 800 Slum- und Hüttenviertel mit 1,5 Mio. Menschen oder ein Anteil von 75% Armer an der Stadtbevölkerung. Sie äußert sich auch in der Tatsache, dass all jene (untere Mittelschicht), die seit einigen Jahren ihre Arbeit in der IT-Branche verlieren, in die innerstädtischen Slums einsickern, die dort lebende arme, marginalisierte Bevölkerung nicht nur aus ihren dürftigen Unterkünften in periphere Stadtrandlagen verdrängen, sondern ihnen auch den Zugang zu den vertrauten slumnahen Arbeitsmärkten nehmen. Dadurch werden selbst diese per se Ausgegrenzten recht direkt zu Belegen der *affected global cities*, der fragmentierenden Entwicklung.

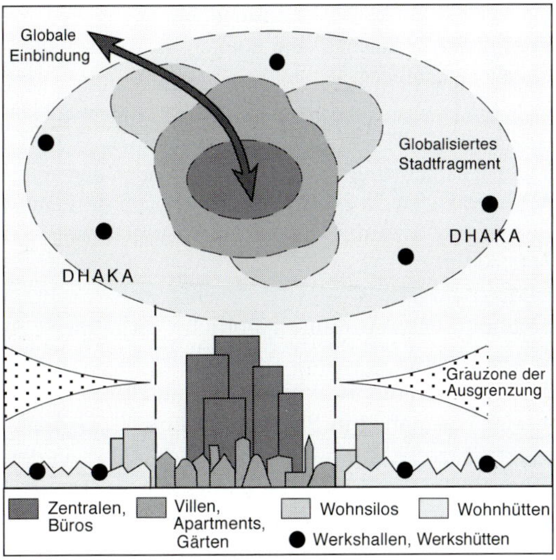

Abb. 62: Modell: Globalisiertes Stadtfragment Banani/ Dhaka. Quelle: Entwurf d.Verf. n. *Scholz* 2001.

Fallbeispiel Banani, Dhaka, Bangladesh: *Globalisierte Orte* sind – wie eingangs betont und gerade am Beispiel von Bangalore angesprochen – ebenso wie die *globalen Orte* keineswegs als Ganze vom Globalisierungssog erfasst (Abb. 56). Es sind immer nur Fragmente derselben (Abb. 62). Zur Veranschaulichung sei Dhaka angeführt, wo sich mehrere funktional unterschiedliche global integrierte Fragmente beobachten lassen. Mit dem relativ neuen Stadtteil von Dhaka, Banani, wird hier ein recht differenziertes Gebilde globaler Einbindung angesprochen (Abb. 62): Das nördlich der Alt- und Kolonialstadt gelegene räumliche Zentrum des ausgedehnten Viertels Banani wird von einem Hochhauskomplex gebildet. Hier befinden sich die Zentralen und Büros internationaler Unternehmen und ihre zahlreichen lokalen Partner, internationale Schulen und weiterführende Ausbildungsstätten, Tele-Kommunikationseinrichtungen (Sendeanlagen), Softwarefirmen und sogar einige (inter-)nationale Nicht-Regierungsorganisationen (z.B. *BRAC*). Hier konzentrieren sich randlich, und damit in das umgebende Villen- und sozial gehobene Apartmentviertel sowie in die Wohnsiloareale der Mittelschicht übergehend, zahlreiche, exklusive Restaurants, *showrooms* ausländischer Unternehmen, Clubs etc. Unvermittelt an den Außenmauern dieses Wohnviertels lagern sich – auf die umliegenden Wasserflächen übergreifend – die ausgedehnten Hüttenviertel an. Hier lebt dicht beisammen eine extrem arme Bevölkerung ohne Wasser- und Stromversorgung. Das tägliche Familienleben spielt sich in den Gassen zwischen den kleinen Hütten ab. Die kargen Speisen werden aus Vertiefungen im Boden eingenommen. Doch neben und zwischen den Hütten erheben sich moderne Werkshallen oder lagern flache, baulich z.T. kaum wahrnehmbare Werkshütten und Heimarbeiterunterkünfte. Hier findet die lokale Bevölkerung im Billiglohnbereich Arbeit bei lokalen Firmen, die zusammen mit internationalen Partnern für den Export produzieren (*RTV* 1999).

Ähnliche Fragmente, z.T. nur aus mehrgeschossigen Werkshallen und mehr oder weniger benachbarten Hüttenlagern unterschiedlichster Qualität und Ausstattung bestehend, sind in fast allen Teilen Dhakas (in Chittagong oder Khulna) anzutreffen. Sie sind über einheimische Vermittler (*broker*) oder Unternehmer mit den ausländischen Interessenten vernetzt. Und durch die meist im Umfeld dieser Produktionsstätten lebenden und direkt/ indirekt mitwirkenden Heimarbeiter sind diese Hüttenlager global eingebunden. Daneben gibt es noch die nördlich der Stadt gelegene Exportproduktionszone. Sie ist jedoch durch Zaun, bewachten Eingang und patrouillierende Wachen vom übrigen Stadtgebiet abgegrenzt und für Fremde nur über Kontakte zugänglich.

Doch von den ca. 10–12 Mio. Einwohnern Dhakas finden in diesen global eingebundenen Betrieben nur wenige eine Beschäftigung (ca. 5% der Erwerbspersonen; *Scholz* 2001). Meist sind sie auch nur episodisch und ephemer tätig, verrichten Überstunden und arbeiten meist 10–14 Stunden an 6–7 Werktagen. Und dabei sind sie nachweislich stets unterbezahlt. Erst jenseits dieser Scheingewinner setzt die Grauzone der Ausgrenzung und damit die *neue Peripherie* ein (*Scholz* 2001).

Bei branchenmäßiger Verschiedenheit liegen strukturell ähnliche Verhältnisse in Bangalore/Indien (*Dittrich* 2003; *Fromhold-Eisebith*, *Eisebith* 1999; s.o.) oder Colombo vor. *Klein* (2002) beschreibt sie für die Philippinen und Indonesien. Sie können in Karachi, Sialkot oder Faisalabad in Pakistan (*Scholz* 2003b), auf der Insel Mauritius (Exportproduktionszone; *Koop*, *Scholz* 2001; S. 241), in den Sonderproduktionszonen von Blue China, Südkorea, Vietnam, Taiwan, Mexiko (*maquiladoras*; vgl. S. 245) beobachtet werden und sind wohl in zahlreichen Städten des Südens in ganz unterschiedlicher Ausprägung nachweisbar.

Fallbeispiel Brasilien: In den Städten Lateinamerikas sind die eben an Dhaka erläuterten Fragmentierungsprozesse besonders weit vorangeschritten und eindrucksvoll dokumentiert („Brasilianisierung", *Beck* 1997, 94; *Mertins* 2003). So zeichnen sich z.B. die brasilianischen (Mega-)Städte und zunehmend auch ihre suburbanen Umländer durch Hochhausquartiere, abgeschlossene Wohnsiedlungen und Shopping Centers (den Zitadellen; Wohnparadiese) der Reichen und Erfolgreichen aus, die in wachsendem Maße ihre eigenen abgeschotteten Aktions- und Repräsentationsräume schaffen (*Coy* 2001, 22)[142]. Die Armen, und damit die Mehrheit der Stadtbevölkerung, versuchen auf ihre Weise an den Stadträndern oder auf marginalen Innenstadtflächen, häufig bruchhaft unvermittelt neben den Quartieren der Wohlhabenden, in ebenfalls nach außen abgegrenzten Vierteln (den Ghettos; *favelas*) zu überleben. Sichtbarer Ausdruck für diese Fragmentierung sind insbesondere die *condominios fechados* (*urbanizaciones privadas, Mertins* 2003, 51; *fraccionamientos cerrados*, *Kanitscheider* 2002), die aus den USA bekannten *gated communities*. Sie unterscheiden sich von den herkömmlichen Wohnvierteln der Reichen durch ihre ungleich höhere räumliche, sicherheitsmäßige, kulturelle und infrastrukturelle Abschottung und die auf sie ausgerichtete Lebensgestaltung der Bewohnerschaft. Alphaville in Sao Paolo oder Barra da Tijuca in Rio de Janeiro sind dafür überzeugende Beispiele (*Coy*, *Pöhler* 2002a, b). – So wies z.B. Alphaville 2000 bei einer Tagesbewohnerzahl von 32.000 eine Tagesbevölkerung von ca. 130.000 auf. Ursache dafür ist die Konzentration

---

142 Die *gated communities* sind jedoch nicht einzig an die Wohlhabenden gebunden. Sie treten auch in den Vierteln der Mittelschicht innerhalb metropolitaner und peripherer Gebiete (z.B. Strände) auf. Diese Verhältnisse konnten z.B. in Salvadore/Bahia, Sao Vicente/Santos, Torre/ Rio Grande do Sul beobachtet werden (Mittlg. v. G. Kohlhepp, 26.2.04).

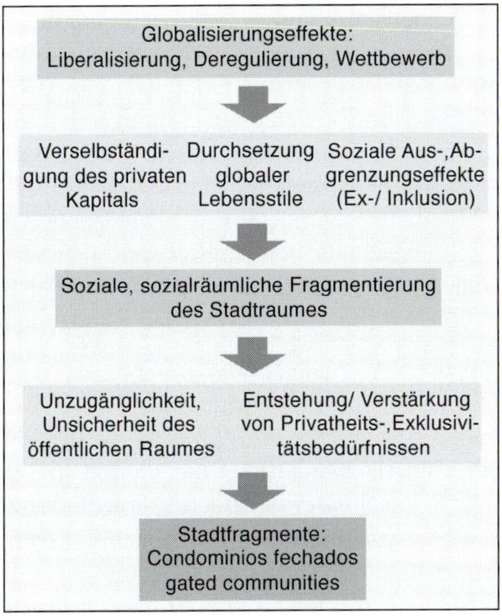

Abb. 63: Modell: Erklärungszusammenhänge für das globalisierte Stadtfragment „*gated community*“ in Lateinamerika. Quelle: Entwurf d.Verf. n. *Coy* 2001; *Coy, Pöhler* 2002a, b.

von Shopping Centers, zahlreichen Privatschulen, einer Privat-Universität, verschiedensten Freizeiteinrichtungen und vor allem 1.400 Firmen des Dienstleistungssektors (z.B. Firmenverwaltungen, Computerunternehmen). Über 60% der Haushaltsvorstände besitzen einen Hochschulabschluss. Die Einkommen bei ca. 45% der Haushalte entsprechen etwa dem 20–80fachen des gesetzlichen Mindestlohnes. Diese *condominios fechados* entziehen sich weitgehend der öffentlichen Steuerung und Kontrolle und unterliegen ganz eindeutig den Verwertungsinteressen des hier konzentrierten privaten Kapitals.

Diese Stadtfragmente[143] werden als „Ausdruck von Globalisierungseinflüssen“ interpretiert (*Coy* 2002; *Coy, Pöhler* 2002a, b; Abb. 63): Als Folge neoliberalistischer Deregulierung verstärken sich wettbewerbsgesteuerte soziale Differenzierungsprozesse sowie die Dominanz und Verselbständigung privaten Kapitals in der Stadtgestaltung und setzen sich globale Lebensstile bei der wohlhabenden Bevölkerung durch. Daraus resultieren vielfältige Aus- und Abgrenzungseffekte. Soziale und sozialräumliche Fragmentierung des Stadtraumes ist damit verbunden. Sie äußert sich zum einen im Niedergang und in der Unzugänglichkeit des öffentlichen Raumes. Zum anderen vermittelt sie ein für Lateinamerika traditionell weniger ausgeprägtes Privatheits- sowie sozial- und sicherheitsbegründetes Exklusivitätsbedürfnis. Räumlicher Niederschlag dafür sind eben die hier näher betrachteten inner- oder randstädtischen Wohlstandsinseln, die *condominios fechados* (= *gated communities*). Ihre logische Entsprechung bilden die abgegrenzten Mittelschicht-Fragmente und die *no-go-areas* der neuen Armut.

Derartige Stadtfragmente können – wie schon erwähnt – weltweit und in zunehmendem Maße auch in den Städten der Triade beobachtet werden. Dabei handelt

143 Den hohen Grad lokaler Fragmentierung stellt *Mertins* (2003, Fig. 5) auf der Grundlage breiter empirischer Kenntnisse in einem detaillierten Modell für die Megastädte Lateinamerikas dar. Verwiesen sei auch auf *Kanitscheider* (2002) und *Kohler* (2002) sowie auf das Modell der fragmentierten lateinamerikanischen Stadt bei *Borsdorf et al.* (2002). Darin wird Fragmentierung jedoch auf räumliche Differenzierung „im großen Maßstab“ (ebd. 306f) reduziert.

es sich nicht einzig um Zitadellen, um die bewehrten und gesicherten Paradiese, um *no-entrance-areas* (z.B. *banlieues chics*: Paris Auteuil, Belleville, Neuilly-sur-Seine, Courbevoie, Colombes, Passy), sondern auch um Ghettos/Höllen oder die *no-go-areas* unterschiedlichster formaler und sozialer Ausprägung. Als Beispiele dafür seien hier die *banlieues tristes* [144] von Paris (z.B. St. Denis, Sarcelles, Aubervilliers, Courneuve) und *quartiers* zahlreicher französischer Großstädte (z.B. Marseille: Vitrolles; Lyon: Minguettes; Nîmes: Pissevin, Valdegour)[145] angeführt. Und in der Mehrzahl der US-amerikanischen Agglomerationen verschwinden im Inneren die vertikalen Ghettos der sozialen Wohntürme von einst. An ihre Stelle treten die horizontalen Ghettos (*no-go-areas*) in den Randzonen der Innenstädte, während diese zu den bevorzugten Wohnadressen der Weißen und Reichen aufsteigen und sich damit zu regelrechten *no-entrance-areas* wandeln (*Venkatesh* 2000).

Mit diesen wenigen Beispielen aus den Triade-Ländern sei die Vielfalt dieser lokalen Stadtfragmente nur angedeutet. Faktisch sind sie in unterschiedlichster formaler, sozialer und architektonischer Ausprägung überall beobachtbar. Verwiesen sei z.B. auf Pudong in Shanghai, Sukhumvit in Bangkok, Koramangla in Bangalore, Defence Housing Society und Clifton sowie Orangi und Qasba in Karachi, Bab Tuma in Damaskus, Ksour in Marrakech (touristisch genutzte Altstadtviertel; *Escher* 2001), Sandton, County View und Alexandra in Johannesburg, Menlyn und Mameloch in Pretoria oder Katutura, Okuryangava und Khomasdal in Windhuk. Sie sind – wie in Abb. 63 abgeleitet – Ausdruck fragmentierender Entwicklung und stellen ein strukturelles Element dar, das – bei aller Verschiedenheit – die Lebenswirklichkeit der Menschen dieser Erde und ihr Handeln inzwischen zu bestimmen begonnen hat.

(2) Zu den *globalisierten Orten* gehören auch Regionen, die sich z.B. auf Exportproduktionszonen (EPZ)[146] beschränken oder auch mehrere ausgedehnte Areale innerhalb einzelner Länder umfassen können. Eindrucksvolle Beispiele dafür

---

144 *Banlieue* (*proche banlieue*) sind heute sozial und wirtschaftlich peripherisierte, ausgegrenzte Quartiere, die in die Spirale des sozialräumlichen Niedergangs geraten sind. Sie gelten als Zonen der Unsicherheit und müssen nicht unbedingt am Rande der Städte liegen. Als *banlieue* werden auch entsprechende Altstadtviertel bezeichnet (*Schwedler* 2000). Diese Quartiere werden aus administrativer Sicht als *Zone Franche Urbaine* (ZFU) oder im Sinne sozialen Wohnungsbaus als *Habitation à loyer modéré* (HLM) bezeichnet.

145 In diesen *France cachée* und *France chômage, peu humaine, peu belle, peu digne* lebten 2002 ca. 6–7 Mio. Menschen. (http//www.france5/ripostes/D00069/35/100269.cfm).

146 Es gab 2003 über 850 Exportproduktionszonen weltweit. Davon befanden sich z.B. in USA 213, China 124 (mit 14–40 Mio. Beschäftigten), Mexiko 107 oder Philippinen 35. In Bangladesh produzieren über 2.600 Fabriken mit ca. 1,3 Mio. Arbeiterinnen/Arbeiter Kleider, die 70% des Exportes ausmachen.

stellen das Blue China mit dem Perlfluss- (S. 243) und Jangtsekiang-Delta[147], Indonesien, der Großraum Manilas (Cavite; Philippinen), einige Städte Miramars oder Teile Südkoreas dar. Hier sind es die Sonderwirtschaftszonen KUMI, IRI, MASAN (Seoul) sowie das Städtedreieck Josu-Pusan-Pohang an der SO-Küste, wo die *Chaebols*[148], von Hundai, Daewoo, Lucky Goldstar und Samsung 40–45% des koreanischen BIP erwirtschaften. Wie sich diese Regionen vom übrigen Korea abheben, verdeutlicht die Tatsache, dass in den Regionen Seoul und Pusan zusammen 73% der südkoreanischen Industriearbeiter konzentriert sind (*Kleiner* 2001; *Wessel* 1997). In diesem Zusammenhang sind auch Teile Kolumbiens oder Honduras, die jeweiligen Hauptstadtregionen von Marokko, Tunesien und Ägypten, die Nordgrenzregion von Mexiko (*maquiladoras*) oder das brasilianische Dreieck (Rio de Janeiro-St. Paulo-Belo Horizonte) anzuführen. Nicht weniger bedeutsam hierbei sind die Insel-/Kleinstaaten Aruba, Barbados, Bahrain, Mauritius, St. Lucia oder Taiwan. Verwiesen sei auch auf die quasi Exportproduktionszonen in den USA wie z.B. El Monte/Kalifornien, die illegalen *sweatshops* in New York, auf Saipan/Marianen oder in Portugal, Polen und Rumänien (*Klein* 2001). Als „Wannabees“[149] gehören hierzu „Cucumber“ (Lübeck, Rostock, Budapest), „Boomerang“ (Danzig, Posen, Breslau, Prag, Bratislava, Wien), „Arc Atlantique“ (Frankreich), „Baltic Region“ und „New Hansa“ (Riga, Bremen, Visby, Köln; *Tieman* 2001). Zwei Fallbeispiele des Südens mögen die Problematik dieser globalisierten Orte verdeutlichen und ihre unterschiedliche Dynamik belegen.

Fallbeispiel Mauritius: Der Inselstaat Mauritius, nach einer bis ins Jahr 1638 zurückreichenden Kolonialvergangenheit (S. 109) 1968 in die Unabhängigkeit entlassen, wird heute gemeinhin zu den Globalisierungsgewinnern des Südens gerechnet. Ursprünglich ein reiner Zuckerproduzent (95% der Exporterlöse) mit allen Merkmalen exogener, abhängiger rückständiger Entwicklung war Mauritius bald zu Umstrukturierungen gezwungen (*Leffler* 1988). Arbeitskräfte wurden freigesetzt (1969: 20% der Erwerbspersonen; später sogar 40%). Soziale Unruhen, geschürt von der *Mouvement Militant Mauricien*, waren die Folge (*Marquardt* 1975). Die ergriffenen Gegenmaßnahmen umfassten zum einen die Initiierung eines partnerschaftlich angelegten sozialen Konsenses sowie die Deklaration der gesamten Insel als *Export Processing Zone* (Exportproduktionszone = EPZ; 1970) nach dem Vorbild Taiwan und als Tourismusparadies. Doch der erhoffte Aufschwung setzte erst nach 1980 ein, als Unternehmen aus Frankreich, Niederlande, Deutschland und

---

147 Das Perlfluss-Delta umschließt das Gebiet Hongkong-Guangzhou-Macao (Abb. 64), das Jangtsekiang-Delta das Gebiet von Shanghai-Nanjing-Hangzhou (*Castells* 2003, 460; vgl. *Seitz* 2002, 409ff).

148 *Chaebols* sind Unternehmenskomplexe. Sie befinden sich meist in Familienbesitz (*Kleiner* 2001, 265).

149 Vielleicht zutreffend mit „Luftschlösser“ zu übersetzen.

insbesondere Hongkong (40% der Investitionen), die, das Multifaserabkommen umgehend und die lokalen Anreize der EPZ nutzend[150], vor allem in der Bekleidungsindustrie investierten. Von 1982–1991 wurden über 450 Betriebe eröffnet und über 90.000 Arbeitsplätze (30% aller Beschäftigten der Insel) überwiegend in der lohnkostenintensiven Textilbranche geschaffen. Zahlreiche Klein- und Mittelbetriebe, die als Zulieferer oder Subkontraktoren der transnationalen Unternehmen fungierten, wurden gegründet. Die Arbeitslosenquote fiel bis 1991 auf 2,3% und die der Armen auf unter 13%. Von einigen ehemaligen (älteren) Plantagen- und Arbeitern in den Zuckerfabriken sowie den in der Zuckerverladung ehemals Tätigen abgesehen, war allgemein ein Anstieg des Lebensstandards festzustellen. Er fand einerseits sichtbar Ausdruck z.B. in der allgemeinen Neubautätigkeit, in modernen Einkaufszentren und in der Herausbildung einer bislang nicht gekannten Mittelschicht. Und er schlug sich andererseits in *no-go-areas* und peripher gelegenen Ghettos sowie in einer Fragmentierung der EPZ-Unternehmen von den lokalen Betrieben nieder (*Koop* 2004). Die Vernetzung der Unternehmen fand jedoch nicht auf lokaler Ebene statt. Sie agierten vielmehr über ihre firmeneigenen globalen Netzwerke.

Die Fragilität dieser zweifellos beeindruckenden wirtschaftlichen Entwicklung des Inselstaates bis Anfang der 1990er Jahre zeigte sich bald. Nicht allein die Tatsache, dass die Lohnkosten in der Bekleidungsindustrie von Mauritius unter den vergleichbaren Billiglohnanbietern mit 1,50 US$/Stunde (1996) den höchsten Wert erreichte (z.Vgl.: Madagaskar = 0,25 US$; Indien = 0,30; Philippinen = 0,60), steht für diese Fragilität, sondern die Reaktion der Unternehmen auf die sich ankündigenden Veränderungen im Welthandel. Dazu zählen *(1)* das Ende des EU-AKP-Abkommens (2002), das bislang den Zuckerexport aus Mauritius regelte; *(2)* die Aufkündigung des Multi-Faser-Abkommens (schrittweise bis 2004), wodurch die Unternehmen der Insel sich vor allem gegenüber asiatischer Konkurrenz behaupten müssen; *(3)* das Ausklingen des African Growth and Opportunity Act, wodurch bislang sichere Absatzchancen in den USA garantiert waren sowie *(4)* das Southern African Development Community (SADAC) Trade Protocol, das bis 2005 abgebaut wird und wodurch Mauritius Konkurrenz durch lohnkostengünstigere SADAC-Mitglieder entsteht.

Auf diese Herausforderungen reagierte z.B. die Zuckerindustrie mit Zusammenlegungen, Rationalisierungen der Betriebe und Arbeitsplatzreduzierung. Die Unternehmen der EPZ zeigten unterschiedliche Reaktionen: *(1)* Betriebsschließungen (bis 2002 = 25%); *(2)* Massenentlassungen (vor allem Frauen über 40 Jahre); *(3)*. Delokalisierung (Transferierung der Produktion z.B. nach Madagaskar; bis 2002 ca. 50 Betriebe mit annähernd 50.000 Arbeitsplätzen); *(4)* Outsourcing (Verlagerung der Produktion in die Heimarbeit); *(5)* Einstellung von ausländischen Arbeiterinnen (Anwerbung von ca. 15.000 Arbeitskräften aus Asien: China, Indien).

150 Die Anreize umfassten: Zollfreier Import von Maschinen und Ausrüstung; Befreiung von Einkommens- und Körperschaftssteuer; unbegrenzte Repatriierung der Gewinne; kostenfreier Zugang zu Wasser und Strom; Bereitstellung von Werkshallen, Bauland, Lagerflächen; Garantie vor Nationalisierung; Daueraufenthaltsgenehmigung für Unternehmer und Angestellte; Aussetzung des nationalen Arbeitsrechtes in den EPZ-Betrieben (keine Gewerkschaften).

Infolge dieser Reaktionen stieg die Armutsquote bis 2002 auf 41,2% und die der Arbeitslosen auf 18,5%. Von der neu gebildeten Mittelschicht vermochten nur wenige ihren erreichten Standard zu halten. Die Mehrzahl der begonnenen Neubauten verbleibt unvollendet. Kleinkriminalität, Prostitution und Drogenhandel stellen in wachsendem Maße die einzigen Alternativen dar. Und die in der Boomphase schon beobachtbaren *no-go-areas* nahmen nicht nur äußerlich sichtbar, sondern auch arealmäßig und an Zahl zu.

Das Auf und Ab von Mauritius könnte stellvertretend für die ephemere Teilhabe vieler globalisierter Orte an den Chancen stehen, die der entgrenzte Weltmarkt offeriert. Denn bleibende Strukturen, die zu nachholender, nachhaltiger Entwicklung befähigten, konnten (in der Kürze der Zeit) weder aufgebaut werden, noch waren sie im Interesse der einzig an den Standortvorteilen (Billiglöhne, staatliche Anreize) interessierten transnationalen Unternehmen (*Koop, Scholz* 2001).

Fallbeispiel China: In China vollzieht sich die Fragmentierung zwischen der schmalen Küstenregion (Blue China) mit Sonderwirtschaftszonen, Außenöffnung, Direktinvestitionen sowie hohem Pro-Kopf-Einkommen und dem weiten Binnenland (Yellow China), in dem all diese Vorteile fehlen[151] (*Cartier* 2001, 5ff; *Taubmann* 2003, 6). Doch auch innerhalb Blue China setzt sich die Fragmentierung fort. Das *Perlfluss-Delta* oder das, was sich zwischen Hongkong, Shenzhen, Guangzhou, Macao und Zhuhai (Abb. 64) in den vergangenen 20 Jahren herausgebildet hat, ist wohl mit Recht als *globalisierter Ort* und mit großer Zuversicht nach *Castells* (2003, 460ff) als eine für das Informationszeitalter (Globalisierung) typische Aufsteigerregion zu bezeichnen: Im Jahre 1995 noch unbekannt, leben hier heute auf ca. 50.000 qkm insgesamt 40 bis 50 Millionen Menschen (z. Vgl.: Niedersachsen: 47.613 qkm mit 7.9 Mio. Einwohnern). Allein hier werden 11% des chinesischen BIP erwirtschaftet, 25% der Auslandsdirektinvestitionen registriert und 36% des Warenexportes erzielt (*SYG* 2002).

Die vorhandenen Siedlungen sind in der vorwiegend ländlichen Gegend verstreut, jedoch funktional eng miteinander verbunden. Sie kommunizieren über ein multimodales Transportsystem (Eisen-, Autobahnen, Landstraßen, Hovercrafts, Schiffe und Flugzeuge). Neue Superhighways wurden geschaffen und die Eisenbahnen vollständig elektrifiziert und zweispurig ausgebaut. Ein Telekommunikationssystem auf Glasfaserbasis wurde errichtet, um damit die gesamte Region intern und mit der Welt zu verbinden. In Hongkong, Macau, Shenzhen, Zhuhai und Guangzhou existieren inzwischen neue Flughäfen mit einer geplanten Kapazität von jährlich 150 Millionen Passagieren (z. Vgl. Paris/2002: 71,5 Mio.; Frankfurt a.M./1999: 45,9 Mio.). Mit den Container-Häfen in Nord-Lantau (Hongkong), Yiantian (Shenzhen), Gaolan (Zhuhai), Huangpo (Guangzhou) und Macao entstand die größte Hafenkapazität der Welt.

Drei miteinander verbundene Phänomene sind für die Herausbildung dieser Region verantwortlich: *(1)* Die wirtschaftliche Transformation Chinas, sein Anschluss an die globale

151 Eine Ausnahme bildet dabei wohl Chongqing Municipality, jenes altindustrielle Zentrum, das sich in rasantem Umbruch befindet. Auf der Basis von Millionen ausgebildeter Arbeitskräfte wird hier, an der Schnittstelle von Zentral- und Westchina, eine Sonderwirtschaftszone mit dem Ziel aufzubauen versucht, den Gegensatz zwischen Yellow- und Blue-China zu überwinden.

Wirtschaft und die dafür verantwortliche Knotenpunktfunktion Hongkongs. *(2)* Die Neustrukturierung Hongkongs in den 1990er Jahren vom traditionellen Industriestandort zum hochmodernen Dienstleistungszentrum.

Damit gab die Stadt Hongkong ihre industrielle Exportkapazität aber keineswegs auf. Vielmehr hat sie die industrielle Produktion einfach räumlich verlagert. Von 1985 bis 1995 erschlossen Hongkonger Industrielle die kleinen Städte des Perlfluss-Deltas und setzten einen bislang einmaligen Industrialisierungsprozess in Gang: Bis Ende 1994 waren dort 10.000 *joint ventures* und 20.000 verarbeitende Betriebe für den Export aufgebaut und Arbeitsplätze für etwa 6 Mio. Menschen geschaffen worden.

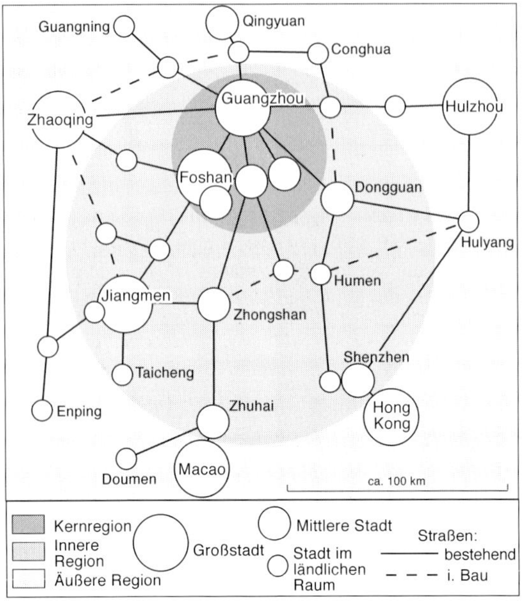

Abb. 64: Der globalisierte Ort, die Netzwerkregion Perlfluss-Delta, China (Modell). Quelle: *Castells* 2003; *Seitz* 2002, verändert d.d.Verf. 2003.

Als lokales Beispiel für diese Auslagerungsstrategie Hongkongs sei Shenzhen genannt, dessen Einwohnerzahl von 1982 bis 1995 von 25.000 auf über 1,5 Mio. zunahm und heute ca. 4 Mio. Menschen beherbergt (*Seitz* 2003, 411ff). Hier war am Rande von Hongkong eine Sonderwirtschaftszone entstanden, die 1990 noch vornehmlich Fahrräder, Uhren, Kameras und Haushaltsgeräte für den Export produzierte. Heute ist Shenzhen der wichtigste Hersteller Chinas für Computer, *hardware*-Komponenten, digitale Kameras und Software. Hier waren Ende der 1990er Jahre 1.500 Computer- und 500 Softwarefirmen sowie 200 Forschungs- und Entwicklungszentren tätig. Ende 2001 hatten 68.566 Firmen aus Hongkong Investitionsverträge im Perlflussdelta abgeschlossen (*SYG* 2002). Mit einem mittleren Pro-Kopf-Einkommen von 4.000 US$ ist es die reichste Stadt Chinas (zum Vergleich: Pro-Kopf-Einkommen Chinas: 1998 = 750 US$).

Diese Perlfluss-Region bedeutet nach *Castells* (2003, 464f) eine neue räumliche Form. Sie besteht nicht – wie bislang gewohnt – aus dem Ineinanderwachsen benachbarter urbaner und suburbaner Einheiten mit jeweils relativer funktionaler Autonomie und mehr oder weniger weitreichender Umlandbedeutung. Vielmehr bildet sie eine nach innen wirkende räumliche Einheit mit ausgeprägten räumlichen Diskontinuitäten und zurücktretender, independenter Verknüpfung mit dem Hinterland. Auch wechseln ländliche Siedlungen, Ackerland und unentwickelte Gebiete bruchhaft unvermittelt mit urbanen Zentren und disjunkt verteilten Fabriken. Rückgrat bildet ein dichtes Netz vielfältiger Kommunikationsstränge (s.o.). Räumliche Bruchhaftigkeit bestimmt aber auch die städtischen Räume mit ihren Segregations- und Segmentations- bzw. Fragmentierungsprozessen.

Die Frage, ob sich das Perlflussdelta als nachhaltig und damit auf dem Wege zu einem *globalen Ort* erweist oder nur ephemerischen Charakter besitzt und über den Status eines *globalisierten Ortes* nicht hinausgelangen wird, kann im Augenblick noch nicht mit Sicherheit entschieden werden.

Diese Frage stellt sich auch für einige der grenzübergreifenden *growth triangles*[152] oder *natural economic territories* Südost- und Ostasiens. Denn nur wenige zeichnen sich durch interne Vernetzung aus. Vielmehr sind sie historisch und geographisch begründet. In Südasien können der *urbane Korridor* (Puna-Bombay-Surat-Ahmadabad), das *metropolitane Dreieck* (Madras-Bangalore-Hyderabad) und die *Delhi National Capital Region* zu den *globalisierten Orten* gezählt werden. Auf sie entfielen 45,7%, 32,2% bzw. 13,1% und auf alle übrigen Städte des Landes zusammen gerade mal 9% der 1998 getätigten Investitionen (*Nissel* 2001, 78). In Brasilien könnten hierzu außer dem schon angeführten Städte-Dreieck im Südwesten (Rio de Janeiro-Sao Paulo-Belo Horizonte) auch die Regionen modernen, weltmarktorientierten Agrobusiness im Landesinneren (z.B. im Pantanal, Cerrado, Regenwald) gerechnet werden, wo zwischen Räumen dominanter Inklusion (Expansionsräumen), Konflikträumen zwischen Inklusion und Exklusion (Pionierregionen) und Räumen vorherrschender Exklusion (Rückzugsräume) unterschieden, aber auch die Fragilität des jeweiligen Entwicklungsstandes gesehen wird (*Kohlhepp* 2003, 31f). Daher ist die eindeutige, spezifische Zuordnung des Inneren Brasiliens zu den *globalisierten Orten* oder der *neuen Peripherie* zur Stunde nur teilweise vornehmbar (*Neuburger* 2003a, 15ff; 2003b, 175ff).

Fallbeispiel Mexiko: Diese eben geäußerte Einschätzung gilt auch für Mexiko, dessen Außenhandel zu 80% mit den USA und Kanada (innerhalb der NAFTA) abgewickelt wird. Allein 81% der Importe und 89% der Exporte finden mit den USA statt. Wirtschaftlicher Kernraum bildet die nordmexikanische Grenzregion (Abb. 65), die nach Einkommen, Arbeitsplatzangebot und Zuwanderungsraten gemeinhin als Aufsteiger-/Gewinnerregion gewertet wird (*Fuchs* 2003, 22). In den hier konzentrierten ca. 4.000 *maquiladoras*[153] waren

152 Bei den *growth triangles* (T.) handelt es sich um: Tumen River Regional T. mit Japan, Korea und Mandschurei; Chinese Economic T. mit Taiwan und dem Perlfluss-Delta; Eastern Growth T. mit Mindana und Borneo; Mekong River Regional T., Vietnam bis Mianmar umfassend; Northern Growth T. mit Malaysia und Sumatra; Southern Growth T. mit Singapore (*Cartier* 2001, 64f).

153 *Maquiladora* oder *maquila* bedeutet eigentlich Fabrik, Montagewerk (mill). In Mexiko handelt es sich um US-amerikanische Fabriken, denen mit Unterstützung der Regierung erlaubt ist, Halbfertigteile und Rohmaterial zollfrei zu importieren und Fertigerzeugnisse zu exportieren. Der Anreiz zu diesen Fabriken besteht bei den US-amerikanischen Unternehmen in niederen Löhnen, Fehlen von Umweltauflagen und Arbeiterrechten sowie niederen oder keinen Steuern.

1999 über 1 Mio. Menschen (vornehmlich schlecht bezahlte Frauen; sie erhielten nur 70% des Männerlohnes) beschäftigt (1994 = ca. 550.000; *A.R.* 1999). In diesen Betrieben, mehrheitlich im Rahmen der NAFTA als weiterverarbeitende Zulieferfabriken US-amerikanischer Konzerne gegründet, gibt es keine gesicherten Arbeitnehmerrechte. Dennoch wird hier der größte Beitrag für das BIP des Landes erwirtschaftet und herrschen die relativ besten Lebensverhältnisse innerhalb Mexikos vor, in dem ca. 25% der 98,5 Mio. Einwohner unter der absoluten Armutsgrenze leben und über 40% im informellen Bereich ihre Existenz zu sichern suchen. Doch auch innerhalb der Grenzregion lebt die Mehrzahl der Bevölkerung in Hütten aus Sperrholz und Wellblech, die entlang schmutziger Strassen mit tiefen, von Abwasser erfüllten Spuren aufgereiht sind. So gab es z.B. für die Stadt Tijuana, die besonders prosperierte, nie einen Masterplan. Ihre Entwicklung wurde durch die Anlage immer neuer Industrieparks vorgezeichnet, in deren unmittelbarer Nähe sich die Arbeitskräfte und deren Familien in Hütten und unter Schutzschirmen niederließen.

Die Betriebe in der nördlichen Grenzregion sind völlig externer Nachfrage und Marktlage sowie der Entscheidungswillkür und Kontrolle durch die US-amerikanischen Unterneh-

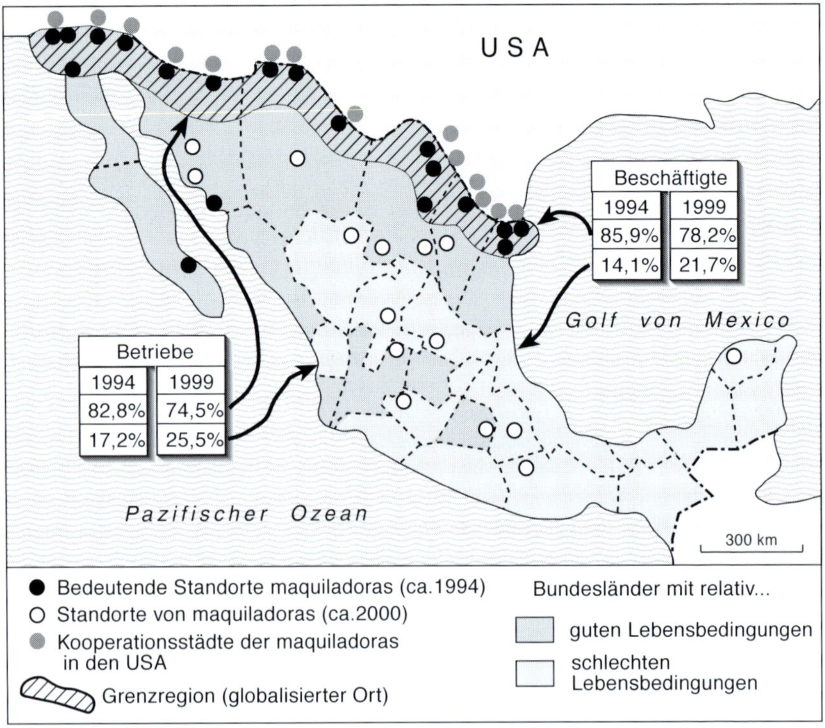

Abb. 65: Mexiko: Der globalisierte Ort „Nordgrenzregion“ und die *maquiladoras*. Quelle: Entwurf d.Verf. n. *A.d.G.* 2003; *Klein* 2002; *Fuchs* 2003; www.inegi.gob.mx.

men und Auftraggeber ausgesetzt. Seit Herbst 2000 löst die, durch die allmählich gestiegenen und relativ guten Lebensverhältnisse erwachsene Forderung nach besseren Löhnen eine allmähliche Verlagerung der *maquiladoras* (ca. 500 Betriebe) aus. Ziel sind zum einen die ärmeren und daher lohnkostengünstigeren südlichen Landesteile und die anschließenden Nachbarstaaten Honduras, Guatemala und Nicaragua sowie zum anderen China, Indonesien und die Philippinen. Besonders betroffen ist Tijuana, wo seit 2000 über 250 Betriebe geschlossen und ein Viertel der Arbeitsplätze vernichtet wurde, eine wahre Scheingewinner-Existenz. – Ähnlich wie bei dem Inselstaat Mauritius stellte sich somit auch hier nach einer anfänglichen Boomphase ein Niedergang ein. Er belegt die Ephemerität dieser *globalisierten Orte*.

In scheinbar verheißungsvoller, doch letztlich ähnlich ephemerer und außenabhängiger Position befinden sich die Bergbauenklaven in Kongo (z.B. für das strategische Mineral Coltan), Gabun (Erdöl), Sambia (Kupfer), Moçambique, Niger (Uran) und Nigeria (Erdöl) oder die städtebaulich und infrastrukturell boomenden Regionen für Erdöl und Erdgas in Mittelasien. Selbst die Städte der arabischen Erdölförderländer, Beispiele unvergleichbarer architektonischer und materieller Prachtentfaltung, profitieren zweifellos von ihrer (rentierstaatlichen) Teilhabe am entgrenzten, globalen Markt. Doch im Kreis von Abu Dhabi, Dhahran, Doha, Kuwait, Manamah und Muscat nimmt Dubai nochmals eine besondere Stellung ein:

Fallbeispiel Dubai[154]: Stadt und Emirat Dubai mit ca. 680.000 Einwohnern (über 85% Ausländer) sind zwar Teil der erdölreichen Vereinigten Arabischen Emirate (VAE) und verfügen auch über eigene Erdölquellen (22% des BSP). Doch die heutige Funktion von Dubai-Stadt geht auf ihre Tradition als Handelsplatz zurück (*Gabriel* 1987, 139ff). Denn nach 1970 begann Dubai, zuerst an den alten Anlegeplätzen für die lokalen Segelschiffe (*dhows*) am berühmten Creek (ertrunkenes Wadi), bald mit einem ins Meer hinaus gebauten Freihafen incl. Container-Terminal (Port Rashid) und endlich mit dem größten, ins Festland regelrecht hinein gesetzten „man made port of the world" (Jebel Ali) den Handel der Region auf sich zu konzentrieren. Doch erst mit Propagierung und konsequenter Umsetzung einer (neo-)liberalen Politik leitete das Herrscherhaus *al Maktoum* gegen Ende der 1990er Jahre die Teilhabe am globalen Markt ein. Mit dem Ziel der Zukunftssicherung der Nach-Erdöl-Zeit wurden großzügige, dem neoliberalen Zeitgeist entsprechende Regelungen und Vergünstigungen für Anleger und Unternehmen eingeführt. So bietet Dubai den internationalen Interessenten „100% business ownership, guaranteed 50-year exemption from personal, income and corporate taxes, no customs duty" sowie „100% tax-free ownership repatriation" von Kapital und Gewinnen. Es gibt keine Währungs-, Einreise-, Aufenthalts- oder Führerscheinrestriktionen. Es werden „stringent cyber regulations", „in-

154 Die folgenden Ausführungen basieren auf Unterlagen, die die Botschaft der VAE zur Verfügung gestellt hat (V), sowie auf Erhebungen des Verf. (*RTV* 2002). Die Zitate im Text entstammen diesen Unterlagen.

tegrity of e-business“ und Schutz geistigen Eigentums zugesichert. Auch ist der Erwerb von Land zu Wohn- oder Gewerbezwecken gegeben. Insbesondere wird mit der allgemeinen Sicherheit im öffentlichen Raum und in den prachtvollen Wohnanlagen (z.B. das künstlich im Meer angelegte Palm-Island) geworben. Bereichert werden diese wirtschaftlichen Standortbedingungen durch die günstige interkontinentale und regionale Verkehrsanbindung zu Wasser und Luft. Und von ganz besonderer Attraktion sind die Einrichtung der Jebel Ali Free Zone, von Dubai Internet City, Dubai Media City, Tejari.Com und Dubai Textile City. Dabei handelt es sich um global integrierte Stadtfragmente (Abb. 56). Dubai zählt damit heute zweifellos zu den *globalisierten Orten* der weiteren Region.

(1) Jebel Ali Free Zone (JAFZ), eine regelrecht exterritoriale Zone mit einer Fläche von über 100 qkm, versteht sich als Mittler für einen Markt, der sich von Ostafrika über West- bis Süd- und Südostasien spannt. Anfang der 1980er Jahre begonnen, befinden sich hier heute 2.300 Firmen aus über 100 Ländern, darunter *global brands* wie z.B. Acer, Bayer, Compaq, Daewoo, Nestlé, Nissan, Nokia, Sony und Xerox.

(2) Dubai Internet City, 2000 durch den Herrscher als „free-trade zone for electronic commerce and technology“ inauguriert und im Viertel Al Sufouth gelegen, gilt als das erste vollständige „Information Technology and Telecommunications Centre“ der Welt. Es ist mit dem größten „Internet Protocol Telephony System“ weltweit ausgestattet. Hier werden u.a. Informationen und Beziehungen globalen Rangs für den Aufbau geschäftlicher Kontakte und Verbindungen vermittelt. Annähernd 500 transnationale Unternehmen (z.B. Canon, Cisco, IBM, Microsoft) sind inzwischen hier vertreten.

(3) Die benachbart gelegene Dubai Media City, regierungsseits gegründet und 2001 eröffnet, strebt einen Weltrang in der globalen Kommunikationsbranche an. Hier werden z.Z. Infrastruktur und Ambiente höchsten Standards für die führenden Unternehmen der Branche aufgebaut. Inzwischen haben sich über 600 Firmen, darunter z.B. BBC, CNN und Reuters, niedergelassen.

(4) Tejari.Com ist die erste *online business-to-business*-Börse der Region. Im Jahr 2000 durch den Kronprinzen von Dubai der Öffentlichkeit übergeben, stellt Tejari.Com einen *online*-Treffpunkt für transnational agierende Käufer und Verkäufer von Waren und Dienstleistungen dar. Monatlich sollen 400–500 Gebote mit einem Wert von ca. 100 Mio. US$ abgewickelt werden.

(5) Im September 2003 begann der Aufbau der Dubai Textile City. Dabei handelt es sich um ein IT- und funktional international vernetztes Großhandelszentrum für Bekleidung und Textilien. Über 250 Anbieter vor allem aus den USA sowie aus Japan und Europa werden ab 2005 von hier aus ohne Importzölle ihre Erzeugnisse im Mittleren Osten, in Afrika und ganz Westasien abzusetzen versuchen. Nach Fertigstellung wird es – selbst zu vergleichbaren Zentren in USA und Japan – das weltweit größte seiner Art sein.

Diese fünf technologiebasierten Zentren, in räumlicher Nähe zueinander gelegen und in den Hochglanzbroschüren von Regierung und verantwortlichen Agenturen verheißungsvoll angepriesen, sollen der Standortsicherung Dubais dienen sowie Wohlstand und Lebensqualität der (Nacherdöl-)Zukunft garantieren. Doch sind sie ausnahmslos regierungsseits geplant und werden letztlich einzig mit den Einnahmen aus dem Erdöl erbaut. Daraus auch wird ihre Unterhaltung alimentiert und ihr finanzieller Fortbestand gesichert. Die interessierten Unternehmen (*global players*; virtuelle Firmen) kommen, die Gunst der Stunde nutzend, ebenso wie *know-how*, *hard-* und *software* vornehmlich aus den Triadestaaten. Und die Beschäftigten stammen aus den asiatischen (Billiglohn-)Nachbarländern. Der Fortbestand all der geschilderten Aktivitäten hängt somit von zahlreichen Faktoren ab, auf die das Emirat nur wenig Einfluss ausüben kann. Auch insofern ist Dubai wahrhaftig ein globalisierter Ort mit all den damit verbundenen Risiken, aber eben auch der Chance, einmal zu einem globalen Ort aufzusteigen.

Vager noch als bei Dubai ist die Teilhabe am globalen Markt bei den oben genannten Nachbarstädten, zumal sie sich gegen Dubais Überlegenheit schon nicht mehr erwehren können. Doch ungeachtet dieser lokalen Konkurrenz fehlt es all diesen (erdöl-)reichen Städten an jenen Tiefenstrukturen, die Nachhaltigkeit garantieren und z.B. einen bleibenden Aufstieg zu den globalen Orten ermöglichten. So mangelt es z.B. an einheimischen und arbeitsbereiten Fach- und vor allem einfachen Arbeitskräften; hält sich der Erfolg der regierungsseits betriebenen Bemühungen zur Nationalisierung der Arbeitswelt allerorts doch in ganz bescheidenen Grenzen. Außerdem ist der eigene Absatzmarkt quantitativ extrem begrenzt und dazuhin seit Jahren durch Einkommensrückgang im Schwinden begriffen. Die einheimische Unternehmerschaft ist bei aller Bereitschaft zu lokalem Engagement letztlich doch nicht allzu risikobereit, was in Anbetracht der herrschenden politischen (despotischen) Strukturen und der Unsicherheit in der Region nicht verwundern kann. Ohne langfristige politische und damit auch Sicherheit für private Investitionen kann die für Dubai geschilderte Entwicklung jedoch nicht nachhaltig sein. Und ohne ihre laufende Alimentierung aus den Erdöleinnahmen käme sie nicht in Gang und könnte auch nicht recht fortbestehen (*Scholz* 1999).

Zu diesen *globalisierten Orten* zählen strukturell auch die Steuerparadiese (*offshore banking*) in zahlreichen Ländern des Südens. Sie sind in der Karibik (z.B. Bermudas, Santa Domingo, Caiman-Inseln, Grenada, Belize), in Ozeanien (z.B. Hainan, Labuan, Vanuatu, Tonga, Nauru, Samoa), im Arabischen Golf (z.B. Bahrain) und auch in Europa (z.B. Andorra, Isle of Man, Liechtenstein, Luxemburg, Malta, Schweiz, Vatikanstadt, Zypern) konzentriert. Zu diesen Scheingewinnern sollten nicht zuletzt die unzähligen, global agierenden kriminellen Vereinigungen gerechnet werden. Wenn auch mehrheitlich in der Triade ansässig[155], so nimmt ihre Zahl in den Ländern des Südens ständig zu. Mexiko, Kolumbien, Jamaika, Nigeria, Türkei, Taiwan, Hongkong/China sind hierbei zu nennen.

155 USA: Cosa Nostra (40.000 Mitglieder); Japan: Yakuza (23.000), Sumiyoshi-Rengo und Ingawa (je 7.000); Italien: Mafia, Camorra, N'drangheta, Nuova Sacra Corona Unita; Rußland (160.000).

4.3 Neue Peripherie

Der flächenmäßig größte Teil der Erde ist zu der *neuen Peripherie* (*new periphery*) zu rechnen (Abb. 58. S. 264). Sie umfasst die nicht dynamischen, nicht dynamisierungsfähigen, marginalisierten Regionen häufig grenzübergreifender Erstreckung. Dazu zählen das Yellow China inklusive Tibet (*Taubmann* 2003) und das nördlich anschließende Sibirien, mit Ausnahme einiger Städte ganz Bangladesh und Sri Lanka sowie der angrenzende Nordosten Indiens. Sie umschließt das Dekkan-Hochland vor allem östlich der Linie Hyderabad-Bombay einschließlich der Megacity Kalkutta/Howrah sowie Rajasthan. Denn die hier liegenden Millionen- und Mega-Städte, obgleich sie stark wachsen, sind ökonomisch ohne Spezialisierung und auch kaum untereinander vernetzt (*Nissel* 2001, 86).

Dieser *neuen Peripherie* sind eigentlich generell alle traditionellen Armutsregionen der Erde zuzuschlagen, deren Situation durch Globalisierung keine Verbesserung erfahren hat und mehrheitlich nicht erfahren wird. Denn gerade ihnen bieten sich in Zeiten globalen Wettbewerbs nur wenige Teilhabemöglichkeiten. Auch werden sie entwicklungspolitisch kaum mehr beachtet. Dazu zählen – die folgenden Beispiele stellen nur eine grobe Auswahl dar – das pakistanische Sind, der Zentralraum Mittelasiens (von einigen Erdöl/Erdgas-Städten abgesehen), die Zentral- und Osttürkei (vielleicht mit Ausnahme der kurdischen Grenzgebiete), die gesamte arabische Halbinsel inklusive des Zweistromlandes mit Ausnahme einiger randlicher (Paradies-)Städte, das iranische Hochland (von Täbris im Westen bis Quetta/Jalalabad im Osten) mit den umgebenden Gebirgsregionen.

Die große Mehrheit der in diesem peripheren, wüstenhaften und ressourcenarmen Gebiet (Altweltlicher Trockengürtel) lebenden ca. 100 Mio. Menschen gehört nicht nur zu den Ärmsten, sondern auch zu den Verlierern der Erde. So wurden sie in der Vergangenheit wiederholt aus geostrategischen Gründen von extern initiierten Kriegen und im Gefolge davon durch riesige Flüchtlingsbewegungen heimgesucht. Und heute unterliegen sie externen geoökonomischen Interessen (z.B. Pipelines nach Mittelasien; globale Terror- und Fundamentalismusbekämpfung), die ihre Lebenssituation binnen weniger Jahre nicht nur in dramatisch zu nennender Weise verschlechtert haben. Sie führten regelrecht zu ihrer Ausgrenzung und Stigmatisierung als Terrorstaaten. Die Region ist insgesamt zwar geopolitisch wichtig. Doch von den modernen Errungenschaften der IT-Branche blieb sie bislang fast ebenso völlig ausgeschlossen (*digital divide*; *cyber-gap*) wie die hier lebenden Menschen (*electronic-have-nots*). Sie sind selbst als Billiglohnanbieter wegen des extrem geringen Bildungsstandes uninteressant und damit für jegliche Form von *outsourcing* bedeutungslos (*Scholz* 2000b, 2002a).

Zu der neuen Peripherie sind weite Teile des Inneren Südamerikas (Amazonasbecken, Mato Grosso, Pantanal, Pampa; *Coy* 1988; *Neuburger* 2003) sowie die Anden zu rechnen. Dazu gehört heute das gesamte Bolivien trotz oder besser wohl gerade wegen seiner verschiedenen Bodenschätze. Denn seine ca. 8,5 Mio. Einwohner, von denen ca. 60% in absoluter Armut leben, hatten davon keinen Nutzen. Wenige einflussreiche Familien verstanden es stets, sich die Pfründe zu sichern. Und durch die neoliberalistische Politik der Regierung seit Anfang der 1990er Jahre wuchsen ihnen durch die Privatisierung der wichtigsten Staatsbetriebe neue Quellen zu, während die Bevölkerungsmehrheit erst recht gezielt ausgegrenzt blieb. So wurden Eisenbahn, Bergwerke, Erdöl-/Erdgasförderung[156], Elektrizität, Telefon, Fluggesellschaft und selbst die Wasserversorgung[157] (Rücknahme nach dem Wasserkrieg von Cochabamba, 2000) unter dem ultraliberalen Präsidenten Losada nach 1993 privatisiert und z.T. auch an US-amerikanische Unternehmen verkauft. Bolivien wurde damit endgültig zur *neuen Peripherie* degradiert.

Es ist sicher nicht übertrieben, fast den gesamten afrikanischen Kontinent (ausgenommen einige Zentren am Golf von Guinea- und an der Mittelmeer-Küste sowie Pretoria-Johannesburg, die Kapregion mit der Garden Road, East London und Durban in Südafrika) der neuen Peripherie zuzurechnen (*Tetzlaff* 1996, 2003; vgl. auch *Brunold* 1997; *Scholl-Latour* 2003). Und Mocambique sei als ein besonders eindrucksvolles Beispiel angeführt: Von seinen ca. 17 Mio. Einwohnern leben annähernd 40% unterhalb der Grenze absoluter Armut. Die Analphabetenquote erreicht 60% (bei Frauen sogar 73%) und die Kindersterblichkeit fast 25%. In der 174 Positionen umfassenden HDI-Rangliste nimmt das Land Platz 168 ein. Das Überleben sichern die Männer als Billiglohnarbeiter in Südafrika und die Frauen durch weitgehend subsistente Landwirtschaft. Im Gegensatz dazu steht das geradezu unglaubliche Wachstum der Wirtschaft. Seit Ende der 1990er Jahre lag es im Jahresmittel bei 5,7%. Ursache dafür sind einzig das in der Hauptstadt Maputo entstandene Aluminiumwerk sowie ein damit eng verbundener Treibstoff- und Chemikalienkonzern, der neue Hafen (MPDC[158]) und die Anlage eines leistungsfähigen Mobilfunknetzes (DETECON). Die Initiative dazu ging von einem Londoner Bergbaukonzern (BHP-Billiton) mit Sitz in Südafrika aus, der die günstigen lokalen Bedingungen (Rohstoff, Elektrizität, Billiglohnarbeiter, geringe Umweltauflagen) zu nutzten wusste. Diese in Maputo konzentrierten Unternehmen erwirtschaften im Augenblick ca. 70% des BIP und annähernd 85% des Exporterlöses von Mocambique. Der große Rest des Landes ist bedeutungslos.

Als ein völlig anderer Fall sei die vermeintlich ressourcenlose Inselgruppe der Kapverden angeführt. Hier leben 44% der Bewohner unter der Armutsgrenze,

---

156 Käufer ist das internationale Konsortium Pacific LNG (= British Gas, span. Repsol YPF, Pan American Energy).

157 Die Wasserversorgung von Cochabamba war an den US-Konzern Bechtel verkauft worden.

158 MPDC = Maputo Port Development Company

und die Quote der Arbeitslosen und der Unterbeschäftigten erreicht seit Jahren zusammen über 51%. Über 700.000 Kapverder haben den Inselstaat verlassen, der nur 417.000 Einwohner zählt. Vor allem die Männer sind ausgewandert. Allein 90% der Haushalte werden von Frauen geführt, die jedoch nur ca. 10% des Nahrungsbedarfes selbst erzeugen können. – In jüngster Zeit haben US-amerikanische Firmen auf der Suche nach neuen Energiereserven außerhalb der arabischen Welt Gasfelder innerhalb des kapverdischen Hoheitsgebietes ausgemacht. Doch sie liegen offshore. Und für ihre Erschließung und Nutzung werden Spezialisten benötigt, die dieser Inselstaat nicht zu bieten hat. Die Bevölkerung – von wenigen *big shots* abgesehen – wird daher nicht zu den Nutznießern dieser global nachgefragten Ressource gehören (*RTV* 1999).

Ein besonders eindrucksvolles und instruktives Beispiel für die Wirklichkeit der *neuen Peripherie* stellt auch der Großraum Dakar dar. Die Stadt Dakar, Kapitale Senegals, beherbergt mit ihren Vorstädten Pikine, Tiaroye, Cambérène und Rufisque, in denen ca. 60% der Bevölkerung leben, ca. 2–2,5 Mio. Menschen. In Dakar-Stadt (Medina) dominieren politische, administrative und wirtschaftliche Funktionen mit externer Orientierung sowie Gebiete sozialen Wohnungsbaus (*Wiese* 1995, 105ff). Davon regelrecht fragmentiert existieren und funktionieren die Vorstädte: „Pikine ist ein Labor für das Studium der Selbstregulierung. Alle baulichen und wirtschaftlichen Aktivitäten sind zu 99% informell. Stadt Dakar und Staat Senegal sind hier nicht präsent. Die Häuser werden in Kinderarbeit und Nachbarschaftshilfe errichtet. Strom wird ‚wild' angezapft. Die Bildung liegt bei den Koranschulen. Trinkwasser ist das größte Problem. … Trotzdem ist die Mehrzahl der Menschen sauber gekleidet; Ausdruck von Selbstachtung und Selbstwürde. Kriminalität und Gewalt sind weniger häufig als in Dakar-Stadt. … Gut, dass sich die ehemals hier dilettierenden internationalen Hilfsagenturen zurückgezogen haben. Bravo!"[159] – Dieses Beispiel, ähnliche Beobachtungen liegen inzwischen aus verschiedenen Regionen des Südens vor, verdeutlicht die Formen möglicher Eigendynamik innerhalb der *neuen Peripherie*.

Zu der *neuen Peripherie* sind ganz konkret auch die nicht oder kaum überlebensfähigen oder selbstzerstörerischen Staaten (*failing states*) zu rechnen wie z.B. Algerien, Burkina Faso, Burundi, Elfenbeinküste, Liberia, Mali, Niger, Republik und Demokratische Republik Kongo, Senegal, Somalia, Sudan, Tschad und Uganda in Afrika[160] sowie Afghanistan, Kirgisien, Tadschikistan, Mongolei oder

159 Für diese Informationen (3.3.04) sei Kollegen Th. Krings herzlich gedankt.

160 Die Mehrzahl dieser Staaten zählt in der deutschen Entwicklungspolitik zu den potentiellen Kooperationsländern, mit denen z.Z. keine entwicklungspolitische Zusammenarbeit möglich ist und erfolgt.

selbst Pakistan, Indonesien und die Philippinen in Asien. Und auch für Irak scheint auf unabsehbare Zeit keine andere Zuordnung möglich.

Selbst innerhalb der Triadestaaten kann die *neue Peripherie* ausgemacht werden („neuer Süden"; *Beck* 1997). Damit sind nicht in erster Linie die traditionellen Schwächezonen und (Zonenrand-)Fördergebiete gemeint, deren Lage in der Vergangenheit nur durch Subventionen gesichert werden konnte und die sich im Augenblick der Subventionsrücknahme durch Firmenschließungen, Abbau von Infrastruktur und Abwanderung von Arbeitskräften sowie extreme Arbeitslosigkeit rasant verschlechterte. Aktuell sei verwiesen z.B. auf die Uckermark in Brandenburg und das benachbarte Vorpommern, wo sich neue Unternehmen trotz staatlicher Förderung nicht ansiedeln oder nach wenigen Jahren wieder abziehen und die jüngere Arbeiterschaft abwandert. Hierzu zählen in wachsendem Maße die traditionell strukturschwachen Regionen wie z.B. Eifel, Erzgebirge, Thüringer und Bayrischer Wald in Deutschland, die Gebirgsregionen von Schweiz und Österreich sowie Ostpolen, weite Teile Südosteuropas, die Balkanstaaten, das französische Zentralmassiv mit dem Plateau de levaches/Limousin, den Causses und den Cevennen oder das italienische Mezzogiorno inklusive Sizilien sowie die spanische Meseta (Kastilien) und fast das gesamte Portugal (ausgenommen einige EPZ). Tendenziell sind hierzu auch die Nachfolgestaaten der UdSSR und selbst der Mittlere Westen der USA sowie weite Teile der Appalachen (Altindustriestandorte) zu rechnen.

Fazit: Die Karte von einer global fragmentierten Welt (Abb. 58, S. 264), hier als ein erster qualitativer und beschreibender Versuch zur Diskussion, weiteren (vielleicht sogar quantitativen) Präzisierung und Vervollständigung vorgelegt, mag auf den ersten Blick weniger übersichtlich erscheinen, die neue Peripherie allzu pauschal benennen und das vertraute Bild der Weltteilungen (Drei-, Vier-Welten) stören. Doch sie zeigt – bei aller noch bestehenden Vorläufigkeit im konkreten Fall – jene räumliche Fragmentierung, die der gegenwärtigen Realität von Gewinner-, Scheingewinner- und Verliererregion entspricht.

5. Entwicklungswirklichkeit

Mit dem nach dem Zweiten Weltkrieg propagierten Entwicklungsparadigma *nachholender Entwicklung* wurden weder soziale Ungleichheit, Hunger, Arbeitslosigkeit, materielle Armut noch räumliche Disparitäten abzubauen vermocht. Doch dieses Paradigma bestimmte, politisch und verbal uneingeschränkt, aus dem West-Ost-Gegensatz verständlich und dem Konsensdenken der ‚Ersten Moderne' gemäß, sowohl die politische Agenda aller verantwortlichen entwicklungspolitischen Akteure und Organisationen als auch das gesellschaftliche Bewusstsein und Verhalten der Bevölkerung des Nordens. In dem Maße jedoch, wie das Wettbewerbs*credo* der Globalisierung zuerst das wirtschaftliche Handeln und dann die politische und gesellschaftliche Wahrnehmung zu durchdringen und zu bestimmen begann, musste das Konsensbewusstsein der ‚Ersten Moderne' an Bedeutung verlieren. Es wurde durch das wettbewerbsgesteuerte Konkurrenz- und Erfolgsprinzip der ‚Zweiten Moderne' verdrängt[161]. Vermeintlich vertraute Tatsachen, wie z.B. soziale Ungleichheit, materielle Armut, räumliche Disparitäten u.a.m. sowie die neu wahrgenommene oder auftretende massenhafte Dauerarbeits- und Beschäftigungslosigkeit (auch im Norden; *Rifkin*, 2001), die dreifache Abkopplung und die vielfältige Ausgrenzung (*Herkommer*, 1999; *Kronauer*, 1998), sind danach aus der Sicht der Globalisierungsapologeten Ausdruck des regionalen, lokalen und/oder individuellen Unvermögens, die Chancen der Globalisierung, nämlich Privatisierung, globaler Wettbewerb und entgrenzte Märkte, zu nutzen.

Die Optionen ‚reich' oder ‚arm', ‚integriert' oder ‚ausgegrenzt' sind in diesem Entwicklungsverständnis nicht mehr gesellschaftlich bedingt oder nationalstaatlich zu verantworten. Vielmehr sind sie höchst individuell/persönlich verursacht, vermeidbar oder überwindbar: Realität der ‚Zweiten Moderne'. Wenn diese Ausführungen die momentane Wirklichkeit auch recht perspektivearm erscheinen lassen, so stellt sich dennoch die Frage nach einem *Entwicklungsparadigma* für eine *globalisierte Welt.*

Bei einer durch Wettbewerb bestimmten *fragmentierenden Entwicklung* ist zuerst einmal von dem Nebeneinander von Strategien zur Sicherung des elementaren Überlebens und Taktiken sogar exzessiv unverschämter (nicht selten sogar krimineller) Reichtumsanhäufung auszugehen. Für Entwicklungshilfe in gewohnter Form und mit dem Ziel regionen- oder landesweiter *auf-/nachholender Entwicklung* gibt es – wie oben begründet und schon beobachtbar – immer weniger Platz[162]. Aus Erfahrungen in den vergangenen fünf Dekaden in den Ländern des

---

161 Das Schwinden des Konsensprinzips lässt sich strukturell und funktional fassen. Strukturell: z.B. in der prinzipiellen Tatsache, dass Konkurrenz Konsens und Solidarität ausschließt. Es äußert sich in Entpersönlichung der Produktion und Produktionsmittel, Elektronisierung/Automatisierung der Arbeitswelt, Entstofflichung der Produktion, Aufhebung von *face-to-face*-Kontakten, kurzen Produktionsketten und Produktionszyklen. Funktional: Sozialabbau, Ende der Lohnarbeit (Leiharbeit), soziale Ghettoisierung, Kommerzialisierung der Entwicklungszusammenarbeit, Zunahme von FDI und PPP auf Kosten von Entwicklungshilfe.

162 Der Rückgang der öffentlichen Entwicklungshilfe in fast allen Ländern des Nordens (Ziel 0,7% des BSP, heute (2002) im Mittel der OECD-Länder bei 0,23 % (1980: 0,37%), z.B. Deutschland 0,27% (1980: 0,43%), USA 0,12% (1989: 0,15%) spricht ebenso dafür wie die Tatsache, dass z.B. manche Länder (sog. potentielle Kooperationsländer; *Bohnet* 2000) von der deutschen Entwicklungszusammenarbeit (zumindest) nominell ausgeschlossen sind oder von ihr nur noch bedingt bedacht werden.

Südens lassen sich für ihre Entwicklung in der Ära der Globalisierung folgende fünf Annahmen, die keineswegs zusammenwirken müssen, ableiten: *(1) Outsourcing*: Realistisch für eine nicht genau zu benennende Zukunft der Länder des Südens sind einzig die Fortführung der bisherigen privatwirtschaftlichen Nutzung der weltweit angebotenen kostengünstigen Standortvorteile (Billiglohn, großzügige Umweltauflagen, Ansiedlungsanreize). Außerdem dürften die den Konzernen dienlichen PPP-Maßnahmen, die Förderung der Direktinvestitionen und die strikte Anwendung der von der WHO eingeführten Handelsliberalisierungen fortgesetzt werden (z.B. Multifaser-, Kakaofett-Abkommen, AGOA, COMESA)[163]. Für die Unternehmen/Wirtschaft der *globalen* und *globalisierten Orte* und die integrierte lokale Bevölkerung resultierten daraus – nachhaltig oder ephemer – positive Effekte. Für die Probleme der *new periphery* und ihre Bevölkerungsmassen hingegen sind davon generell keine wirklich durchgreifenden Lösungen zu erwarten. *(2) Kommerzialisierung*: Den schwindenden finanziellen Möglichkeiten der Nationalstaaten des Nordens gemäß wird die Entwicklungszusammenarbeit zunehmend privatisiert und kommerzialisiert. Und alle FZ- und TZ-Maßnahmen werden auf die Länder (Kooperationsländer) reduziert und konzentriert[164], die sich z.B. durch *good governance*, Demokratieförderung, Terror-, HIV/AIDS- und Armutsbekämpfung sowie durch günstige/sichere Gewinnerwartungen auszeichnen. *(3) Nothilfe*: Sicher werden nach den politischen Interessen Not-, Katastrophen- und Flüchtlingshilfe sowie militärische/zivile Krisenprävention geleistet oder ad hoc-Lösungen angeboten. *(4) Entwicklungshilfe*: Ebenso finden Maßnahmen der Entwicklungshilfe, gemäß den politischen und moralischen Zwängen und der verfügbaren Mittel, weiterhin Anwendung zur Verbesserung der Lebenssituation der Bevölkerungsmehrheit des Südens. Doch die strukturellen Voraussetzungen zu ihrer wirkungsvollen Realisierung werden – wie bisher – kaum wirklich erfragt und daher auch nicht wirkungsvoll verändert und umgesetzt. An dem seit fünf Dekaden beklagten Zustand der Armen dieser Welt wird sich daher wenig ändern. *(5) Zivilgesellschaft*: Wichtig wäre daher die Stärkung zivilgesellschaftlicher Akteure und sozialer Foren sowie die Realisierung angemessener Einsichten. Dazu gehört z.B. die Feststellung von *Nuscheler* (2000, 482f), dass zwar inzwischen mit der WTO (World Trade Organization) ein umfassendes Handelsregime geschaffen worden ist, aber noch keine sozialen und ökologischen Leitplanken vorhanden sind, „die der Ausbeutung von Mensch und Natur und dem »Raubtier-Kapitalismus« (Helmut Schmidt) Grenzen setzen könnten, keine internationale Wettbewerbsordnung, die die Belohnung eines solchen Verhaltens im internationalen Konkurrenzkampf verhin-

163 AGOA = African Growth and Opportunity Act; COMESA = Common Market of East and Southern Africa.

164 Hier bezogen auf die Bundesrepublik Deutschland!

dern könnte, und keine internationale Währungsordnung, die den spektakulären »Casino-Kapitalismus« bändigen könnte." Bislang werden die Aktivitäten der zivilgesellschaftlichen Akteure noch kaum ernst genommen, sogar diskreditiert oder dysfunktionalisiert. Ihre Wirkung, in Zukunft nicht nur für die Armen dieser Welt von elementarer Wichtigkeit, bedarf daher der globalen Solidarität („Zivilisation der Solidarität", *Löwy, Betto* 2002, 8) und eines philanthropischen Konsenses[165]. Voraussetzung dafür wären übergreifende, holistische Gesellschaftsentwürfe, die von einem Weltentwicklungsverständnis ausgingen, das den Menschen, die in den Menschenrechten verbriefte Menschenwürde und den gesellschaftlichen Konsens sowie die ökologischen Grundstandards (z.B. Agenda 21) oder zumindest die Befriedigung der Grundbedürfnisse für Alle[166] generell in den Mittelpunkt des politischen Handelns stellte – und nicht den entgrenzten, exzessiven Wettbewerb. Doch wie sollte all das nach den diesbezüglich desillusionierenden Erfahrungen der Vergangenheit jetzt plötzlich durch- oder umgesetzt werden können?

Die Antworten auf die Frage nach realisierbaren, politikfähigen Konzepten für Entwicklung in einer globalisierten Welt fallen nach diesen Bemerkungen schwer. Einen Ansatz böte das Hexagon der Zivilität (*Senghaas* 1994, 20ff): Als Voraussetzung für die Befriedigung elementarer Bedürfnisse (insbesondere der Bevölkerung des Südens) in weltweitem wie lokalem Maßstab wird danach die Beseitigung von individualisierter Gewalt und die Realisierung einer zivilisierten Politik zur Humanisierung des Zusammenlebens und mit dem Ziel der Friedenssicherung angesehen. Dafür werden in politologischer Perspektive aus der historischen Erfahrung in Teilen Europas folgende sechs Sachverhalte abgeleitet (Abb. 66): *(1)* Gewaltmonopol: Das Monopol der Gewalt, in vielen Ländern der staatlichen Kontrolle entrückt, muss entprivatisiert und durch ein wirkungsvolles legitimiertes staatliches Gewaltmonopol ersetzt werden. *(2)* Rechtsstaatlichkeit: Das Gewaltmonopol bedarf jedoch rechtsstaatlicher Prinzipien, öffentlicher demokratischer Kontrolle und verfassungsmäßiger Institutionalisierung. *(3)* Affektkontrolle: Institutionalisierte Gewaltkontrolle wiederum gewährleistet/garantiert (rechtlich) gesicherte Regelungen von Konflikten/Vergehen. *(4)* Partizipation: Rechtliche Sicherheit baut tribale Feindfronten ab, vernetzt soziale Bezüge, bewirkt einen gesellschaftlich tendenziell homogenen Transformationsprozess. *(5)* Gerechtigkeit: In dem Maße, wie soziale Feindfronten abgebaut werden, wird

---

165 Verwiesen sei z.B. auf *DGL* (1997), *George* (2001), *Krull* (2000), *Nuscheler* (2000), *Scheer* (1999), *Stiglitz* (2002) oder auch auf die Forderungen nach gerechterem Welthandel von Seiten der westafrikanischen Staaten z.B. bei Baumwolle und Weizen oder generell von Attac auf den verschiedenen G7-Gipfeln, zuletzt Sept. 2003 in Cancun, Mexiko.

166 n. *Meadows* (1972) ist eigentlich nur noch „eine, das Überleben sichernde Entwicklung" denkbar.

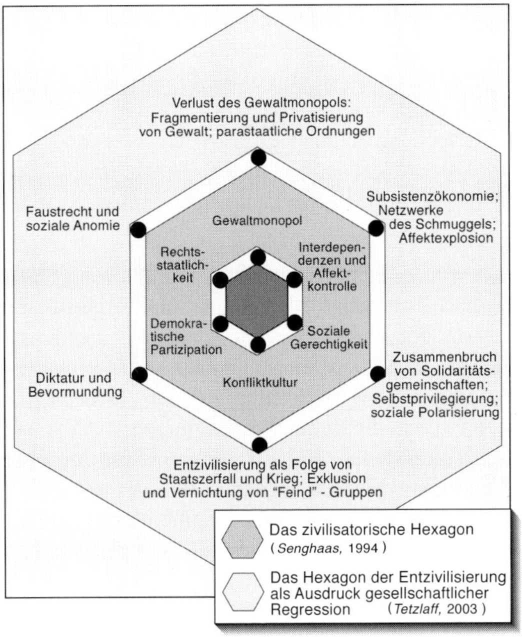

Abb. 66: Hexagon der Zivilität und der Zivilisationsfragmentierung. Quelle: Entwurf d.Verf. n. *Senghaas* 1994, *Tetzlaff* 2003.

Gleichheit bewusst und die Notwendigkeit für soziale Gerechtigkeit zwingend. *(6)* Konfliktkultur: Soziale Gerechtigkeit resultiert aus kompromissbereiter Konfliktfähigkeit, wodurch sich der Zwang zu gewaltsamer individueller Interessendurchsetzung erübrigt („Zivilisation der Solidarität", *Löwy, Betto* 2002). – Nur das wechselseitige Zusammenwirken aller sechs Sachverhalte wird der Komplexität der Logik dieses Modells und seiner strategischen Intention gerecht.

Doch so logisch und überzeugend dieser Zivilisierungsprozess auch ist, die gegenwärtige, durch Globalisierung bestimmte Realität folgt einer anderen Sprache. *Tetzlaff* (2003, 366ff) beschreibt diese Realität als gesellschaftliche Regression und stellt sie am Beispiel des „realexistierenden Afrika" in dem Hexagon der Entzivilisierung (Abb. 66) zusammen: *(1)* An Stelle des legitimierten Gewaltmonopols ist die Fragmentierung der Macht unter privatistisch agierenden *warlords,* Rebellen, Milizen und Banden getreten. *(2)* Rechtsstaatlichkeit wird verdrängt sowie durch Faustrecht und religiöse/fundamentalistische Ansprüche ausgehöhlt und unterminiert. *(3)* Statt Affektkontrolle herrscht die Explosion von Emotionen und von ungezügelter Gewalt vor. *(4)* Die demokratische Partizipation schwindet zu Gunsten paternalistischer Bevormundung, fragmentierendem Klientelismus, zerstörerischem Bandenwesen. Und sogar Vertreibung und Versklavung sind möglich. *(5)* Der sozialen Gerechtigkeit wird kein Wert beigemessen. Selbstprivilegierung, exkludierende Eigenbereicherung und inkludierende Vetternwirtschaft entscheiden über den Ressourcenzugang und die Überlebenssicherung. *(6)* Nicht Konfliktbewältigung, sondern Kriege, Gewalt, brutale Ausgrenzung und Terror bestimmen den gesellschaftlichen Umgang, der ethnische Säuberungen und Genozid nicht ausschließt. – Es ist zwar der Auffassung zuzustimmen, dass „überall dort, wo Anarchie und Anomie noch nicht die Oberhand gewonnen haben, … staatliche und parastaatliche Institutionen gestützt und gestärkt werden" (ebd. 368) müssen. Und ebenso richtig ist die Feststellung: „Politische Gewalt muss (wieder) staatlich monopolisiert und durch den Käfig des Rechts zivilisiert werden, wobei berechenbare auswärtige Wirtschafts- und Entwicklungshilfe in angemessenen Dimensionen einen nützlichen Beitrag leisten kann: ›good governance‹ ist wichtiger als hohe Entwicklungshilfe-Transfers" (ebd. 368).

Doch die schon mehrfach gestellte Frage nach jenen, die lokal und international wirklich willens und fähig sind, diese richtigen Überlegungen und Forderungen sowie die Vorstellung des Hexagons der Zivilität wirkungsvoll und nachhaltig umzusetzen, ist – nach den Erfahrungen aus der Vergangenheit – nur schwer zu beantworten oder bleibt unbeantwortet. Und die Lehren aus der europäischen Geschichte helfen wohl nicht weiter, denn die Rahmenbedingungen und Voraussetzungen sind kaum vergleichbar. Auch stehen Globalisierung und die durch sie ausgelösten „chaotischen Spaltungen und Verwerfungen" in Politik und Gesellschaft (*Wallerstein* 2003, 110) sowie die beschriebene Fragmentierung dieser Umsetzung entgegen. Die These vom „Weltzerfall" scheint danach gar nicht so abwegig (*Scholz* 2000b).

Damit sind der mögliche Handlungsspielraum der Gesellschaft sowie die Interessen und Durchsetzungsmöglichkeiten der Politik in einer global fragmentierten Welt – m.E. realistisch, wohl aber auch provozierend – aufgezeigt. Mitnichten jedoch reicht dieser Spielraum für Maßnahmen aus, die die elementaren Probleme des Südens zu lösen und die Zukunft des Nordens zu sichern vermögen. Die Vorstellungen von einer Politik der *Wachstumsrücknahme* im Sinne von *Latouche* (2003a) sind nach diesen Ausführungen ebenso ernst zu überdenken wie die These „un autre monde est possible" (*Fisher, Ponniah* 2003) oder die Befürchtungen vor einer „globalen Apartheid" (weltweite Bantusierung; vgl. *Rufin* 1993). Die Tatsache, dass nur einige Wenige, die an den Schaltstellen der (wirtschaftlichen) Macht sitzen, gegenwärtig über die Geschicke der Welt, die Zukunft der Menschheit und die Lebenswirklichkeit der überwiegenden Mehrheit der Weltbevölkerung entscheiden, widerspricht allen Werten, auf deren Errungenschaft die Menschheit seit einigen Generationen stolz sein darf. Diese Tatsache kann schon daher nicht hingenommen werden.

Teil 5: Zukünftige Herausforderungen für geographische Entwicklungsforschung

Es entspricht nicht nur den guten Sitten, am Ende eines solchen Buches auf Perspektiven einzugehen. Die Tatsache, dass durch Globalisierung, wie in Teil 4 gezeigt, eine strukturell neue Situation entstanden ist, verlangt von Politik, Wirtschaft, Gesellschaft und Wissenschaft neue, glaubwürdige Antworten. Bislang stehen sie noch aus. Umfassendere Antworten können auch höchstens in fachübergreifender Kooperation entworfen werden. Diese Situation fordert insbesondere auch die zukünftige geographische Entwicklungsforschung zu Reflektion über Schwerpunkte sowie Orientierung und Fokussierung ihres möglichen Politik- und Praxisbeitrages heraus (*Coy* 2000, 56; *Kreutzmann* 2003, 5ff). Einige Ideen, die sich aus dem bisherigen Forschungsdiskurs aufdrängen, seien angeführt. Zwei Ebenen werden dabei unterschieden:

1. Forschungsebene

In der Vergangenheit trug die Geographie durch fast unzählige Lokal- und Regionalanalysen, vielfältige entwicklungshistorische Überlegungen (vgl. Teil 2 dieses Buches) sowie recht unterschiedliche methodische und theoretische Konzepte und Anregungen (vgl. Teil 3) zur facheigenen und interdisziplinären Entwicklungsforschung sowie zur entwicklungspolitischen Praxis bei. Damit entsprach sie der gesellschaftlichen Herausforderung in einer Zeit, in der die Entwicklungspolitik in der Tendenz und vom Prinzip her durch Konsens und das Primat nachholender Entwicklung von Ländern/Gesellschaften als Ganzen bestimmt war. In der Ära der Globalisierung ist von anderen oder verstärkt von anderen gesellschaftlichen Herausforderungen auszugehen (Teil 4): *(1)* Entgrenzte Konkurrenz z.B. um Standorte, Ressourcen, Arbeitsplätze, Märkte, Unternehmen, Arbeitskräfte. *(2)* Direkt ausgetragene und zunehmende Konflikte z.B. zwischen Standorten, Regionen, Städten, Stadtvierteln, Unternehmen, Arbeitern/Arbeiterinnen, Armen und Reichen, Banden und Milizen. *(3)* Bruchhafte soziale und räumliche Sonderung (Inklusion, Exklusion) von wenigen Gewinnern und massenhaft Verlierern, von Ausgegrenzten und Überflüssigen, von *no-go-* und *no-entrance-areas*, Zitadellen und Höllen. *(4)* Unstete Fluktuation z.B. von Arbeitsplätzen, Betriebs-/Fertigungsanlagen, Firmenaufträgen. *(5)* Transnationale Bewegung z.B. von Menschen, Kapital, *know-how*, Ideen, Lebensweisen. *(6)* Ersatzloser Verlust z.B. an Privatheit, öffentlicher Sicherheit, *face-to-face*-Kontakten, regionaler Identität. *(7)* Wettbewerbsgesteuerte Herausbildung von Netzwerkregionen, wissensbasierten Clustern, globalen, globalisierten Orten und global integrierten Stadtfragmenten. *(8)* Radikales Aufleben von Nationalismen und Regionalismen sowie von Regionalisierung und Lokalisierung.

Die Auflistung ist vorläufig und ließe sich fortsetzen. Wichtig jedoch ist die Tatsache, dass mehrere dieser Herausforderungen – diese Feststellung entspricht dem herrschenden Diskurs (*Krüger* 2003; *Scholz* 1998a) – wirklich von geographischer Relevanz sind. Auf den ersten Blick mögen sie zwar eine vertraute Konnotation besitzen. Doch durch Globalisierung haben sie funktional und strukturell eine neue Dimension angenommen[167]. Ihre Erforschung verlangt daher (von der Geographie) nach äquivalenten Reaktionen. Dabei sollte sich die geographische Entwicklungsforschung nicht übernehmen, sondern auf jene Sachgebiete konzentrieren und Fragen bescheiden, zu denen sie einen originären Beitrag zu liefern vermag. Diese Bescheidung bedeutet nicht Verzicht. Sie ist vielmehr Ausdruck von Kompetenz. Und fachliche (Kern-)Kompetenz steigert Ansehen und Nachfrage. In diesem Sinne sei es hier vermieden, die von *Coy* (2000, 52) herausgestellten vielfältigen „spezifischen Charakteristiken des geographischen Beitrages zur Entwicklungsländerforschung" zu wiederholen. Vielmehr seien im folgenden einige der Problem-/Sachfelder angesprochen, die nach der eben vertretenen Bescheidung und der in diesem Buch dokumentierten Ausrichtung der geographischen Entwicklungsforschung auf den Menschen, unbedingt im Mittelpunkt zukünftiger Forschung stehen sollten:

Wenn zu den bisherigen Herausforderungen Armut, Hunger, Kriege, Nachhaltigkeit, Selbsthilfe und Partizipation jetzt noch Konkurrenz, Konflikt, Fragmentierung, Ausgrenzung, Fluktuation und Verlust – letztlich durch Globalisierung ausgelöst – als zentrale Herausforderungen der Gegenwart treten, dann sind *(1)* wie bisher in besonderem Maße detaillierte Forschungen auf den verschiedenen Maßstabs- und Akteursebenen vonnöten. Nur auf diese Weise können nämlich die aktuellen Zwänge, denen die in neuer Armut/Ausgrenzung lebende Mehrheit der Weltbevölkerung ausgesetzt ist (*Scholz* 2003c), analysiert und Grundlagen erarbeitet werden, die ihre Situation dokumentieren und Gegenmaßnahmen ermöglichen bzw. auszulösen vermögen. Dazu gehört *(2)* die Einbringung von Räumlichkeit – ihre physische, handlungsbezogene und virtuelle Dimension (vgl. Teil 3) – in den relevanten entwicklungstheoretischen Diskurs und in die entwicklungspraktischen Maßnahmen. Dazu gehört *(3)* ebenfalls und in verstärktem Maße die Mehrebenenanalyse von politischer, wirtschaftlicher und gesellschaftlicher (Steuerungs-)Macht in ihrer jeweils lokalen/globalen Vernetzung. Reaktualisie-

167 Es sei an dieser Stelle auf die geographieextern geführte Raumdiskussion hingewiesen (*Scholz* 1998a).

rung/Neukonzeptionierung sollte – in einer vernetzten und wettbewerbsgesteuerten Welt dringend erforderlich – insbesondere das Abhängigkeitsaxiom (Abb. 22) erfahren. Und dazu gehört *(4)* endlich auch die Aufnahme und Erfassung all jener regional und lokal angebotenen natürlichen Ressourcen, Arbeitskräfte, Produktionszonen und Märkte, die durch Globalisierung entstanden sind oder verstärkt nachgefragt werden. Die Analyse ihrer Funktion für Entwicklung/entwicklungspraktische Maßnahmen und entwicklungsbezogenes (Akteurs-)Handeln stellt eine wahre Perspektive geographischer Entwicklungsforschung dar.

In diesem und ähnlichem Sinne wird die Geographie einen kompetenten und gefragten fachspezifischen Beitrag in die Entwicklungsforschung der Zukunft einbringen können. Und in einer so verstandenen, problemnahen, menschbezogenen geographischen Entwicklungsforschung finden Schielen auf Aktualität um jeden Preis, Einfordern von umfassender Zuständigkeit, Akklamieren von einschlägiger Kompetenz, fachinterne Beweihräucherung und Themenvielfalt bis zur Unglaubwürdigkeit, alles in der Vergangenheit häufig geschehen, keinen Platz mehr.

Es dürfte hilfreich sein, diese Überlegungen zumindest kurz an einem naheliegenden Sachverhalt zu verdeutlichen: Eine besondere Aufmerksamkeit verlangen in wachsendem Maße die durch exzessiven Wettbewerb und Konkurrenzkampf geförderten und als Ausdruck von Fragmentierung zu interpretierenden Krisen und Konflikte. Zur Erfassung ihrer regionsspezifischen sozialen, politischen, ökonomischen und ökologischen Bedingtheit und ihrer räumlichen Auswirkungen bedarf es konsequenterweise holistisch angelegter und/oder sowohl sozialgeographisch/handlungstheoretisch wie ökologisch orientierter Analysen. Sie müssen sich auf alle involvierten Akteure, ihre raumeigenen Grundlagen/Interessen und ihre daraus erwachsenden unterschiedlichsten Handlungsmotive erstrecken. Beispielhaft sei hier zum einen auf die weltmarktabhängigen Kleinbauern und Billiglohnarbeiter verwiesen, die einerseits auf lokaler Ebene um Anbauflächen bzw. Arbeitsplätze streiten und andererseits mit ihren Produkten globaler Konkurrenz ausgesetzt sind. Zum anderen seien z.B. die transnationalen Konzerne angeführt, die ihren Gewinnzwängen folgen und an Ressourcensicherung interessiert sind, bzw. die in ihrem Auftrag oder dem Eigennutz verpflichteten lokalen Akteure. Zu ihnen können z.B. Unternehmer sowie Milizionäre, Paras oder *mercenary-troops* zählen. Ihre global funktionalisierte, lokal realisierte Kompetenz und territoriale Gewalt fordern die Forschung geradezu heraus. Denn auf ihre Einsichten und Erkenntnisse sind alle Interventions- und Präventionsmaßnahmen angewiesen. Und ohne sie muss die entwicklungspolitische Praxis scheitern.

2. Praxisebene

Der Beitrag der Geographie bzw. der Bezug ihrer methodischen und theoretischen Konzepte und Ansätze zur entwicklungspolitischen Praxis nahm zwar – wie schon erwähnt – in der Vergangenheit m.E. in angemessenem Maße zu, war jedoch nie spektakulär. Wenn die möglichen Einsatzfelder auch wiederholt als vielseitig eingeschätzt werden (z.B. *Coy* 2000, 53ff), konzentrierten sich die Beiträge mit spezifischem Entwicklungsbezug – in diesem Buch mehrfach herausgestellt – auf Probleme und Fragen, die sich auf die prekäre Situation der Menschen und die Notwendigkeit zu nachhaltiger Nutzung der Naturreserven richteten. Auch ging es um Lösungsmöglichkeiten und Lösungskonzepte. An dieser Intention wird sich auch in Zukunft nur insofern etwas ändern, als sich durch Globalisierung die Lage der Mehrheit der Weltbevölkerung (im Norden wie im Süden) verschlechtert und die verschiedenen, bislang praktizierten Hilfs- und Sicherungsmaßnahmen eingeschränkt oder umfunktioniert werden.

Eine angemessene Reaktion der geographischen Entwicklungsforschung darauf besteht m.E. zuerst einmal darin, Nord und Süd in die Analyse komparativ einzubeziehen und die immer offensichtlichere Verknüpfung lokaler Probleme mit globalen Prozessen argumentativ und empirisch belegt in die Praxis einzubringen. Auch werden die in diesem Buch dargestellten Konzepte, Methoden und Ansätze (Teil 3) m.E. zweifelsfrei relevant und brauchbar bleiben[168]. Sie dürften – weil mensch-, basis- und akteursorientiert – sogar in dem Maße an Bedeutung gewinnen, wie Nichtregierungsorganisationen und zivilgesellschaftliche Gruppen jene Aufgaben übernehmen, die in der Vergangenheit von staatlichen und internationalen Organisationen gefördert oder ausgeführt wurden: Bekämpfung/Reduzierung von Armut, Hunger, Unterdrückung, Verelendung und Disparitäten.

Entwicklungspraktisch bedeutsam werden in wachsendem Maße auch die inzwischen an Zahl zunehmenden Studien zur räumlichen Fragmentierung, d.h. bruchhafte Ausgrenzung und Sonderung von Individuen, Gruppen, Orten und Regionen sowie konkurrenzbedingte Entstehung militanter (z.T. Stellvertreter-)Konflikte um Ressourcen, Schürfrechte, Macht- oder Einflusssphären. Als entwicklungspraktisch ebenfalls wichtig dürften sich all jene Untersuchungen erweisen, die sich z.B. mit den Billiglohnarbeitskräften der Exportproduktionszonen in ihrer lokalspezifischen ökonomischen Bedingtheit und in ihren sozial-

168 Auch die bisher angewendeten methodischen Konzepte werden ihre Wichtigkeit behalten (*Dürr* 1998, 17): Die alten Theoriepositionen sollten nicht vorschnell aufgegeben, interdisziplinäre Ansätze unbedingt (weiter) verfolgt, die vielfältigen fachspezifischen Methoden und Analysekonzepte eingesetzt sowie die Bedeutung des Menschen in die geoökologischen Systemanalysen erkenntnismäßig eingebracht werden.

räumlichen Bezügen und Folgewirkungen befassen (s.u.). Nicht weniger anwendungsrelevant sind die Ergebnisse jener Untersuchungen, die sich mit den regionalen Entzugs- oder Ausbreitungseffekten all der Standorte in den Ländern des Südens beschäftigen, die sich durch lokale Vernetzung von Forschung, Entwicklung und Produktion (wissensbasierte Cluster) sowie globale Einbindung auszeichnen.

Die Auflistung praxisbezogener geographischer Forschung ließe sich erweitern. Darauf sei hier verzichtet. Hilfreich jedoch dürfte vielmehr auch hier der konkrete, beispielhafte Verweis auf den Beitrag sein, den z.B. eine (sozial-)geographische Entwicklungsforschung für die Praxis leisten kann und leisten sollte: Bei den Billiglohnarbeitskräften in den global eingebundenen Exportproduktionszonen der Länder des Südens handelt es sich mehrheitlich um Frauen. Bevorzugt werden junge Unverheiratete. Sie sind, um eine solche Arbeit aufzunehmen, stets gezwungen, entweder ihren traditionellen ländlichen oder ihren randstädtischen Bezugsraum zu verlassen. Ungeachtet der unbestreitbar bestehenden existenziellen Zwänge und Nöte wird die externe Arbeitsaufnahme von der jeweiligen Bezugsgruppe, Hüttenviertel- oder Dorfbewohner, jedoch als Tabu-Bruch empfunden und mit Sanktionen belegt. Selbst innerhalb der eigenen Familie, durch die Lohnüberweisungen häufig über Jahre alimentiert, finden sich die jungen Frauen als Marginalisierte wieder. Ihre Verheiratung ist kaum möglich oder es müssen dafür erhebliche materielle Opfer erbracht werden. Doch selbst dann ist ihre Reputation nicht einfach wieder hergestellt.

Derartige oder ähnliche Einsichten liegen inzwischen z.B. für Bangladesh, Sri Lanka, Indonesien, Philippinen, China oder Mexiko vor. Um die Lebensperspektive dieser Frauen erträglich zu gestalten, sind die vor Ort agierenden lokalen Nichtregierungs- oder externen Hilfsorganisationen auf intensive Einsichten und Analysen, wie sie u.a. basisbezogene geographische Forschung zu liefern vermag, angewiesen. Sie bieten Grundlagen für praktisches Handeln an, das im konkreten Fall folgendermaßen heißen kann: *(1)* Die externe Arbeitsaufnahme mit dem Ziel einkommensgenerierender Existenzsicherung wird im Herkunftsgebiet potentieller Arbeiterinnen als sinnvolle Möglichkeit eingeführt sowie lokal und bezugsgruppenspezifisch von aufklärenden Maßnahmen begleitet. *(2)* Im Zielgebiet/Arbeitsstandort erfolgt die Schaffung geeigneter und gesicherter Unterkünfte, ungefährdeter und belästigungsfreier Arbeitswege, die Initiierung angemessener sozialer Kontakte und die Sicherstellung humaner Arbeitsbedingungen. *(3)* Diese gesellschaftliche Einbindung der Frauen muss für die jeweilige Bezugsgruppe zugänglich und überprüfbar sein (z.B. durch den Besuch von Dorf- oder Vierteltältesten). *(4)* Die Rückkehr der Frauen bedarf der ehrenvollen, anerkennenden Einführung in die Bezugsgruppe und Familie. Sie könnte durch die Bereitstellung geeigneter einkommensschaffender Maßnahmen begleitet werden.

Fazit: Geographische Studien, die die Erhellung derartiger Zusammenhänge (Forschungsebene) anstreben und anwendungsbezogene Grundlagen liefern (Praxisebene), setzen – auch in Zeiten der Globalisierung – auf *grass-roots*-Niveau, d.h. auf unterster räumlicher und auch sozialer Ebene an (z.B. unter Anwendung der in Teil 3 vorgestellten Konzepte und Ansätze). Sie erfordern intensive (teilnehmende) Beobachtung und präzise Vor-Ort-Dokumentation (z.B. Interviews, Kartierungen, intensive Beschreibung). Sie machen verlässliche Informationen über die lokalen sozialen Strukturen, natürlichen Ressourcen, (raum-)funktionalen Zusammenhänge und globalen/regionalen Einfluss- und Machtmechanismen erforderlich. Sie verlangen nach intersubjektiv reproduzierbaren Folgerungen und damit nach entwicklungstheoretischen Einordnungen. Doch nur dann, wenn der Mensch, seine elementaren Bedürfnisse und seine Würde, wirklich im Mittelpunkt des Erkenntnis-, Forschungs- und Handlungsinteresses steht, kann nachhaltige Entwicklung erzielt, Unterentwicklung reduziert und vielleicht sogar einmal überwunden werden.

In diesem Sinne versteht d. Verf., wie in diesem Buch dokumentiert und dem Ernst der basisexistenziellen Probleme unzähliger Menschen dieser Erde angemessen, den Beitrag der Geographie zu Entwicklungsforschung und Entwicklungspraxis.

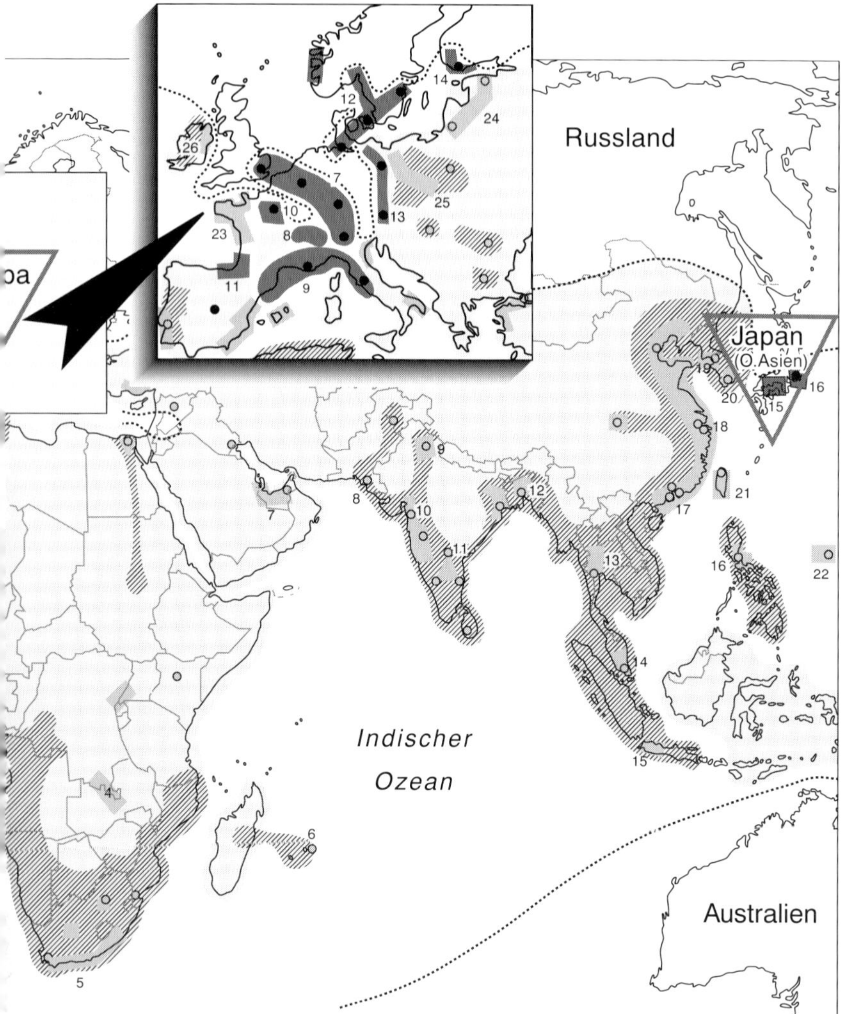

		9 Delhi	15 Jakarta	21 Taipeh
		10 Puna-Bombay	16 Manila	22 Saipan-Marianen
ko (Maquiladoras)	5 Kap Region	11 Bangalore-Madras	17 Perlfluß-Delta	23 Arc Atlantique
rtes Inner-Brasilien	6 Mauritius	12 Dhaka	18 Jangtsekiang-Delta	24 Baltic Region
ches Städtedreieck	7 Dubai-Golf	13 Bangkok	19 Seoul	25 West-Polen
elt"	8 Karachi	14 Singapur-Kuala Lumpur	20 Pusan-Dreieck	26 Irland

:pherie

ipherie mit
oduktionszonen

nicht berücksichtigt

Triade

Abb. 58, zu Seite 264: Karte der globalen Fragmentierung. Quelle: Entwurf d.Verf. 2004.

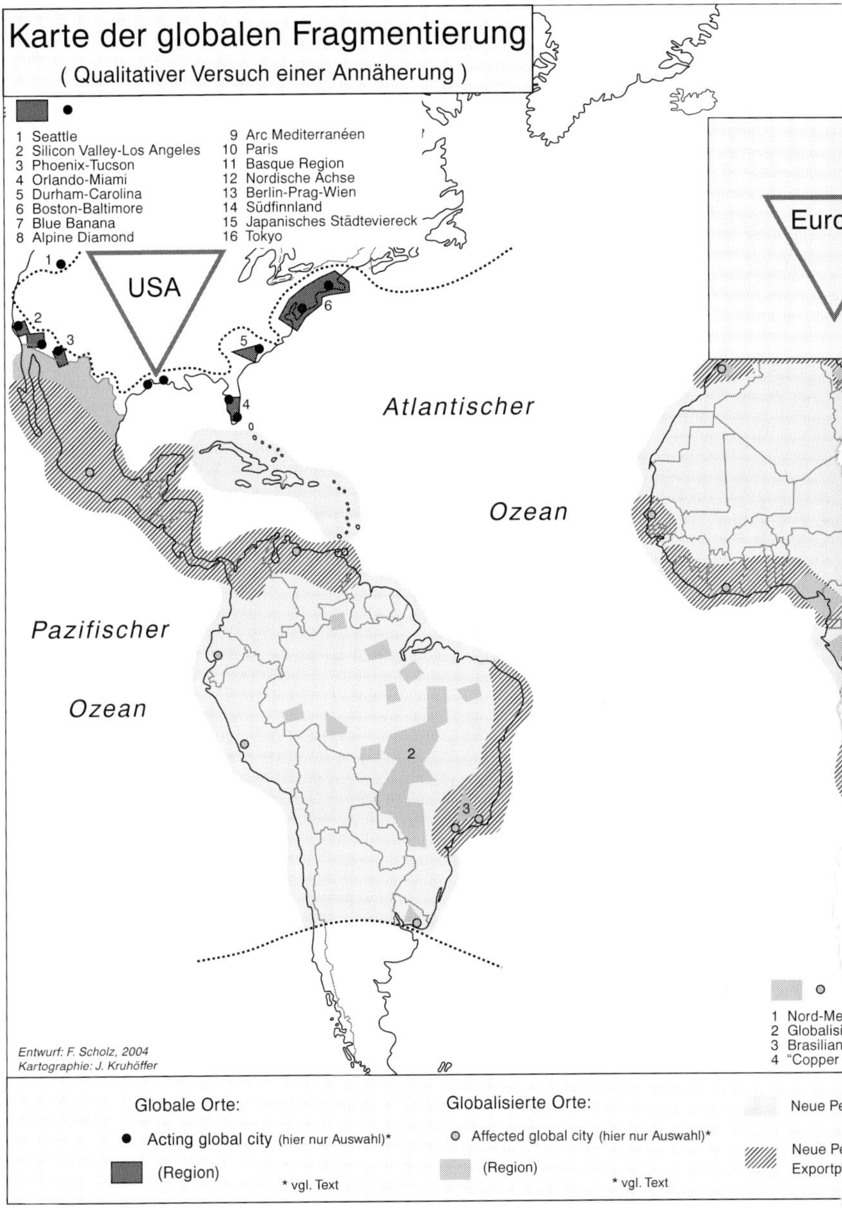

Literatur

Abhandlungen = A.; Band = Bd.; Beihefte = Bh.; Beiträge = B.; Erdkundlich = Erdkdl.; Ergänzungshefte = Eh.; Forschung(en) = F.; Geographentag = Gt.; Gesellschaft = G.; Hefte = H.; Jahrbuch = Jb.; Journal = J.; Mitteilung(en) = M.; Paper = P.; Reihe = Rh.; Research = R.; Rundschau = Rdsch.; Schrift(en) = Schr.; Sonderband = Sb.; Sonderheft = Sh.; Studies/Studien = S.; Tagungsbericht = T.; Wissen/Wissenschaft = W.; wissenschaftlich(e) = w.; Zeitschrift = Z.

(V) = Dabei handelt es sich um Literatur, die nicht leicht zu erhalten ist. Sie befindet sich im Besitz des Verfassers.

AdG (2003) = Atlas der Globalisierung. Le Monde diplomatique (Hrsg.). Berlin.

Akpaki, J.; Scholz, F. (2003): Verarmung und Ausgrenzung von Fulbe-Nomaden in Benin. In: Geogr. Rdsch. 55, 10, 34–38.

Alff, Ch. (1997): Die Lebens- und Arbeitsbedingungen von Frauen im ländlichen Punjab/ Pakistan. Berlin (= A. – Anthropogeogr., Institut für Geogr. W. 56).

Altenburg, T. (2000): Vom Niedriglohnstandort zum wissensbasierten Cluster? Chancen für technologische Anschlussstrategien in Entwicklungsländern. In: T. und w. A., 52. Dt. Gt. Hamburg 1999, 333–340.

Altvater, E.; Mahnkopf, B. (1999): Grenzen der Globalisierung. Ökonomie, Ökologie und Politik in der Weltgesellschaft. 4. Auflg. Münster.

Amin, S. (1971): Der internationale Handel und die internationalen Kapitalbewegungen. In: trikon, I, 5–33.

Amin, A. (1994): Post-Fordism: Models, fantasies and phantoms of transition. In: Amin, A. (Hrsg.): Post-Fordism. A reader. Oxford, Cambridge, 1–39.

Anhuf, D. (1990): Niederschlagsschwankungen und Anbauunsicherheit in der Sahelzone. In: Geogr. Rdsch. 42, 3, 152–158.

Ansprenger, F. (1972): Afrika. Eine politische Länderkunde. Berlin.

Anyang'Nyong'o, P.; Ghirmazion, A.; Lamba, D. (2002): New partnership for Africa's development. NEPAD. A new path? Nairobi, Berlin.

Appadurai, A. (1998): Globale ethnische Räume. Bemerkungen und Fragen zur Entwicklung einer transnationalen Anthropologie. In: Beck, U. (Hrsg.): Perspektiven der Weltgesellschaft. Frankfurt a.M., 11–40.

Arnold, A. (1995): Algerien. Eine frühere Siedlungskolonie auf dem Wege zum Schwellenland. Gotha.

Asche, H. (1977): Koloniale siedlungs- und raumstrukturelle Entwicklung in Indien im 17. und 18. Jahrhundert. In: Geogr. Hochschulmanuskripte. Göttingen, 133–299.

Aydalot, Ph. (Hrsg.) (1986): Milieux innovateurs en Europe. Paris.

Bähr, J. (1976): Neuere Entwicklungstendenzen lateinamerikanischer Großstädte. In: Geogr. Rdsch. 28, 4, 125–133.

Bähr, J.; Jentsch, Ch.; Kuls, W. (1992): Bevölkerungsgeographie. Berlin, New York.

Bähr, J.; Mertins, G. (1981): Idealschema der sozialräumlichen Differenzierung lateinamerikanischer Großstädte. In: Geogr. Z. 69, 1, 1–33.

Bartels, D. (1968): Zur wissenschaftstheoretischen Grundlegung einer Geographie des Menschen. Wiesbaden (= Erdkdl. W. 19).

Bartels, D. (Hrsg.) (1970): Wirtschafts- und Sozialgeographie. Köln, Berlin.

Battistini, P. (1967): L'Afrique, Australie et Madagascar. Paris.

Beck, H. (1961): Alexander von Humboldt. II: Vom Reisewerk zum Kosmos. Wiebaden.

Beck, U. (1986): Risikogesellschaft. Auf dem Weg in eine andere Moderne. Frankfurt a.M.

Beck, U. (1997): Was ist Globalisierung? Frankfurt a.M.

Beejadhur, A. (1935): Les indiens à L'Ile Maurice. Port Louis. (Repr. 1997)

Behrendt, R. F. (1968): Soziale Strategie für Entwicklungsländer. Frankfurt a.M.

Behrendt, R. F. (1971a): Lob des Westens. Zürich.

Behrendt, R. F. (1971b): Die Zukunft der Entwicklungsländer als Problem des Spätmarxismus. In: Bohnet, M. (Hrsg.): Das Nord-Süd-Problem. Konflikte zwischen Industrie- und Entwicklungsländern. München, 86–101.

Behrmann, W. (1935): Dokumente für die koloniale Schulung. In: Geogr. Wochenschreiben 18, 425–428.

Behrmann, W. (1948): Die Entschleierung der Erde. Frankfurt a.M.

Bernardy, M.; Boisgontier, P. de (1988): Grains de technopole. Micro-entreprises Grenobloises et nouveaux espaces productifs. Grenoble.

Bernus, E. (1984): Nomaden heute. Gegenwart in Sahara und Sahel – für welche Zukunft? In: Göttler, G. (Hrsg.): Die Sahara. Köln, 284–289.

Berry, B. J. L. (1960): An inductive approach to the regionalization of economic development. In: Ginsburg, N. S. (Hrsg.): Essays on geography and economic development. Chicago, 78–107 (= R. P. 62, Dept. of Geography, Univ. of Chicago).

Bettelheim, Ch. (1970): Ökonomischer Kalkül und Eigentumsformen. Zur Theorie der Übergangsgesellschaft. Berlin.

Betz, J. (1998): Globalisierung und nationale Sozialpolitik. In: NORD-SÜD aktuell XII, 3, 449–457.

Blaikie, P. (1985): The political economy of soil erosion in developing countries. Harlow.

Blaikie, P. (1994): Political ecology in the 1990s: an evolving view of nature and society. Michigan (= CASID Distinguished Speaker Series, 13, Center for Advanced Study of International Development).

Blaikie, P. (1995a): Changing environments or changing views? A political ecology for developing countries. In: Geography 80, 3, 203–214.

Blaikie, P. (1995b): Understanding environmental issues. In: Morse, S.; Stocking, M. (Hrsg.): People and environment. Norwich, 1–30.

Blenck, J. (1973): Zur Struktur zentraler Orte und Märkte in Liberia. In: Hottes, K. et al.: Liberia 1971. Ergebnisse einer Studienbereisung durch ein tropisches Entwicklungsland. Paderborn, 1–14 (= Bochumer Geogr. Arb., 15).

Blenck, J. (1974a): Endogene und exogene entwicklungshemmende Strukturen, Abhängigkeiten und Prozesse in den Ländern der Dritten Welt, dargestellt am Beispiel von Liberia und Indien. In: Scholz, F. (Hrsg.): Entwicklungsländer. Beiträge der Geographie zur Entwicklungsforschung. Darmstadt, 195–220.

Blenck, J. (1974b): Slums und Slumsanierung in Indien. Erläutert am Beispiel von Jamshedpur, Jaipur und Madras. In: T. u. w. A., 39. Dt. Gt. Kassel 1973, 310–337.

Blenck, J. (1979): Geographische Entwicklungsforschung. In: DGFK-H. 12, 11–20.

Blenck, J.; Bronger, D.; Uhlig, H. (Hrsg.) (1977): Südasien. Frankfurt a.M. (= Fischer Länderkunde).

Blumenschein, M. (2001): Landnutzungsveränderungen in der modernisierten Landwirtschaft in Mato Grosso, Brasilien. Tübinger B. z. Geogr. Lateinamerika-F. 23. Tübingen.

BMZ (1983) = Bundesministerium für Wirtschaftliche Zusammenarbeit und Entwicklung (Hrsg.): Fünfter Bericht zur Entwicklungspolitik der Bundesregierung. Bonn.

BMZ (1999) = Bundesministerium für Wirtschaftliche Zusammenarbeit und Entwicklung (Hrsg.): Die Auswirkungen der Entwicklungszusammenarbeit auf den Wirtschaftsstandort Deutschland. Forschungsber. 124. Bonn.

Bobek, H. (1950): Aufriß einer vergleichenden Sozialgeographie. In: M. d. Österr. Geogr. G. Wien, 92, 34–45.

Bobek, H. (1959): Die Hauptstufen der Gesellschafts- und Wirtschaftsentfaltung in geographischer Sicht. In: Die Erde 90, 259–298.

Bobek, H. (1962/1985): Zur Problematik der unterentwickelten Länder. In: M. d. Österr. Geogr. G. Wien, 104, 1–24. Abgedr. In: Scholz, F. (Hrsg.): Entwicklungsländer. Darmstadt, 66–91.

Bobek, H. (1967): Iran. Probleme eines unterentwickelten Landes alter Kultur. Frankfurt a.M.

Bobek, H. (1979): Rentenkapitalismus und Entwicklung in Iran. In: Interdisziplinäre Iran-Forschung, Bh. z. Tübinger Atlas des Vorderen Orients, Rh. B, 40. Wiesbaden, 113–124.

Bohle, H.-G. (1981): Bewässerung und Gesellschaft im Cauvery-Delta (Südindien). Wiesbaden (= Erdkdl. W., Geogr. Z., Bh., 57).

Bohle, H.-G. (1984): Probleme der Verstädterung in Indien. Elendssiedlungen und Sanierungspolitik in der südindischen Metropole Madras. In: Geogr. Rdsch. 36, 9, 461–469.

Bohle, H.-G. (1988): Endogene Potentiale für dezentralisierte Entwicklung: Theoretische Begründung und strategische Schlussfolgerungen mit Beispielen aus Südindien. In: Z. f. Wirtschaftsgeogr. 32, 4, 259–268.

Bohle, H.-G. (2001): Neue Ansätze der geographischen Risikoforschung. Ein Analyserahmen zur Bestimmung nachhaltiger Lebenssicherung von Armutsgruppen. In: Die Erde, 132, 2, 119–140.

Bohle, H.-G.; Krüger, F. (1992): Perspektiven geographischer Nahrungskrisenforschung. In: Die Erde 123, 257–266.

Bohle, H.-G.; Müller-Hohenstein, K. (1995): Weltmarktintegration und Umweltprobleme. Einführung. In: Beier, Ch.; Blenck, J. (Hrsg.): Die Dritte Welt im Rahmen weltpolitischer und weltwirtschaftlicher Neuordnung. 45. Dt. Gt. Bochum, T. u. wiss. A., Stuttgart, 61–64.

Bohle, H.-G.; Pillardeaux, B. (1992): Jahrhundertflut in Pakistan, September 1992. In: Geogr. Rdsch. 45, 2, 124–126.

Bohnet, M. (1982): Ökonomische Entwicklungstheorien und Entwicklungspolitik. In: Nohlen, D.; Nuscheler, F. (Hrsg.): Hb. d. Dritten Welt 1, Hamburg, 292–311.

Bohnet, M. (2000): Regionale und sektorale Schwerpunktbildung in der EZ. Die Arbeit der neuen Länderliste. In: E+Z 41, 7/8, 196–197.

Bohnet, M. (Hrsg.) (1971): Das Nord-Süd-Problem. Konflikte zwischen Industrie- und Entwicklungsländern. München.

Bonder, M.; Röttger, D.; Ziebura, G. (1993): Vereinheitlichung und Fraktionierung in der Weltgesellschaft. Kritik des globalen Institutionalismus. In: PROKLA. Z. f. kritische Sozialw. 91, 23, 2, 327–341.

Borchert, G. (1963): Die naturgeographischen Grenzen der Entwicklungsmöglichkeiten im tropischen Afrika. In: Die Erde 94, 313–320.

Borsdorf, A.; Bähr, J.; Janoschka, M. (2002): Die Dynamik stadtstrukturellen Wandels in Lateinamerika am Modell der lateinamerikanischen Stadt. In: Geogr. Helvetica 57, 4, 300–310.

Botting, D. (1972): Alexander von Humboldt. Biographie eines großen Forschungsreisenden. München.

Bourdieu, P. (1979): Entwurf einer Theorie der Praxis. Frankfurt a.M.

Bourdieu, P. (1998): Der Neoliberalismus. Eine Utopie grenzenloser Ausbeutung wird Realität. In: Bourdieu, P. (Hrsg.): Gegenfeuer. Konstanz, 109–118.

Boustedt, O.; Ranz, H. (1957): Regionale Struktur- und Wirtschaftsforschung. Aufgaben und Methoden. Bremen-Horn.

Bratzel, P.; Müller, H. (1979): Regionalisierung der Erde („Fünf Welten"). In: Geogr. Rdsch. 31, 4, 131–137 (Karte mit Begleittext).

Braudel, F. (1990a): Das Mittelmeer und die mediterrane Welt in der Epoche Philipps II., Zweiter Bd. Frankfurt a.M.

Braudel, F. (1990b): Sozialgeschichte des 15.–18. Jahrhunderts. Der Handel. München.

Bronger, D. (1974): Probleme regionalorientierter Entwicklungsländerforschung: Interdisziplinarität und die Funktion der Geographie. In: T. u. w. A., 39. Dt. Gt. Kassel 1973, 193–215.

Bronger, D. (1980a): Problems of regionalization in the Philippines. Aspects of regional planning in developing countries. In: Philippine Geogr. J., XXIV, 2, 65–82.

Bronger, D. (1980b): Regional disparities in the Philippines. Aspects of regional planning II. In: Philippine Geogr. J., XXIV, 3, 102–126.

Bronger, D. (1996): Megastädte. In: Geogr. Rdsch. 48, 2, 74–81.

Brundtland, Gro Harlem (Hrsg.) (1987): World Commission on environment and development: Our common future. Greven (= Brundtland-Bericht).

Brunold, G. (1997): Afrika gibt es nicht. Korrespondenzen aus drei Dutzend Ländern. Reinbek b. Hamburg.

Büdel, J. (1977): Klima-Geomorphologie. Berlin, Stuttgart.

Bünstorf, J. (1981): Neue Entwicklungsprojekte in Nord-Argentinien. Planmäßige Regionalentwicklung oder geopolitische Akte? In: Geogr. Rdsch. 33, 11, 526–532.

Büttner, F.; Scholz, F. (1983): Islamisch-Orientalische Welt: Kulturtradition und Unterentwicklung. In: Nohlen, D.; Nuscheler, F. (Hrsg.): Hb. d. Dritten Welt, 6. Ludwigsburg, 198–251.

Cartier, C. (2001): Globalizing South China. Oxford.

Castells, M. (2003): Das Informationszeitalter I, III. Opladen.

Chambers, R. (1989): Editorial introduction: Vulnerability, coping and policy. In: IDS Bulletin 20, 2, 1–7.

Chambers, R. (1992): Rural appraisal: Rapid, relaxed and participatory. Brighton.
Christaller, W. (1933): Die zentralen Orte in Süddeutschland. Jena.
Christlein, R. (1991): Die Alamannen. Archäologie eines lebendigen Volkes. Stuttgart, Aalen.
Coetzee, J. M. (1980): Warten auf die Barbaren. London.
Cordes, R.; Bonine, M. E. (1983): Abu Dhabi. Oil urbanization in Südarabien. In: Geogr. Rdsch. 35, 9, 466–475.
Coy, M. (1988): Regionalentwicklung und regionale Entwicklungsplanung an der Peripherie in Amazonien – Probleme und Interessenkonflikte bei der Erschließung einer jungen Pionierfront am Beispiel des brasilianischen Bundesstaates Rondônia. Tübinger Geogr. S. 97. Tübingen.
Coy, M. (2000): Aufgaben der Geographie für Entwicklungsländerforschung und Entwicklungspolitik. In: Blotevogel, H. H.; Ossenbrügge, J.; Wood, G. (Hrsg.): Lokal verankert – weltweit vernetzt. T. u. w. A., 52. Dt. Gt. Hamburg 1999, 46–58.
Coy, M. (2001): Globalisierung in Brasilien: Raumwirksamkeit und Reaktionen. Beispiele aus städtischen und ländlichen Regionen. In: Innsbrucker Geogr. S. 32, 19–33.
Coy, M. (2002): Jüngere Tendenzen der Verstädterung in Lateinamerika. In: Institut f. Iberoamerika-Kunde (Hrsg.): Lateinamerika-Jb. 2002. Frankfurt a.M., 9–42.
Coy, M.; Kraas, F. (2003a): Probleme der Urbanisierung in den Entwicklungsländern. In: Petermanns Geogr. M. 147, 1, 32–41.
Coy, M.; Kraas, F. (2003b): Kann man Entwicklung messen? In: Petermanns Geogr. M. 147, 1, 56–57.
Coy, M.; Krings, Th. (2000): Umweltveränderung und politische Ökologie in Entwicklungsländern. Einleitung. In: Blotevogel, H. H.; Ossenbrügge, J.; Wood, G. (Hrsg.): Lokal verankert – weltweit vernetzt. T. u. w. A., 52. Deutscher Geographentag Hamburg 1999, 396–399.
Coy, M.; Pöhler, M. (2002a): *Condomínios fechados* und die Fragmentierung der brasilianischen Stadt. Typen – Akteure – Folgewirkungen. In: Geogr. Helvetica 57, 4, 264–277.
Coy, M.; Pöhler, M. (2002b): Gated communities in Latin American megacities: case studies in Brazil and Argentina. In: Environment and Planning, 29, 355–370.
Creveld, M. v. (1999): Aufstieg und Untergang des Staates. München.
Curtin, P. D. (1969): The atlantic slave trade. Madison.

Danielzyk, R.; Ossenbrügge, J. (1996): Lokale Handlungsspielräume zur Gestaltung internationalisierter Wirtschaftsräume. Raumentwicklung zwischen Globalisierung und Regionalisierung. In: Z. f. Wirtschaftsgeogr. 40, 1/2, 101–112.
Davidson, B. (1961): Urzeit und Geschichte Afrikas. Reinbek b. Hamburg.
Davidson, B. (1966): Vom Sklavenhandel zur Kolonisierung. Afrikanisch-europäische Beziehungen zwischen 1500 und 1900. Reinbek b. Hamburg.
Dettmann, K. (1976): Agrarkolonisation im Rahmen von Kanalbewässerungsprojekten am Beispiel des Fünfstromlandes (Pakistan). In: Nitz, H.-J. (Hrsg.): Landerschließung und Kulturlandschaftswandel an den Siedlungsgrenzen der Erde. Göttingen (= Göttinger Geogr. A., 66, 179–191).
Dettmann, K. (1978): Die britische Agrarkolonisation im Norden des Industieflandes. In: M. d. Fränkischen Geogr. G. 23/24, 375–411.

Dettmann, K. (1980): Städtewesen und Stadtstrukturen im Norden des Industieflandes. M. d. Fränkischen Geogr. G. 25/26, 351–393.

DGB (1998) = *Deutscher Gewerkschaftsbund* (Hrsg.): Freie Produktionszonen. Grenzenlose Gewinne. Düsseldorf (= Dt. Gewerkschaftsbund – Bildungswerk, Materialien, 46).

DGL (1997) = Die Gruppe von Lissabon: Grenzen des Wettbewerbs. Die Globalisierung der Wirtschaft und die Zukunft der Menschheit. München.

Diamond, J. (1997/2003): Arm und Reich. Die Schicksale menschlicher Gesellschaften. Frankfurt a.M.

Dinan, M. J. (1997): Sugar in Mauritius. Port Louis.

Dittrich, Ch. (2003): Bangalore: Polarisierung und Fragmentierung in Indiens Hightech-Kapitale. In: Geogr. Rdsch. 55, 10, 40–45.

Dörfler, Th.; Graefe, O.; Müller-Mahn, D. (2003): Habitus und Feld. Anregungen für eine Neuorientierung der geographischen Entwicklungsforschung auf der Grundlage von Bourdieus «Theorie der Praxis». In: Geogr. Helvetica, 58, 1, 10–23.

DuBois, W.E.B. (1896/1969): The suppression of the African slave-trade to the United States of America 1538–1870. New York/ Baton Rouge.

Dürr, H. (1982): Raumentwicklung im Dilemma zwischen Wachstums- und Gleichheitszielen. Indonesien als Beispiel. In: Geogr. Rdsch. 34, 2, 49–57.

Dürr, H. (1998): Drittweltgeographie als humanökologische Forschung über Globalisierung. In: Scholz, F.; Koop, K. (Hrsg.): Geographische Entwicklungsforschung III, Rundbrief Geogr. 150, 16–18.

***E**+Z* = Entwicklung und Zusammenarbeit (versch. Jg.) Frankfurt a.M.

Ehlers, E. (1977): Ägypten: Bevölkerungswachstum und Nahrungsspielraum. In: Geogr. Rdsch. 29, 98–107.

Ehlers, E. (1978a): Die Beziehungen der orientalisch-islamischen Stadt zum umgebenden Lande. Ein Beitrag zur Theorie des Rentenkapitalismus. Wiesbaden (= Geographie heute, Geogr. Z., Bh., Plewe-Festschr., 323–333).

Ehlers, E. (1978b): Rentenkapitalismus und Stadtentwicklung im islamischen Orient. Beispiel: Iran. In: Erdkunde 32, 124–142.

Ehlers, E. (1984a): Zur baulichen Entwicklung und Differenzierung der marokkanischen Stadt: Rabat-Marrakesch-Meknes. In: Die Erde, 115, 183–208.

Ehlers, E. (1984b): Bevölkerungswachstum, Nahrungsspielraum, Siedlungsgrenzen der Erde. Frankfurt a.M., Berlin, München.

Ehlers, E. (1993): Die Stadt des islamischen Orients. In: Geogr. Rdsch. 45, 1, 32–39.

Ehlers, E. (1995): Traditionelles Umweltwissen und Umweltbewußtsein und das Problem nachhaltiger landwirtschaftlicher Entwicklung. In: Erdmann K.-H.; Kastenholz H. G. (Hrsg.): Umwelt- und Naturschutz am Ende des 20. Jahrhunderts. Berlin, Heidelberg, 155–174.

Elias, N. (1977): Über den Prozeß der Zivilisation. II. Bd., Baden-Baden.

Elsenhans, H. (1997): Gegen das Gespenst der Globalisierung. In: epd-Entwicklungspolitik, 2, d13–d20.

Elwert, G. (1980): Überleben in Krisen. In: Z. f. Soz., 9, 4, 343–365.

Elwert, G. (1984): Die Verflechzung von Produktionen. Nachgedanken zur Wirtschaftsanthropologie. In: Kölner Z. f. Soz. u. Sozialpsych., Sb. 26, 379–402.

Elwert, G. (1985): Überlebensökonomie und Verflechtungsanalyse. In: Z. f. Wirtschaftsgeogr. 29, 83–84.

Elwert, G.; Evers, H.-D.; Wilkens, W. (1982): Die Suche nach Sicherheit. Kombinierte Produktionsformen im sogenannten „informellen Sektor". Bielefeld (= Working P., 28, Uni. Bielefeld, Forschungsschwerp. Entwicklungssoz.).

Embree, A. T.; Wilhelm, F. (1967): Indien. Fischer Weltgeschichte 17. Frankfurt a.M.

Engelsing, R. (1973): Sozial- und Wirtschaftsgeschichte Deutschlands. Göttingen.

English, P. W. (1966): City and village in Iran. Settlement and economy in the Kirman basin. Madison.

Ennen, E. (1972): Die europäische Stadt des Mittelalters. Göttingen.

epd-EP = Evangelischer Pressedienst – Entwicklungspolitik (versch. Jg.).

Escher, A. (2001): Globalisierung in den Altstädten von Damaskus und Marrakech? In: Roggenthin, H. (Hrsg.): Stadt – der Lebensraum der Zukunft? Mainz, 23–38 (= Mainzer Kontaktstudium Geogr. 7).

Evers, H.-D. (1988): Subsistenzproduktion, Markt und Staat: der sog. Bielefelder Verflechtungsansatz. In: Leng, G.; Taubmann, W. (Hrsg.): Geographische Entwicklungsforschung im interdisziplinären Dialog. 10 Jahre ‚Geographischer Arbeitskreis Entwicklungstheorien'. Bremen, 131–143.

Evers, T. T.; Wogau, P.v. (1973): „dependencia": lateinamerikanische Beiträge zur Theorie der Unterentwicklung. In: Das Argument 79, 15, 4–6, 404–452.

***F**anon, F.* (1969): Die Verdammten dieser Erde. Reinbek b. Hamburg.

Farrington, J.; Lobo, C. (1997): Scaling up participatory watershed development in India: lessons from the Indo-German watershed development programme. Rural Resource Perspectives 17. (V)

Fisher W. F.; Ponniah, Th. (Hrsg.) (2003): Another world is possible. Popular alternatives to globalization at the World Social Forum. Nova Scotia, Selangor, Cape Town, London, New York.

Frank, A. G. (1973): Die Entwicklung der Unterentwicklung. In: Krippendorff, E. (Hrsg.): Internationale Beziehungen. Köln, 91–102.

Frankenberg, P. (1985): Vegetationskundliche Grundlagen zur Sahelproblematik. In: Die Erde 116, 121–135.

Friedmann, J. (1972): A general theory of polarized development. In: Hansen, N. M. (Hrsg.): Growth centres in regional economic development. New York, 82–107.

Friedmann, J.; Douglass, M. (1978): Agropolitan development: towards a new strategy for regional planning in Asia. In: Lo, F.; Salih, K. (Hrsg.): Growth pole strategy and regional development policy. Oxford, New York, 163–192.

Friedmann, J.; Weaver, C. (1979): Territory and function. The evolution of regional planning. London.

Fritsch, B. (1968): Entwicklungsländer. Köln, Berlin.

Fromhold-Eisebith, M. (1995): Das „kreative Milieu" als Motor regionalwirtschaftlicher Entwicklung. Forschungstrends und Erfassungsmöglichkeiten. In: Geogr. Z. 83, 1, 30–47.

Fromhold-Eisebith, M., Eisebith, G. (1999): Technologieregion Bangalore. Neues Modell für innovationsorientierte Regionalentwicklung. In: Geogr. Rdsch. 51, 3, 96–102.

Fuchs, M. (2003): Globalisierung, Dependenzen und Abkopplung: Zur Verursachung von Armut in Mexiko. In: Geogr. Rdsch. 55, 10, 20–25.

Furber, H. (1951): John Company at work: a study of European expansion in India in the late eighteenth century. Cambridge/Mass.

Gabriel, E. (Hrsg.) (1987): The Dubai Handbook. Hamburg.

Galbraigth, J. S. (1959/1970): „The turbulent frontier" as a factor in British expansion. In: Albertini, R. v. (Hrsg.): Moderne Kolonialgeschichte. Köln, Berlin, 41–59.

Gaube, H.; Wirth, E. (1984): Aleppo. Historische und geographische Beiträge zur baulichen Gestaltung, zur sozialen Organisation und zur wirtschaftlichen Dynamik einer vorderasiatischen Fernhandelsmetropole. Bh. z. TAVO, 58. Wiesbaden.

Geiger, W.; Mansila, H.C.F. (1983): Unterentwicklung. Theorien und Strategien zu ihrer Überwindung. Frankfurt a.M., Berlin, München.

Geipel, R. (1994): IDNDR und Hazardforschung am Beispiel des Friaul. In: Geogr. Rdsch. 46, 7–8, 393–399.

Geist, H. (1989): Agrare Tragfähigkeit im westlichen Senegal. Hamburg.

Geist, H. (1992): Die orthodoxe und politisch-ökologische Sichtweise von Umweltdegradierung. In: Die Erde 123, 4, 283–295.

Geist, H. (1994): Politische Ökologie von Ressourcennutzung und Umweltdegradierung. Das Beispiel der Unteren Casamance (Senegal). In: Geogr. Rdsch. 46, 12, 718–728.

George, S. (2001): Der Lugano-Report oder Ist der Kapitalismus noch zu retten? Reinbek b. Hamburg.

Gerling, W. (1954): Die Plantage. Würzburg.

Gertel, J. (1993): Krisenherd Khartoum. Saarbrücken (= Freiburger S. z. Geogr. Entwicklungsforschung, 2).

Giese, E. (1985): Klassifikation der Länder der Erde nach ihrem Entwicklungsstand. In: Geogr. Rdsch. 37, 4, 164–175.

Göttler, G. (Hrsg.) (1984): Die Sahara. Köln.

Golte, W. (2004): Vorspanische Bewässerungswirtschaft an der Küste Perus. In: Geogr. Rdsch. 56, 3, 30–36.

Gottwald, K.; Hemmer, H.-R. (1998): Entwicklungsländer im Zeitalter der Globalisierung: Regionale Trends und wirtschaftliche Empfehlungen. Gießen.

Gradmann, R. (1956): Süddeutschland, 1. Allgemeiner Teil. Darmstadt.

Gray, J. (1999): Die falsche Verheißung. Der globale Kapitalismus und seine Folgen. Berlin.

Grimm, K. (1979): Theorien der Unterentwicklung und Entwicklungsstrategien. Eine Einführung. Opladen (= Studienbücher z. Sozialwiss. 38).

Grötzbach, E. (1980): Afghanistan – Entwicklungsprobleme eines orientalischen Binnenstaates in geographischer Sicht. In: Österreich in Geschichte und Literatur mit Geographie 24, 5, 314–321.

Grötzbach, E. (1990): Afghanistan. Darmstadt.

GTZ (2002) = Gesellschaft für Technische Zusammenarbeit (Hrsg.): Forest Management Planning Nahi FMU. Project Document 58 (V).

GTZ (2004) = Gesellschaft für Technische Zusammenarbeit (Hrsg.): Management von Wassereinzugsgebieten – Unser Grundverständnis. Eschborn. (V)

Haas, A.; Lohnert, B. (1999): Ernährungssicherung in Mali. Zehn Jahre nach der letzten großen Sahel-Dürre. In: Geogr. Rdsch. 46, 10, 554–560.

Haig, W. (1937): Sher Shah and the Sur dynasty. The return of Humayun. Capt. III. In: The Cambridge history of India: The Mogul period, IV. Cambridge.

Hammer, Th. (1986): Desertifikation im Sahel. Ökologische und sozialökologische Konsequenzen. In: Geogr. Rdsch. 38, 11, 577–583.

Hammer, Th. (1999): Zukunftsfähiger Sahel? Bausteine einer Strategie nachhaltiger ländlicher Entwicklung (NLE). In: Die Erde 130, 47–65.

Hammer, Th. (2000): Desertifikation im Sahel. Lösungskonzepte der Dritten Generation. In: Geogr. Rdsch. 52, 11, 4–10.

Haushofer, K. (1924): Geopolitik des Pazifischen Ozeans. Berlin.

Haushofer, K. (1926): Das deutsche Volk und sein Südsee-Inselreich. In: Z. f. Geopolitik 3, 3, Kolonial-Sh., 201–206.

Hein, W. (1995): Von der fordistischen zur postfordistischen Weltwirtschaft. In: Peripherie 15, 59/60, 45–78.

Hein, W. (1997): Das Scheitern der „Großen Theorien“, der Globalisierungsprozeß und die Krise nationaler Gesellschaften. In: Peripherie, 65/66, 109–132.

Hein, W. (1999): Versunkenes Land? Globalisierung, Archipelisierung und die Perspektiven marginalisierter Räume. In: NORD-SÜD aktuell XIII, 3, 403–417.

Hein, W. (2001): Welternährung: Strategien und die Schwierigkeiten einer universellen Ernährungssicherheit im Rahmen einer archipelisierten Weltgesellschaft. In: NORD-SÜD aktuell XV, 3, 486–497.

Heineberg, H. (2000): Grundriß Allgemeine Geographie: Stadtgeographie. Paderborn, München, Wien, Zürich.

Hennings, W. (1996): Westsamoa in der pazifischen Inselwelt. Gotha.

Herkommer, S. (1999): Deklassiert, ausgeschlossen, chancenlos – Die Überzähligen im globalisierten Kapitalismus. In: Herkommer, S. (Hrsg.): Soziale Ausgrenzungen. Gesichter des neuen Kapitalismus. Hamburg, 7–34.

Herkommer, S. (2002): Die Stadt und der Kapitalismus. Über Formen und Folgen sozialer Ungleichheit in der postfordistischen „Wissensgesellschaft“, Supplement d. Z. Sozialismus 1.

Herzog, R. (1988): Staaten der Frühzeit. Ursprünge und Herrschaftsformen. München.

Hettner, A. (1929): Der Gang der Kulturen über die Erde. Leipzig, Berlin.

Hettner, A. (1977): Allgemeine Geographie des Menschen. Darmstadt.

Hidajat, R. (2002): Risikowahrnehmung und Katastrophenvorbeugung am Merapi-Vulkan (Indonesien). In: Geogr. Rdsch. 54, 1, 24–29.

Hirsch, J.; Roth, R. (1986): Das neue Gesicht des Kapitalismus. Vom Fordismus zum Postfordismus. Hamburg.

Hirschman, A. O. (1967): Die Strategie der wirtschaftlichen Entwicklung. Stuttgart.

Hobsbawm, E. J. (1970): Industrie und Empire 1, 2. Britische Wirtschaftsgeschichte seit 1750. Frankfurt a.M.

Hobsbawm, E. J. (1980): Die Blütezeit des Kapitals. Eine Kulturgeschichte der Jahre 1848–1875. München.

Hobson, J.A. (1968): Der Imperialismus. Köln, Berlin.

Hollstein, W. (1937): Eine Bonitierung der Erde auf landwirtschaftlicher und bodenkundlicher Grundlage. In: Petermanns Geogr. M. Eh. 234. Gotha.

Hunke, S. (1977): Allahs Sonne über dem Abendland. Unser arabisches Erbe. Frankfurt a.M.
Huntington, R. (1915): Civilization and climate. New Haven.
Hurin, H. (1985): Erosion-productivity-conversation systems in Ethiopia. ISCO Conference P. Bern.
Hurtienne, Th. (1989): Die globale Abhängigkeitstheorie in der Sackgasse? In: blätter des iz3w, 154, 31–35.
Huttenlocher, F. (1962): Baden-Württemberg. Kleine geographische Landeskunde. Karlsruhe.

Ibrahim, F. (1988): Water harvesting und water spreading für Flutanbau in der Sahelzone des Sudan. In: Die Erde 119, 179–184.
Ibrahim, F. (1991): Global denken – lokal handeln. Der Kampf gegen die Ausbreitung der Wüste. In: Stüben, P.; Thurn, V. (Hrsg.): Wüsten der Erde. Der Kampf gegen Durst, Dürre und Desertifikation. Gießen, 161–175.
Ibrahim, F. (1997): Desertifikation. Zwanzig Jahre nach Nairobi. In: Geogr. heute 154, 30–35.
Ibrahim, F. (2003): Desertifikation und Nachhaltigkeit in Ostafrika. In: Geogr. Rdsch. 55, 7/8, 4–9.
Ibrahim, F.; Bakhit, A.M.A. (1982): Geomorphological aspects of the process of Desertification in Western Sudan. In: GeoJournal 6, 1, 19–24.
ILO (1993): Internationale Labour Organization: World Labour Report. Genf.
Isard, W. (1956): Regional sciences, the concept of region and regional structure. In: P. of the Regional Science Association, 2, 13–26.
Isenberg, G. (1948): Zur Frage der Tragfähigkeit von Staats- und Wirtschaftsräumen. In: Raumforsch. u. Raumord. 6, 41–51.

Jäkel, D. (2001): The causes of aeolian sand and dust transport in the deserts of China and in North Africa. In: Quarternary Sciences. Beiying, 21, 2, 171–182.
Jätzold, R. (1972): Entwicklungsprobleme der Schwemmlandebenen an der neuen Tanzania-Zambia-Eisenbahn im südlichen Ostafrika. In: T. u. w. A. 38. Dt. Gt. Erlangen-Nürnberg 1971, 341–445.
Jahn, J. (1964): Wir nannten sie Wilde. München.
Janzen, J. (1990): Anthropogeographische Forschung in den Bewässerungsregionen Süd-Somalias – Ziele, Methodik, Ergebnisse. In: Geomethodica 15. Basel, 71–106.
Jefferson, M. (1939): The law of the primate city. In: Geogr. Rev. 29, 226–232.
Jochimsen, R. (1966): Theorie der Infrastruktur der marktwirtschaftlichen Entwicklung. Tübingen.
Jungbluth, R. (2002): Die Quandts. Ihr leiser Anstieg zur mächtigsten Wirtschaftsdynastie Deutschlands. Frankfurt a.M.

Kanitscheider, S. (2002): *Condominios* und *fraccionamientos* in Mexiko-Stadt – Sozialräumliche Segregation am Beispiel abgesperrter Wohngebiete. In: Geogr. Helvetica 57, 4, 253–263.
Kantowsky, D. (1972): Indien. Gesellschaftsstruktur und Politik. Frankfurt a.M.

Kappel, R. (1995): Kern und Rand in der globalen Ordnung. Globalisierung, Tripolarität, Territorium und Peripherisierung. In: Peripherie 15, 59/60, 79–117.

Kappel, R.; Korte, W. (1993): Liberia. In: Nohlen, D.; Nuscheler, F. (Hrsg.): Hb. d. Dritten Welt, 4. Bonn, 278–297.

Karger, A. (1978): Sowjetunion. Frankfurt a.M.

Karrasch, H. (1995): Sustainable Development – eine Herausforderung für die Geographie in Forschung und Lehre. In: Heidelberger Geogr. G.-J., 9, 2–6.

Kebschull, D. (1971): Entwicklungspolitik. Eine Einführung. Düsseldorf.

Kjellén, R. (1917): Der Staat als Lebensform. Leipzig.

Klein, N. (2002): No logo. Der Kampf der Global Players um Marktmacht. Ein Spiel mit vielen Verlierern und wenigen Gewinnern. München.

Kleiner, J. (2001): Korea. A century of change. Singapore.

Klöss, E. (1985): Die Herren der Welt. Die Entstehung des Kolonialismus in Europa. Köln, Berlin.

Klute, F. (1936): Afrika südlich der Sahara. In: Klute, F. (Hrsg.): Hb. d. Geogr. W.; Afrika. Potsdam, 211–446.

Klute, G. (1990): Die Revolte der Gastarbeiter. Die Auseinandersetzung zwischen Tuareg und Regierung in Mali und Niger. In: blätter des iz3w, 169, 3–6.

Klute, G. (1994): Frieden durch Autonomie? Tuareg-Rebellen schlagen Selbstverwaltung der nördlichen Landesteile vor. In: Progrom, 177, 16–17.

Köppen, W.; Geiger, R. (1936): Hb. d. Klimatologie. Berlin.

Kohler, P. (2002): Geschlossene Wohnkomplexe in Quito – Naturraum und rechtliche Rahmenbedingungen als Einflussgrößen für Verbreitung und Typisierung. In: Geogr. Helvetica 57, 4, 278–289.

Kohlhepp, G. (1976a): Die Bedeutung des Beitrags der deutsch-brasilianischen Bevölkerung zur Siedlungs- und Wirtschaftsentwicklung Südbrasiliens. In: Staden-Jb., 23/24, 1975/76, 77–94.

Kohlhepp, G. (1976b): Stand und Problematik der brasilianischen Entwicklungsplanung in Amazonien. In: Amazoniana VI, 1, 87–104.

Kohlhepp, G. (1978a): Erschließung und wirtschaftliche Inwertsetzung Amazoniens. Entwicklungsstrategien brasilianischer Planungspolitik und privater Unternehmen. In: Geogr. Rdsch. 30, 1, 2–13.

Kohlhepp, G. (1978b): Wirtschafts- und sozialgeographische Aspekte des brasilianischen Entwicklungsmodells und dessen Eingliederung in die Weltwirtschaftsordnung. In: Die Erde 109, 353–375.

Kohlhepp, G. (2003): Brasilien – Schwellenland und wirtschaftliche Führungsmacht in Lateinamerika. Entwicklung – Strukturprobleme – Perspektiven. In: Kohlhepp, G. (Hrsg): Brasilien. Entwicklungsland oder tropische Großmacht des 21. Jahrhunderts. Tübingen, 13–55.

Kohlhepp, G. (Hrsg.) (1995): Mensch-Umwelt-Beziehungen in der Pantanal-Region von Mato Grosso/Brasilien. Tübinger B. z. Geogr. Lateinamerika-F. 12. Tübingen.

Kolb, A. (1935): Die Industrialisierung außereuropäischer Gebiete. In: Geogr. Ztschr. 41, 7/8, 264–278.

Kolb, A. (1942): Die Kulturschichtung auf den Philippinen. In: Geogr. Z. 48, 1, 1–20.

Kolb, A. (1958): Die Industrialisierung außereuropäischer Entwicklungsländer. In: T. u. w. A., 31. Dt. Gt. Würzburg 1957, 288–303.

Kolb, A. (1962): Die Entwicklungsländer im Blickfeld der Geographie. In: T. u. w. A., 33. Dt. Gt. Wiesbaden 1961, 55–72.

Kolb, A. (1963): Entwicklungsplanung und geographische Forschung in Afrika. In: Die Erde 94, 191–205.

Koop, K. (2004): Globalisierung und Armutsentwicklung auf Mauritius. Eine sozialgeographische Studie am Fallbeispiel der Plantagen- und Hafenarbeiter. Berlin.

Koop, K.; Scholz, F. (2001): Mauritius – Beispiel für die Unmöglichkeit nachholender Entwicklung im Zeitalter der Globalisierung. In: NORD-SÜD aktuell XV, 3, 525–534.

Korff, H.-R. (1995): Globale Integration und lokale Fragmentierung. Das Konfliktpotential von Globalisierungsprozessen. Working P. 20, FS Entwicklungssoziologie, Univ. Bielefeld. Bielefeld.

Korff, H.-R. (1996): Globalisierung und Megastadt. Ein Phänomen aus soziologischer Perspektive. In: Geogr. Rdsch. 48, 2, 120–123.

Koschatzky, K. (1987): Trendwende im sozioökonomischen Entwicklungsprozeß Westmalaysias? Theorie und Realität. Hannover.

Krätke, S. (1995): Globalisierung und Regionalisierung. In: Geogr. Z. 83, 3/4, 207–221.

Krebs, N. (1965): Vorderindien und Ceylon. Darmstadt.

Kreutzmann, H. (1989): Hunza – Ländliche Entwicklung im Karakorum. Abh. – Anthropogeographie, Institut für Geographische Wissenschaften, Freie Universität Berlin. Berlin.

Kreutzmann, H. (2000): Von der Modernisierungstheorie zum *clash of civilizations*: Gemeinsamkeiten und Widersprüche strategischer Entwicklungsvorstellungen. In: Diekmann, I.; Krüger, P.; Schoeps, J. H. (Hrsg.): Geopolitik. Grenzgänge im Zeitgeist. 1.1 1890–1945; 1.2 1945 – Gegenwart. Potsdam, 453–477.

Kreutzmann, H. (2002): Die globale Entwicklungsschere – Retrospektive auf Wohlstand und Armut der Nationen. In: Peripherie, 85/86, 210–222.

Kreutzmann, H. (2003): Theorie und Praxis der Entwicklungsforschung. Einführung zum Themenheft. In: Geogr. Helvetica, 58, 1, 2–10.

Krings, Th. (1984): Einhundert Jahre Berliner Kongo-Konferenz von 1884–85. Ein Rückblick auf die Hintergründe, Ergebnisse und Folgen. In: Die Erde 115, 295–304.

Krings, Th. (1991): Agrarwissen bäuerlicher Gruppen in Mali/Westafrika. Berlin (= A.-Anthropogeogr., Institut für Geogr. W., Sh. 3).

Krings, Th. (1996): Politische Ökologie der Tropenwaldzerstörung in Laos. In: Petermanns Geogr. M. 140, 3, 161–175.

Krings, Th. (2004): Politische Ökologie. In: Böhm, D., Rothfuss, E. (Hrsg.): Entwicklungsräume, Hb. d. Geographieunterrichts 8. Köln. (V)

Krings, Th.; Müller, B. (2001): Politische Ökologie: Theoretische Leitlinien und aktuelle Forschungsfelder. In: Reuber, P.; Wolkersdorfer, G. (Hrsg.): Politische Geographie. Heidelberger Geogr. Arb., 112, 93–116.

Krippendorf, E. (Hrsg.) (1972): Probleme der internationalen Beziehungen. Frankfurt a.M.

Kronauer, M. (1996): „Soziale Ausgrenzung“ und „Underclass“: Über neue Formen der gesellschaftlichen Spaltung. In: SOFI-M. 24, 53–69.

Kronauer, M. (1999): Die Innen-Außen-Spaltung der Gesellschaft. Eine Verteidigung des Exklusionsbegriffs gegen seinen mystifizierenden Gebrauch. In: Herkommer, S. (Hrsg.): Soziale Ausgrenzungen. Gesichter des neuen Kapitalismus. Hamburg, 60–72.

Kropp, E. (1991): Grameen Bank: an Instrument for poverty alleviation. In: Asia Pacific Rural Finance 4, 1, 14–17.
Krüger, F. (2003): Handlungsorientierte Entwicklungsforschung: Trends, Perspektiven, Defizite. In: Petermanns Geogr. M. 147, 1, 6–15.
Krull, W. (Hrsg.) (2000): Zukunftsstreit. Weilerswist.
Kühn, F. (1930): Die La Plata-Länder. In: Klute, F. (Hrsg.): Hb. d. Geogr. W. Potsdam, 65–142.
Kuhnen, F. (1968): Landwirtschaft und anfängliche Industrialisierung: West-Pakistan. Sozioökonomische Untersuchungen in fünf pakistanischen Dörfern. Opladen.
Kuntze, P. H. (1938): Das Volksbuch unserer Kolonien. Leipzig.

Läpple, D. (1991): Essay über den Raum. In: Häußermann, H. et al. (Hrsg.): Stadt und Raum: Soziologische Analyse. Pfaffenweiler, 157–207.
Laird, M. A. (Hrsg.) (1971): Bishop Heber in northern India. Selections from Heber´s J. Cambridge.
Lamping, H. (1985): Australien. Stuttgart.
Landes, D. (1998): Wohlstand und Armut der Nationen. Warum die einen reich und die anderen arm sind. Berlin.
Lasuén, J. R. (1973): Urbanization and development – the temporal interaction between geographical and sectoral clusters. In: Urban St., 10, 163–188.
Latouche, S. (2003a): Décoloniser l'imaginaire. La pensée créative contre l'économie de l'absurde. Paris.
Latouche, S. (2003b): Circulus Virtuosus – Für eine Gesellschaft der Wachstumsrücknahme. In: Le Monde diplomatique, 11.
Lauer, W.; Frankenberg, P. (1987/1996): Diercke Weltatlas, Weltkarte Klima, 220–221. Braunschweig.
Leffler, U. (1988): Mauritius. Abhängigkeit und Entwicklung einer Inselökonomie. Hamburg.
Leggewie, C. (1994): Space – Not time? Raumkämpfe und Souveränität. In: Transit, Europäische Review, 27–42.
Leng, G. (1974): „Rentenkapitalismus“ oder „Feudalismus“? Kritische Untersuchungen über einen (sozial-)geographischen Begriff. In: Geogr. Z. 62, 2, 120–137.
Leng, G. (1979): Die Theorie des „Rentenkapitalismus“ als sozialgeographischer Erklärungsversuch des Problems „Unterentwicklung/Entwicklung“. In: DGFK-Hefte, 12, 21–38.
Leng, G.; Taubmann, W. (Hrsg.) (1988): Geographische Entwicklungsforschung im interdisziplinären Dialog. 10 Jahre Geographischer Arbeitskreis Entwicklungstheorien. Bremen (= Bremer Beiträge zur Geographie und Raumplanung, 14).
Lenin, W. I. (1970): Der Imperialismus als höchstes Stadium des Kapitalismus. Berlin.
Lichtheim, G. (1972): Imperialismus. München.
Linard, A. (2003): Cotton-Farmer und Baumwollbauern. Die Folgen der Agrarsubventionen für Westafrika. In: Le Monde diplomatique, 9.
Löwy, M.; Betto, F. (2002): Zivilisation der Solidarität. In: Suppl. d. Z. Sozialismus, 3, 1–9.
Logan, J. R. (2002): The new ethnic enclaves in America's suburbs. Lewis Mumford Centre for Comparative and Urban Regional Research. Online im Internet. URL: http://mumford1.dyndns.org/cen2000/suburbanReport/page1.html

Loser, F. (1963): Die Pfortenstädte der Schwäbischen Alb. Tübinger Geogr. St. 6. Tübingen.
LPÖ (1972) = Lehrbuch: Politische Ökonomie. Vorsozialistische Produktionsweisen. Frankfurt a.M.
LRE (1983) = Ländliche Regionalentwicklung, GTZ. Eschborn.
Lühring, J. (1977): Kritik der (sozial-)geographischen Forschung zur Problematik von Unterentwicklung und Entwicklung. Ideologie, Theorie und Gebrauchswert. In: Die Erde 108, 217–238.
Lütgens, R. (1921/22): Grundzüge der Entwicklung des La Plata-Gebietes. In: Weltwirt. Archiv, 17, 359–374.
Lüttge, U.; Kluge, M.; Bauer, G. (1994): Botanik. Weinheim.
Luhmann, N. (1965): Grundrechte als Institution. Schr. d. öffentl. Rechts 24, Berlin-West.

Mäckel, R. (1995): Assessment and demonstration of causes for range condition changes in Southwestern Marsabit District, Kenya. Freiburg i.Br. (= APT-Berichte, 3).
Madariaga, S. de (1986): Simon Bolivar. Zürich.
Mainguet, M. (1998): Désertification et insécurité environementale dans les écosystèmes secs. In: Aménagement et Nature 129, 19–26.
Malik, M. B. K. (1962): Hundred years of Pakistan railways. Karachi.
Malinowski, B. (1944): A scientific theory of culture. New York, London.
Maltus, T. R. (1798): An essay on the principle of population, as it affects the future improvement of society with remarks on the specializations of Mr. Godwin … London.
Mandel, E. (1972): Marxistische Wirtschaftstheorie 2, Frankfurt a.M.
Mannick, A.. R. (1979): Mauritius: The development of a plural society. Nottingham.
Manshard, W. (1961): Die geographischen Grundlagen der Wirtschaft Ghanas. Wiesbaden.
Manshard, W. (1968): Einführung in die Agrargeographie der Tropen. Mannheim.
Manshard, W. (1970): Afrika – südlich der Sahara. Frankfurt a.M.
Manshard, W. (1977): Die Städte des tropischen Afrika. Berlin.
Manshard, W. (1998): Als Geograph auf internationaler Bühne. Eine autobiographische Skizze. Freiburger S. z. geogr. Entwicklungsforschung 16, Freiburg.
Manshard, W.; Mäckel, R. (1995): Umwelt und Entwicklung in den Tropen. Naturpotential und Landnutzung. Darmstadt.
Marquardt, W. (1975): Neue Entwicklungen im westlichen Indischen Ozean. III. Mauritius. In: Intern. Afrikaforum 11, 1/2, 64–75.
Marx, K. (1890): Das Kapital. Kritik der politischen Ökonomie. Erster Band: Der Produktionsprozeß des Kapitals. Berlin (Neudruck 1973).
Massarrat, M. (1977): Gesellschaftliche Stagnation und die asiatische Produktionsweise dargestellt am Beispiel der iranischen Geschichte. Eine Kritik der Grundformationstheorie. Göttingen (= Geogr. Hochschulmanuskripte 4, Göttingen, 3–125).
Mattelart, A. (2003): Arbeitsgruppe dot force. In: Le Monde diplomatique, 8.
McClelland, D. C. (1966): Die Leistungsgesellschaft. Psychologische Analyse der Voraussetzungen wirtschaftlicher Entwicklung. Stutgart, Berlin, Köln.
McNamara, R. S. (1973): Ansprache an die Gouverneure, Nairobi, 24. Sept. 1973. Internationale Bank f. Wiederaufbau und Entwicklung. Washington D.C.

Meadows, D. (1972): Die Grenzen des Wachstums. Bericht des Club of Rome zur Lage der Menschheit. Stuttgart.

Mensching, H. (1990): Desertifikation. Ein weltweites Problem der ökologischen Verwüstung in den Trockengebieten der Erde. Darmstadt.

Mensching, H. (1991): Menschen machen Wüsten. Die Ursachen der weltweiten Desertifikation. In: Stüben, P.; Thurn, V. (Hrsg.): Wüsten der Erde. Der Kampf gegen Durst, Dürre und Desertifikation. Gießen, 139–145.

Menzel, U. (1991): Das Ende der „Dritten Welt" und das Scheitern der großen Theorien. In: Pol. Vierteljahresber. 32, 1, 4–33.

Menzel, U. (1998): Globalisierung versus Fragmentierung. Frankfurt a.M.

Menzel, U.; Senghaas, D. (1986): Europäische Entwicklung und die Dritte Welt. Eine Bestandsaufnahme. Frankfurt a.M.

Mertins, G. (2003): Jüngere sozialräumlich-strukturelle Transformationen in den Metropolen und Megastädten Lateinamerikas. In: Petermanns Geogr. M. 147, 4, 46–55.

Mesarovic, M.; Pestel, E. (1974): Menschheit am Wendepunkt. 2. Bericht an den Club of Rome zur Weltlage. Stuttgart.

Messerli, B.; Bisaz A.; Kienholz, H.; Winiger, M. (1987): Umweltprobleme und Entwicklungszusammenarbeit. Bern (= Geographica Bernensia, 19).

Messerli, P. (1994): Nachhaltige Naturnutzung: Diskussionsstand und Versuch einer Bilanz. In: Bätzin W.; Wanner H. (Hrsg.): Nachhaltige Naturnutzung im Spannungsfeld zwischen komplexer Naturdynamik und gesellschaftlicher Komplexität. Bern (= Geographica Bernensia, 30).

Meurer, M. (1993): Geo- und Weideökologische Untersuchungen im Mogod-Bergland Nordwest-Tunesien. Stuttgart (= Erdwiss. F. XXIX).

Meyer, A. G. (1970): Lenins Imperialismustheorie. In: Wehler, H.-U. (Hrsg.): Imperialismus. Köln, Berlin, 123–154.

Meyer, G. (1989): Kairo. Entwicklungsprobleme einer Metropole der Dritten Welt. Problemräume d. Welt 11. Köln.

Mommsen, W. J. (1971): Der moderne Imperialismus als innergesellschaftliches Phänomen. In: Mommsen, W. J. (Hrsg.): Der moderne Imperialismus. Stuttgart, Berlin, Köln, Mainz, 14–30.

Morley, J. A. E. (1949): The Arabs and the eastern trade. In: J. of the Malyan Branch of the Roy. Asiatic Soc., XXII, 1. Singapore, 143–176.

Morton, A.. L. (1951): A people's history of England. London.

Mottek, H. (1974): Wirtschaftsgeschichte Deutschlands, ein Grundriss. I. Berlin.

Mühlmann, W. E. (1969): Institution. In: Bernsdorf, W. (Hrsg.): Wörterbuch der Soziologie. Stuttgart, 466–468.

Müller, K. P. (1983): Unterentwicklung durch „Rentenkapitalismus"? Geschichte, Analyse und Kritik eines sozialgeographischen Begriffes und seiner Rezeption. Kassel (= Urbs et Regio, Kasseler Schr. z. Geogr. und Planung, 29).

Müller, K. V. (1963): Zur Soziologie der Entwicklungsländer. In: Sieber, E. H. (Hrsg.): Entwicklungsländer und Entwicklungspolitik. Berlin, 237–253.

Müller-Böker, U. (1995a): Die Tharu in Chitawan. Kenntnis, Bewertung und Nutzung der natürlichen Umwelt im südlichen Nepal. Stuttgart (= Erdwiss. F. 33).

Müller-Böker, U. (1995b): Ethnoökologie. Ein Beitrag zur geographischen Entwicklungsforschung. In: Geogr. Rdsch. 47, 6, 375–379.

Müller-Böker, U.; Backhaus, N.; Kollmair, M. (1998): Indigenous knowledge System-Forschung. In: Scholz, F.; Koop, K. (Hrsg.): Geographische Entwicklungsforschung II, Rundbrief Geogr. 149, 9, 16–18.

Müller-Hohenstein, K. (1973): Die anthropogene Beeinflussung der Wälder im westlichen Mittelmeerraum unter besonderer Berücksichtigung der Aufforstungen. In: Erdkunde 27, 55–68.

Müller-Hohenstein, K. (1993): Auf dem Weg zu einem neuen Verständnis von Desertifikation – Überlegungen aus der Sicht einer praxisorientierten Geobotanik. In: Phytoconologia, 23, 499–518.

Müller-Mahn, D. (1989): Die Aulad 'Ali zwischen Stamm und Staat. Berlin (= A.-Anthropogeogr., Institut f. Geogr. Wiss., 46).

Müller-Mahn, D. (2001): Fellachendörfer. Sozialgeographischer Wandel im ländlichen Ägypten. Stuttgart (= Erdkdl. W. 127).

Müller-Mahn, D.; Scholz, F. (1993): Entwicklungspolitik, Entwicklungshilfe und Entwicklungspraxis der Bundesrepublik Deutschland. In: Geogr. Rdsch. 45, 5, 264–271.

Müller-Wille, W. (1978): Gedanken zur Bonitierung und Tragfähigkeit der Erde. In: Westfäl. Geogr. St. 35, 25–56.

Mukherjee, R. (1958): The rise and fall of the East India Company. A sociological appraisal. Berlin.

Myrdal, G. (1957): Economic theory and underdeveloped regions. London.

Neuburger, M. (2002): Pionierfrontentwicklung im Hinterland von Cáceres (Mato Grosso, Brasilien). Tübingen (= Tübinger Geogr. S. 135).

Neuburger, M. (2003a): Neue Armut im ländlichen Brasilien. Kleinbäuerliche Familien in einer globalisierten Welt. In: Geogr. Rdsch. 55, 10, 19.

Neuburger, M. (2003b): Ländliche Armutsgruppen in Brasilien zwischen Ausgrenzung und neuer sozialer Bewegung. In: Kohlhepp, G. (Hrsg.): Brasilien. Entwicklungsland oder tropische Großmacht des 21. Jahrhunderts? Tübingen, 171–185.

Neyer, J. (1995): Das Ende von Metropole und Peripherie? Soziale Inklusion und Exklusion in der entgrenzten Weltwirtschaft. In: Peripherie 15, 59/60, 10–29.

Nickel, H. J. (1978): Soziale Morphologie der mexikanischen Hacienda. Das Mexiko-Projekt der DFG, XIV. Wiesbaden.

Nickel, H. J. (1995): Henequén-Plantagen in Yucatán. Vom Ende einer agroindustriellen Monokultur in Mexiko. Freiburg i.B.

Nissel, H. (2001): Auswirkungen von Globalisierung und New Economy Policy im urbanen System Indiens. In: M. d. Österr. Geogr. G. Wien, 143, 63–90.

Nitz, H.-J. (1975): Wirtschaftsraum und Wirtschaftsformation. In: Geogr. Z. Bh. 41, Wiesbaden, 42–58.

Nitz, H.-J. (1982): Kerala. Wirtschaftsräume und Lebensformen im überbevölkerten tropischen Südwestindien. In: Geoökodynamik, 3, 55–88.

Nitz, H.-J. (1994): Historische Kolonisation und Plansiedlung in Deutschland. Berlin.

Nitz, H.-J. (1998): Zur Entstehung und Ausbreitung schachbrettartiger Grundrissformen ländlicher Siedlungen und Fluren. In: Allgemeine und vergleichende Siedlungsgeographie, Bd. II. Berlin, 209–241.

Nohlen, D.; Nuscheler, F. (Hrsg.) (1993/95): Hb. d. Dritten Welt, Bd. 1–8. Bonn.

North, D. (1990): Institutional change and economic performance. Cambridge, New York, Melbourne.

Nüsser, M. (1998): Nanga Parbat (NW-Himalaya) – Naturräumliche Ressourcenausstattung und humanökologische Gefügemuster der Landnutzung. Bonner Geogr. A., 97. Bonn.

Nüsser, M. (2003a): Ressourcennutzung und Umweltveränderung: Mensch-Umwelt-Beziehungen in peripheren Gebirgsräumen. In: Meusburger, P.; Schwan, Th. (Hrsg.): Humanökologie, Ansätze zur Überwindung der Natur-Kultur-Dichotomie. Erdkundliches Wissen 135. Stuttgart, 327–342.

Nüsser, M. (2003b): Political Ecology of large dams: a critical Review. In: Petermanns Geogr. M. 147, 1, 20–27.

Nuhn, H. (1974): Strukturelle und funktionale Raumgliederung als Basis regionaler Entwicklungsplanung in Costa Rica. In: T. u. w. A., 39. Dt. Gt. Kassel 1973, 265–283.

Nuhn, H. (1978): Spezifische wirtschafts- und sozialgeographische Entwicklungsprobleme von Kleinstaaten und Ansätze für ihre Überwindung. In: Die Erde 109, 337–352.

Nuhn, H. (2001): Megafusionen. Neuorganisation großer Unternehmen im Rahmen der Globalisierung. In: Geogr. Rdsch. 53, 7/8, 16–25.

Nurske, R. (1967): Problems of capital formation in underdeveloped countries. Oxford.

Nuscheler, F. (1995): Lern- und Arbeitsbuch Entwicklungspolitik. Bonn.

Nuscheler, F. (Hrsg.) (2000): Entwicklung und Frieden im 21. Jahrhundert. Zur Wirkungsgeschichte des Brandt-Berichts. Bonn.

***O**bst, E.* (1934): Südwestafrika – Deutsche Leistungen im Lande der Wüsten und Steppen. In: Geogr. Wochenschrift, 24/25, 644–658.

Obst, E. (1937): Die Bedrohung der europäischen Kolonisation in Afrika durch Menschen und Natur. In: Der Tropenpflanzer 40, 183–226.

Obst, E. (1941/43): Afrika. Hb. d. praktischen Kolonialwissenschaften. Berlin.

Otremba, E. (1962a): Die Gestaltungskraft der Gruppe und der Persönlichkeit in der Kulturlandschaft. In: T. u. w. A., Dt. Gt. Köln 1961, 166–176.

Otremba, E. (1962b): Die raumwirtschaftliche Problematik der Entwicklungsländer. In: Studium Generale, 15, 519–529.

Otremba, E. (1966): Die Natur der Entwicklungsländer. In: Entwicklungspolitik. Hb. u. Lexikon. Berlin, Mainz, 30–52.

***P**aczensky, G. v.* (1979): Weiße Herrschaft. Eine Geschichte des Kolonialismus. Frankfurt a.M.

Palloix, Ch. (1971): Imperialismus und kapitalistische Produktionsweise. In: trikont, I, 34–57.

Parry, J. H. (1972): Europäische Kolonialreiche. Welthandel und Weltherrschaft im 18. Jahrhundert. München.

Parsons, T. (1951): Toward a general theory of actions. Cambridge, Mass.

Passarge, S. (1935): Wirtschaftsmöglichkeiten im eigentlichen Abessinien. In: Geogr. Wochenschrift, 34, 809–819.

Passarge, S. (1938): Geographische Völkerkunde. Frankfurt a.M.

Pawelka, P. (1985): Herrschaft und Entwicklung im Nahen Osten: Ägypten. Heidelberg.

Peet, R.; Watts, M. (Hrsg.) (1996): Liberation ecologies. Environment, development, social movements. London.

Penck, A. (1924): Das Hauptproblem der physischen Anthropogeographie. In: Sitzungsber. d. Preuß. Akad. d. Wiss., Phys.-Math. Klasse 24, 249–257.
Penck, A. (1937): Zur deutschen Kolonialfrage. In: Z. d. G. f. Erdkunde, 1/2, 43–48.
Perrin, J.-C. (1986): Le phénomène Sophia-Antipolis dans son environnement régional. In: Aydalot, P. (Hrsg.): Milieux innovateurs en Europe. Paris, 283–303.
Perroux, F. (1964): L'économie du XXième siècle. Paris. Hier: Deuxième partie. Les poles de croissance, 121–292.
Pfeifer, G. (1962): Brasilien als Entwicklungsland. In: Westfälische Geogr. S., 15. Münster, 125–194.
Pfeifer, G. (Hrsg.) (1971): Symposium zur Agrargeographie anlässlich des 80. Geburtstages von Leo Waibel am 22. Februar 1968. Heidelberg (= Heidelberger Geogr. Arb., 36).
Pfund, K. (1896): Die Versorgung großer Städte mit Milch. Dargestellt auf Grund der Verhältnisse in Dresden. Heidelberg.
Pirenne, H. (1976): Sozial- und Wirtschaftsgeschichte Europas im Mittelalter. Bern.
Pletsch, A. (2003): Frankreich. Darmstadt.
Pöhler, M. (1999): Zwischen Luxus-Ghetto und Favelas. Stadterweiterungsprozesse und sozialräumliche Segregation in Rio de Janeiro. Das Fallbeispiel Barra de Tijuca. Tübingen.
Pohl, J. (1993): Kann es eine Geographie ohne Raum geben? Zum Verhältnis von Theoriediskussion und Disziplinpolitik. In: Erdkunde 47, 255–266.
Pohl, J.; Geipel, R. (2002): Naturgefahren und Naturrisiken. In: Geogr. Rdsch. 54, 1, 4–8.
Potter, R. B. (1992): Urbanization in the Third World. Oxford.

***R**adcliffe-Brown, A. R.* (1952): Structure and function in primitive society. London.
Ratzel, F. (1897): Politische Geographie. München, Leipzig.
Rauch, Th. (1978): Entwicklungsstrategien für die Dritte Welt. In: Geogr. Hochschulmanuskripte, 6. Göttingen, 251–262.
Rauch, Th. (1979a): Industrielle Wachstumszentren in Nigeria. Eine Analyse aus dependenztheoretischer Sicht am Beispiel von Kano und Kaduna. In: Afrika Spectrum 14, 3, 249–264.
Rauch, Th. (1979b): Probleme der Entwicklung kleinbäuerlicher Agrarproduktion im peripheren Kapitalismus. Thesen, erörtert am Beispiel Sambias. In: DGFK-H., 12, 55–80.
Rauch, Th. (1981): Das nigerianische Industrialisierungsmuster und seine Implikationen für die Entwicklung peripherer Räume. Ein Beitrag zur Erklärung der Raumstruktur in peripher-kapitalistischen Ökonomien. Hamburg (= Hamburger B. z. Afrika-Kunde, 24).
Rauch, Th. (1985): Peripher-kapitalistisches Wachstumsmuster und regionale Entwicklung. Ein akkumulationstheoretischer Ansatz zur Erklärung räumlicher Aspekte von Unterentwicklung. In: Scholz, F. (Hrsg.): Entwicklungsländer. Beiträge der Geographie zur Entwicklungsforschung. Darmstadt, 163–191.
Rauch, Th. (1988): Die Relevanz der Entwicklungstheoretischen Diskussion für die Entwicklungspolitische Praxis. In: Leng, G; Taubmann, W. (Hrsg.): Geographische Entwicklungsforschung im interdisziplinären Dialog. Bremen (= Bremer B. z. Geogr. u. Raumplanung, 14, 88–108).

Rauch, Th. (1991): LRE aktuell. Strategieelemente für eine Umsetzung des LRE-Konzeptes unter veränderten Rahmenbedingungen. Berlin (unveröffentlichtes Manuskript; V).

Rauch, Th. (1993): Überwindung von Unterentwicklung durch Projekte? Problematik und Perspektiven der Entwicklungszusammenarbeit. In: Geogr. Rdsch. 45, 5, 278–283.

Rauch, Th. (1996): Ländliche Regionalentwicklung im Spannungsfeld zwischen Weltmarkt, Staatsmacht und kleinbäuerlichen Strategien. Saarbrücken (= SSIP, 202).

Rauch, Th. (2003): Bessere Rahmenbedingungen allein beseitigen Armut nicht! Eine theoriegeleitete Vier Ebenen-Strategie für entwicklungspolitische Interventionen. In Geogr. Helvetica 58, 1, 35–46.

Rauch, Th.; Bartels, M.; Engel, A. (2001): Regional rural development. A regional response to rural poverty. Wiesbaden.

Rauch, Th.; Redder A. (1987): Autozentrierte Entwicklung in ressourcenarmen ländlichen Regionen durch kleinräumige Wirtschaftskreisläufe. Theorie und Methodik. In: Die Erde 118, 109–126.

Reinhard, W. (1983): Geschichte der europäischen Expansion I. Die Alte Welt bis 1818. Stuttgart, Berlin

Ribeiro, D. (1971): Der zivilisatorische Prozess. Frankfurt a.M.

Ricardo, D. (1951–1955): The works and correspondence of David Ricardo. Hrsg. v. P. Sraffa; M. H. Dobb. London.

Richardson, H. W. (1980): Polarization reversal in developing countries. In: Papers of the Regional Science Ass., 45, 67–85.

Rifkin, J. (2001): Das Ende der Arbeit und ihre Zukunft. Frankfurt a.M.

Robinson, R.; Gallagher, J.; Denny, A. (1979): Großbritannien und die Aufteilung Afrikas. In: Wehler, H.-U. (1970): Imperialismus. Köln, Berlin, 201–239.

Rostow, W. W. (1960): The stages of economic growth. A non-communist manifesto. Cambridge/Mass.

Rothermund, D. (1966): Die historische Analyse des Bodenrechts als Grundlage für das Verständnis gegenwärtiger Agrarstrukturprobleme, dargestellt am Beispiel Indiens. In: Jb. d. Südasieninstitutes d. Uni. Heidelberg. Wiesbaden, 149–163.

RRD (1987) = Regional Rural Development, GTZ. Eschborn.

RTV = Reisetagebuch des Verfassers (versch. Jahre; V).

Rufin, J.-C. (1993): Das Reich und die neuen Barbaren. Berlin.

Sachs, W. (1989): Zur Archäologie der Entwicklungsidee. In: epd-EP 10, a–i.

Sachs, W. (2002): Nach uns die Zukunft. Der globale Konflikt um Gerechtigkeit und Ökologie. Frankfurt a.M.

Sandner, G. (1971): Die Hauptphasen der wirtschaftlichen Entwicklung in Lateinamerika in ihrer Beziehung zur Raumerschließung. In: Borchert, G.; Oberbeck, G.; Sandner, G. (Hrsg.): Wirtschafts- und Kulturräume der Außereuropäischen Welt. Kolb-Festschrift, Hamburger Geogr. S. 24. Hamburg, 311–334.

Sandner, G. (1975): Wachstumspole und regionale Polarisierung der Entwicklung im Wirtschaftsraum. Ein Bericht über lateinamerikanische Erfahrungen. In: Bh. Geogr. Z., Otremba-Festschr., 78–90.

Sandner, G.; Steger, H. A. (Hrsg.) (1973): Lateinamerika. Frankfurt a.M. (= Fischer Länderkunde).

Sapper, K. (1918): Die Tropenländer in ihrer Bedeutung für deutschen Kolonialbesitz und Weltwirtschaft. In: Geogr. Z. 24, 8/9, 235–251; 10, 291–310; 11/12, 342–352.

Sapper, K. (1923): Die Tropen. Natur und Mensch zwischen den Wendekreisen. Stuttgart.

Sapper, K. (1941): Der Wirtschaftsgeist und die Arbeitsleistungen tropischer Kolonialvölker. Stuttgart.

Sassen, S. (1991): The global city: New York, London, Tokyo. Princeton NJ.

Sassen, S. (1997): Metropolen des Weltmarktes. Die neue Rolle der global cities. Frankfurt a.M., New York.

Schacht, H. (1937): Wirtschaft und Kolonien: Die wirtschaftliche Lage in Deutschland. In: Schnee, H. (Hrsg.): Das Buch der deutschen Kolonien. Leipzig, 393–406.

Schätzl, L. (1973): Räumliche Industrialisierungsprozesse in Nigeria. Industriegeographische Analyse eines tropischen Entwicklungslandes. Gießen (= Gießener Geogr. Schr., 31, Sh. 2).

Schätzl, L. (1978a): Überlegungen zum langfristigen regionalen Wirtschaftswachstum. Eine Fallstudie über Nigeria. In: Die Erde 109, 445–455.

Schätzl, L. (1978b): Wirtschaftsgeographie 1. Paderborn.

Schamp, E. W. (1978): Industrialisierung in Äquatorialafrika. Zur raumwirksamen Steuerung des Industrialisierungsprozesses in den Küstenstaaten Kamerun, Gabun und Kongo. München (= Afrika-S.).

Schamp, E. W. (1981): Agrobusiness im tropischen Afrika. Bedingungen und Wirkungen in der Zuckerwirtschaft. In: Geogr. Rdsch. 33, 11, 512–517.

Schamp, E. W. (1988): Zur Neuentdeckung des Kleinunternehmertums in der Entwicklungsstrategie: Wachstumsbedingungen und Gewerbepolitik in Kamerun. In: Z. f. Wirtschaftsgeogr. 32, 2, 88–95.

Schamp, E. W. (1996): Globalisierung von Produktionsnetzen und Standortsystemen. In: Geogr. Z. 84, 3/4, 205–219.

Scharlau, K. (1953): Bevölkerungswachstum und Nahrungsspielraum, Geschichte, Methoden und Probleme der Tragfähigkeitsuntersuchungen. Veröff. d. Akad. f. Raumforsch. u. Landesplg. 24. Bremen.

Scharlau, K. (1960): Iran als Entwicklungsland. In: Z. f. Politik, 371–381.

Scheer, H. (1999): Solare Weltwirtschaft – Strategie für die ökologische Moderne. München.

Scheidl, L. (1963): Die Probleme der Entwicklungsländer in wirtschaftsgeographischer Sicht. Wien (= Wiener Geogr. Schr., 16).

Schelsky, H. (1970): Zur soziologischen Theorie der Institution. In: Schelsky, H. (Hrsg.): Zur Theorie der Institution. Düsseldorf, 10–26.

Schilling-Kaletsch, J. (1976): Wachstumspole und Wachstumszentren – Untersuchungen zu einer Theorie sektoral und regional polarisierter Entwicklung. Hamburg.

Schilling-Kaletsch, J. (1979): Zentrum-Peripherie-Modelle in der geographischen Entwicklungsforschung. Die Ansätze von Friedmann und Lasuén. In: DGFK-H. 12, 39–53.

Schmidt-Wulffen, W. D. (1983): Zur Verflechtung interner und externer Bedingungen bei der Sahel-Dürrekatastrophe. In: Karlsruher Manuskr. 6, 80ff.

Schmidt-Wulffen, W. D. (1985): Dürre- und Hungerkatastrophen in Schwarzafrika – Das Fallbeispiel Mali. In: Geogr. Z. 73, 1, 46–59.

Schmidt-Wulffen, W.D. (1988): Ernährungssicherung durch Marktwirtschaft? Das Beispiel Mali. In: Geogr. Rdsch. 76, 1, 21–35.

Schmieder, O. (1927): Alteration of the Argentine Pampa in the colonial period. In: Univ. of California Publications in Geography 2, 10, 303–321.

Schmieder, O. (1962): Die Neue Welt. Teil I: Mittel- und Südamerika. Heidelberg.

Schmitt, E. (1984): Die großen Entdeckungen 2. München.

Schmitthenner, H. (1934): Die Deutschen als Kolonialvolk. In: Geogr. Z. 40, 5/6, 161–181.

Schmökel, H. (1974): Das Land Sumer. Die Wiederentdeckung der ersten Hochkultur der Menschheit. Stuttgart, Berlin, Köln, Mainz.

Schnee, H. (Hrsg.) (1937): Das Buch der deutschen Kolonien. Leipzig.

Schöller, P. (1957): Wege und Irrwege der Politischen Geographie und Geopolitik. In: Erdkunde 11, 1–20.

Scholl-Latour, P. (2003): Afrikanische Totenklage. Der Ausverkauf des Schwarzen Kontinents. München.

Scholz, F. (1974a): Belutschistan (Pakistan). Eine sozialgeographische Studie des Wandels in einem Nomadenland seit Beginn der Kolonialzeit. Göttingen (= Göttinger Geogr. A., 63).

Scholz, F. (1974b): Seßhaftmachung von Nomaden in der Upper Sind Frontier Province (Pakistan) im 19. Jahrhundert – Ein Beitrag zur Entwicklung und gegenwärtigen Situation einer peripheren Region in der Dritten Welt. In: Geoforum, 18, 29–46.

Scholz, F. (1977): Analyse der politisch-ökonomischen Entwicklungstheorien aus geographischer Sicht. In: DGFK-Informationen, 31–37.

Scholz, F. (1979): Zur Entstehung von „Zentrum" und „Peripherie". Das omanische Entwicklungskonzept und Probleme bei seiner Realisierung. In: DGFK-H. 12, 123–144.

Scholz, F. (1982a): Nomadentum und Städtetum. Überlegungen zu zwei Grundelementen der orientalischen Gesellschaft in Vergangenheit und Gegenwart. In: Politische Bildung 15, 1, 3–22.

Scholz, F. (1982b): Nomadismus – Ein Entwicklungsproblem? In: Scholz, F.; Janzen, J. (Hrsg.): Nomadismus – Ein Entwicklungsproblem? Berlin (= A. – Anthropogeogr., Institut für Geogr. Wi., 11–17).

Scholz, F. (1986a): Informelle Institutionen versus Entwicklung. In: Die Erde 117, 285–297.

Scholz, F. (1986b): Ressourcennutzung und Ressourcenerhaltung. In: DSE = Deutsche Stiftung für internationale Entwicklung (Hrsg.): Interaktion Tier Umwelt, 113–122.

Scholz, F. (1986c): Traditionelle Anbautechniken als Herausforderung für eine moderne Agrarentwicklung. Fallstudie Quetta/Pakistan. In: Z. f. Agrargeogr. 4, 3, 220–242.

Scholz, F. (1988): Position und Perspektiven geographischer Entwicklungsforschung. Zehn Jahre Arbeitskreis Entwicklungstheorien. In: Leng G.; Taubmann W. (Hrsg.): Geographische Entwicklungsforschung im interdisziplinären Dialog. Bremen, 9–35.

Scholz, F. (1990a): Ländliche Regionalentwicklung. Eine Herausforderung für die geographische Diplomausbildung. In: Die Erde 121, 15–24.

Scholz, F. (1990b): Muscat, Sultanat Oman. Geographische Skizze einer einmaligen arabischen Stadt. Berlin.

Scholz, F. (1993a): Hilfe zur Selbsthilfe. Wirkungsvolle Ansätze zur Armutsbekämpfung. In Geogr. Rdsch. 45, 5, 264–271.

Scholz, F. (1993b): Selbsthilfe in Pakistan. Ein deutsch-pakistanisches Projekt. In: Geogr. Rdsch. 45, 5, 314–318.
Scholz, F. (1995): Nomadismus. Theorie und Wandel einer sozio-ökologischen Kulturweise. Stuttgart.
Scholz, F. (1997): Desertifikation und mobile Tierhaltung in der Cholistan-Wüste (Süd-Punjab/Pakistan). In: Erdkunde 51, 244–256.
Scholz, F. (1998a): Das Ende der Geographie. ... nicht nur Polemik. In: Rundbrief Geogr. 151, 10, 11–15.
Scholz, F. (1998b): Versuch einer Einführung in Stand und Trends geographischer Entwicklungsforschung. In: Rundbrief Geogr. 148, 8, 8–11.
Scholz, F. (2000a): Globalisierung versus Fragmentierung. Eine regionalwissenschaftliche Herausforderung? In: NORD-SÜD aktuell XIV, 2, 254–271.
Scholz, F. (2000b): Perspektiven des „Südens" im Zeitalter der Globalisierung. In: Geogr. Z. 88, 1, 1–20.
Scholz, F. (2001): Dhaka/Bangladesh – Stadtstruktur und Lebensrealität in einem globalisierten Ort. In: Geogr. Rdsch. 53, 12, 56–64 (zusammen mit Feuchte, B.; Schäfer, K.).
Scholz, F. (2002a): Die Theorie der „fragmentierenden Entwicklung". In: Geogr. Rdsch. 54, 10, 6–11.
Scholz, F. (2002b): Afghanistan. Hintergrundinformation zu einem aktuellen Konfliktherd. In: Geogr. Rdsch. 54, 1, 56–60.
Scholz, F. (2003a): Afghanische Flüchtlinge in Baluchistan/Pakistan. In: Burger, D.; Meurer, M.; Vogt, J. (Hrsg.): S. z. Geogr. u. Geoökologie. Karlsruher Schr. Z. Geogr. u. Geoökologie 18. Karlsruhe, 25–37.
Scholz, F. (2003b): Die Megacity Karachi – ein „globalisierter Ort". In Geogr. Rdsch. 55, 11, 20–26.
Scholz, F. (2003c): Globalisierung und „neue Armut". In: Geogr. Rdsch. 55, 10, 4–10.
Scholz, F. (Hrsg.) (1985): Entwicklungsländer. Darmstadt.
Scholz, F. (Hrsg.) (1999): Die kleinen Golfstaaten. Gotha, Stuttgart.
Scholz, U. (1978): Background to agricultural land policy in Malaysia. Hamburg (= Mitteilungen d. Instituts für Asienkunde, 44).
Scholz, U. (1992): Transmigrasia – ein Desaster? Probleme und Chancen des indonesischen Umsiedlungsprogramms. In: Geogr. Rdsch. 44, 1, 33–39.
Scholz, U. (1998): Die feuchten Tropen. Das Geogr. Seminar. Braunschweig.
Schütt, B. (Hrsg.) (2004): Watershed management in the Abaya-Chamo Basin, South Ethiopia. Occasional Paper Geographie, 20, Berlin.
Schuhler, C. (1968): Politische Ökonomie der Armen Welt. München.
Schultze, J. H. (1963): Der Ost-Sudan. Entwicklungsland zwischen Wüste und Regenwald. Berlin (= A. d. 1. Geogr. Institutes der FU Berlin, 7).
Schulz, M.; Kracht, U. (Hrsg.) (2004): Food and nutrition security in the process of globalization. (erscheint 2004)
Schwedler, H.-U. (2000): Vororte und Ghettos: Europäisches Multikulti oder sozialer Sprengstoff – Erfahrungen aus Frankreich und Berlin. Europäische Akademie. Berlin. (Tagungsber.; V)
Scurla, H. (1962): Alexander von Humboldt. Ansichten der Natur. Ein Blick in Humboldts Lebenswerk. Berlin.

Seitz, K. (2002): China. Eine Weltmacht kehrt zurück. Berlin.
Senghaas, D. (1974): Elemente einer Theorie des peripheren Kapitalismus. In: Senghaas, D. (Hrsg.): Peripherer Kapitalismus. Analysen über Abhängigkeit und Unterentwicklung. Frankfurt a.M., 7–36.
Senghaas, D. (1979): Dissoziation und autozentrierte Entwicklung. Eine entwicklungspolitische Alternative für die Dritte Welt. In: Senghaas, D. (Hrsg.): Kapitalistische Weltökonomie. Kontroversen über ihren Ursprung und ihre Entwicklungsdynamik. Frankfurt a.M., 376–412.
Senghaas, D. (1982): Von Europa lernen. Entwicklungsgeschichtliche Betrachtungen. Frankfurt a.M.
Senghaas, D. (1993): Zwischen Globalisierung und Fragmentierung. In: Blätter f. dt. u. intern. Politik 1, 50–59.
Senghaas, D. (1994): Wohin driftet die Welt. Frankfurt a.M.
Senghaas, D. (2000): Seltene Erfolge, viele Fehlschläge und aufhaltsame Fortschritte. Reflexionen zu David Landes' opus magnum „Wohlstand und Armut der Nationen. In: Leviathan 28, 1, 142–153.
Senghaas, D. (2003a): Welches Paradigma für die internationalen Beziehungen angesichts welche(er) Welten? In: Küng, H.; Senghaas, D. (Hrsg.): Friedenspolitik. München, Zürich, 71–109.
Senghaas, D. (2003b): Die Konstitution der Welt – eine Analyse in friedenspolitischer Absicht. In: Leviathan 31, 1, 117–152.
Senghaas, D. (Hrsg.) (1979): Kapitalistische Weltökonomie. Kontroversen über ihren Ursprung und ihre Entwicklungsdynamik. Frankfurt a.M.
Senghaas, D.; Menzel, U. (1979): Autozentrierte Entwicklung trotz internationalem Kompetenzgefälle. Warum wurden die Metropolen Metropolen und nicht Peripherien? In: Senghaas, D. (Hrsg.): Kapitalistische Weltökonomie. Kontroversen über ihren Ursprung und ihre Entwicklungsdynamik. Frankfurt a.M., 280–313.
Sievers, A. (1962): Entwicklungsprobleme Ceylons. In: Westfälische Geogr. S. 15, 65–79.
Sioli, H. (1983): Amazonien. Grundlagen der Ökologie des größten tropischen Waldlandes. Stuttgart.
Smith, A. (1973): Eine Untersuchung über Wesen und Ursachen des Volkswohlstandes. Gießen. Hier IV. Buch.
Smith, D. M. (1977): Human geography: a welfare approach. London, New York.
Sobel, D.; Andrewes, W.J.H. (1998): Längengrad. Die illustrierte Ausgabe. Berlin.
Sogoyer, de M. B.; Boisgontier, P. (1988): Grains de technopole. Micro-entreprises grenobloises et nouveaux espaces productifs. Grenoble.
Spate, O. H. K.; Learmonth, A.T.A. (1967): India and Pakistan. A general and regional geography. Bungay, Suffolk.
Spear, P. (1965): The Oxford history of modern India 1740–1947, III. Oxford.
Spittler, G. (1987): Nomaden, Dürren und Entwicklungshilfe. In: Antweiler et al. (Hrsg): Ethnologische Beiträge zur Entwicklungspolitik. Bonn, 109–127.
Stadelbauer, J. (1973): Bahnbau und kulturgeographischer Wandel in Turkmenien. Berlin (= Osteuropa-Inst. a.d. Freien Universität Berlin, Wirtschaftswiss. Veröff. 34).
Stark, H. (2003): Krieg der Städte. In: Der Spiegel, 48, 50–55.

Stavenhagen, R. (1974): Agrarische Strukturen und Unterentwicklung in Afrika und Lateinamerika. In: Senghaas, D. (Hrsg.): Peripherer Kapitalismus. Analysen über Abhängigkeit und Unterentwicklung. Frankfurt a.M., 276–297.

Steensgaard, N. (1973): Carracks, caravans and companies: The structural crisis in the European-Asian trade in the early 17th century. Odense.

Steinhausen, G. (1899/1970): Kaufleute und Handelsherren in alten Zeiten. Düsseldorf, Köln. (Erstausgabe: Leipzig)

Sternberg, R. (1995): Innovative Milieus in Frankreich. Empirischer Befund und politische Steuerung dargestellt an den Beispielen Paris, Grenoble und Sophia Antipolis. In: Z. f. Wirtschaftsgeogr. 39, 3/4, 199–218.

Stewig, R. (1983): Die Stadt in Industrie- und Entwicklungsländern. Paderborn, München, Wien, Zürich.

Stiglitz, J. (2002): Die Schatten der Globalisierung. Berlin.

Stöhr, W. B. (1981): Development from below: The bottom-up and periphery-inward development paradigma. In: Stöhr, W. B.; Taylor, R. F. (Hrsg.) (1981): Development from above or below? The dialectics of regional planning in developing countries. Chichester, New York.

Stöhr, W. B.; Taylor, R. F. (Hrsg.) (1981): Development from above or below? The dialectics of regional planning in developing countries. Chichester, New York.

Sunkel, O. (1972): Transnationale kapitalistische Integration und nationale Desintegration: Der Fall Lateinamerika. In: Senghaas, D. (Hrsg.): Imperialismus und strukturelle Gewalt. Frankfurt a.M., 258–315.

Sunkel, O.; Mortimore, M. (2001): Transnational integration and nationals desintegration revisted. In: Hettne, B.; Inotai, A.; Sunkel, O. (Hrsg.): Comparing regionalism. Implications for global development. New York, 54–92.

Supan, A. (1906): Die territoriale Entwicklung der europäischen Kolonien. Gotha.

SYG (2000) = Statistical yearbook of Guangdong. Guangdong, China.

SZR (1994) = Sklaven, Zucker, Rum. Dänemark und Schleswig-Holstein im atlantischen Dreieckshandel. Schr. D. Schleswig-Holsteinischen Landesbibliothek 18. Heide in Holstein.

T*aaffe, E. J.; Morrill, R. L.; Gould P. R.* (1970): Verkehrsausbau in entwickelten Ländern – eine vergleichende Studie. In: Bartels, D. (Hrsg.): Wirtschafts- und Sozialgeographie. Köln, Berlin, 341–366.

Taubmann, W. (2003): China. Wirtschaftliche Dynamik und räumliche Disparitäten. In: Geographie heute, 211/212, 2–7.

Tekülwe, M. (1993): Die Sichtbarwerdung der Frauen. In: Geogr. Rdsch. 45, 5, 308–312.

Tekülwe, M. (1997): Krise, Strukturanpassung und bäuerliche Startegien in Kabompo/Sambia. A. – Anthropogeogr., Institut f. Geogr. W. 58. Berlin

Tetzlaff, R. (1996): Die Konsequenzen der Globalisierung für Afrika. In: NORD-SÜD aktuell X, 3, 544–552.

Tetzlaff, R. (2003): Staats- und Zivilisationsverfall. Wird Afrika anschlussfähig an die globalisierte Welt? In: Küng, H.; Senghaas, D. (Hrsg.): Friedenspolitik. Ethische Grundlagen internationaler Beziehungen. München, Zürich, 321–383.

Thiel, E. R. (Hrsg.) (1999): Neue Ansätze zur Entwicklungstheorie. Bonn.

Tibi, B. (1996): Strukturelle Globalisierung und kulturelle Fragmentierung. Dialog zwischen den Kulturen. In: Intern. Politik 51, 1, 29–36.
Tieman, R. (2001): Redrawing the business map. Rise of regionalism. In: Swissair Gazette, 2, 24–28.
Timmerman, P. (1981): Vulnerability, resilience and the collapse of society. Toronto (= Environmental Monograph 1).
Tröger, S. (2003): Akteure in ihrer Lebensgestaltung (Livelihood) zu Zeiten sozialer Transformation. Theoretische Überlegungen und ihre Anwendung auf das Beispiel von Landnutzungskonflikten in Tansania. In: Geogr. Helvetica 58, 1, 24–34.
Troeltsch, W. (1897): Die Calwer Zeughandelskompanie und ihre Arbeiter. Studien zur Gewerbe- und Sozialgeschichte Altwürttembergs. Jena.
Troll, C. (1930): Die wirtschaftsgeographische Struktur des tropischen Südamerika. In: Geogr. Z. 36, H. 8, 468–485.
Troll, C. (1936): Weißer Siedlungsraum in Afrika. In: Koloniale Rdsch. 27.
Troll, C. (1937): Kolonialgeographische Forschung und das deutsche Kolonialproblem. In: Verh. u. w. A., 26. Dt. Gt. Jena 1936, 119–138.
Troll, C. (1941): Koloniale Raumplanung in Afrika. In: Z. d. G. f. Erdkunde, 1/2, 1–41.
Troll, C. (1960): Die Entwicklungsländer. Ihre kultur- und sozialgeographische Differenzierung. In: Beilage zur Wochenz. „Das Parlament“, 28.12.1960, 791–800.
Troll, C. (1966): Die räumliche Differenzierung der Entwicklungsländer in ihrer Bedeutung für die Entwicklungshilfe. Wiesbaden (= Erdkundliches W., Geogr. Z., Bh. 13).
Trolliet, P. (1995): La diaspora chinoise dans le monde. Des coolies aux boar-people. In: Geo. Un nouveau monde: la terre 199, 9, 134–148.

Uhlig, H. (1962): Indien. Probleme und geographische Differenzierung eines Entwicklungslandes. In: Gießener Geogr. Schr., 2, 7–46.
Uhlig, H. (1966): Der indische Subkontinent. Teil II: Land und Wirtschaft. Informationen zu polit. Bildung, F. 117.
Uhlig, H. (1971): Kambodscha. Beiträge zur gegenwartsbezogenen Länderkunde eines Krisenherdes in Südostasien. In: Geogr. Rdsch. 23, 41–55.
Uhlig, H. (1983): Reisbausysteme und -ökotope in Südostasien: Ökosysteme des Überschwemmungsreisbaus. In: Erdkunde 37, 269–282.

Vance, J.E. (1970): The merchand's world: the geography of wholesaling. Engelwood Cliff.
Venkatesh, S. A. (2000): American Project: The rise and fall of a modern ghetto. New York (Harvard Univ. Press).
Vorlaufer, K. (1972): Das Netz zentraler Orte in ausgewählten Räumen Tanzanias und die Bedeutung des zentralörtlichen Prinzips für die Entwicklung des Landes nach den gesellschaftlichen Zielvorstellungen der Regierung. In: Tagungsber. und wiss. Abh., 38. Deutscher Geographentag Erlangen-Nürnberg 1971, 446–464.

Wahl, P. (Hrsg.) (1991): Warum Montezuma nicht Europa entdeckt hat. Köln.
Waibel, L. (1929): Die wirtschaftsgeographische Gliederung Mexikos. In: Geogr. Z. 35, 7/8, 416–439.

Waibel, L. (1937): Die Rohstoffgebiete des tropischen Afrika. Leipzig.
Waldmann, P. (1995): Argentinien. In: Nohlen, D.; Nuscheler, F. (Hrsg.): Hb. d. Dritten Welt, 2. Bonn, 146–180.
Waller, P. P. (1980): Das Grundbedürfniskonzept und seine Umsetzung in der entwicklungspolitischen Praxis. In: Deutsches Institut für Entwicklungspolitik (Hrsg.): Grundbedürfnisorientierte ländliche Entwicklung. Berlin, 1–9.
Waller, P. P. (1983): Grundbedürfnisorientierte ländliche Regionalentwicklung. Eine Einführung. Berlin.
Waller, P. P. (1984): Ansätze zu einer grundbedürfnisorientierten ländlichen Regionalplanung in Entwicklungsländern. In: Trialog, 2, 4–7.
Wallerstein, I. (1986): Das moderne Weltsystem – Die Anfänge kapitalistischer Landwirtschaft und die europäische Weltökonomie im 16. Jahrhundert. Frankfurt a.M.
Wallerstein, I. (2003): Wohin steuert die Welt? Geopolitische Brüche im 21. Jahrhundert. In: WeltTrends 40, Herbst, 97–110.
Watts, M.; Bohle, H.-G. (1993): The space of vulnerability: the causal structure of hunger and famine. In: Progress in Human Geography 17, 1, 43–67.
WDI (1999): World Development Indicators. Weltbank, Washington D.C.
Weaver, C. (1981): Development theory and the regional question: critique of spatial planning and its detractors. In: Stöhr, W. B.; Taylor, R. F. (Hrsg.) (1981): Development from above or below? The dialectics of regional planning in developing countries. Chichester, New York, 73–105.
Weber, M. (1973): Die protestantische Ethik I. Hamburg.
Wehler, H.-U. (1970) (Hrsg.): Imperialismus. Köln, Berlin.
Wehler, H.-U. (1975): Modernisierungstheorie und Geschichte. Göttingen.
Weigt, E. (1963): Natur- und anthropogeographische Probleme der Entwicklungsländer. In: Sieber, E. (Hrsg.): Entwicklungsländer und Entwicklungspolitik. Berlin, 179–202.
Weischet, W. (1977): Die ökologische Benachteiligung der Tropen. Stuttgart.
Weischet, W. (1978): Das ökologische Handicap der Tropen in der Wirtschafts- und Kulturentwicklung. In: T. u. w. A., 41. Dt. Gt. Mainz 1977, 25–41.
Weischet, W. (1981a): Ackerland aus Tropenwald – eine verhängnisvolle Illusion. In: Holz aktuell, 3, 15–23.
Weischet, W. (1981b): Die Grüne Revolution. Erfolge, Möglichkeiten und Grenzen in ökologischer Sicht. Paderborn.
Weischet, W. (1983): Ökologische Grundprobleme agrarwirtschaftlichen Ausbaues in den feuchten Tropen. In: Ehlers, E. (Hrsg.): Ernährung und Gesellschaft, Bevölkerungswachstum – Agrarertragsfähigkeit der Erde (Marburger Forum Philippinum). Frankfurt a.M., 143–166.
Weischet, W. (1988): Ökologische Grundprobleme agrarwirtschaftlichen Anbaus in den feuchten Tropen. In: Pfeffer, K.-H. (Hrsg.): Studien zur Geoökologie und zur Umwelt. Tübinger Geogr. S. 100, 143–166.
Weischet, W. (1995): Ackerland aus Tropenwald, eine Illusion? In: HGG-Journal 9, 7–20.
Weizsäcker, E. H. v. (1992): Erdpolitik. Ökologische Realpolitik an der Schwelle zum Jahrhundert der Umwelt. Darmstadt.
Werlen, B. (1988): Gesellschaft, Handlung und Raum. Grundlagen handlungstheoretischer Sozialgeographie. Stuttgart (= Erdkundl. W. 89).

Werlen, B. (1992): Zur Ontologie von Gesellschaft und Raum. Stuttgart.

Werlen, B. (2000): Sozialgeographie. Bern.

Wessel, K. (1991): Rahmenstrukturelle Veränderungen im Entwicklungsprozess Südkoreas. Eine Analyse zur Regionalentwicklung und Dezentralisierungspolitik. Hannover.

Westermann, D. (1941): Wir und die Eingeborenen. In: Z. d. G. f. Erdkunde, 1/2, 59–73.

Wiche, K. (1962): Pakistan – Strukturbild eines Entwicklungslandes. In: M. d. Österr. Geogr. G. 104, 43–75.

Wiese, B. (1995): Senegal, Gambia. Länder der Sahel-Sudan-Zone. Gotha.

Wiese, B. (1999): Südafrika mit Lesotho und Swasiland. Gotha, Stuttgart.

Wieviorka, M. (Hrsg.) (1997): Une société fragmentée? Le multiculturalisme en débat. Paris.

Wilhelmy, H. (1940): Probleme der Urwaldkolonisation in Südamerika. In: Z. d. G. f. Erdkunde, 7/8, 303–314.

Wilhelmy, H. (1950): Die spanische Kolonialstadt in Südamerika. In: Geogr. Helvetica, V, 18–36.

Wilhelmy, H. (1952): Südamerika im Spiegel seiner Städte. Hamburg.

Wilhelmy, H. (1962): Die weltwirtschaftliche Verflechtung der La-Plata-Staaten. Gemeinsamer Markt und Entwicklungshilfe. In: Geogr. Rdsch. 14, 85–94.

Wilhelmy, H. (1981): Welt und Umwelt der Maya. Aufstieg und Untergang einer Hochkultur. München.

Wilhelmy, H.; Borsdorf, A. (1984): Die Städte Südamerikas. I: Wesen und Wandel. Berlin.

Wilhelmy, H.; Rohmeder, W. (1963): Die La-Plata-Länder. Braunschweig.

Wimmer, W. (1979): Die Sklaven. Herr und Knecht – Eine Sozialgeschichte mit Gegenwart. Reinbek b. Hamburg.

Winiger, M. (1983): Stability and instability of mountain ecosystems. Definition for evaluation of human systems. In: Monutain Research and Development, 3, 2, 103–111.

Wirth, E. (1956): Der heutige Irak als Beispiel orientalischen Wirtschaftsgeistes. In: Die Erde 87, 30–50.

Wirth, E. (1962): Agrargeographie des Irak. Hamburger Geogr. S. 13. Hamburg.

Wirth, E. (1966): Über die Bedeutung von Geographie und Landeskenntnis bei der Vorbereitung wirtschaftlicher Entscheidungen und bei langfristigen Planungen in Entwicklungsländern. In: Scheu-Festschriften, Nürnberger wirtschafts- und sozialgeographische Arbeiten, 5, 77–84.

Wirth, E. (1972): Orient 1971 – Gegenwartsprobleme nahöstlicher Entwicklungsländer. In: T. u. w. A., 38. Dt. Gt. Erlangen-Nürnberg 1971, 253–277.

Wirth, E. (1973): Die Beziehungen der orientalisch-islamischen Stadt zum umgebenden Lande. Ein Beitrag zur Theorie des Rentenkapitalismus. Wiesbaden. In: Meynen, E. (Hrsg.): Geographie heute – Einheit und Vielfalt., Plewe-Festschr., Erdkdl. W. 33. Stuttgart, 323–333.

Wirth, E. (2002): Die Globalisierung von Seeverkehr und Weltwirtschaft im 16. Jahrhundert. Wandlungen des interkontinentalen Handels von der Antike bis zur niederländischen Ostindienfahrt. In: Nürnberger Blätter z. Archäologie, 18, 27–44.

Wirthmann, A. (1987): Geomorphologie der Tropen. Darmstadt.

Wirz, A. (1972): Vom Sklavenhandel zum kolonialen Handel. Beitr. z. Kolonial- u. Überseegesch. 10. Zürich, Freiburg i.Br.

Wirz, A. (1984): Sklaverei und kapitalistisches Weltsystem. Frankfurt a.M.
Wissmann, H. v. (1961): Bauer, Nomade und Stadt im islamischen Orient. In: Paret, P. (Hrsg.): Die Welt des Islam und die Gegenwart. Stuttgart, 22–63.
Wittfogel, K. A. (1962): Die orientalische Despotie. Eine vergleichende Untersuchung totaler Macht. Köln, Berlin.
Wright, C. (1974): Mauritius. Newton Abbot, Harrisburg.

Ziring, L. (1992): The Middle East: a political dictionary. Santa Barbara.

Glossar